往复压缩机故障机理与诊断方法研究

肖顺根　唐友福　著

东北大学出版社
·沈　阳·

图书在版编目（CIP）数据

往复压缩机故障机理与诊断方法研究 / 肖顺根，唐友福著. — 沈阳 ：东北大学出版社，2019. 12
ISBN 978-7-5517-2383-1

Ⅰ. ①往…　Ⅱ. ①肖…　②唐…　Ⅲ. ①往复式压缩机－故障诊断－研究　Ⅳ. ①TH457.07

中国版本图书馆 CIP 数据核字(2019)第 282414 号

出 版 者：东北大学出版社
　　地址：沈阳市和平区文化路三号巷 11 号
　　邮编：110819
　　电话：024-83683655(总编室)　83687331(营销部)
　　传真：024-83687332(总编室)　83680180(营销部)
　　网址：http://www.neupress.com
　　E-mail: neuph@neupress.com
印 刷 者：沈阳航空发动机研究所印刷厂
发 行 者：东北大学出版社
幅面尺寸：185mm×260mm
印　　张：19.5
字　　数：414 千字
出版时间：2019 年 12 月第 1 版
印刷时间：2019 年 12 月第 1 次印刷
责任编辑：汪彤彤
责任校对：曲　直
封面设计：潘正一
责任出版：唐敏志

ISBN 978-7-5517-2383-1　　　　定　价：75.00 元

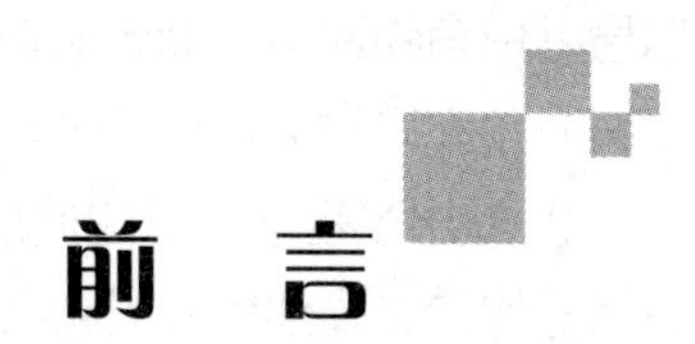

前 言

本专著是为了揭示往复压缩机装备间隙碰磨故障机理和阐明基于广义局部频率的往复压缩机故障特征提取方法而编写的。本专著分为上下篇：上篇阐述了往复压缩机间隙碰磨故障机理内容，下篇阐述了基于广义局部频率的故障诊断方法内容。

由于传动机构隐藏于机体内部，间隙碰磨故障信息以何种机理传递至机体尚不清晰，至今也未找到有效的方法来揭示机体响应信号所隐含的碰磨机制。因此，在本专著的上篇中，深入研究了传动机构间隙碰磨的动力学特性，弄清了间隙对传动机构动力学特性的影响机制，揭示了间隙碰磨诱发机体振动的动力学演变规律，为往复压缩机动力学和故障诊断研究提供了理论基础。在本专著的上篇中，主要开展了以下五个方面研究：

① 针对旋转铰间隙和滑动铰偏心间隙耦合的传动机构动力学问题，探索了两类间隙对传动机构动力学特性的影响规律。

② 在考虑活塞杆的弹性变形，且忽略十字头在偏心滑动间隙内的微转动自由度的基础上，提出了半弓式单形态碰磨动力学问题。

③ 在考虑活塞杆的弹性变形，以及十字头在偏心滑动间隙中存在多种运动形态的基础上，提出了半弓式多形态碰磨动力学问题。

④ 以十字头、刚性活塞杆和活塞的三联体构件为研究对象，提出了跷跷板式耦合碰磨动力学问题。

⑤ 通过考虑柔性活塞杆的演变形状，在跷跷板式耦合碰磨形态的基础上，提出了S式耦合碰磨动力学问题。

上述研究揭示了传动机构间隙碰磨的动力学响应规律，挖掘了通过碰磨形态和碰磨接触力的演变信息来表征振动响应规律的深层次机制，为往复压缩机间隙碰磨振动特征提取提供了理论依据，为工程应用提供了指导思路。

振动信号的特征提取一直是往复机械设备状态监测及故障诊断领域的研究前沿，特别是大型复杂装备系统早期故障、微弱故障及多源复合故障的非线性非平稳信号特征提取问题存在着很大的困难，已成为该领域最具挑战性的研究热点。基于对频率内涵本质的重新考察和认识，本专著的下篇提出了广义局部频率新概念，深入开展了适于非线性非平稳信号故障特征提取方法研究，并被成功地应用于往复压缩机组多源冲击振动故障特征的提取。在本专著的下篇中，主要开展了如下五个方面研究工作：

① 提出了广义局部频率新概念及其定义，通过构造广义局部频率的频域和时频域表达方法，使其在兼容全局频率和瞬时频率优势的同时，克服了全局频率概念只对周期信号才具有物理意义而无法描述频率及幅值随时间变化的非周期信号特征的缺陷，弥补了瞬时频率只对窄带信号才能给出合理物理解释而损失众多大尺度频率信息的不足。

② 提出了基于自适应波形分解的广义局部频率时频分析方法，实现了多分量非平稳信号的广义局部频率时频特征提取，摆脱了现有时频分析方法依赖先验知识将信号按照基函数展开思想的束缚，具有良好的自适应性。

③ 提出了基于广义局部频率的频域分析方法，以 Duffing 系统为对象，揭示了系统演化过程中的频域分岔现象，克服了功率谱分析时产生的虚假频率信息，有效地表征了不同系统状态下非线性时间序列频域结构特点及分布规律。

④ 应用 Lempel-Ziv 复杂度方法，定量分析了广义局部频率时频特征的复杂性，揭示出的信号时频结构相对于时域结构更加简洁，物理意义更加明确，更能够准确地辨识各信号特征类型。

⑤ 针对往复压缩机组多源冲击振动信号故障特征难以提取的问题，以典型气阀故障为主要对象，重点开展基于自适应波形分解的广义局部频率频域与时频域特征提取方法研究，揭示不同故障类型振动信号的频率分布及结构规律，通过与 HHT 时频分析结果进行对比，进一步验证所提方法的有效性和准确性。

本专著分为上下两篇，共 11 章，由肖顺根和唐友福撰著。撰著工作安排为：宁德师范学院肖顺根撰著第 1~6 章、第 10 章（字数 310 千字），东北石油大学唐友福撰著第 7~9 章、第 11 章（字数 100 千字）。

上海大学刘树林教授审阅了本专著，并提出了许多宝贵的意见和建议，为本专著质量的提高给予了很大帮助；国家自然科学基金“往复压缩机十字头滑变侧向力传递故障信息机理及诱发机体振动机制”（51575331）、“新能源汽车电机驱动系统的设计与智能制造协同创新中心”（2017Z01），福建省新能源汽车电机行业技术开发基地等项目给予了本专著经费支持；东北大学出版社的编审人员亦为本专著的出版花费了大量心血，我们在此一并致以衷心的感谢。

限于我们的水平和时间，本专著中难免存有漏误或者不当之处，敬请机械故障诊断界学者不吝指正。

著　者

2019 年 9 月 30 日

目 录

上篇 往复压缩机传动机构间隙碰磨机理研究

上篇

往复压缩机传动机构间隙碰磨机理研究

第 1 章　绪论

1.1　研究背景与意义

往复压缩机是一种典型的往复机械系统，包含多个转动副和移动副关节。在实际工程中，运动副间隙不可避免，主要原因有三个方面：第一，为了实现旋转铰和滑动铰运动，设计中特预留了规则的装配间隙；第二，运动副各个关节零部件的设计和制造中存在难以避免的精度误差；第三，运动副自身磨损引起的非规则间隙。显然，不论何种间隙，均会对往复压缩机传动机构的动力学特性造成不良的影响，主要表现为：① 过大间隙导致往复压缩机十字头和活塞的实际运动轨迹与期望运动轨迹之间产生偏差，进而降低往复压缩机工作性能和运动精度，甚至导致往复压缩机失效。② 由于间隙存在，往复压缩机连杆的大头瓦和小头瓦两个旋转铰(如图 1.1 所示)、十字头与滑道以及活塞与气缸之间的两个滑动铰(如图 1.2 所示)都易产生碰磨。碰磨接触力使往复压缩机产生剧烈的振动，将引起多种故障隐患，进而降低往复压缩机的寿命和可靠性。③ 间隙产生的碰磨接触力将进一步增大间隙，导致碰磨更为剧烈，并步入恶性循环。此外，碰磨产生的碎屑易造成其他零部件的损伤、润滑失效等。过大间隙碰磨故障甚至产生活塞拉缸现象，可能导致整台设备乃至整条生产线不正常运行，其结果轻则造成巨大的经济损失，重则可能导致灾难性的人员伤亡并造成严重的社会影响。

作为通用机械，往复压缩机被广泛地应用于石化、钢铁、冶金及汽车等行业，但与旋转机械碰磨故障诊断技术相比，往复机械碰磨故障诊断技术发展严重滞后，其中往复压缩机碰磨故障机理研究滞后尤为凸显，究其原因，主要概括为以下三个方面：① 在每个工作循环周期内，往复压缩机气缸载荷均经历压缩、排气、膨胀和吸气四个阶段，交变工作载荷和运动部件耦合的双重变化造成碰磨机理更复杂。尽管旋转机械的转子碰磨动力学理论比较完善，但很难直接用于往复机械碰磨故障动力学中。② 往复压缩机曲轴、连杆、十字头、活塞杆和活塞等重要部件构成的传动机构都隐藏在机体内部，造成这类传动机构的间隙过大故障信息不易获取，很难搞清此类碰磨故障振动信息传递至机体的途径，导致提取振动特征缺乏机理依据。③ 往复机械故障诊断技术起步较晚，从事研究的科研工作者少，而往复压缩机的碰磨机理又是难点之一，导致往复压缩机碰磨机理探索进展缓慢。

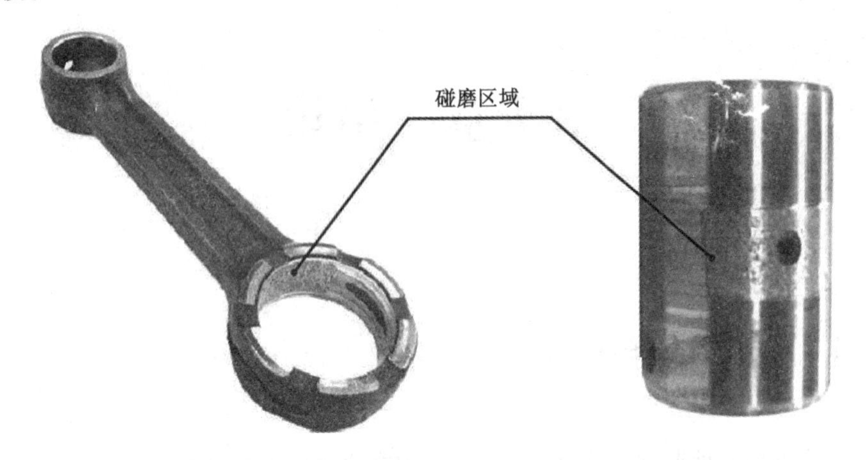

图 1.1 旋转铰碰磨损伤构件

(a)十字头磨损示意图 (b)缸体内壁磨损示意图

图 1.2 滑动铰碰磨损伤构件

在机械系统中，有关间隙碰磨的研究逐渐受到广大学者的关注，历经半个世纪的发展，包括平面旋转铰间隙碰磨、空间旋转铰间隙碰磨、球面关节间隙碰磨和滑动铰间隙碰磨等理论和方法都取得了丰富成果。但是，上述研究成果考虑的间隙多为规则间隙，且没有考虑时变重载荷对间隙动力学特性的影响。此外，在滑动铰间隙碰磨的研究成果中，未发现学者探索两个及以上滑动铰相互耦合的间隙碰磨研究。然而，这些忽略因素在往复压缩机传动机构系统中都需要考虑，具体表现为：① 十字头是往复压缩机的一个核心部件，当曲轴顺时针转动时，在连杆交变载荷和自身重力作用下，十字头与滑道下侧易产生磨损，进而使滑道下侧间隙增大。显然，此时的移动副关节间隙具有偏心特征，属于非规则间隙。② 作用于活塞上的气缸压力是一种经历压缩、吸气、排气和膨胀四个不同阶段的时变重载荷，其影响因素不可忽略。③ 往复压缩机十字头、活塞杆和活塞是一个三联体构件，当十字头发生偏心间隙碰磨后，将诱发活塞在正常间隙情况下产生与十字头的相互耦合碰磨。显然，这类跷跷板式的耦合碰磨形态不同于常规往复机械系统的碰磨。考虑这些因素必将会丰富现有机构学间隙碰磨的研究成果，同时也会为往复压缩机碰磨故障机理的揭示提供新思路。

除了故障机理研究外，机械设备状态监测及故障诊断技术也引起世界各国的重视，日益成为研究的热点问题。机械设备状态监测及故障诊断技术是一门融合机械学、电子学、力学、信息学、计算机技术及人工智能等技术的综合性交叉学科。状态监测及故障诊断的核心步骤主要分为三步：信号采集、特征提取和模式识别。其中，信号特征提取是设备故障诊断的一个关键环节，直接关系到故障诊断的准确性与可靠性。这就使得机械设备状态监测及故障诊断技术与信号处理技术的结合更加紧密，两者相辅相成，共同推进彼此的发展。以经典信号处理技术为基础的传统状态监测及故障诊断方法(如时域统计分析、快速 Fourier 变换分析、相关相干分析、时序模型分析及全息谱分析等)，大多假设被分析信号具有线性、平稳及高斯等特征，分别仅从时域或频域给出统计平均结果，不能同时兼顾信号在时域和频域的局部细节特征和整体全貌特征。但是，工程实际中的机械设备运行状态往往是动态变化的，特别是在设备故障突发期间，机械系统的驱动力、阻尼力及弹性力等动力学参数呈现非线性变化，反映在动态信号上具有非平稳性。实践证明，在许多场合下，基于经典信号处理技术的传统状态监测及故障诊断方法，已不能很好地满足工程应用的要求。因此，发展以非线性非平稳信号处理技术为基础的现代机械设备状态监测及故障诊断技术，已经成为理论研究和生产实际应用的迫切需求。

时频分析技术作为处理非线性非平稳信号的重要手段，长期以来，由于受全局频率概念(即谐波周期的倒数)及 Fourier 变换的制约，其研究主要集中在提取谐波成分上，而旋转机械的典型故障又与振动信号的谐波频率成分具有很大的关联度，使得时频分析技术在旋转机械的典型故障诊断过程中发挥着非常有效的作用。但是，随着故障诊断领域向着旋转机械早期故障、复合故障及往复机械故障的延伸，振动信号表现出较强的非平稳、非线性及非高斯等复杂特性。以短时 Fourier 变换、Wigner-Ville 分布、小波变换、经验模态分解及局部均值分解等为基础的时频分析方法，通过对复杂信号进行基函数分解或自适应分解，时频分布变得非常复杂，不仅无法进行有效的降噪处理，而且时频分析结果中频带与机械设备振动特性之间缺乏映射关系，许多频率成分的物理意义不明确，虚假频率成分多，难以提取出足以识别故障的有用特征信息。此外，时频分析技术所依赖的瞬时频率概念也存在一定的局限性。目前普遍使用的是针对窄带解析信号给出的定义(即瞬时相位的导数)，认为窄带信号在每个瞬时只存在一种频率成分，损失了众多大尺度的频率信息，而且物理意义也缺乏清晰性，对众多非线性非平稳信号不能进行瞬时频率计算。

综上所述，由于大型往复压缩机具有高速重载特性，连杆两端的大小头瓦、十字头与滑道之间以及活塞与缸体内壁之间不可避免地会产生间隙。间隙的存在会加剧往复压缩机连杆大头瓦和小头瓦的碰撞，诱导十字头、活塞与滑道之间的冲击与振动，严重影响往复压缩机的工作性能和寿命周期。间隙碰磨动力学特性是往复压缩机领域亟须解决的关键问题之一，更是未来往复压缩机间隙碰磨故障特征信息提取的理论依据。本专著上篇将深入系统地研究往复压缩机传动机构间隙碰磨的动力学特性，准确预测含间隙传动机构的动力学行为，有利于搞清间隙对传动机构动力学特性的影响机制，便于揭示间隙碰磨诱导机体振动的动力学演变规律，也是对往复压缩机进行振动故障诊断的重要科学依据。因此，往复压缩机传动机构间隙碰磨的研究成果具有重要的理论价值和工程应用前景，同时将丰富机构动力学和故障诊断学理论。

大型往复压缩机主要故障特征体现出明显的非线性非平稳等复杂特性，基于全局频率和瞬时频率概念的时频分析方法无法有效解决故障特征提取难题，需要用新的思维方式使问题得到解决。为了能够从复杂的非线性非平稳信号中有效提取往复压缩机设备状态及故障特征信息，有必要对全局频率及瞬时频率的概念进行延拓，从复杂信号的特点出发，提出更具广义性的频率概念，对复杂信号赋予新的频率内涵，使其能够揭示非线性非平稳信号的本质特征。本专著下篇将针对往复压缩机早期故障、复合故障及往复机械故障诊断过程中复杂信号特征提取的难题，开展基于广义局部频率的非线性非平稳信号特征提取方法及应用研究。同时，该项研究对信号时频分析理论也具有重要的科学意义，在具有非线性非平稳信号特征的其他工程领域也具有广泛的应用前景。

1.2　国内外研究现状

针对往复压缩机间隙碰磨机理研究，迄今为止，国内外研究往复压缩机传动机构间隙碰磨成果有限，但机构理论的间隙碰磨研究成果具有很好的借鉴性，因此综述了机构理论的旋转铰间隙和滑动铰间隙碰磨的国内外研究现状。此外，在间隙碰磨动力学特性研究中，非线性行为是本专著研究中的重点内容之一，故对间隙碰磨系统的非线性研究现状也进行了阐述。

针对往复压缩机故障特征提取方法研究，将从非线性时间序列分析、非平稳信号处理方法和频率特征提取方法三个方面阐述国内外研究现状。

1.2.1　往复压缩机间隙碰磨研究现状

往复压缩机传动机构的碰磨故障是降低往复压缩机可靠性的主要根源之一，受到了国内外学者的广泛关注。早在 1996 年，周雷等学者就开展了滑块式压缩机曲柄销和滑块副两处间隙碰磨实验，证实了实测的磨损分布曲线和理论曲线的变化趋势基本吻合，只是实测磨损曲线的变化较理论曲线的变化更平缓。北京化工大学江志农等开展了基于动态模拟和振动信号分析的连杆小头瓦间隙碰磨故障动态响应和诊断方法研究。通过将连杆视为柔性体，建立了连杆的刚柔耦合模型。仿真实验结果表明，异常间隙会对动态特性产生显著影响，并且十字头销的反转点会产生较大的加速度冲击。

近年来，针对往复压缩机连杆小头瓦间隙碰磨故障，有少部分学者开展了间隙碰磨动力学特性研究。赵海洋等利用 ADAMS 软件建立了往复压缩机传动机构的多体动力学模型，分析了间隙尺寸、气缸载荷压力、曲轴转速、连杆柔性等因素对间隙碰磨动力学特性的影响规律。此外，为了提高旋转铰关节间隙机构动力学响应仿真的精度，赵海洋等还提出了一种平面关节间隙接触力模型的参数优化方法，通过遗传算法优化了关节间隙模型的参数，并将优化后的参数应用于超大关节间隙机构的动力响应仿真，实验测试的动力学响应验证了该方法的有效性。程寿国等利用 ADAMS 软件建立了连杆大头瓦间隙、小头瓦间隙以及双间隙碰磨的动力学仿真模型，讨论了间隙尺寸和曲柄转速对传动机构动力学行为的影响。研究发现，随着间隙尺寸的增大或间隙数目的增加，十字头的振动响应会加剧。江志农等利用 RecurDyn 软件建立了小头瓦间隙的传动机构动力学模型，分析了不同间隙幅值和多种工作负荷因素下的碰磨动力学行为。研究结果表明，由于间隙的存在，转动副接触面产生了剧烈碰撞冲击，碰撞力呈现高频振荡特性，加剧了轴瓦磨损，进而给机组造成明显振动和噪声。针对十字头间隙碰磨动力学特性研究，薛晓刚等建立了十字头下沉间隙碰磨的动力方程，揭示了下沉间隙诱发十字头产生跳跃现象，并获得不同间隙量与跳跃次数的映射规律，但在研究中没有考虑碰撞行为。

上述研究成果虽然在一定程度上揭示了间隙碰磨的动力学特性，但是这些学者们主要以 ADAMS 等工程软件来建立含间隙的往复压缩机传动机构的动力学模型，缺乏理论描述与表征，碰磨机理不清晰，无法为减少碰磨以延长设备寿命及利用碰磨振动信息进行故障诊断提供理论依据。

1.2.2 旋转铰间隙碰磨研究现状

早在 1967 年，Chace 就阐明了含间隙关节的机构性能研究是一项很有意义的工作。针对四连杆机构和曲柄滑块机构，Bagci 进行了运动副关节摩擦力和阻尼的动态分析研究，但是在运动副关节处没有考虑间隙。Lee 和 Wang 证明了对运动副关节接触碰撞行为进行适当建模的重要性。随后，旋转铰间隙碰磨的多体系统动力学引起了国内外广大学者的研究，取得了一系列成果，并将铰间隙碰磨系统的动力学建模方法归纳为三种：基于“接触—分离”的二状态模型、基于“接触—分离—碰撞”的三状态模型和连续接触模型。

基于“接触—分离”的二状态模型是一种定量的分析方法。该模型假设运动副关节只存在接触和分离两种状态，其中分离状态即为自由运动状态。该模型比较符合运动副的实际情形，因为在建模中考虑了接触面的阻尼和弹性。由于以牛顿第二定律为基础计算接触力，因此需要的力学工具简单。但是该模型的数值求解是一个复杂的过程，因为在求解过程中需要时刻监测运动副元素何时接触又何时分离，显然，计算烦琐。在国外，该模型的研究工作主要以美国学者 Dubowsky 和日本学者 Funabashi 为主。在国内，以唐锡宽和李哲为代表的学者也开展了相应的研究工作，并取得了一系列的研究成果。

基于"接触—分离—碰撞"的三状态模型是以美国学者 Miedema 为代表提出的一种更复杂的模型。运动副元素的状态划分越多，则表明运动被刻画得越精细，数值求解也越困难。在数值求解过程中，应准确监测碰撞时刻，并判断出每个状态的转换节点。因此，该模型在数值求解时不稳定，不适合用于分析多间隙的多体动力学模型。

连续接触模型是一个单状态模型，运动状态是三种模型中最简单的且数值求解最稳定。在该模型中，考虑到运动副铰间隙非常小，运动副元素碰撞与接触时间都很短暂，因此假设运动副元素之间一直处于接触状态，认为碰撞和分离瞬间完成。通过简化并忽略运动副元素接触面的弹性变形和阻尼，间隙模型被等效为一根与间隙尺寸相同的虚拟刚性杆件。当机构在工作中某方位角出现了突变，则认为运动副元素处于分离状态。通过间隙模型等效后，机构演变为一个多杆多自由度系统，利用拉格朗日方程即可建立系统的动力学方程。显然，连续接触模型的优点和缺点十分明显：优点是容易得到稳定数值解；缺点是忽略了运动副元素接触面的弹性变形，从而不能真实地反映运动副元素的运动状态。

国外主要有 Earles 和 Wu、Funabashi 和 Morita 等学者开展了连续接触模型研究。早在 20 世纪 70 年代，Earles 和 Wu 首次提出了连续接触模型，后续得到许多研究人员的进一步发展和应用。1980 年，Earles 和 Kilicay 提出了滑动轴承接触的设计标准，该标准被成功地应用于具有两个含旋转铰间隙的四杆和五杆机构。另外，他们还改进了 Earles 和 Wu 提出的方法，进而提高了计算效率及普适性。Erkaya 等开展了旋转铰间隙对曲柄滑块机构动力学影响的实验研究，并探索了间隙碰磨分别对刚性和柔性连杆机构的影响规律。在他们的研究中，间隙被等效为一根无质量的虚拟连杆，在理论分析中考虑了轴颈与轴套之间的连续接触模式。在国内，通过无质量杆模型，Feng 等提出了一种新的节点间隙平面连杆机构动态优化设计方法。Zhang 等对全驱动 3-RRR 机构和冗余驱动 4-RRR 机构进行了比较研究，在两种机构的运动学和动力学分析中都考虑了关节间隙，其中铰关节间隙被视为无质量的虚拟杆。

基于上述三种铰间隙建模方法，经过国内外学者的深入探索，旋转铰间隙机构动力学问题研究主要集中于间隙是否存在润滑、杆件是否考虑弹性变形以及优化设计等多个方面。针对机构杆件均为刚性且不考虑润滑的情形，Flores 等提出了一种多间隙连接的多体动力学建模与分析的通用方法。在研究中，建立了基于弹性赫兹理论和耗散项的连续接触力模型，其中受几何和物理特性影响的实际关节被看作碰撞体。研究结果表明，间隙大小和工作条件对准确预测机构系统的动态响应起着至关重要的作用。针对旋转铰间隙无润滑但考虑了杆件弹性变形的情形，Zheng 等研究了刚柔耦合的曲柄滑块机构的动力学特性，分析了间隙尺寸、曲轴转速和间隙数目对动态响应的影响规律。此外，Bauchau 等建立了含间隙的柔性多体系统的非线性动力学方程，分别探讨了间隙和柔性因素对机构动态响应的影响机制。针对考虑了润滑的间隙碰磨情形，Alshaer、Flores、Tian、Zheng 等学者探索了润滑旋转铰间隙和球铰间隙的机械系统动力学分析方法，采用流体动力学理论计算了润滑作用下的碰磨接触力。数值结果表明，与润滑间隙模型的动力学特性相比，无润滑间隙关节的碰磨接触力会引起系统产生更强的波动峰值。为了减轻旋转铰间隙的不良影响，Varedi 提出了一种基于粒子群算法优化机构连杆质量分布的方法，以减少或消除间隙连接处的冲击力，最终通过算例验证了该算法的有效性。此外，还有学者提出了其他优化算法来降低过大间隙碰磨产生的冲击和危害。

另外，还有部分学者关注于间隙碰磨实验验证方面的研究。早在 1971 年，Wilson 详细描述了含铰间隙的曲柄滑块机构的理论分析和实验方法。结果发现理论分析和实验结果非常吻合。Shimojima 等使用频闪方法测量旋转关节的局部运动和间隙。因为间隙尺寸太大，导致理论和实验结果之间的相关性并不匹配。如图 1.3 所示，为了验证 Lankarani 和 Nikravesh（L-N）连续接触模型，Ravn 在威奇塔州立大学进行了一项有趣的含铰间隙的双摆（顶摆和冲击摆）实验研究，通过高速摄像机（1000 f/s）来记录钟摆的运动。结果发现，如果冲击板为钢制材料，则数值模型的模拟结果与实验数据吻合良好；而如果冲击板为橡胶制材料，则数值结果与实验数据之间存在偏差。此外，Ravn 还证实了间隙关节处的接触参数对系统响应有显著影响。在碰撞过程中，摆锤臂在撞击瞬间的相对位置起着至关重要的作用。该装置被进一步开发并应用于验证非光滑的多体系统碰磨研究。Tasora 等建立了如图 1.4 所示的实验装置，通过将应变片粘贴于四杆机构测试装置的间隙处，使用光学方法分析研究间隙效应。该实验装置验证了理论分析的数值结果。

近期，国内学者赖雄鸣等提出了一种在低速下评估平面机构旋转间隙关节磨损的有效方法。为了验证结果的有效性，他设计了一台如图 1.5 所示的试验台来进行磨损试验。结果表明，当转动关节磨损深度增量不大时，该方法可以提供较高的预测精度。但是，随着预测的磨损深度增加，预测误差也随之增大。

总体而言，旋转铰间隙的机构系统动力学特性主要集中于建模方法、碰磨接触力模型等理论研究，而实验碰磨研究成果还不多。

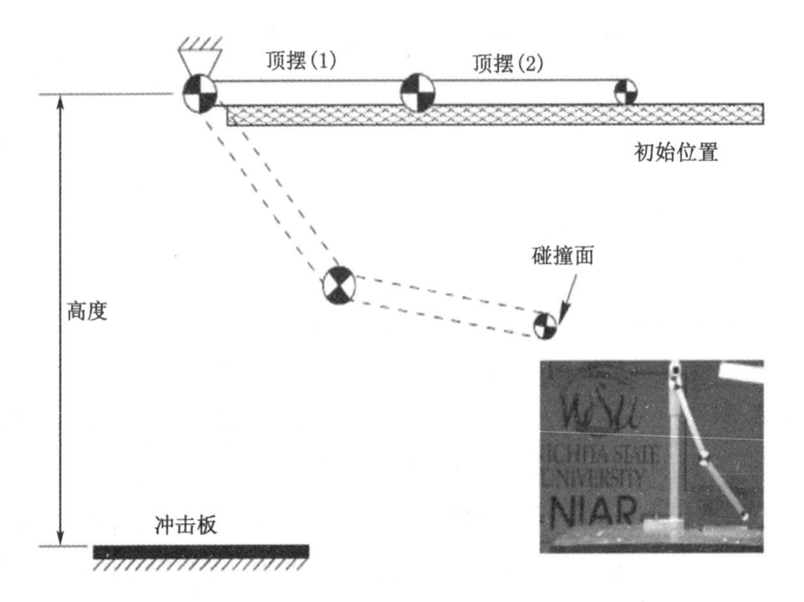

图 1.3　**Ravn** 的实验结构

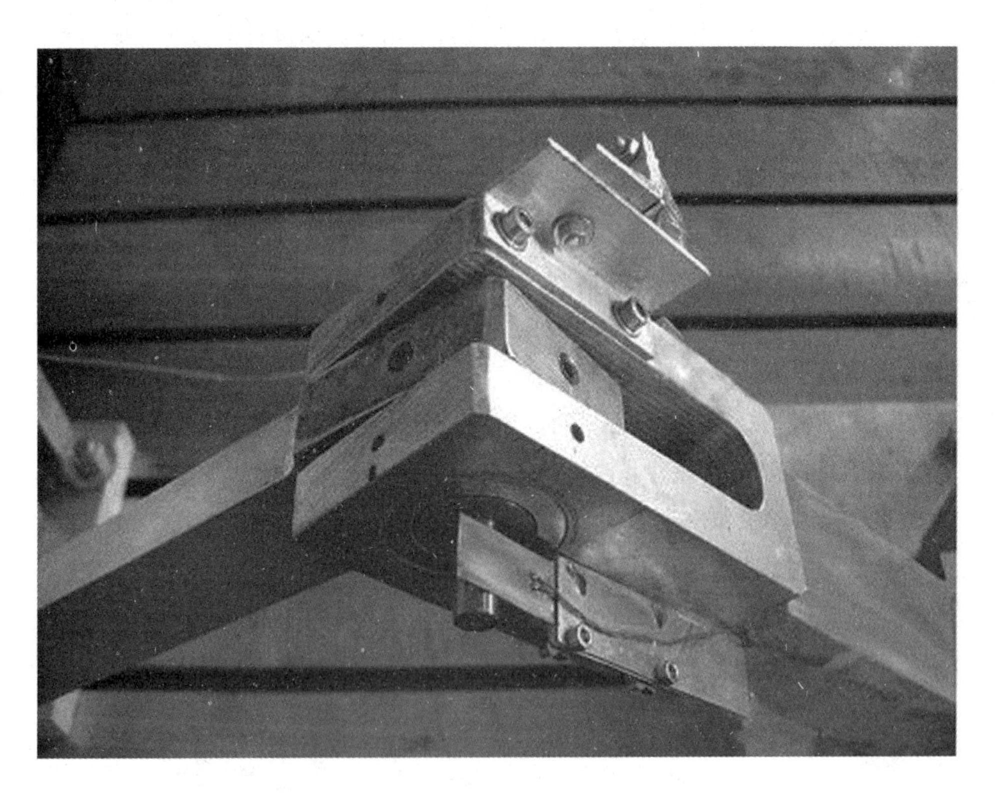

图 1.4　**Tasora** 的实验装置

图1.4　Tasora的实验装置

图1.5　国内学者赖雄鸣设计的实验装置

1.2.3 滑动铰间隙碰磨研究现状

与旋转铰间隙碰磨研究相比，研究滑动铰间隙碰磨的学者要少许多。如果滑动铰间隙过大，则滑块的四个拐角（假设滑块是规整情形）可能出现某一个拐角与滑道发生碰磨，也可能有两个相邻拐角或两个相对拐角与滑道发生碰磨，而且滑动铰间隙碰磨情形可能会在一个周期内呈现多种碰磨形态的交替变化。因此，滑动铰间隙碰磨更为复杂。早期，Wilson 引入了理论和实验方法来分析滑动间隙对系统的影响。结果表明，理论分析与实验结果吻合良好。后来，Wilson 等进一步讨论了滑块与滑道之间的各种碰磨形态，并建立了共 40 个动力学方程。研究发现，滑动间隙关节中滑块的碰磨形态与几何参数、转速和质量分布均密切相关。然而，研究中仅讨论了单个滑动铰间隙关节的碰磨形态，并没有探讨耦合碰磨情形。Farahanchi 等研究了带有滑动间隙关节的曲柄滑块机构的非线性动力学特性，证实了曲轴速度、间隙尺寸和碰撞参数等多个因素对该机械系统有显著影响。此外，还观察到这种滑动间隙关节的碰磨系统具有混沌特性。

2008 年，Flores 等研究了带有滑动间隙的滑块拐角的动力学特性，分别使用连续接触力模型和修正的库仑定律来计算碰磨过程中的法向接触力和切向摩擦力。Flores 等进一步研究了具有滑道间隙关节的平面多体系统的非光滑动力学方法。在研究中，接触碰撞问题通过线性互补方案解决。此外，通过类似方法还模拟了凸轮从动件机构的动力学行为，不过在数值解中可以观察到一些穿透特性，这在机理上难以接受。

假设间隙尺寸非常小，并且不考虑关节的影响，国内学者齐朝晖等探索了一种含空间滑动间隙的多体系统碰磨分析方法。但是，他们没有考虑时变载荷对碰磨接触力的影响。同样，在假设间隙尺寸非常小的情况下，庄方方等研究了具有滑动摩擦间隙关节的刚性多体系统动力学。考虑到间隙尺寸极小，并且滑动关节的几何约束被视为双边约束，因此碰撞被忽略。张杰等通过有限元方法进一步分析了具有滑动摩擦间隙关节的多体系统动力学行为，其中滑块被视为柔性体，并且滑动关节的几何约束被认为是多个单边约束。但是，他们提出的方法仅适用于小变形而不适用于大变形情形。

近期，Cavalieri 和 Cardona 研究了含间隙的空间旋转铰（类似于滑动铰）非平滑动力学特性，并证明了速度和位置水平的约束条件可以得到满足，而且不需要用户定义任何惩罚参数。Wu 等讨论了平面机构含棱柱副间隙（类似于滑动副）的动力学行为，研究发现最大的李雅普诺夫（Lyapunov）指数与间隙大小和输入转速都密切相关。

就目前已有文献而言，滑动铰间隙碰磨成果滞后于旋转铰间隙碰磨成果，主要集中于单个滑动铰间隙的建模新方法、求解方法和碰磨接触力模型等研究，还有三个重要方面未考虑：① 滑块各个拐角在机构系统运动中的多种碰磨形态如何交替变化又如何传递碰磨信息到机体的机理并不清晰；② 尽管在旋转铰间隙碰磨中有少数学者探讨了高速重载的时变载荷对间隙碰磨的影响，但在滑动铰间隙碰磨中还未发现有学者考虑时变载荷这一重要因素；③ 现有文献均以单个滑动铰间隙碰磨为研究主题，还未发现有学者研究两个甚至多个互相耦合的滑动铰间隙碰磨的机理。往复压缩机的气缸压力具有重载时变特性，十字头、活塞杆和活塞构成的三联体构件蕴含两个相互耦合的滑动铰关节。显然，往复压缩机传动机构与上述三个问题均有密切联系，这三个问题的技术思路将是本专著上篇关注的焦点。

1.2.4 间隙碰磨系统非线性研究现状

国内外学者在对含间隙机构开展动力学建模与动态行为研究的同时，也对机构间隙碰磨系统的非线性进行了探索。大部分学者主要利用庞加莱(Poincaré)映射及其初始值敏感特征来分析间隙碰磨系统的非线性行为，并采用混沌、分岔等非线性理论来揭示非线性动力学特性。针对往复式活塞隔膜泵碰磨故障，史丽晨和段志善利用混沌和分形理论对多个铰间隙碰磨系统进行了非线性特性研究，绘制了不同碰磨情形的庞加莱截面，并计算了相应碰磨故障的最大李雅普诺夫指数和关联维数。结果表明，铰关节无间隙碰磨时，系统为准周期运动；而当发生间隙碰磨时，系统出现明显的混沌现象。程寿国等在讨论往复压缩机铰关节间隙碰磨动力学特性过程中，利用最大李雅普诺夫指数证实了混沌行为的存在。

开展往复压缩机传动机构的间隙碰磨非线性研究的成果不多，但是多体系统间隙碰磨的非线性研究成果值得借鉴。Ravn 和 Lin 利用庞加莱映射揭示了机械系统中存在奇异吸引子和混沌现象。Stoenescu 和 Marghitu 研究了具有滑动间隙的平面机构的动态响应。研究发现，在相对较高的曲柄速度和较低的恢复系数值下，系统存在混沌现象。Rahmanian 和 Ghaz-avi、Farahan 等分别对含旋转铰间隙的曲柄滑块机构和曲柄连杆机构进行了分叉研究。研究发现，在一系列间隙尺寸变化中，系统表现出 1 倍周期、2 倍周期和 4 倍周期的非线性行为，揭示了这类多体机械系统对间隙尺寸的敏感性。国内学者 Chen 等以空间并联机构为研究对象，研究了球铰间隙机构的动态响应和非线性特性，建立了球铰间隙的运动学模型和接触力模型，分析了相空间轨迹、庞加莱映射和分岔图，得到了球铰间隙关节和移动平台的非线性特性。研究结果表明，间隙值的变化对球铰间隙关节的运动状态有很大影响，随着间隙值的增大，间隙关节会出现混沌现象，且在球铰关节之间出现撞击行为，从而使机体产生振动。侯雨雷等以两个旋转自由度的解耦并联机构为研究对象，利用 Newton-Euler 方程建立动力学模型，采用 Baumgarte 稳定化方法保持数值分析的稳定性，绘制了随摩擦系数变化的庞加莱映射不同间隙尺寸的分岔图，并利用最大李雅普诺夫指数辨识了系统的混沌状态。

目前，尽管间隙碰磨的非线性动力学分析过程还较为简单，但仍然丰富了含间隙机构理论。

1.2.5 非线性时间序列分析的研究概况及发展趋势

非线性科学是一门研究大自然中非线性及复杂性现象规律性的基础学科，被誉为20世纪继量子力学和相对论两项重大发现后的第三次科学革命。一般认为，非线性科学的主体包括：混沌、分形和孤子。非线性时间序列分析作为混沌研究工作的一个重要分支，经过三十多年的迅速发展，提出了大量具有革命性的创新思想和方法，有力推动了相关学科及工程领域的研究突破，并成为非线性科学最为活跃的研究领域。非线性时间序列分析的本质是解决如何通过时间序列来辨识非线性动力系统的问题，针对该问题，国内外学者从不同方面开展了大量的研究工作。

(1)传统非线性时间序列分析

早期受牛顿为代表的确定论思想的影响，对于非线性动力系统的辨识，主要从时域建模或频域谱估计的角度来分析和处理非线性时间序列。最常用的非线性时间序列模型包括：门限自回归(TAR)模型、双线性(BL)模型、指数自回归(EAR)模型、自回归条件异方差(ARCH)模型和广义自回归条件异方差(GARCH)模型等。TAR模型由英籍华人汤家豪(H.Tong)于1978年首先提出，它利用分段线性化手段来处理非线性时间序列，通过门限变量的控制作用，保证了递推的稳定性。该方法简单易操作，适用性较强，特别适合长期时间序列的预测。Granger和Andersen于1978年提出了BL模型，该模型是在自回归滑动平均(ARMA)模型的基础上考虑了白噪声输入与系统行为过去值的交互作用，主要用于处理那些呈现长相关及重尾特征的非线性时间序列。1980年，Lewis提出了EAR模型，可以描述非线性动力系统的极限环、共振跳跃、幅频依赖等现象。上述三种模型均以平稳性假设为前提，随着非线性时间序列的非平稳性增强，模型阶次将会增加，参数估计的计算复杂度会增大，并且计算精度也会受样本长度的影响，这些模型已经不能很好地满足非线性时间序列的拟合要求。为了更好地处理非线性时间序列的非平稳性，Engle于1982年在研究英国通货膨胀指数波动聚类性时创造性地提出了ARCH模型，用于建模方差随时间变化(条件方差)的非线性时间序列。经过几十年迅速发展，ARCH模型的各种改进形式和应用研究成果不断涌现。其中最具代表性的是Bollerslev于1986年提出的GARCH模型，它让条件方差作为过去误差和滞后条件方差的函数而变化，不仅更好地体现出非线性时间序列波动聚集效应，而且降低了ARCH的计算复杂度。虽然这些时域建模方法能够针对具体的非线性时间序列拟合出较精确的模型结果，但始终未考虑到噪声或外界非线性干扰因素的影响，一旦系统状态变化，会导致非线性时间序列模型阶数或参数估计发生显著变化，使得所建立的模型不再适用于变化后的系统辨识，需要重新建模。因此，基于时域建模的非线性时间序列方法鲁棒性较差，分析过程复杂，并且结果也不够直观，不利于非线性动力系统的快速、有效辨识。

在频域谱估计方面，基于Fourier变换的功率谱分析方法是非线性时间序列处理的基本工具。对于一个实际的机械动力系统，通过系统的振动测试可得到离散时间序列，它反映了系统的运动状态，在相空间内的吸引子正是这些状态的归宿。研究结果表明，奇怪吸引子的功率谱出现噪声背景和宽峰等现象。针对含有周期性运动的线性动力系统，其动力学行为与频率响应之间存在紧密的联系。从功率谱的幂函数形式上看，每一个频率分量对时域峰值的贡献，其物理意义代表单位频率上的能量。系统观测的时间序列在频域空间内跨越很宽的尺度，结构上存在自相似性，从时域分析看是混乱的，但其功率谱有可能存在规则性。因此，通过非线性时间序列的功率谱分析，可以快速、直观地反映机械系统的运动状态。但是，针对非线性动力系统，其观测的时间序列具有非线性、非高斯性、非周期性和非平稳性等复杂特性，尤其是强噪声影响下，功率谱难以得到有用信息，许多频率成分缺乏明确物理意义。

对于非线性动力系统，系统参数的微小变化及它们之间的相互作用，会引起系统输出的巨大变化甚至突变。它表明事物之间的相互作用不是单方面的简单关系，而是相互影响、相互制约和相互依存的关系，这就是非线性的实质。但是，以时域建模或频域谱估计为基础的传统非线性时间序列分析方法，都以叠加原理的思想为前提，并未抓住非线性科学的本质，仍然属于线性分析的范畴。虽然这些方法已经十分完善，并在解决许多实际问题的过程中发挥了重要作用，但是随着非线性问题研究工作的深入开展，其理论体系受到越来越大的挑战。因此，亟须从思想上摆脱确定论的束缚，开拓更加符合非线性科学本质的新思想、新理论和新方法。

(2)现代非线性时间序列分析

一个非线性动力系统的相空间的维数在多数情况下是未知的，并且有可能很高，而系统所观测的非线性时间序列的维数却是一维的。为了把蕴藏在这些时间序列中的系统状态信息充分挖掘出来，1980年，Packard等人第一次提出用原动力系统观测的任一维时间序列来重构高维相空间，并针对重构后的相空间开展动力学特征信息提取技术研究。相空间重构这一革命性的创新思想，在本质上是动力学的、非线性的，它揭开了现代非线性时间序列分析的序幕。1981年，Takens提出了嵌入定理，从数学上进一步证明可以找到一个合适的嵌入维空间来恢复吸引子相空间，而且重构的相空间与原系统状态空间是等价的。它奠定了相空间重构的理论基础，从此掀起了非线性时间序列分析的热潮。但是，嵌入定理中并未给出嵌入维数和延迟时间这两个重要参数的选择方法。长期以来，许多学者围绕该问题做了大量研究工作，取得了一些研究成果。其中最常用的方法包括：自相关法、互信息法、Cao法和C-C法等。但每种方法各有优缺点，延续至今仍然是非线性时间序列分析尚未完全解决的一个重要基本问题。

在相空间重构与嵌入定理的基础之上，1983年，Grassberger和Procaccia通过对奇怪吸引子中相点的距离进行统计，提出了计算关联维数的G-P算法。该算法首次实现了非线性时间序列混沌状态的定量判别，从此对混沌时间序列的研究不仅仅局限于已知的混沌系统，也扩展到实测混沌时间序列，从而为混沌时间序列研究进入实际应用开辟了一条道路。但是，G-P 算法是基于奇怪吸引子的分形特征而提出的，对于实际机械动力系统，噪声会对相空间每一维产生影响，使得结果很容易超出无标度区，反映不出研究问题的本质。这些不利因素使得该算法的抗噪能力较差，当相空间重构困难时，无标度区也难以确定，在信噪比低时尤其如此。因此，为了有效提取非线性时间序列动力学特征，需要辨识出时间序列中的混沌与随机噪声，即对非线性时间序列的确定性和随机性进行检测，这是当今非线性时间序列分析的又一个重要基本问题。

李雅普诺夫的稳定性理论很早就提出用 Lyapunov 指数来表征动力系统在相空间中相邻轨道间收敛或发散的平均速率。该指数是衡量系统动力学特性的一个重要指标，即当最大 Lyapunov 指数为正时，表示系统进入混沌状态，指数越大，说明混沌特性越明显，混沌程度越高。早期的 Lyapunov 指数计算依赖系统动力学模型已知的条件下，通过微分迭代的方法实现。但是，对于实际的非线性动力系统，很难建立相应的准确模型，因此也无法获得精确的 Lyapunov 指数。1985 年，Wolf 等人实现了基于非线性时间序列相空间重构的最大 Lyapunov 指数计算方法。

自从 Shannon 将热力学熵的概念泛化并引入到信息领域之后，信息熵与动力系统状态之间建立了紧密联系，并由此发展出各种熵的定义形式。苏联数学家 Kolmogorov 定义了测度熵，即 Kolmogorov 熵，用来度量动力系统运动的随机或无序程度，K 熵计算较复杂，早期很难直接应用。Grassberger 和 Procaccia 在定义关联维数的基础上，又定义了关联熵的概念，用来逼近 Kolmogorov 熵，简称 K_2 熵。该定义能够直接地、容易地从时间序列中计算得到，并与关联维数建立了统一关系。1988 年，Tsallis 提出了非广延熵，通过找到合适非广延参数来描述复杂性既不是规则也不是完全混沌或随机的一类特殊运动。20 世纪 90 年代初，Pincus 又提出了近似熵的概念，根据时间序列中产生新模式的概率大小衡量动力系统的复杂性，近似熵越大，表征系统越复杂。为了降低近似熵的计算误差，随后 Richman 进行了算法改进，提出了样本熵的新算法。近几年，Costa 提出的多尺度熵概念成为热点，并广泛应用到生理时间序列的分析上，用于描述时间序列在不同时间尺度上的无规则程度。实际上，它是计算时间序列在多个尺度上的样本熵。可以看出，虽然上述各种测度熵的定义形式不同，但在表征时间序列的复杂程度上具有类似性质。而真正对于非线性时间序列复杂度的准确描述，最初是由 Kolmogorov 提出的，表征为能够产生某一符号序列所需最短程序的比特数。后来 A.Lempel 和 J.Ziv 提出了实现这种复杂度的算法，称为 Lempel-Ziv 复杂度（LZC），它广泛应用于非线性科学研究中。测度熵和复杂度在数学上与原时间序列的对应关系并不十分严格，并不一定要满足嵌入定理，计算结果也不依赖序列长度，因此非常适合对有限长度的非线性时间序列进行系统状态辨识。

至此，现代非线性时间序列分析的基本体系已经初步奠定，即采用分形维数、Lyapunov 指数、测度熵及复杂度等动力学不变量指标对非线性时间序列进行综合定量分析，实现了动力系统状态(如确定性、随机性、线性、非线性及混沌)的辨识。随着理论体系的完善及工程中混沌现象的相继发现，使得非线性时间序列分析方法进入实际应用阶段。1989 年 Hubler 首次发表了控制混沌的文章。1990 年，美国马里兰大学的 Ott、Grebogi 和 Yoke 第一次提出控制混沌的 OGY 方法，即从混沌内嵌的众多不稳定周期轨道中选择一条满足要求的周期轨道作为控制目标，利用奇怪吸引子局部流形特征，微调系统参数使系统状态的下一次迭代正好位于局部稳定的流形上。与此同时，美国海军实验室的 Pecora 和 Carroll 提出了混沌同步的思想，并分别在带状磁弹体和电子线路实验中得到验证，从而促进了混沌控制与混沌同步研究的蓬勃发展，陆续提出了一些新方法，如变量反馈法、自适应法、延迟反馈法、脉冲控制法、Backstepping 法及投影同步法等。事实上，这些研究正是采用非线性时间序列分析方法对系统进行辨识并与控制方法巧妙结合的产物。

进入 20 世纪 90 年代以来，学者们陆续提出了许多有别于动力学不变量指标的非线性时间序列分析新方法。最具代表性的是 Theiler 等人创造性地提出了替代数据检验法。其思想是：首先指定某种线性时间序列作为零假设，再使用某种算法产生一组与待检验时间序列统计特性一致的替代数据，然后分别计算待检验序列和替代数据的某一非线性检验量，最后使用某种统计检验方法，根据待检验序列和替代数据的检验量差异程度在一定置信度内决定接受或拒绝零假设条件，如果被拒绝，则表明待检验序列包含非线性成分。替代数据检验法是一种辨识系统动力学状态的间接方法，与直接法相比，该方法不仅能够对含有噪声的短序列进行分析，而且能够进行快速、实时分析。因此，近年来替代数据技术迅速在时间序列的非线性检验领域得到广泛的应用。1997 年，Holger Kantz 和 Thomas Schreiber 出版了专著 *Nonlinear Time Series Analysis*，标志着非线性时间序列分析方法已经进入一个比较成熟的阶段。2003 年，他们又进行了补充和完善，出版了该书的第二版。近年来，非线性时间序列分析方法更是与其他学科相互渗透、相互促进，在各学科领域得到更深入的研究和应用。在理论上，对嵌入定理与重构相空间的研究更为完善和深入，提出了许多最佳延迟和最小嵌入维数的新方法。在应用上，基于神经网络、支持向量机及非平稳模型的非线性预测方法得到推广，取得了较好的效果。

1.2.6 非平稳信号处理方法的研究概况及发展趋势

在机械设备状态监测及故障诊断领域，动力系统的非线性因素(如摩擦、松动及冲击等)往往会导致所观测的振动信号表现出较强的非平稳特性，这一点在故障突发或并发期间表现得尤为明显。如何对这些非平稳信号进行分析，有效提取出蕴含机组状态信息的重要特征，是目前机械设备状态监测与故障诊断领域研究的热点和难点问题之一。以时频分析为基础的现代信号处理方法，同时兼顾了信号在时域和频域的局部化特征和

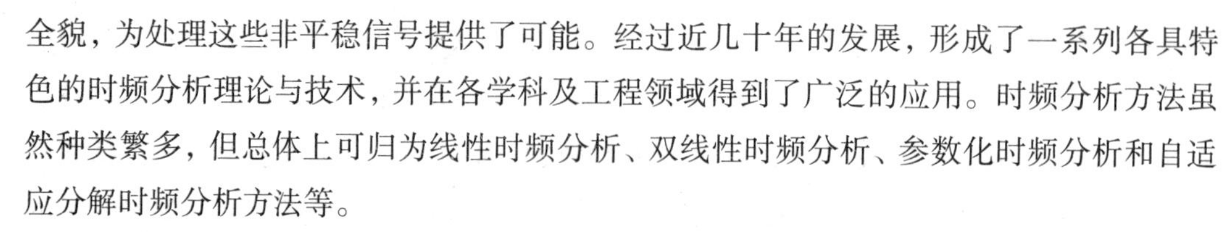

全貌，为处理这些非平稳信号提供了可能。经过近几十年的发展，形成了一系列各具特色的时频分析理论与技术，并在各学科及工程领域得到了广泛的应用。时频分析方法虽然种类繁多，但总体上可归为线性时频分析、双线性时频分析、参数化时频分析和自适应分解时频分析方法等。

(1)线性时频分析

经典的Fourier变换方法，由于其完备的数学理论及清晰的物理意义，成为信号处理领域中最为重要的工具。然而，采用Fourier变换对非平稳信号进行分析时，只能给出频率随时间变化的总体平均效果，缺乏对时间或频率的具体定位信息，并且在时间分辨率上要求无限波动。为了克服这些不足，1946年Gabor提出了短时Fourier变换(Short Time Fourier Transform, STFT)的概念。其思想是：通过平移加窗的方法，将非平稳信号在时间轴上看成一系列短时平稳信号的叠加，这样对每个窗中的信号进行Fourier变换就可以得到信号的时频表示。该方法通过窗函数类型及大小的选取，可以实现对非平稳信号在时域和频域上的局部化分析。但窗函数选定后，其时频分辨率就固定了，这就会造成超出窗长度的低频成分出现漏失或者远小于窗长度的高频成分的时间分辨率低下等缺陷。因此，如何选用变化长度的平移窗函数对非平稳信号进行分析，即寻找具有自适应窗口的方法，很长时间以来成为人们自然追求的研究目标，直到小波变换的出现，才最终得以解决。

小波变换的概念是由Morlet于1984年在研究石油勘探地震数据的过程中首先提出的，他采用通过压缩或伸展的Gauss函数替代短时Fourier变换中不衰减的正交三角函数作为窗函数，对信号的不同频率成分进行分析，取得了良好的应用效果。但是，由于缺乏可信的数学基础作支撑，当时并未引起重视，后来在Grossman的帮助下，Morlet规范了小波变换并建立了反演公式。1986年，法国数学家Meyer发现小波变换与调和分析之间存在相似性，并注意到Morlet选择的基函数有很大冗余度，为此创造性地提出了第一个真正的正交小波基，并与宾西法利亚大学博士研究生S.G.Mallat合作，提出了构造小波正交基的统一途径——多分辨率分析方法，从此掀起了小波研究的热潮。1988年，比利时女数学家I.Daubechies发现用无限长的小波基函数计算分解系数时，计算量太大，为此构造出了紧支基正交小波，即著名的Daubechies小波，这样既可减少工作量，又避免了截断误差。她所撰写的*Ten Lectures on Wavlet*对小波在工程领域的普及起到了重要的推动作用。Mallat与Daubechies对小波分析的卓越贡献，标志着离散小波变换的建立。1989年，R.Coifman、Meyer、M.V.Wickerhauser进一步完善并推广了小波变换理论，提出了适合高频和低频同时分解的小波包概念及算法，使得低频的主要成分及高频细节信息均能够有效被提取。相比于短时Fourier变换，小波变换具有良好的分解重构特性、多分辨率细化分析特性及丰富的小波基函数选择方法，这使其在信号的压缩与降噪、奇异点检测及特征提取等方面得到广泛的应用，取得了大量研究成果，同时进一步推动了小波分析理论研究和技术的发展。

小波的构造过程较为复杂，需要在频域中完成，并且与工程实际信号的匹配性较差。为了解决这些问题，贝尔实验室的 W.Sweldens 于 1996 年提出了第二代小波变换的概念。该方法不依赖 Fourier 变换，完全在时域中利用提升框架方法完成小波的构造，具有良好的结构化设计和自适应构造特性，并且不再是某给定的基函数的平移和伸缩，适合于在区间、曲面及不等间隔采样问题的小波构造。其算法简单、运算速度快、占用内存少、执行效率高，可分析任意长度的信号。1998 年，Sweldens 与 Daubechies 合作，证明了任何具有有限冲击响应滤波器的小波变换都可以用多步提升方法实现，从此建立了第二代小波与第一代离散小波变换之间的联系，并迅速引起国内外学者的广泛关注，促使国内外学者开展更加深入的理论研究和应用研究。在理论方面，冗余第二代小波、自适应小波、自定义小波、对称与非对称小波及双正交提升小波等改进方法分别被提出。在应用方面，第二代提升小波在图像编码、偏微分方程求解、信号降噪、数据压缩及目标识别等领域体现出其优越性。在机械设备故障诊断领域，Samuel 和 Pines 于 2003 年将第二代小波与匹配追踪融合方法，并于 2009 年又提出了受约束的自适应提升算法，均成功应用于直升机传动系统的齿轮故障诊断。西安交通大学何正嘉教授及其团队为推动第二代小波的应用研究作出了重要贡献，相继提出了基于信号相关检测的自适应第二代小波变换、提升框架下滑动窗特征提取、自适应冗余第二代小波变换、峭度最大化的自适应第二代小波变换及基于邻域相关性的冗余第二代降噪技术等改进算法，并分别成功应用于机械设备关键部件的状态监测及故障诊断中。

在经典小波与第二代小波的基础上，Geronimo、Hardin 与 Massopust 于 1996 年构造出含有多个小波基函数的新型小波，简称 GHM 多小波。该小波充分发挥了所含各基函数的自身优势，兼容对称性、紧支性、正交性和光滑性，能够匹配信号中的多种类型特征，从而更加精细和准确地提取信号特征。近年来，多小波分析方法成为国际前沿热点，对其进行构造及改进的各种理论方法不断涌现，并迅速应用到工程实际中，特别是在机械设备故障诊断领域取得了良好效果。2008 年，Kaewarsa 等人提出基于神经网络的多小波识别电力质量的方法。2009 年，袁静等人在多小波构造方法、降噪方法等方面进行了一系列探索研究，并成功应用于烟机碰摩故障、电力机车齿轮箱故障、试验台轴弯曲及轴承内圈复合故障故障的诊断。2010 年，王晓东针对滚动轴承复合故障，提出了以谱峭度优化为目标的自适应多小波的构造方法。2011 年，汪友明在自定义多小波及自适应小波方面进行了算法研究，并应用于裂纹奇异性检测中，取得了良好效果。

可以看出，无论是短时 Fourier 变换还是小波变换，都是将信号分解成在时间域和频率域均集中的基本成分的加权和，满足叠加性原理，因此均属于线性时频分析的范围。它们具有很大的相似性，区别仅在于小波变换为信号与小波基函数的内积，而短时 Fourier 变换为信号与三角基函数的内积。同短时 Fourier 变换相比，小波变换具有多分辨能

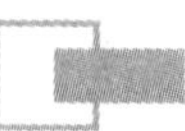

力，本质上是一种时间-尺度分析，它更适于分析自相似信号，从刻画信号的时变角度来说，小波分析的结果则难以解释。在实际应用中人们发现，小波基函数选择的恰当与否至关重要，是影响小波变换应用成败的决定性因素。

(2)双线性时频分析

线性时频分析方法中加窗思想的影响，不可避免地会产生分辨率的问题。根据 Heisenberg 测不准原理，信号的时频分辨率必须满足一定的制约关系，即时间分辨率和频率分辨率只能取一个折中，一个提高，另一个必然降低；反之亦然。为了克服这些缺陷，1948 年 Ville 对 Wigner 所提出的时间-频率联合概率密度通过特征函数方法给出了合理论证，并将其引入信号处理领域，被称为 Wigner-Ville 分布。随着该方法的广泛应用，各国学者根据各自领域的需要，又构造出许多新的时频分布。1966 年，Cohen 发现这些新时频分布只是 Wigner-Ville 分布的变型，并给出了其统一形式的时频分布。其思想是：通过不同核函数的选择，改变时频分布的性质。基于这个思想，又衍生出一系列时频分布，如 Born-Jordan 分布、Choi-Williams 分布、Margenau-Hill 分布等，它们统称为 Cohen 类时频分布。又因为其二次型分布特点是一种非线性变换，因此被称为双线性时频分析。该分布类型不可避免地会产生交叉干扰项，尤其是多分量信号分析时，干扰项的影响更为严重，会产生许多模糊不清的虚假时频特征信息，这也是阻碍 Wigner-Ville 分布及其他 Cohen 类时频分布应用和发展的主要问题。为此，国内外学者研究了许多有效抑制交叉项的方法，取得了较好的应用效果。1992 年，Jeong 和 Williams 提出了减少交叉的时频分布(Reduced Interference Distribution，RID)技术，不仅保留了较高的时频分辨率，而且很好地抑制了交叉干扰项。1995 年，Auger 和 Flandrin 提出了修正平滑伪 Wigner-Ville 分布，通过对时频分布加平滑窗函数和适当重排，达到了抑制交叉项的效果。根据窗函数的选择不同，可得到几种不同类型的时频分布，如伪 Wigner-Ville 分布、平滑 Wigner-Ville 分布和平滑伪 Wigner-Ville 分布等。2003 年，Meltzer 和 Ivanov 提出了核函数参数的优化方法，并用于齿轮传动机构的故障检测。2007 年，Qazi 等人提出了基于分数 Fourier 变换的 Wigner 分布方法，通过交叉项的识别及重构，提取出信号的特征信息。2008 年，程发斌等人提出了基于自适应短时 Fourier 变换的 Wigner-Ville 分布抑制方法，并成功应用于轴承故障特征的提取。2012 年，黄伟国等人提出基于线性时频分析和双线性时频分析的时频特征融合方法，既消除了双线性时频分析的交叉项，又保持了双线性时频分析的时频聚集性，并有效提取了滚动轴承故障特征。尽管上述方法能够在一定程度上抑制双线性时频分析的交叉项，但也以丧失时频分辨率为代价。当信号的多分量频率成分靠近或较多时，这些方法的效果仍不能很好地解决交叉干扰项，并且双线性时频分析方法计算效率不高，极大地影响了它在工程中更广泛的应用。

(3)参数化时频分析

线性和双线性时频分析方法的本质都是以某一类型的基函数展开形式对信号进行分

解，这种基函数分解思想在数学和工程意义上都具有非常完美的解释。数学上，它是信号与基函数的一种空间内积变换，反映了信号与基函数的相似性程度。工程上，不同类型的机械设备故障振动信号的波形特征与不同的基函数波形特征很相似，如旋转机械转子典型故障振动波形与谐波相似，往复机械振动冲击信号与单边振荡衰减波相似，齿轮和轴承故障振动波形与调频调幅波相似等。然而，机械设备的故障类型众多，振动信号的波形随着故障的演化而逐渐变化，如果在没有任何先验知识的情况下，使用固定类型的基函数对其进行分析，可能会产生虚假的时频信息，物理意义也不清楚。因此，需要根据信号组成结构分析，构造出与信号组成结构最匹配的基函数，其实质是一种基于参数选取及优化的思想。在这种思想的引导下，国内外学者相继提出了一些参数化时频分析方法，如 Radon-Wigner 变换、分数阶 Fourier 变换、线性调频小波变换、匹配追踪与基追踪等。这些方法都是基于一类特殊的非平稳信号即线性调频(Linear Frequency Modulated，LFM)信号提出的，它广泛存在于雷达检测、声纳检测、地震勘探及旋转机械升降速过程的信号中，因其具有特殊的超带宽特性及简洁的时频分布特点而受到特别的关注。Radon-Wigner 变换是 Wigner-Ville 分布的一种推广，其原理是：在 Wigner-Ville 分布中任意选择一条直线，以该直线与频率轴的截距及斜率作为变化参数，将 LFM 信号的时频分布投影到该直线上进行积分，各 LFM 分量会在直线的不同位置上形成显著的峰值，从而达到频率检测的目的。Radon-Wigner 变换对时频分布中散落的交叉项并不敏感，只对直线型时频分布特征的 LFM 信号有良好分析效果。缺陷是运算量太大，时频分辨率受参数变化的步长影响较大，而且直线积分会使强信号更强、弱信号更弱，将削弱或丢失有用信息。分数阶 Fourier 变换是经典 Fourier 变换的广义形式，是由 Namias 于 1980 年提出的，它可以解释为：将信号在时频平面内以某一角度参数进行旋转变换后得到时频分布。对 LFM 信号分析时，参数旋转到合适的位置时，其时频分布为一个冲击函数，从而根据参数估计出 LFM 信号的频率信息。该方法对噪声具有良好的抑制作用，相比于 Radon-Wigner 二维变换而言，它是一维变换函数，计算复杂度低，估计精度高，适用范围广。20 世纪 90 年代，Mann 和 Haykin 以及 Mihovilovic 和 Bracewell 几乎同时独立地提出了线性调频小波(Chirplet)变换方法，它是小波变换的推广形式，其原理是以参数化的 LFM 小波作为基函数进行小波变换。Chirplet 变换对信号进行时频分析时具有更多的变换参数，如时间平移算子、频率平移算子、时频伸缩算子、时间倾斜算子和频率倾斜算子等，为其他参数化时频分析方法提供了统一的框架。它具有分辨率高、不含交叉项等优点，特别适合于分析多分量 LFM 类非平稳信号，但是也存在估计参数过多、计算量较大的问题。为此，O’Neill 和 Flandrin、Bultan 以及 Yin 和 Qian 等人提出了自适应线性调频小波分解方法。1993 年，Mallat 和 Zhang 提出了基于过完备冗余时频字典(参数化波形函数库)对信号进行稀疏分解的匹配追踪(Matching Pursuit，MP)法。1999 年，Chen、Donoho 和 Saunders 为了实现信号的稀疏分解，提出了另一种基函数分解的参数时频分析方

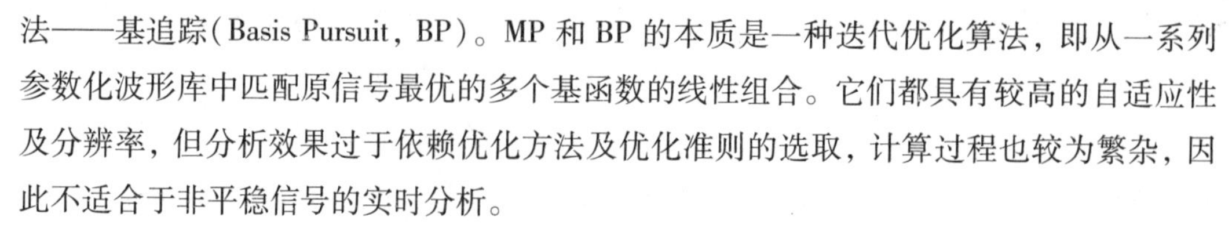

法——基追踪(Basis Pursuit, BP)。MP 和 BP 的本质是一种迭代优化算法，即从一系列参数化波形库中匹配原信号最优的多个基函数的线性组合。它们都具有较高的自适应性及分辨率，但分析效果过于依赖优化方法及优化准则的选取，计算过程也较为繁杂，因此不适合于非平稳信号的实时分析。

(4)自适应分解时频分析

上述三类时频分析方法的共同特点是都依赖基函数的选取是否适应信号。然而，实际工程中的非平稳信号变化更加复杂，往往同时包含多个激励源特征信息，不可能用一种基函数就能与所有信号成分相适应。为此，众多学者陆续提出了一些结合复杂信号自身特点的自适应分解时频分析方法，其中应用最为广泛的是基于经验模态分解(Empirical Model Decomposition, EMD)和局部均值分解(Local Mean Decomposition, LMD)的时频分析方法。

EMD 是美籍华人 Norden E.Huang 等人经过对现场实际数据的多年研究，于 1998 年提出的一种非平稳信号分析的新方法。其思想是：将多分量非平稳信号分解成具有窄带频率成分的一系列近乎平稳的固有模态函数(Intrinsic Mode Function, IMF)成分，通过 Hilbert 变换，得到信号的时频分布谱图。整个过程称为 Hilbert-Huang 变换，简称 HHT。EMD 从根本上摆脱了基函数分解变换思想的束缚，是一种真正的自适应非线性非平稳信号分析方法。为表彰 Norden E.Huang 的这一创造性研究，2003 年他被选为美国国家工程院院士并获赠杰出太空行动奖。该方法被誉为是“NASA 在应用数学研究历史上最重要的发明，是 200 年来对以 Fourier 变换为基础的线性和稳态谱分析的一个重大突破”。自该方法提出之后，国内外学者就迅速开展了对 EMD 的理论与应用研究工作，取得了大量丰硕成果，极大地促进了基于 EMD 的非平稳信号时频分析方法的发展。

在 EMD 的理论研究方面，研究方向主要集中在端点效应、模态混淆、包络线构造及收敛准则等算法的改进上，其中端点效应和模态混叠是 EMD 最主要的两个缺陷。端点效应是指因数据两端点外的极值点难以预测而导致的包络线飞翼的现象，在筛选过程中，会逐渐由数据两端影响到数据内部，导致产生虚假 IMF。针对这个 EMD 固有缺陷，2001 年，青岛海洋大学邓拥军等人提出了基于神经网络数据序列延拓技术的端点效应抑制方法；国家海洋局黄大吉和赵进平提出了镜像闭合延拓方法，利用信号端点的分布特性，通过镜像法将信号延拓成周期信号，避免了端点效应的产生。2004 年，安徽大学刘慧婷等人提出了多项式拟合延拓方法，利用极值点序列两端的三个极值点进行多项式拟合，得到极值点序列在端点处的近似取值，使得三次样条插值时端点处不会发生大的摆动。2005 年，湖南大学程军圣等人利用时变参数 ARMA 模型对信号进行延拓，一定程度上克服了端点效应；接着他们又提出了基于支持向量机预测的端点延拓方法。2006 年，东南大学杨建文和贾民平提出了基于 AR 线性模型的预测方法对信号进行延拓，改善了 EMD 端点效应。2007 年，西安交通大学祁克玉等人将信号乘以中心幅值为 1 的余弦函数窗后，再进行EMD分析，达到了有效抑制端点效应的目的。2008年，华北电力大学胡爱军等人提出了基于自适应波形匹配的端点延拓法，其思想是利用信号内部和端点处变化趋势最相似的子波进行端点延拓，一定程度上提高了EMD精度。2009年，西北工业大学杨永锋等人提出了基于最大Lyapunov指数预测的EMD端点延拓方法，充分考虑了信号的内在特性，使端点处的延拓更加合理。2010年，云南大学张榆锋教授及其研究团队归纳并总结了上述EMD端点效应抑制方法的特性，综述了各方法的抑制效果及局限性，指出了各方法的适用场合，为EMD端点效应的改进途径提供了合理指导。

模态混叠是指当信号中包含两个或多个相近频率分量的时候，会导致这些相近分量出现在同一个IMF中的现象。针对这个问题，2005年，Ryan Deering等人提出了一种应用屏蔽信号抑制EMD模态混叠的方法，随后N. Senroy等人将其应用于电力质量的时变波形分析中，取得了良好效果。2006年，昆明理工大学全海燕等人用FIR低通滤波器对信号进行预处理，达到了消除EMD模态混叠的目的。2009年Wu Zhaohua和N.E.Huang提出了对信号多次加入白噪声的总体平均经验模式分解(Ensemble Empirical Mode Decomposition，EEMD)方法，可以较好地抑制EMD分解中产生的模态混叠现象，但其效果依赖添加的白噪声大小和总体平均次数，目前缺乏合理的噪声协助准则。2010年，重庆大学赵玲等人提出了基于改进掩膜的EMD模态混叠消除方法，并将其应用于风机叶片振动信号的分析。2011年，胡爱军等人根据信号分析频率范围和特征，选择在信号中加入高频简谐波，使高频谐波作为第1阶IMF分解出来，从而实现了模态混叠现象的消除。2012年，重庆大学汤宝平等人提出了一种应用独立分量分析进行模态混叠消除的新方法。

此外，包络线构造及收敛准则问题也是影响EMD分解准确性的两个重要因素。由于EMD中的三次样条曲线在构造极值包络线时为追求光滑的插值曲线而具有较大的“过冲”或“欠冲”现象，影响了模态分解的准确性，因此一些新的样条曲线插值方法被替代应用，如有理数样条插值、B样条插值、高阶样条插值、分段滑动插值、三角插值及保形分段3次插值等方法。针对收敛准则，Rilling和Flandrin于2003年通过引入参数θ_1和θ_2，确保EMD分解时整个信号的均值不因局部大波动的出现而受较大影响。2009年，宁波工程学院胡劲松提出了采用残余能量小于设定值的收敛准则，一定程度上放宽了收敛条件，分解效果较好。

虽然上述理论研究工作在一定程度上克服了EMD的许多缺陷，但是至今仍然没有建立一套完备的EMD理论体系作为支撑，依据经验进行分解。然而，由于EMD优越的自适应性特点，无需任何先验知识，使其在各工程领域已经得到了广泛应用，相对于其他时频分析方法，效果上也有明显提高。在机械设备状态监测及故障诊断领域，特别是对旋转机械典型故障(如不平衡、齿轮故障、碰摩、裂纹、轴承油膜涡动及油膜振荡等)进行了较好的应用，提取出丰富的时间、频率和幅值信息，为旋转机械故障诊断提供了准确、可靠的特征信息。然而，该方法在处理一些具有冲击性、间歇性、频内调制、信噪比低及多源耦合特性的信号时，仍然存在一定的局限性，这是由EMD算法的固有缺陷所决定的。因此，为了更好地发挥EMD所具有的良好自适应性优势，国内外学者通过将EMD与其他方法融合，扬长避短，取得了一系列显著的成果。文献根据EMD从高频到低频的自适应筛选过程，提出将EMD作为滤波器进行信号降噪预处理，为下一步信号特征提取分析奠定基础。文献利用EMD能够将非平稳信号转化为平稳的IMF分量的特性，通过与平稳时序建模方法融合，达到提取信号特征向量的目的。文献则利用EMD的非线性分析能力，融合其他非线性动力学不变量指标，对设备故障特征进行综合分析。EMD时频分析方法虽然是一种完全自适应的方法，但是分解得到的各IMF分量物理意义却很模糊。尤其瞬时频率的定义更是存在争议，它是通过对解析信号的相位求导获得的，要求比较苛刻，IMF分量必须满足单频率要求才能得出比较准确且有意义的瞬时频率。这些限制因素也是影响该时频分析方法进一步得到推广应用的主要原因。

工程实践中，广泛存在着一类特殊的非平稳信号，其某一分量的频率或幅值变化会受到另一分量的影响，这类信号称为调频(Frequency Modulated)-调幅(Amplitude Modulated)信号。在机械振动信号中也存在大量的FM-AM信号，如旋转机械的升降速过程，齿轮箱、滚动轴承及转子碰摩等。针对这类特殊的非平稳信号，对其特征提取的首要任务是进行解调分析，目前已经提出一些比较成熟的方法，如包络解调、循环平稳解调、广义检波滤波解调和能量算子解调等，但大多仅对单分量FM-AM信号适用。然而，工况的变化、动力参数的变化、多源激励耦合及噪声干扰等影响因素，都会产生复杂的多分量FM-AM信号，从这些信号中进行特征提取，存在较大难度。虽然EMD方法能够进行自适应的解调分析，但对于频率相近的分量会产生严重的分析误差，并且各解调出的分量物理意义也不清楚。为此，2005年，英国Jonathan S.Smith教授提出了一种新的自适应分解时频分析方法——局部均值分解(Local Mean Decomposition，LMD)，并应用到脑电信号分析中，取得了良好的效果。其原理是：通过包络和迭代，将信号分解成一系列纯的AM信号和FM信号，再将两者相乘便可以得到具有瞬时物理意义的乘积函数(Product Function，PF)，最后将所有PF分量线性组合即可直接获得原始信号的时频分布。由于该方法是将分解与解调一体完成的，因此分解精度上也具有理想的结果。国内外学者对其理论与应用研究进行了初步探索，取得了一些成果。浙江大学任达千是国内最早进行LMD系统研究的学者之一，近年来，他在采样效应、端点效应、样条曲线及瞬时频率的理论计算与实验应用等方面做了大量工作。湖南大学程军圣及其科研小组将LMD方法与其他方法融合并应用于轴承和齿轮的故障诊断中，取得了良好的效果。西安交通大学王衍学和陈保家对LMD的收敛性、正交性、时频构造方法及机械设备故障诊断应用等方面做了系统研究，积极推动了LMD时频分析方法的发展。通过研究发现，相比于EMD方法，LMD方法具有迭代快、精度高和物理意义清晰等优势。然而，作为一种新的非平稳信号处理方法，LMD 方法仍然存在许多不足之处，如端点效应缺陷、骑行波处理问题和噪声敏感问题等。此外，非调制信号的 LMD 分析还存在适用性的争论。

通过上述对非平稳信号处理方法的综述发现，这些时频分析方法都有各自的优缺点，也有各自的适用范围，没有一种方法能够处理所有的非平稳类信号，尤其是对含有非线性、非高斯、非光滑和非平稳等复杂特性的信号，目前尚无公认的最可靠、准确的时频分析方法，往往需要深入分析信号自身特点，合理选择主要的研究目标和分析方法，融合其他方法进行综合处理。因此，亟须开展更为广泛适用的非线性非平稳信号特征提取方法研究。

1.2.7 频率特征提取方法的研究及应用概况

频率概念在力学、声学、电子、通信和数学领域中广泛应用，是指单位时间内完成振动的次数，用以衡量振动物体往复运动的快慢程度。在设备故障诊断领域，频率与激励之间存在一定的映射关系，对频率的大小、分布以及时间演化等特征的深度挖掘和提取，有利于故障部位、故障类型和故障程度等信息的辨识，能够为下一步故障诊断工作提供充分的依据。追溯历史，频率的原始定义源自对简谐运动的认识，然而对更具广泛性的非谐波信号频率概念在数学上的表达是由法国数学家傅里叶完成的。他在著名的 Fourier 级数中指出：任何无限波动的周期函数都可以表示成正弦函数和余弦函数构成的三角级数形式，其中周期的倒数被定义为该周期函数的基频，而分解得到的三角函数都与基频的整数倍有关。后来，他又将其进一步推广到无限波动的非周期函数，得到频谱的表示方法——Fourier 变换。频谱分析的思想后来经过物质光谱分析实验得到完美验证，因此长期以来，基于 Fourier 变换思想的正确性原理，国内外学者广泛而深入地开展了各种频率特征提取方法研究，各种频域或时频域的谱估计技术层出不穷。主要包括：周期图法、相关图法及其改进算法等经典谱估计，各种参数建模方法为基础的现代谱估计，以及线性时频分析、双线性时频分析和参数时频分析等谱估计。这些方法的分析结果都是在 Fourier 所定义的频率概念下进行讨论并得出的，该频率反映了信号在一定时间范围内的全局信息，属于正实数集。为区别于本专著涉及的其他频率概念，特将其称为全局频率。然而，对于实际信号，基于 Fourier 变换思想的全局频率概念明显存在着一些不足。首先，一般所测取的信号都是有限长度的截断信号，类似于无限波动的信号加了矩形窗，反映的是信号整体概貌特征，无法得到频率分量随时间演变的信息，即只能进行平稳信号的处理，因此全局频率缺乏局部细化分析能力；其次，三角函数基作为众多函数完备集中的一种，如果用其去逼近或度量自然界与工程中各种复杂形状的信号，不仅特征的物理意义难以解释，而且分析效率上难以满足，精度上也难以保证，因此全局频率缺乏针对信号自身特点进行自适应分析的功能。

1937 年，Cason 等人首先给出了瞬时频率的定义。随着对其认识的加深，瞬时频率逐步得到广泛应用。学者们提出了许多瞬时频率的计算方法，主要包括：相位差分法、相位建模法、锁相环法、谱峰检测法、过零点法、求根估计法和 Teager 能量算子法等。其中大多数方法只适合于单分量非平稳信号，而且存在计算量大、精度差、分析效率不高和抗噪能力弱等缺陷，所以很少被采用。其中，1948 年 Ville 给出的瞬时频率定义，在物理意义上能给出明确的解释，一定程度上能够满足人们在很多情况下的直观感知，因此在目前学术界和工程界仍被广泛采用。其原理是：通过 Hilbert 变换，将实信号转变为解析信号，然后对解析信号的瞬时相位求导数即获得瞬时频率。在 EMD 时频分析方法和 LMD 时频分析方法中瞬时频率的估计也都是基于这个定义。但是，长期以来，瞬时频率的这一定义仍然存在一些争论，主要体现在三个方面：一是瞬时频率对单分量信号分析的窄带限制条件尚不统一，从应用角度看过于苛刻，Gabor、Bedrosian、Boashash 和 Huang 等人给出了对窄带信号的约束条件，但实际上复杂信号很难与之相匹配；二是瞬时频率定义只建立了频率与周期、相位之间的联系，缺乏与幅值信息的相关性，仍然不具有广义性；三是该定义作为全局频率的一种推广形式，对于少于一个周期的谐波信号的频率应该是无意义的，而这又与瞬时频率的概念相矛盾。

综上所述，全局频率和瞬时频率在理论和应用上都较为成熟，基于这两个频率概念的频域或时频域特征提取方法在机械设备故障诊断领域取得了丰硕的成果，特别是在旋转机械典型故障的诊断中发挥了重要作用。但是随着故障诊断领域向着旋转机械早期故障、复合故障和往复机械故障诊断等复杂领域延伸，分析的振动信号表现出更为复杂的非线性、非平稳特征，对频率特征提取方法的要求也越来越高，即要求其具有估计精度高、物理意义明确、自适应性好、抗噪能力强、计算效率高和实时性快等特点。这就需要对全局频率和瞬时频率的估计算法进行理论完善或更新，甚至需要从频率概念的内涵上进行重新认识。实际上，全局频率和瞬时频率只是频率概念的两种定义形式，分别只在两种极端信号情况下才具有物理意义，缺乏普适性。完全可以在两种尺度之间重新定义第三种更具广义性的频率概念，使之能够适用于各种各样的信号，使各种复杂振动信号都具有明确的频率含义，同时兼容全局频率和瞬时频率。新定义的频率概念要与人们对信号的认知相接近，使之物理意义更明确。为了实现该设想，本专著下篇从频率概念的广义性、局部性和自适应性等角度，在全局频率和瞬时频率的尺度之间，尝试性地定义了一种广义局部频率的概念，并对其数学描述方法、频域与时频域表达方式及广泛适用性等问题进行了深入研究。重点开展基于广义局部频率的非线性非平稳信号特征提取方法的研究工作，并将该方法应用于往复压缩机组多源冲击振动信号的特征提取中，为其进一步的故障诊断提供更准确、更丰富的故障特征信息，使时频故障信息更加具有应用价值，以解决大型往复压缩机组面临的时频故障特征提取难题。

1.3　本专著主要研究思路

本专著分为上下篇，上篇重点阐明往复压缩机间隙碰磨机理，下篇重点介绍基于广义局部频率的往复压缩机故障特征提取方法。间隙碰磨的往复压缩机传动机构是一个复杂的非线性动力学系统，具有丰富的动力学特性。开展往复压缩机传动机构间隙碰磨的动力学建模、动力学行为以及非线性特性等研究工作，有利于搞清往复压缩机间隙碰磨故障机理，具有很好的工程价值和应用前景，可为间隙碰磨故障特征提取提供理论依据。在专著上篇中，以单作用单级往复压缩机为研究对象，以间隙碰磨接触力为切入点，重点研究两类间隙碰磨、半弓式单形态碰磨、半弓式多形态碰磨、跷跷板式耦合碰磨和 S 式耦合碰磨的动力学模型、动力学行为的演变规律，以及非线性特性等一系列关键问题。本专著的上篇组织框架的构思包括如下五个方面：

① 开展两类间隙对传动机构动力学特性的影响规律研究。探索间隙变化如何影响传动机构的输出位移、速度和加速度响应规律，研究间隙变化与传动机构频率响应特性之间的映射规律，评价含两类间隙的动力学系统的非线性行为。

② 在考虑活塞杆的弹性变形，且忽略十字头在偏心滑动间隙内的微转动自由度的基础上，开展半弓式单形态碰磨动力学特性研究。分析十字头跳跃与柔性活塞杆之间的关系，揭示十字头在偏心滑动间隙中的跳跃与碰撞规律。研究偏心滑动间隙、活塞杆上提力和时变载荷三个参数对传动机构轴向和垂向振动的响应机制。采用相轨迹和庞加莱截面法分析该动力学系统的稳定性。

③ 在考虑活塞杆的弹性变形，且十字头在偏心滑动间隙中存在单个拐角碰磨、相邻两拐角碰磨、相对两拐角碰磨和无碰磨的多种形态的基础上，开展半弓式多形态碰磨动力学问题研究。通过表征碰磨接触力模型，建立系统的非线性动力学模型。通过分析十字头和活塞两滑块的拐角位置轨迹和碰磨接触力，揭示两滑块碰磨形态的演变规律。探索时变载荷、偏心滑动间隙、活塞杆刚度对碰磨形态、碰磨响应频率以及系统非线性行为的影响。

④ 以十字头、刚性活塞杆和活塞的三联体构件为研究对象，开展含间隙的跷跷板式耦合碰磨动力学研究。以单个滑动关节碰磨小形态为基础，通过理论分析，探索跷跷板式的耦合碰磨小形态如何演变、碰磨接触力如何分布，分析偏心滑动间隙又如何影响碰磨形态的演变规律，以及系统的稳定性等一系列问题。

⑤ 以十字头、柔性活塞杆和活塞的三联体构件为研究对象，开展含间隙的 S 式耦合碰磨动力学研究。在跷跷板式耦合碰磨形态的基础上，通过柔性活塞杆形状的演变，分析 S 式耦合碰磨形态。搞清偏心滑动间隙和活塞杆弯曲量对碰磨形态和碰磨强度的映射

规律，揭示出系统的碰磨响应机制，辨识出系统的混沌行为。

本专著的下篇旨在通过广义局部频率新概念的定义，突破全局频率与瞬时频率在非线性非平稳信号特征提取时的局限性，重点研究能够适用于非线性非平稳信号的广义局部频率频域及时频域分析方法，并进一步开展广义局部频率分析方法在往复压缩机组多源冲击振动信号故障特征提取的应用研究。本专著的下篇主要研究内容包括如下五个方面：

① 广义局部频率的基本原理及算法研究。针对全局频率和瞬时频率概念的局限性，在考虑频率真实物理意义的前提下，提出广义局部频率新概念，建立基于广义局部频率的频域和时频域构造方法，通过与全局频率和瞬时频率仿真对比，对其适用性展开研究。

② 非平稳信号的广义局部频率时频域分析。针对现有时频分析技术在非平稳信号特征提取中存在的缺陷，在考虑信号具有多成分特点的基础上，提出自适应波形分解新方法，结合广义局部频率时频构造方法，建立非平稳信号完整的时频分布，通过与 HHT 时频分析技术仿真进行对比，初步验证其可靠性。最后将自适应波形分解方法与互信息方法进行融合，实现信号的降噪处理。

③ 非线性时间序列的广义局部频率频域分析。针对功率谱分析方法受平稳性假设限制的局限性，以 Duffing 非线性系统为主要研究对象，应用广义局部频率频域谱分析功能，通过与动力学不变量特征进行对比，分析系统所生成时间序列的频域演化规律，揭示混沌时间序列在频域内的分布及结构特点。

④ 广义局部频率时频特征的复杂测度分析。针对广义局部频率时频特征受样本影响而缺乏稳定性与可比性的不足，应用 Lempel-Ziv 复杂度方法，分别定量表征信号的时域及时频域非线性，揭示信号不同空间域的结构复杂性，并以旋转机械滚动轴承振动信号为仿真实例，进一步验证广义局部频率时频特征提取及其复杂测度分析的有效性。

⑤ 广义局部频率分析方法在往复压缩机组故障特征提取中的应用。针对往复压缩机组多源冲击振动信号故障特征难以提取的问题，以典型气阀故障为主要对象，重点开展基于自适应波形分解的广义局部频率频域与时频域特征提取方法研究，揭示不同故障类型振动信号的频率分布及结构规律，通过与 HHT 时频分析结果进行对比，进一步验证所提方法的有效性和准确性。另外，利用 Lempel-Ziv 复杂度对不同气阀状态振动信号的时域与时频域特征进行复杂测度分析，给出气阀不同故障状态特征的定量参考标准。

第 2 章　含两类间隙的传动机构动力学特性分析

2.1　引言

往复压缩机传动机构包含转动副和移动副两类，其中连杆两端的大头瓦和小头瓦转动副关节、十字头和活塞的两个移动副关节都易磨损，造成关节间隙增大，因此间隙碰磨故障时有发生。针对旋转和滑动两类铰关节间隙碰磨问题，在绪论中已阐明少数学者仅利用工程软件 ADAMS 开展了往复压缩机传动机构两类间隙中的某一类间隙碰磨研究，但未能以数学方式建立这类间隙碰磨的动力学模型，而对旋转和滑动两类铰关节同时出现过大间隙即两种不同类型的间隙碰磨迄今还未有学者进行研究，且在机构理论中也未见报道。基于此，本章将研究同时考虑两类铰关节均出现过大间隙产生的动力学特性，揭示间隙尺寸、曲轴转速等参数变化下的动力学演变规律，并探索该动力学系统的非线性行为。

2.2　含两类间隙的传动机构动力学模型

2.2.1　名词术语定义

实际中，往复压缩机有多种类型，其中单作用单级式往复压缩机是最简单的一种，也是最有代表性的一种。因为其他类型的往复压缩机传动机构本质与单作用单级式往复压缩机的相同，因此本专著的上篇将以单作用单级式往复压缩机传动机构为研究对象。如图 2.1 所示，单作用单级式往复压缩机主要由曲轴、连杆、十字头、活塞杆、活塞、吸气阀、排气阀和机体等组成。

正常工作下，当往复压缩机传动机构位于止点位置时，连杆和活塞杆共线。长期工作后，在连杆交变力作用下，十字头易与滑道产生磨损。以曲轴顺时针旋转为例，如图 2.2 所示，连杆无论是受拉还是受压状态下主要传递给十字头垂直向下分力，使十字头与下滑道保持接触，在滑变接触力作用下，十字头与下滑道之间产生磨损，导致十字头出现下沉现象。为了使本专著的上篇内容的表达顺畅，笔者定义了如下名词术语：

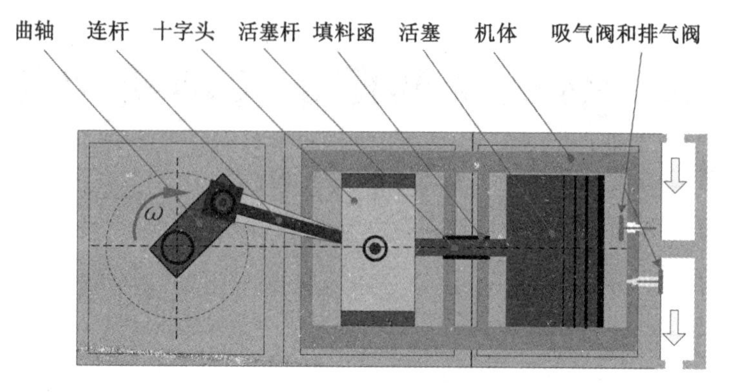

图 2.1　单作用单级式往复压缩机结构

(1)下沉

曲轴顺时针转动时，十字头与下滑道之间产生磨损而导致向下沉降的一种现象，称为下沉。反之，曲轴逆时针转动时，十字头将与上滑道之间产生磨损而导致向上沉降。

(2)偏心滑动间隙

如图 2.2 所示，下滑道磨损后，初始位置的十字头与磨损下滑道之间存在单边间隙，将该单边间隙命名为偏心滑动间隙。偏心滑动间隙量等同于下沉量。

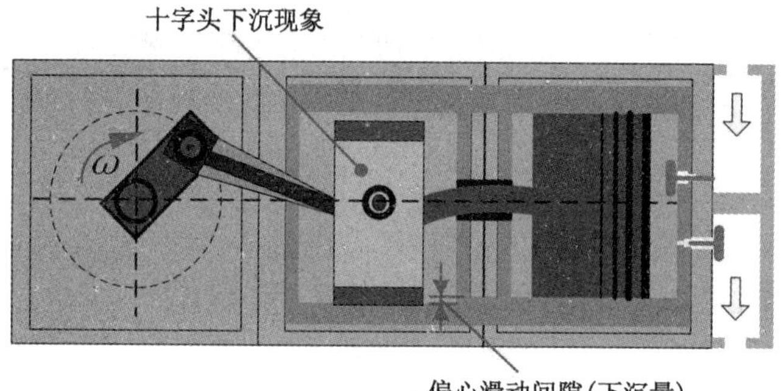

(a)含偏心滑动间隙的往复压缩机机构简图

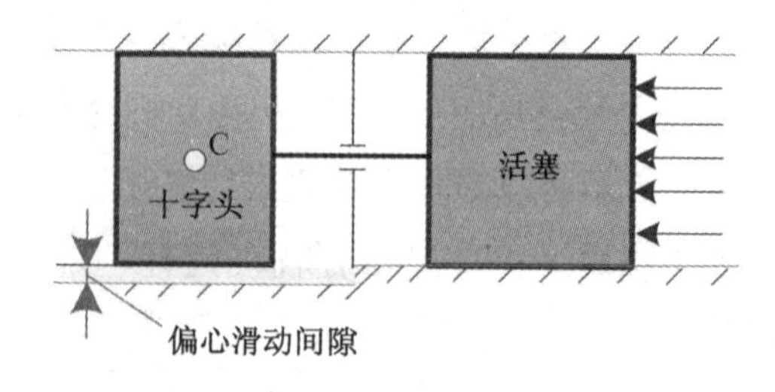

(b)表征偏心滑动间隙的示意图

图 2.2　十字头磨损引起下沉以及偏心滑动间隙示意图

(3)滑变接触力

往复压缩机正常工作时，十字头和活塞两滑块作往复运动，由于十字头与滑道之间、活塞与气缸内壁之间产生的垂向接触力不仅大小时刻变化，而且位置也时刻变化，因此将这类接触力命名为滑变接触力。

(4)滑变碰磨接触力

在滑变接触力的基础上，如果十字头或活塞在滑道之间出现了跳跃并与滑道发生碰磨，则滑变接触力演变为滑变碰磨接触力，简称碰磨接触力。

2.2.2 时变载荷模型等效

每个周期内，往复压缩机曲轴旋转一周，气缸相应地完成膨胀、吸气、压缩和排气四个阶段，如图2.3所示的示功图。联合图2.1和图2.3，当曲轴位于初始位置(0°)时，活塞位于右端极限位置，同时吸气阀和排气阀均关闭。随着曲轴顺时针转动，十字头和活塞从右向左移动，活塞右侧的工作容积逐渐增大，腔内气体逐渐膨胀，气缸压力则逐渐减小，整个过程为膨胀阶段。当气缸内部压力降低至略低于腔内的外部压力时，吸气阀打开，直至十字头和活塞移动到最左端极限位置即曲轴180°位置，从而完成吸气过程。在吸气阶段，汽缸压力几乎恒定。随后，活塞和十字头开始由左极限位置开始向右移动，此时吸气阀关闭，气缸容积逐渐压缩，气缸压力逐渐增大直至排气阀打开，进而完成压缩过程。最后，气缸开始进入排气阶段，活塞和十字头继续向右移动直至右极限位置(曲轴360°位置即起始位置)，同时排气阀关闭。与吸气过程相似，排气过程中压力也几乎恒定。

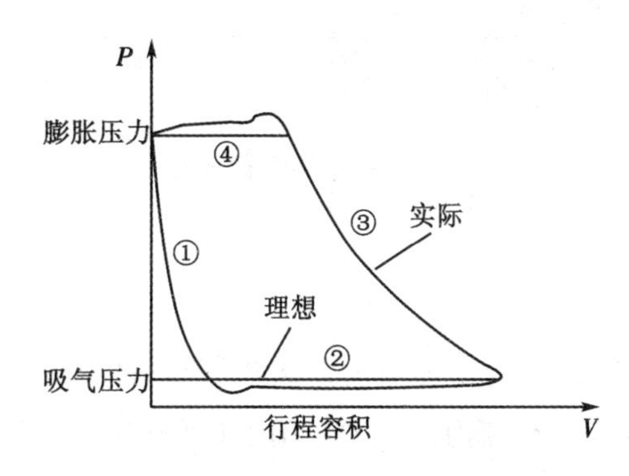

图2.3 示功图

①—膨胀阶段；②—吸气阶段；③—压缩阶段；④—排气阶段

通过四个阶段的气缸压力描述，可以看到作用于活塞的气缸压力是一种时变载荷。目前，还没有一种表达式能贴切地表征气缸压力的四个过程。Zhao假设气缸内气体是一种理想气体，且压缩与膨胀阶段为等熵过程，然后利用热力学定律建立了一个简单的数学模型。由于假设条件过于苛刻，而且时变载荷的数学模型无法体现曲轴转角与气缸压力之间的直接关系，显然等效的时变载荷模型不够直观。在本专著上篇，假设吸气和排气压力恒定，以曲轴转角为变量，等效气缸压力的数学模型为：

$$P=P_s\mu \tag{2.1}$$

式中，P_s为气缸压力系数；μ 是与转角相关的时变函数。μ 的数学表达式为：

$$\mu=\begin{cases}\sin\left(\dfrac{\pi}{2}-\theta_1\right) & 0^\circ+2n\pi\leqslant\theta_1<\dfrac{7\pi}{16}+2n\pi \quad \text{膨胀阶段}\\ \sin\dfrac{\pi}{16} & \dfrac{7\pi}{16}+2n\pi\leqslant\theta_1<\pi+2n\pi \quad \text{吸气阶段}\\ -\sin\left(\theta_1+\dfrac{\pi}{16}\right) & \pi+2n\pi\leqslant\theta_1<\dfrac{23\pi}{16}+2n\pi \quad \text{压缩阶段}\\ 1 & \dfrac{23\pi}{16}+2n\pi\leqslant\theta_1\leqslant 2\pi+2n\pi \quad \text{排气阶段}\end{cases} \tag{2.2}$$

式中，n 为曲轴转动周数；θ_1 为曲轴转角。

气缸压力等效之后，时变载荷的四个阶段如图 2.4 所示。等效后气缸压力虽然不能与示功图完全相同，但基本反映了作用于活塞上载荷变化的四个阶段。

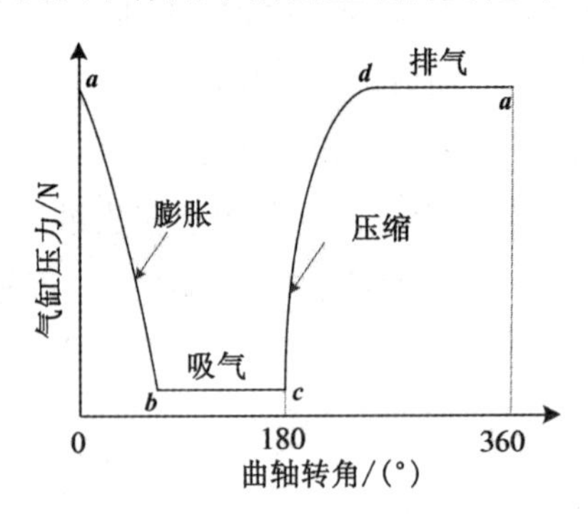

图 2.4　等效的气缸压力

2.2.3　运动学方程的建立

在往复压缩机传动机构中，连杆左端的大头瓦和右端的小头瓦均易磨损，造成旋转铰间隙过大；而十字头在连杆交变力和重力作用下也易与滑道产生磨损，使滑动铰出现偏心滑动间隙。旋转铰间隙和滑动铰偏心间隙属于两种不同的类型，目前在文献中还未看到有学者将这两类不同间隙同时考虑来研究系统的动力学行为。据此，选取大头瓦旋转铰间隙和十字头滑动铰偏心间隙为研究对象，并假设旋转铰关节和滑动铰关节是连续接触状态，探索两类不同间隙对往复压缩机传动机构动力学特性的影响规律。

理想条件下，往复压缩机传动机构的运动状态如图 2.5(a)所示，类似于一个曲柄滑块机构。假设大头瓦 B 位置存在过大间隙，且十字头下沉产生滑动偏心间隙，其他剩余关节均完好。同时假设十字头下沉引起活塞杆弯曲变形，但没有引起十字头跳跃。考虑旋转铰关节连续接触，则大头瓦旋转铰间隙等效为一根无质量虚拟杆，如图 2.5(b)所示，其中旋转铰间隙可定义为轴颈和轴承半径之差。同理，十字头也视为连续接触，因此不考虑其产生跳跃和碰撞情形。设曲轴转速恒为 ω_1。考虑两类间隙后，每个间隙关节失去一个约束，即传动机构的自由度为 2，因此引入系统的广义坐标为 $q=[\theta_1, \theta_c]$，如图 2.5(c)所示。在图 2.5(c)中，为了清晰表达旋转铰间隙和偏心滑动间隙，故意夸大了间隙尺寸。

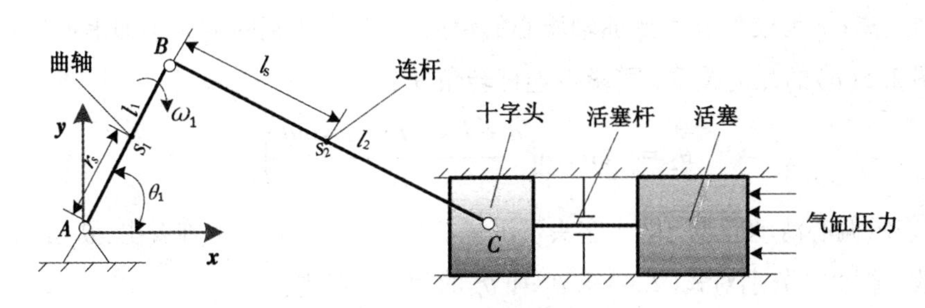

(a)往复压缩机正常工作示意图

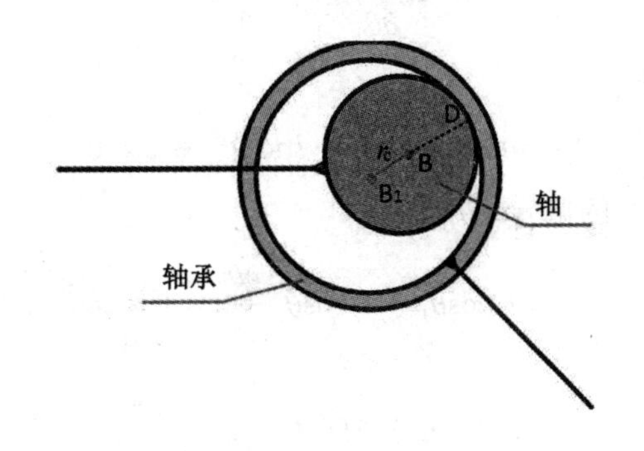

(b)等效旋转铰间隙的无质量杆

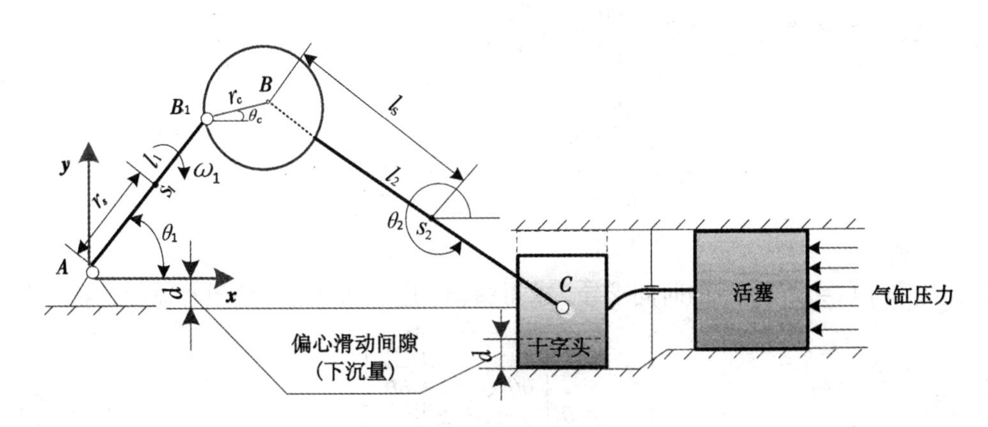

(c)大头瓦间隙和十字头偏心滑动间隙的示意图

图 2.5 含大头瓦间隙和十字头偏心间隙的往复压缩机传动机构运动简图

根据图 2.5 所示的位置关系，计算曲轴、连杆和十字头的质心坐标：

$$\begin{bmatrix} x_1 & y_1 \\ x_2 & y_2 \\ x_3 & y_3 \end{bmatrix} = \begin{bmatrix} r_s & 0 & 0 \\ l_1 & l_s & r_c \\ l_1 & l_2 & r_c \end{bmatrix} \begin{bmatrix} \cos\theta_1 & \sin\theta_1 \\ \cos\theta_2 & \sin\theta_2 \\ \cos\theta_c & \sin\theta_c \end{bmatrix} \tag{2.3}$$

式中，x_i和 y_i(i=1，2，3)代表曲轴、连杆和十字头的质心坐标；θ_1、θ_c 和 θ_2 分别表示曲轴、虚拟杆和连杆与 x 轴之间的夹角；l_1 为曲轴长度；l_2 是连杆长度；l_s为铰关节 B 到连杆质心的距离；r_s为铰关节 A 到曲轴质心的距离；r_c为大头瓦间隙大小即虚拟杆长度。

由图 2.5(c)的几何关系，可求得连杆转角 θ_2：

$$\theta_2 = -\arcsin\left(\frac{d + l_1\sin\theta_1 + r_c\sin\theta_c}{l_2}\right) \tag{2.4}$$

式中，d 表示偏心滑动间隙，即十字头下沉量。显然，$d=-y_3$。不难看出，θ_2 是关于 θ_1 和 θ_c 的函数。据此，分别对式(2.4)求 θ_1 和 θ_c 的偏导，可得：

$$\dot{\theta}_2 = \frac{\partial\theta_2}{\partial\theta_1}\dot{\theta}_1 + \frac{\partial\theta_2}{\partial\theta_c}\dot{\theta}_c \tag{2.5}$$

将式(2.4)变化如下：

$$l_1\sin\theta_1 + r_c\sin\theta_c + l_2\sin\theta_2 + d = 0 \tag{2.6}$$

分别对式(2.6)求 θ_1 和 θ_c的偏导，可得：

$$l_1\cos\theta_1 + l_2\cos\theta_2\frac{\partial\theta_2}{\partial\theta_1} = 0 \tag{2.7}$$

$$r_c\cos\theta_c + l_2\cos\theta_2\frac{\partial\theta_2}{\partial\theta_c} = 0 \tag{2.8}$$

由式(2.7)和式(2.8)可求得 $\frac{\partial\theta_2}{\partial\theta_1}$ 和 $\frac{\partial\theta_2}{\partial\theta_c}$：

$$\begin{bmatrix} \frac{\partial\theta_2}{\partial\theta_1} \\ \frac{\partial\theta_2}{\partial\theta_c} \end{bmatrix} = -\frac{1}{l_2\cos\theta_2}\begin{bmatrix} l_1\cos\theta_1 \\ r_c\cos\theta_c \end{bmatrix} \tag{2.9}$$

对 x_i和 y_i(i=1，2，3)的时间求导，求得曲轴、连杆和十字头的质心速度为：

$$\begin{bmatrix} \dot{x}_i \\ \dot{y}_i \end{bmatrix} = \dot{\theta}_1\begin{bmatrix} \frac{\partial x_i}{\partial\theta_1} \\ \frac{\partial y_i}{\partial\theta_1} \end{bmatrix} + \dot{\theta}_c\begin{bmatrix} \frac{\partial x_i}{\partial\theta_c} \\ \frac{\partial y_i}{\partial\theta_c} \end{bmatrix} \tag{2.10}$$

在式(2.10)中，$\dfrac{\partial x_i}{\partial \theta_1}$、$\dfrac{\partial y_i}{\partial \theta_1}$、$\dfrac{\partial x_i}{\partial \theta_c}$和$\dfrac{\partial y_i}{\partial \theta_c}$的计算结果如下：

$$\begin{bmatrix} \dfrac{\partial x_1}{\partial \theta_1} \\ \dfrac{\partial y_1}{\partial \theta_1} \end{bmatrix} = r_s \begin{bmatrix} -\sin\theta_1 \\ \cos\theta_1 \end{bmatrix} \tag{2.11}$$

$$\begin{bmatrix} \dfrac{\partial x_2}{\partial \theta_1} \\ \dfrac{\partial y_2}{\partial \theta_1} \end{bmatrix} = \begin{bmatrix} l_1 & l_s \dfrac{\partial \theta_2}{\partial \theta_1} \\ l_1 & l_s \dfrac{\partial \theta_2}{\partial \theta_1} \end{bmatrix} \begin{bmatrix} -\sin\theta_1 & \cos\theta_1 \\ -\sin\theta_2 & \cos\theta_2 \end{bmatrix} \tag{2.12}$$

$$\begin{bmatrix} \dfrac{\partial x_3}{\partial \theta_1} \\ \dfrac{\partial y_3}{\partial \theta_1} \end{bmatrix} = \begin{bmatrix} l_1 & l_2 \dfrac{\partial \theta_2}{\partial \theta_1} \\ l_1 & l_2 \dfrac{\partial \theta_2}{\partial \theta_1} \end{bmatrix} \begin{bmatrix} -\sin\theta_1 & \cos\theta_1 \\ -\sin\theta_2 & \cos\theta_2 \end{bmatrix} \tag{2.13}$$

$$\begin{bmatrix} \dfrac{\partial x_1}{\partial \theta_c} \\ \dfrac{\partial y_1}{\partial \theta_c} \end{bmatrix} = \begin{bmatrix} 0 \\ 0 \end{bmatrix} \tag{2.14}$$

$$\begin{bmatrix} \dfrac{\partial x_2}{\partial \theta_c} \\ \dfrac{\partial y_2}{\partial \theta_c} \end{bmatrix} = \begin{bmatrix} r_c & l_s \dfrac{\partial \theta_2}{\partial \theta_c} \\ r_c & l_s \dfrac{\partial \theta_2}{\partial \theta_c} \end{bmatrix} \begin{bmatrix} -\sin\theta_c & \cos\theta_c \\ -\sin\theta_2 & \cos\theta_2 \end{bmatrix} \tag{2.15}$$

$$\begin{bmatrix} \dfrac{\partial x_3}{\partial \theta_c} \\ \dfrac{\partial y_3}{\partial \theta_c} \end{bmatrix} = \begin{bmatrix} r_c & l_2 \dfrac{\partial \theta_2}{\partial \theta_c} \\ r_c & l_2 \dfrac{\partial \theta_2}{\partial \theta_c} \end{bmatrix} \begin{bmatrix} -\sin\theta_c & \cos\theta_c \\ -\sin\theta_2 & \cos\theta_2 \end{bmatrix} \tag{2.16}$$

将式(2.11)~式(2.16)构建为矩阵形式，可得：

$$\begin{bmatrix} \frac{\partial x_1}{\partial \theta_1} & \frac{\partial y_1}{\partial \theta_1} \\ \frac{\partial x_2}{\partial \theta_1} & \frac{\partial y_2}{\partial \theta_1} \\ \frac{\partial x_3}{\partial \theta_1} & \frac{\partial y_3}{\partial \theta_1} \\ \frac{\partial x_2}{\partial \theta_c} & \frac{\partial y_2}{\partial \theta_c} \\ \frac{\partial x_3}{\partial \theta_c} & \frac{\partial y_3}{\partial \theta_c} \end{bmatrix} = \begin{bmatrix} r_s & 0 & 0 \\ l_1 & l_s \frac{\partial \theta_2}{\partial \theta_1} & 0 \\ l_1 & l_2 \frac{\partial \theta_2}{\partial \theta_1} & 0 \\ 0 & l_s \frac{\partial \theta_2}{\partial \theta_c} & r_c \\ 0 & l_2 \frac{\partial \theta_2}{\partial \theta_c} & r_c \end{bmatrix} \begin{bmatrix} -\sin\theta_1 & \cos\theta_1 \\ -\sin\theta_2 & \cos\theta_2 \\ -\sin\theta_c & \cos\theta_c \end{bmatrix} \tag{2.17}$$

对式(2.5)求导，求得连杆角速度的表达式为：

$$\ddot{\theta}_2 = \frac{\partial^2 \theta_2}{\partial \theta_1^2}\dot{\theta}_1^2 + 2\frac{\partial^2 \theta_2}{\partial \theta_1 \partial \theta_c}\dot{\theta}_1\dot{\theta}_c + \frac{\partial^2 \theta_2}{\partial \theta_c^2}\dot{\theta}_c^2 + \ddot{\theta}_c\frac{\partial \theta_2}{\partial \theta_c} + \ddot{\theta}_1\frac{\partial \theta_2}{\partial \theta_1} \tag{2.18}$$

对式(2.9)分别求 θ_1 和 θ_c 偏导，求得式(2.18)的 $\frac{\partial^2 \theta_2}{\partial \theta_1^2}$、$\frac{\partial^2 \theta_2}{\partial \theta_c^2}$ 和 $\frac{\partial^2 \theta_2}{\partial \theta_c \partial \theta_1}$ 的表达式为：

$$\frac{\partial^2 \theta_2}{\partial \theta_1^2} = \frac{l_1\sin\theta_1 + l_2\sin\theta_2\left(\frac{\partial \theta_2}{\partial \theta_1}\right)^2}{l_2\cos\theta_2} \tag{2.19}$$

$$\frac{\partial^2 \theta_2}{\partial \theta_c^2} = \frac{r_c l_2 \sin\theta_c\,(\cos\theta_2)^2 + (r_c\cos\theta_c)^2\sin\theta_2}{l_2^2\,(\cos\theta_c)^3} \tag{2.20}$$

$$\frac{\partial^2 \theta_2}{\partial \theta_c \partial \theta_1} = \frac{l_1 . r_c . \sin\theta_2 . \cos\theta_1 . \cos\theta_c}{l_2^2\,(\cos\theta_2)^2} \tag{2.21}$$

将式(2.10)对时间求导，可得曲轴、连杆和十字头的加速度：

$$\begin{bmatrix} \ddot{x}_i \\ \ddot{y}_i \end{bmatrix} = \dot{\theta}_1^2\begin{bmatrix} \frac{\partial^2 x_i}{\partial \theta_1^2} \\ \frac{\partial^2 y_i}{\partial \theta_1^2} \end{bmatrix} + 2\dot{\theta}_1\dot{\theta}_c\begin{bmatrix} \frac{\partial^2 x_i}{\partial \theta_1 \partial \theta_c} \\ \frac{\partial^2 y_i}{\partial \theta_1 \partial \theta_c} \end{bmatrix} + \ddot{\theta}_c\begin{bmatrix} \frac{\partial x_i}{\partial \theta_c} \\ \frac{\partial y_i}{\partial \theta_c} \end{bmatrix} + \dot{\theta}_c^2\begin{bmatrix} \frac{\partial^2 x_i}{\partial \theta_c^2} \\ \frac{\partial^2 y_i}{\partial \theta_c^2} \end{bmatrix} \quad (i=1,\ 2,\ 3) \tag{2.22}$$

式(2.22)中的 $\frac{\partial^2 x_i}{\partial \theta_1^2}$，$\frac{\partial^2 y_i}{\partial \theta_1^2}$，$\frac{\partial^2 x_i}{\partial \theta_1 \partial \theta_c}$，$\frac{\partial^2 y_i}{\partial \theta_1 \partial \theta_c}$，$\frac{\partial^2 x_i}{\partial \theta_c^2}$ 和 $\frac{\partial^2 y_i}{\partial \theta_c^2}$ 可通过式(2.23)~式(2.31)确定。

将式(2.11)对 θ_1 求导，求得 $\frac{\partial^2 x_1}{\partial \theta_1^2}$ 和 $\frac{\partial^2 y_1}{\partial \theta_1^2}$：

$$\begin{bmatrix} \dfrac{\partial^2 x_1}{\partial \theta_1^2} \\ \dfrac{\partial^2 y_1}{\partial \theta_1^2} \end{bmatrix} = r_s \begin{bmatrix} -\cos\theta_1 \\ -\sin\theta_1 \end{bmatrix} \tag{2.23}$$

将式(2.12)对 θ_1 求导，求得 $\dfrac{\partial^2 x_2}{\partial \theta_1^2}$ 和 $\dfrac{\partial^2 y_2}{\partial \theta_1^2}$：

$$\begin{bmatrix} \dfrac{\partial^2 x_2}{\partial \theta_1^2} \\ \dfrac{\partial^2 y_2}{\partial \theta_1^2} \end{bmatrix} = -\begin{bmatrix} l_1 & l_s \dfrac{\partial^2 \theta_2}{\partial^2 \theta_1} & l_s \left(\dfrac{\partial \theta_2}{\partial \theta_1}\right)^2 \\ l_1 & -l_s \dfrac{\partial^2 \theta_2}{\partial^2 \theta_1} & l_s \left(\dfrac{\partial^2 \theta_2}{\partial^2 \theta_1}\right)^2 \end{bmatrix} \begin{bmatrix} \cos\theta_1 & \sin\theta_1 \\ \sin\theta_2 & \cos\theta_2 \\ \cos\theta_2 & \sin\theta_2 \end{bmatrix} \tag{2.24}$$

将式(2.13)对 θ_1 求导，求得 $\dfrac{\partial^2 x_3}{\partial \theta_1^2}$ 和 $\dfrac{\partial^2 y_3}{\partial \theta_1^2}$：

$$\begin{bmatrix} \dfrac{\partial^2 x_3}{\partial \theta_1^2} \\ \dfrac{\partial^2 y_3}{\partial \theta_1^2} \end{bmatrix} = -\begin{bmatrix} l_1 & l_2 \dfrac{\partial^2 \theta_2}{\partial^2 \theta_1} & l_2 \left(\dfrac{\partial^2 \theta_2}{\partial^2 \theta_1}\right)^2 \\ l_1 & -l_2 \dfrac{\partial^2 \theta_2}{\partial^2 \theta_1} & l_2 \left(\dfrac{\partial^2 \theta_2}{\partial^2 \theta_1}\right)^2 \end{bmatrix} \begin{bmatrix} \cos\theta_1 & \sin\theta_1 \\ \sin\theta_2 & \cos\theta_2 \\ \cos\theta_2 & \sin\theta_2 \end{bmatrix} \tag{2.25}$$

将式(2.11)对 θ_c 求导，求得 $\dfrac{\partial^2 x_1}{\partial \theta_1 \partial \theta_c}$ 和 $\dfrac{\partial^2 y_1}{\partial \theta_1 \partial \theta_c}$：

$$\begin{bmatrix} \dfrac{\partial^2 x_1}{\partial \theta_1 \partial \theta_c} \\ \dfrac{\partial^2 y_1}{\partial \theta_1 \partial \theta_c} \end{bmatrix} = \begin{bmatrix} 0 \\ 0 \end{bmatrix} \tag{2.26}$$

将式(2.12)对 θ_c 求导，求得 $\dfrac{\partial^2 x_2}{\partial \theta_1 \partial \theta_c}$ 和 $\dfrac{\partial^2 y_2}{\partial \theta_1 \partial \theta_c}$：

$$\begin{bmatrix} \dfrac{\partial^2 x_2}{\partial \theta_1 \partial \theta_c} \\ \dfrac{\partial^2 y_2}{\partial \theta_1 \partial \theta_c} \end{bmatrix} = -\begin{bmatrix} l_s \dfrac{\partial^2 \theta_2}{\partial \theta_1 \partial \theta_c} & l_s \dfrac{\partial \theta_2}{\partial \theta_1} \dfrac{\partial \theta_2}{\partial \theta_c} \\ -l_s \dfrac{\partial^2 \theta_2}{\partial \theta_1 \partial \theta_c} & l_s \dfrac{\partial \theta_2}{\partial \theta_1} \dfrac{\partial \theta_2}{\partial \theta_c} \end{bmatrix} \begin{bmatrix} \sin\theta_2 & \cos\theta_2 \\ \cos\theta_2 & \sin\theta_2 \end{bmatrix} \tag{2.27}$$

将式(2.13)对 θ_c 求导，求得 $\dfrac{\partial^2 x_3}{\partial \theta_1 \partial \theta_c}$ 和 $\dfrac{\partial^2 y_3}{\partial \theta_1 \partial \theta_c}$：

$$\begin{bmatrix} \dfrac{\partial^2 x_3}{\partial \theta_1 \partial \theta_c} \\ \dfrac{\partial^2 y_3}{\partial \theta_1 \partial \theta_c} \end{bmatrix} = -\begin{bmatrix} l_2 \dfrac{\partial^2 \theta_2}{\partial \theta_1 \partial \theta_c} & l_2 \dfrac{\partial \theta_2}{\partial \theta_1} \dfrac{\partial \theta_2}{\partial \theta_c} \\ -l_2 \dfrac{\partial^2 \theta_2}{\partial \theta_1 \partial \theta_c} & l_2 \dfrac{\partial \theta_2}{\partial \theta_1} \dfrac{\partial \theta_2}{\partial \theta_c} \end{bmatrix} \begin{bmatrix} \sin\theta_2 & \cos\theta_2 \\ \cos\theta_2 & \sin\theta_2 \end{bmatrix} \tag{2.28}$$

将式(2.14)对 θ_c 求导，计算 $\dfrac{\partial^2 x_1}{\partial \theta_c^2}$ 和 $\dfrac{\partial^2 y_1}{\partial \theta_c^2}$：

$$\begin{bmatrix} \dfrac{\partial^2 x_1}{\partial \theta_c^2} \\ \dfrac{\partial^2 y_1}{\partial \theta_c^2} \end{bmatrix} = \begin{bmatrix} 0 \\ 0 \end{bmatrix} \tag{2.29}$$

将式(2.15)对 θ_c 求导，求得 $\dfrac{\partial^2 x_2}{\partial \theta_c^2}$ 和 $\dfrac{\partial^2 y_2}{\partial \theta_c^2}$：

$$\begin{bmatrix} \dfrac{\partial^2 x_2}{\partial \theta_c^2} \\ \dfrac{\partial^2 y_2}{\partial \theta_c^2} \end{bmatrix} = -\begin{bmatrix} l_s \dfrac{\partial^2 \theta_2}{\partial^2 \theta_c} & l_s\left(\dfrac{\partial \theta_2}{\partial \theta_c}\right)^2 & r_c \\ -l_s \dfrac{\partial^2 \theta_2}{\partial^2 \theta_c} & l_s\left(\dfrac{\partial \theta_2}{\partial \theta_c}\right)^2 & r_c \end{bmatrix} \begin{bmatrix} \sin\theta_2 & \cos\theta_2 \\ \cos\theta_2 & \sin\theta_2 \\ \cos\theta_c & \sin\theta_c \end{bmatrix} \tag{2.30}$$

将式(2.16)对 θ_c 求导，计算 $\dfrac{\partial^2 x_3}{\partial \theta_c^2}$ 和 $\dfrac{\partial^2 y_3}{\partial \theta_c^2}$ 可得：

$$\begin{bmatrix} \dfrac{\partial^2 x_3}{\partial \theta_c^2} \\ \dfrac{\partial^2 y_3}{\partial \theta_c^2} \end{bmatrix} = -\begin{bmatrix} l_2 \dfrac{\partial^2 \theta_2}{\partial^2 \theta_c} & l_2\left(\dfrac{\partial \theta_2}{\partial \theta_1}\right)^2 & r_c \\ -l_2 \dfrac{\partial^2 \theta_2}{\partial^2 \theta_c} & l_2\left(\dfrac{\partial \theta_2}{\partial^2 \theta_1}\right)^2 & r_c \end{bmatrix} \begin{bmatrix} \sin\theta_2 & \cos\theta_2 \\ \cos\theta_2 & \sin\theta_2 \\ \cos\theta_c & \sin\theta_c \end{bmatrix} \tag{2.31}$$

将式(2.23)~式(2.31)构建为矩阵形式，可得：

$$\begin{bmatrix} \dfrac{\partial^2 x_1}{\partial \theta_1^2} & \dfrac{\partial^2 y_1}{\partial \theta_1^2} \\ \dfrac{\partial^2 x_2}{\partial \theta_1^2} & \dfrac{\partial^2 y_2}{\partial \theta_1^2} \\ \dfrac{\partial^2 x_2}{\partial \theta_1 \partial \theta_c} & \dfrac{\partial^2 y_2}{\partial \theta_1 \partial \theta_c} \\ \dfrac{\partial^2 x_2}{\partial \theta_c^2} & \dfrac{\partial^2 y_2}{\partial \theta_c^2} \\ \dfrac{\partial^2 x_3}{\partial \theta_1^2} & \dfrac{\partial^2 y_3}{\partial \theta_1^2} \\ \dfrac{\partial^2 x_3}{\partial \theta_1 \partial \theta_c} & \dfrac{\partial^2 y_3}{\partial \theta_1 \partial \theta_c} \\ \dfrac{\partial^2 x_3}{\partial \theta_c^2} & \dfrac{\partial^2 y_3}{\partial \theta_c^2} \end{bmatrix} = -\begin{bmatrix} r_s & 0 & 0 & 0 \\ l_1 & \pm l_s \dfrac{\partial^2 \theta_2}{\partial \theta_1^2} & l_s\left(\dfrac{\partial \theta_2}{\partial \theta_1}\right)^2 & 0 \\ 0 & \pm l_s \dfrac{\partial^2 \theta_2}{\partial \theta_1 \partial \theta_c} & l_s \dfrac{\partial \theta_2}{\partial \theta_1} \dfrac{\partial \theta_2}{\partial \theta_c} & 0 \\ 0 & \pm l_s \dfrac{\partial^2 \theta_2}{\partial \theta_c^2} & l_s\left(\dfrac{\partial \theta_2}{\partial \theta_c}\right)^2 & r_c \\ l_1 & \pm l_2 \dfrac{\partial^2 \theta_2}{\partial \theta_1^2} & l_2\left(\dfrac{\partial \theta_2}{\partial \theta_1}\right)^2 & 0 \\ 0 & \pm l_2 \dfrac{\partial^2 \theta_2}{\partial \theta_1 \partial \theta_c} & l_2 \dfrac{\partial \theta_2}{\partial \theta_1} \dfrac{\partial \theta_2}{\partial \theta_c} & 0 \\ 0 & \pm l_2 \dfrac{\partial^2 \theta_2}{\partial \theta_c^2} & l_2\left(\dfrac{\partial \theta_2}{\partial \theta_c}\right)^2 & r_c \end{bmatrix} \times \begin{bmatrix} \cos\theta_1 & \sin\theta_1 \\ \sin\theta_2 & \cos\theta_2 \\ \cos\theta_2 & \sin\theta_2 \\ \cos\theta_c & \sin\theta_c \end{bmatrix} \tag{2.32}$$

式中，符合“±”中的“+”和“-”分别代表求解矩阵的第一列和第二列的符号。此外，很容易求得如下的式(2.33)。

$$\frac{\partial^2 x_1}{\partial\theta_1\partial\theta_c}=\frac{\partial^2 y_1}{\partial\theta_1\partial\theta_c}=\frac{\partial^2 x_1}{\partial\theta_c^2}=\frac{\partial^2 y_1}{\partial\theta_c^2}=\frac{\partial x_1}{\partial\theta_c}=\frac{\partial y_1}{\partial\theta_c}=\frac{\partial y_3}{\partial\theta_1}=\frac{\partial y_3}{\partial\theta_c}=\frac{\partial^2 y_3}{\partial\theta_1^2}=\frac{\partial^2 y_3}{\partial\theta_1\partial\theta_c}=\frac{\partial^2 y_3}{\partial\theta_c^2}=0 \tag{2.33}$$

2.2.4　动力学方程的建立

为了揭示含两类间隙的传动机构动力学响应规律，必须建立该系统的动力学方程，其中拉格朗日方法是建立动力学方程的一种有效途径。根据第二类拉格朗日方程可得：

$$\frac{\mathrm{d}}{\mathrm{d}t}\left(\frac{\partial E}{\partial\dot{q}_j}\right)-\frac{\partial E}{\partial q_j}+\frac{\partial U}{\partial q_j}=Q_{c,j}(j=1,\ 2) \tag{2.34}$$

式中，E 和 U 分别为往复压缩机传动机构的动能和势能；$Q_{c,j}$代表与广义坐标 q_j相对应的非保守系统广义力，$Q_{c,j}$的计算方法如式(2.35)所示：

$$Q_{c,j}=\sum_{i=1}^{3}\left(\boldsymbol{F}_i^*\cdot\frac{\partial\boldsymbol{V}_{c,i}}{\partial\dot{q}_j}+\boldsymbol{M}_i^*\cdot\frac{\partial\boldsymbol{\omega}_{c,i}}{\partial\dot{q}_j}\right) \tag{2.35}$$

式中，$\boldsymbol{F}_i^*$ 是作用于各个构件 i 质心的外驱动力；$\boldsymbol{M}_i^*$ 是作用于各个构件 i 的外驱动力矩；$\boldsymbol{V}_{c,i}$ 和 $\boldsymbol{\omega}_{c,i}$ 分别是各个构件 i 的线速度和角速度。

考虑活塞正常工作，即不考虑间隙对活塞动力学特性的影响，以往复压缩机传动机构的曲轴、连杆和十字头为研究系统，系统的动能和势能计算为：

$$\left.\begin{aligned}E&=\sum_{i=1}^{3}E_i=\sum_{i=1}^{3}\frac{1}{2}m_i(\dot{x}_i^2+\dot{y}_i^2)+\sum_{i=1}^{2}\frac{1}{2}J_i\dot{\theta}_i^2\\U&=\sum_{i=1}^{2}m_i g y_i\end{aligned}\right\} \tag{2.36}$$

将式(2.36)代入拉格朗日方程式(2.34)中，可得：

$$\sum_{i=1}^{2}J_i\ddot{\theta}_i\frac{\partial\theta_i}{\partial q_j}+\sum_{i=1}^{3}m_i\left(\ddot{x}_i\frac{\partial x_i}{\partial q_j}+\ddot{y}_i\frac{\partial y_i}{\partial q_j}\right)+g\sum_{i=1}^{3}m_i\frac{\partial y_i}{\partial q_j}=Q_j \tag{2.37}$$

式中，m_1、m_2 和 m_3 分别为曲轴、连杆和十字头的质量；J_1、J_2 分别是曲轴、连杆和十字头关于各自质心的转动惯量；g 是重力加速度。

将运动学的式(2.18)和式(2.22)代入式(2.37)中，可得到两个关于广义坐标(θ_1 和 θ_c)的二阶微分方程组。由于系统曲轴的转速恒定(即 $\ddot{\theta}_1=0$)，因此只剩下关于广义坐标 θ_c 的二阶微分方程，如式(2.38)所示：

$$A\cdot\ddot{\theta}_c=B\cdot\dot{\theta}_c+C\cdot\dot{\theta}_c^2+D \tag{2.38}$$

式中，A、B、C 和 D 的表达式如下：

$$A = J_2\left(\frac{\partial\theta_2}{\partial\theta_c}\right)^2 + \sum_{i=1}^{3} m_i\left[\left(\frac{\partial x_i}{\partial\theta_c}\right)^2 + \left(\frac{\partial y_i}{\partial\theta_c}\right)^2\right] \tag{2.39}$$

$$B = -2\omega\left[J_2\frac{\partial\theta_2}{\partial\theta_c}\cdot\frac{\partial^2\theta_2}{\partial\theta_c\partial\theta_1} + \sum_{i=1}^{3} m_i\left(\frac{\partial x_i}{\partial\theta_c}\cdot\frac{\partial^2 x_i}{\partial\theta_1\partial\theta_c} + \frac{\partial y_i}{\partial\theta_c}\cdot\frac{\partial^2 y_i}{\partial\theta_1\partial\theta_c}\right)\right] \tag{2.40}$$

$$C = -\left[J_2\frac{\partial\theta_2}{\partial\theta_c}\cdot\frac{\partial^2\theta_2}{\partial\theta_c^2} + \sum_{i=1}^{3} m_i\left(\frac{\partial x_i}{\partial\theta_c}\cdot\frac{\partial^2 x_i}{\partial\theta_c^2} + \frac{\partial y_i}{\partial\theta_c}\cdot\frac{\partial^2 y_i}{\partial\theta_c^2}\right)\right] \tag{2.41}$$

$$D = Q_2 - \left[J_2\frac{\partial^2\theta_2}{\partial\theta_1}\cdot\frac{\partial\theta_2}{\partial\theta_c} + \sum_{i=1}^{3} m_i\left(\frac{\partial x_i}{\partial\theta_c}\cdot\frac{\partial^2 x_i}{\partial\theta_1^2} + \frac{\partial y_i}{\partial\theta_c}\cdot\frac{\partial^2 y_i}{\partial\theta_1^2}\right)\right]\omega^2 - g\sum_{i=1}^{3} m_i\frac{\partial y_i}{\partial\theta_c} \tag{2.42}$$

假设连杆的质心位于中心位置即 $l_2 = 2l_s$。考虑旋转铰间隙尺寸很小，则 $r_c \cdot x + y \approx y$，式中 x 和 y 是两个数量级基本相同的表达式。将式(2.9)、式(2.17)、式(2.19)~式(2.21)和式(2.32)分别代入式(2.39)~式(2.42)中，则 A、B、C 和 D 的表达式可简化为：

$$A = \left(a_1 + \frac{a_2}{4}\right)\left(\frac{\cos\theta_c}{\cos\theta_2}\right)^2 + a_2 + a_2\cos\theta_c(\sin\theta_c\tan\theta_2 - \cos\theta_c) + a_3(\tan\theta_2\cos\theta_c - \sin\theta_c)^2 \tag{2.43}$$

式中，$a_i(i=1, 2, 3)$ 为常数，其中 $a_1 = J_2\left(\frac{r_c}{l}\right)^2$，$a_2 = m_2 r_c^2$，$a_3 = m_3 r_c^2$。

$$B = \frac{\cos\theta_1\cos\theta_c}{\cos^4\theta_2}[b_1\sin\theta_2\cos\theta_1 + b_2\sin(\theta_2 + \theta_c) + (b_3 + b_4)\sin(\theta_c - \theta_2)] \tag{2.44}$$

式中，$b_i(i=1, 2, 3, 4)$ 为常数。其中，$b_1 = \frac{-2\omega J_2 r_c^2 r}{l^3}$，$b_2 = \frac{-m_2 r r_c^2\omega}{4l}$，$b_3 = 3b_2$，$b_4 = -2m_3 r r_c^2\omega$。

$$C = \frac{1}{\cos^2\theta_2}\left[c_1\sin\theta_c + c_2\left(\frac{5}{16}\cos2\theta_2\sin2\theta_c - \frac{1}{4}\cos2\theta_c\sin2\theta_2\right) + c_3\sin2\theta_2\right] - \frac{c_2}{8}\sin2\theta_c \tag{2.45}$$

式中，$c_i(i=1, 2, 3)$ 为常数，其中 $c_1 = \frac{-J_2 r_c^2}{2l^2} + \frac{3}{16}c_2 - c_3)$，$c_2 = m_2 r_c^2$，$c_3 = -\frac{1}{2}m_3 r_c^2$。

$$D = d_1(-\sin\theta_c + \tan\theta_2\cos\theta_c) - \left[\frac{d_2\cos\theta_c}{\cos^4\theta_2}(l\cos^2\theta_2\sin\theta_1 + r\sin\theta_2\cos^2\theta_1) + d_3\cdot\sin(\theta_c - \theta_2)\frac{\cos\theta_1}{\cos\theta_2} + d_4(\sin\theta_c\cos\theta_1 + \sin(\theta_c - \theta_1)) + d_5\left(\tan\theta_2\sin\theta_1 + \frac{r\cos^2\theta_1}{l\cos^3\theta_2}\right)\right] \tag{2.46}$$

式中，$d_1 = P\cdot r_c$，$d_2 = \frac{d_0 J_2}{l^2}$，$d_3 = d_0\left(\frac{m_2}{2} + m_3\right)$，$d_4 = d_0\left(\frac{m_2}{4} + m_3 + \frac{m_2}{4}\sin\theta_c\right)$，$d_5 = \frac{d_0 m_2}{4}$，

$d_0 = \omega^2 r r_c$。

由于动力学方程式(2. 38)含有 $\dot{\theta}_c^2$ 非线性项，因此，含两类间隙的传动机构是一个非线性动力学系统。

2. 3　数值仿真与动力学响应分析

以 2D12 型号往复压缩机为研究对象，其本体结构参数如表 2. 1 所示，时变载荷系数为 2×10^5。通过四阶 Runge-Kutta(龙格库塔)方法数值求解非线性动力学方程，然后通过式(2. 3)和式(2. 4)求得传动机构中十字头输出的位移、速度和加速度响应。下面通过分析传动机构的动力学响应，揭示两类间隙产生的新现象和新规律。

表 2. 1　　2D12 往复压缩机的结构参数

名称	长度/m	质量/kg	转动惯量/(kg · m^2)
曲轴	0. 12	1	0. 0012
连杆	0. 6	5	0. 15
十字头	—	1	—

2. 3. 1　旋转铰间隙的响应规律

当往复压缩机传动机构在理想条件下工作时，传动机构的各个构件处于平稳状态。图 2. 6 显示了曲轴转速为 191 r/min(20 rad/s)，铰关节均无间隙状态下的十字头的动力学响应。从图 2. 6(a)可知，十字头在滑道中的左极限位置为 0. 48 m，右极限位置为 0. 72 m，这正是曲轴和连杆两次共线位置。十字头的位移、速度和加速度的输出响应曲线十分光滑，不存在波动情形，表明传动机构平稳，这与实际工作情况相吻合。从图 2. 6(d)所示的频谱图可知，十字头出现了 3. 109 Hz 和 6. 217 Hz 的运动频率，其中 3. 109 Hz 是曲轴的转动频率，而 6. 217 Hz 是 3. 109 Hz 的 2 倍频。由于十字头在一个周期内往返于滑道，由此可见 3. 109 Hz 和 6. 217 Hz 是十字头往返的运动频率。

为了分析旋转铰间隙对系统造成的影响，在大头瓦位置设置了 0. 1，0. 5，5 mm 间隙，其中 5 mm 间隙是故意夸大的，实际中是不可能存在的，否则传动机构会失效。这三种间隙的动力学输出响应分别如图 2. 7、图 2. 8 和图 2. 9 所示。从图中可以发现，随着旋转铰间隙尺寸的增大，十字头的输出响应产生如下规律：

① 比较图 2. 7(a)、图 2. 8(a)和图 2. 9(a)可以发现，随着间隙尺寸的增大，十字头的位移响应曲线仍然保持光滑，表明位移响应基本不受间隙的影响。

② 比较图 2. 7(b)、图 2. 8(b)和图 2. 9(b)可以发现，随着间隙尺寸的增大，十字头的速度响应曲线会逐渐产生波动，波动位置主要在波峰和波谷处。尤其是在间隙夸大到

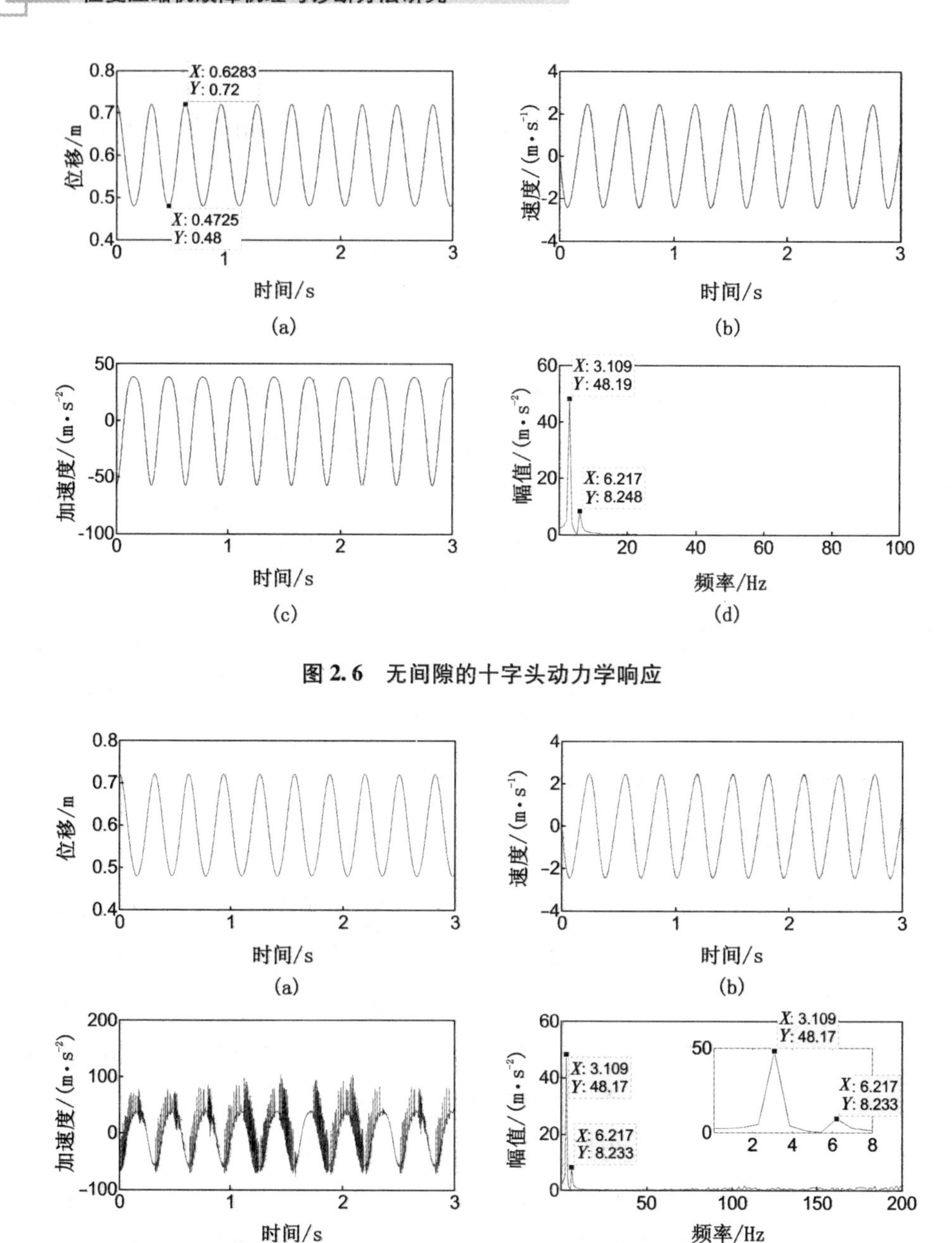

图 2.6　无间隙的十字头动力学响应

图 2.7　0.1 mm 旋转铰间隙的十字头动力学响应

5mm 时，波峰处的速度响应误差超过 90%。显然，这在实际中是不允许的。

③ 比较图 2.7(c)、图 2.8(c)和图 2.9(c)可以发现，随着间隙尺寸的增大，十字头的加速度响应曲线波动会越来越剧烈，而且波动范围不只是局限于波峰和波谷附近。间隙为 0.1 mm 时，加速度响应误差已超过 100%，间隙越大，响应误差将以几何倍数方式增长。

④ 图 2.7(d)、图 2.8(d)和图 2.9(d)显示了不同间隙下 FFT 变化的加速度频谱。在理想工作下，十字头只有 3.109 Hz 和 6.217 Hz 两种运动频率。从图 2.7(d)可知，当

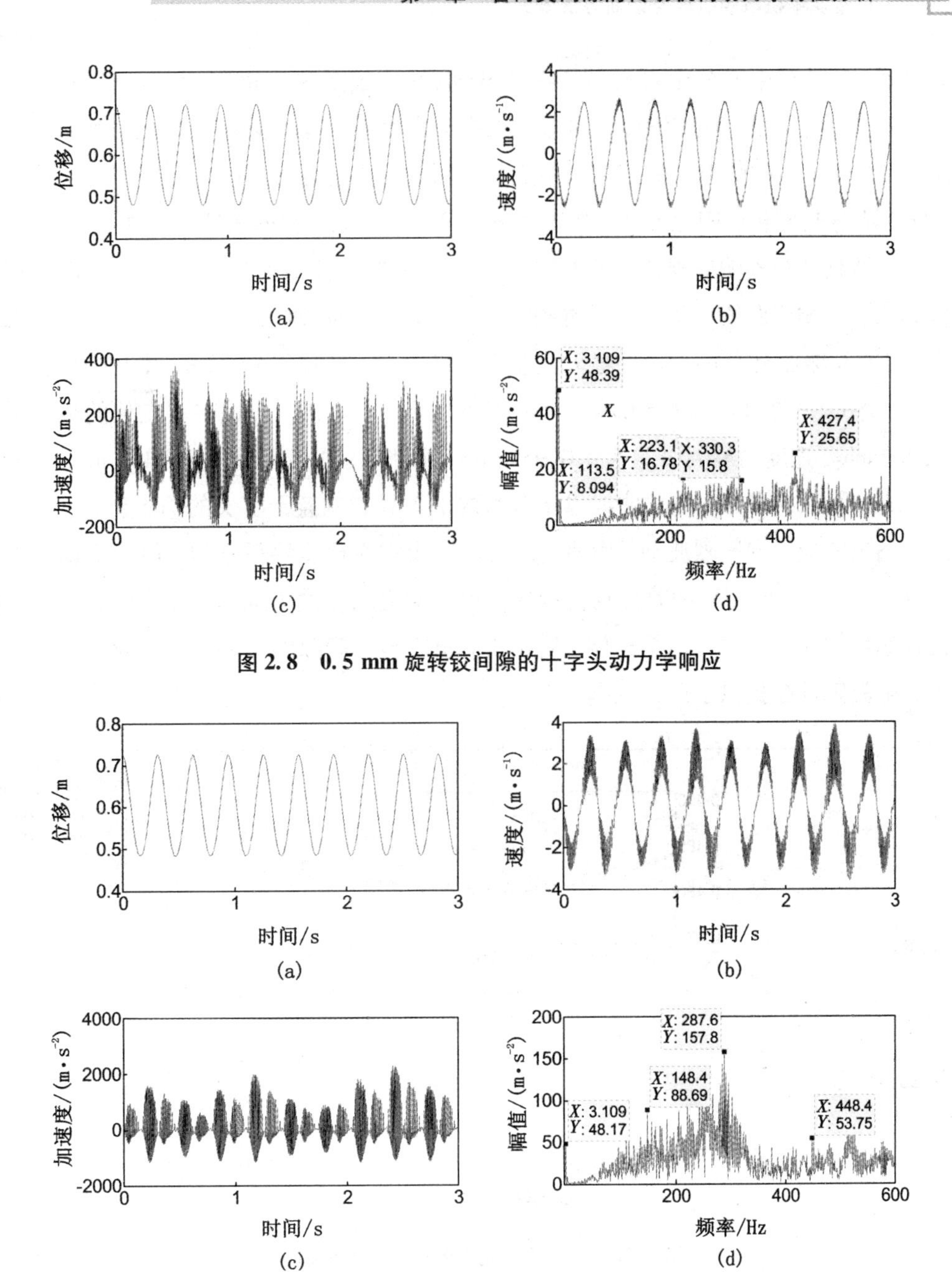

图 2.8　0.5 mm 旋转铰间隙的十字头动力学响应

图 2.9　5 mm 旋转铰间隙的十字头动力学响应

间隙为 0. 1 mm 时，频谱图中除了 3. 109 Hz 和 2 倍频 6. 217 Hz 外，还有微弱的其他频率成分，并且其他频率成分的幅值明显低于 6. 217 Hz 幅值。在图 2. 8(d)中，当间隙为 0. 5 mm 时，除 3. 109 Hz 和 6. 217 Hz 外，其他频率成分明显，且其他频率成分的幅值高于 6. 217 Hz 幅值，但低于 3. 109 Hz 幅值。此外，还可以发现其他频率成分中存在 113. 5 Hz 频率及其 2 倍频 223. 1 Hz 和 3 倍频 330. 3 Hz。在图 2. 9(d)中，当间隙夸大为 5 mm 时，除了 3. 109 Hz 和 6. 217 Hz 之外，其他频率成分也十分明显，而且幅值高于运动频率幅值。另外，其他频率成分中可看到 148.4 Hz 频率分量及其 2 倍频 287.6 Hz 和 3 倍频 448.4 Hz。研究结果表明，旋转铰间隙的存在会产生除了运动频率之外的频率成分，且间隙尺寸越大，由间隙引入的其他频率成分越明显，甚至会超过运动频率成分幅值。因此，频率成分与旋转铰间隙形成了映射关系，可作为间隙存在的表征方法之一。

为了清晰地观察响应规律，图 2.10、图 2.11 和图 2.12 分别展示了一个周期的位移、速度和加速度响应曲线。从图中可看到，当间隙从 0.1 mm 增加至 1 mm 时，位移最大误差由 0.1 mm 增加至 1 mm，速度最大误差由 0.002 m/s 增加至 0.042 m/s，加速度最大峰值由 77.68 m/s^2增加至 402.6 m/s^2。当间隙夸大到 5 mm 时，位移在止点处的最大误差达到 4.9 mm，速度的最大误差达到 0.959 m/s，加速度的最大峰值达到 1164 m/s^2。由此可见，随着间隙的增加，位移曲线以十分微弱的差异影响着十字头的输出位置；加速度曲线的输出响应呈现剧烈波动；而速度曲线的输出响应比位移更剧烈，但比加速度更温和。因此，旋转铰间隙影响着传动机构的输出响应强弱依次为加速度、速度和位移。剧烈的加速度响应输出将传递至机体，从而映射出旋转铰间隙的振动信息，为实际中含旋转铰间隙故障诊断提供了理论依据。

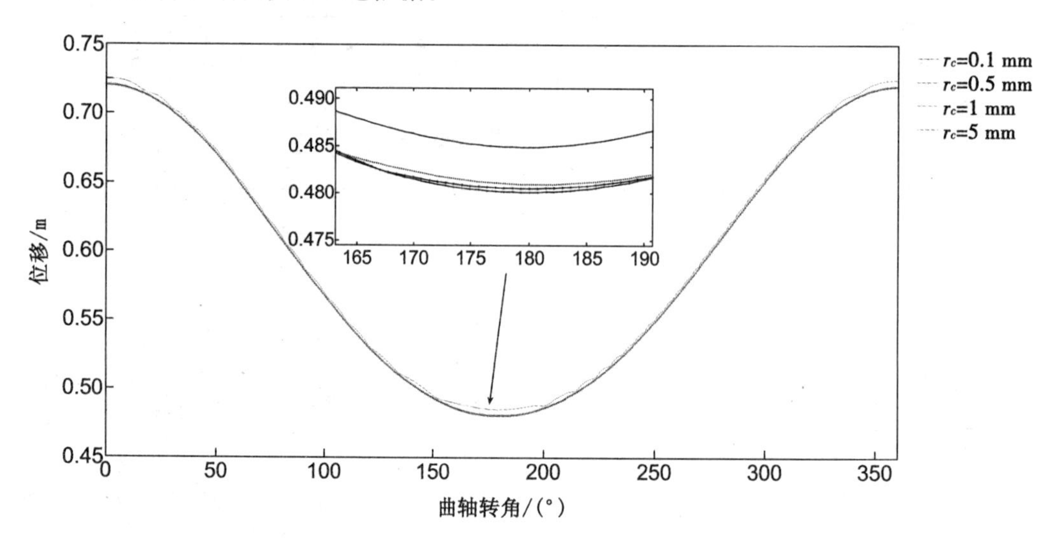

图 2.10　不同间隙大小的十字头位移响应

2.3.2　偏心滑动间隙的影响规律

当往复压缩机曲轴顺时针转动时，十字头与下滑道发生磨损引起下沉现象，导致十字头出现偏心情形，并造成偏心滑动间隙。为了开展偏心滑动间隙影响传动机构的动力学特性研究，仿真参数设置如下：曲轴转速为 191 r/min（20 rad/s），旋转铰间隙为 1 mm，气缸压力系数为 2×10^5。下面通过讨论不同的偏心滑动间隙对传动机构的影响规律，探索偏心滑动间隙与旋转铰间隙中何种间隙影响更大。

考虑偏心滑动间隙分别为 0，0.1，1 mm 和夸大的 5 mm 时，十字头的位移、速度和

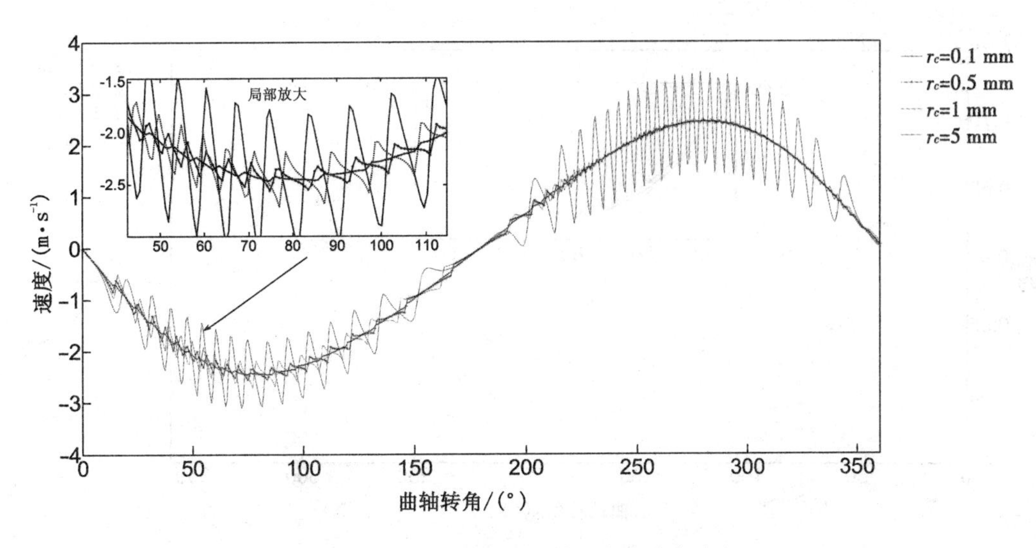

图 2.11　不同间隙大小的十字头速度响应

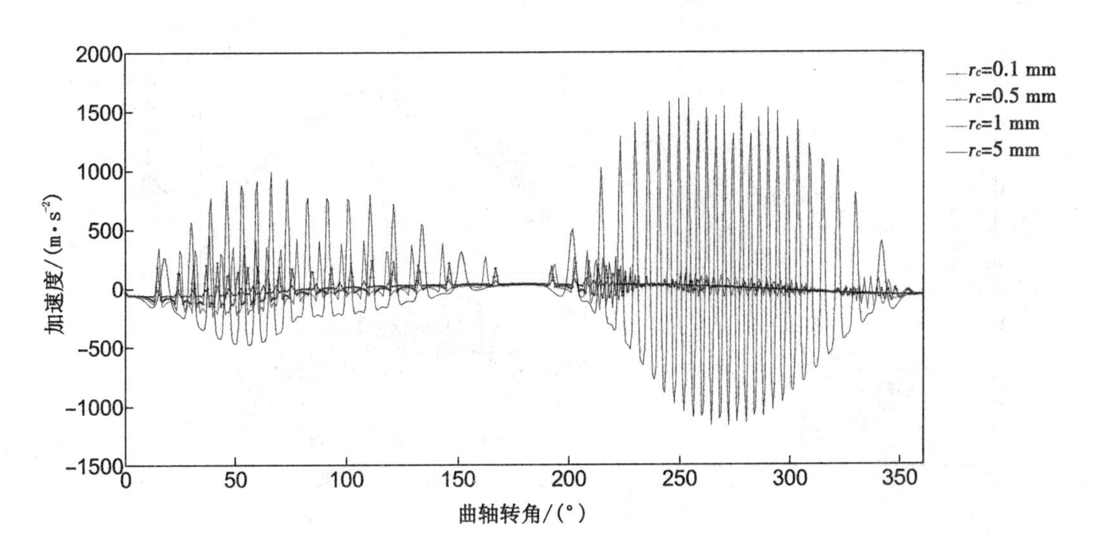

图 2.12　不同间隙大小的十字头加速度响应

加速度的输出响应曲线分别如图 2.13、图 2.14 和图 2.15 所示。结果表明，当偏心滑动间隙从 0 mm 逐渐增加至 1 mm 时，十字头输出的位移在止点位置最大误差由 0 mm 增加至 0.4 mm，速度响应的最大误差由 0 m/s 增加至 0.059 m/s，加速度响应的最大峰值由 402.6 m/s^2增加至 548.1 m/s^2。当偏心滑动间隙夸大到 5 mm 时，在止点位置位移最大误差达到 0.7 mm，速度响应的最大误差达到 0.31 m/s，加速度响应的最大峰值达到 772.4 m/s^2。

不难看出，偏心滑动间隙对十字头的输出响应规律类似于旋转铰间隙，动力学响应曲线的影响强弱也依次为加速度、速度和位移。但是，从两类不同间隙给系统带来的危害程度来看，旋转铰间隙比偏心滑动间隙的影响更大。究其原因，可能是偏心滑动间隙属于单边过大间隙，且十字头没有考虑跳跃情况，因此不易引起十字头在轴向的剧烈振动。

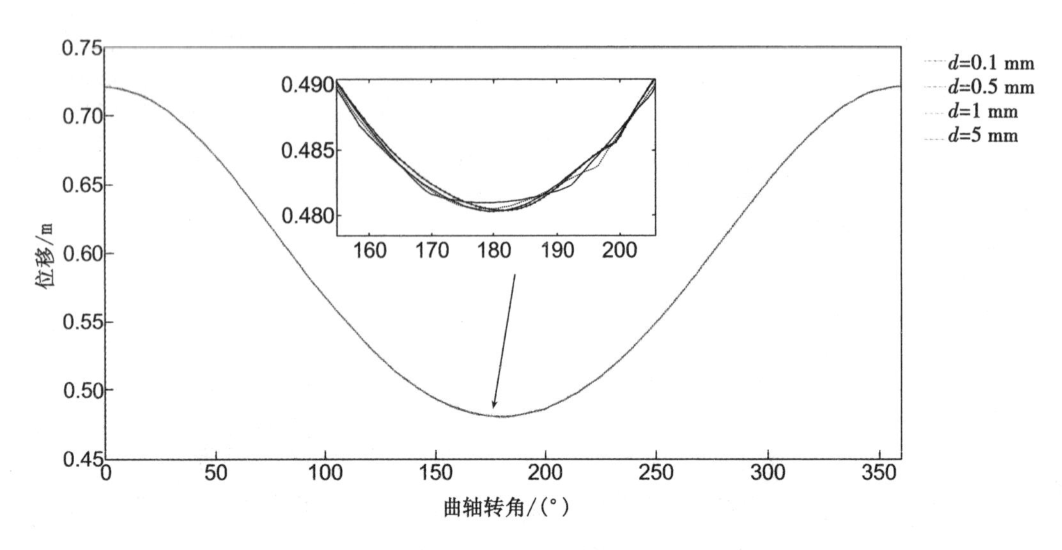

图 2.13 不同偏心滑动间隙大小的十字头位移响应

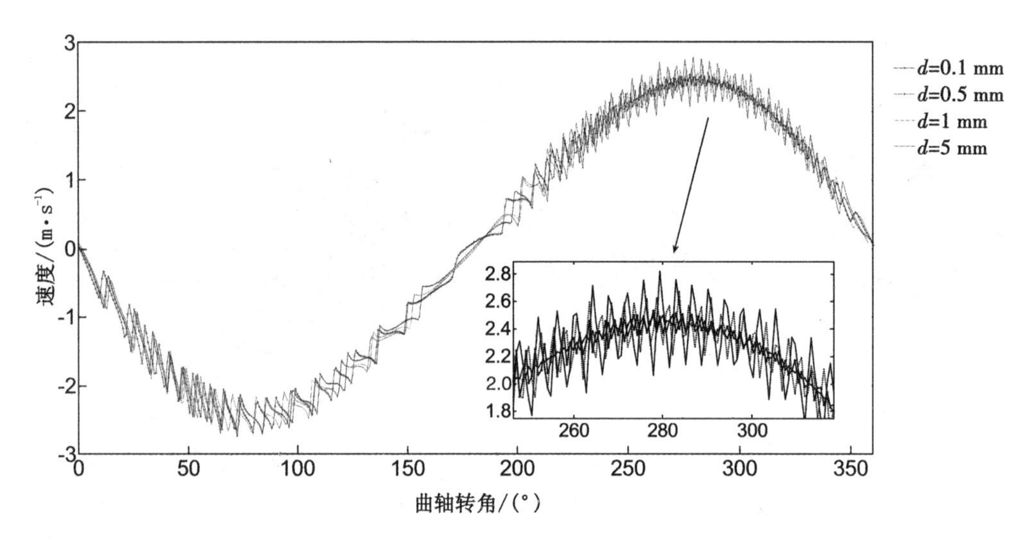

图 2.14 不同偏心滑动间隙大小的十字头速度响应

2.3.3 曲轴转速的影响规律

曲轴转速是传动机构中重要的参数，揭示曲轴转速分别在低速、中速和高速条件下对传动机构的动力学特性的影响规律是本小节的研究工作。在数值仿真分析中，旋转铰间隙和偏心滑动间隙均设置为 1 mm，曲轴低速设置为 95. 5 r/min(即 10 rad/s)，中速设置为 668. 5 r/min(即 70 rad/s)，高速设置为 1432. 5 r/min(即 150 rad/s)。

曲轴在低速、中速和高速下的动力学响应结果分别如图 2. 16、图 2. 17 和图 2. 18 所示。通过比较三种不同转速的响应曲线，可以发现如下规律：

① 在相同间隙下，随着曲轴转速的增加，传动机构的输出动力学响应曲线波动也增大。曲轴转速由低速 10 rad/s 提高至高速 150 rad/s 时，十字头的位移输出响应误差由

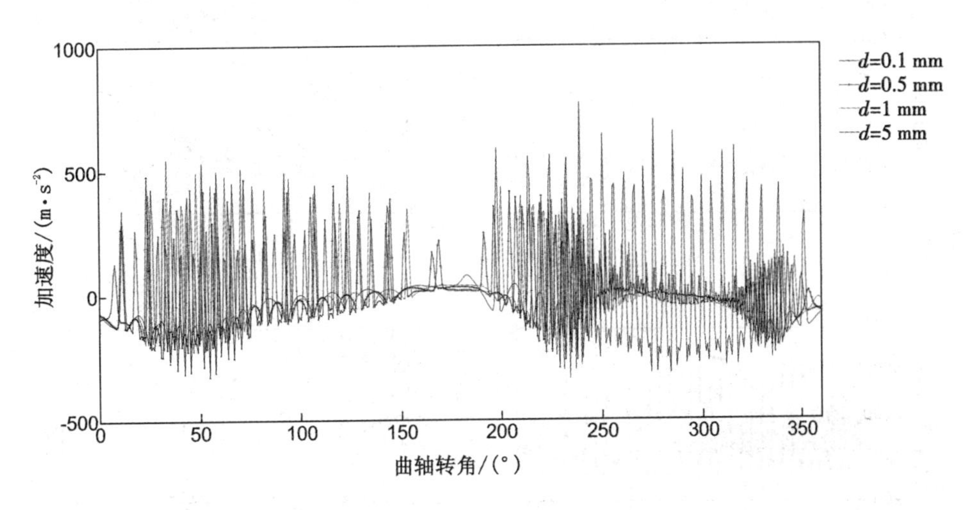

图 2.15　不同偏心滑动间隙大小的十字头加速度响应

0.3 mm 增加至 1.1 mm，速度输出响应误差由 0.043 m/s 增加至 1.78 m/s，加速度的最大峰值由 172.7 m/s^2增加至 16010 m/s^2。因此，含间隙的往复压缩机传动机构不宜在高速条件下运行，否则容易造成机构剧烈振动，甚至使机构工作失效。

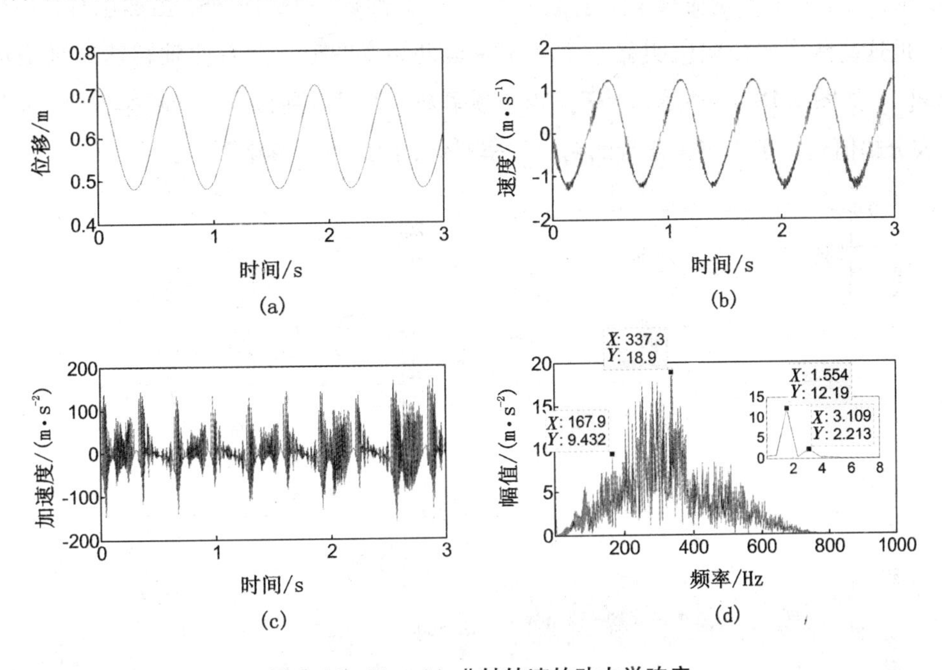

图 2.16　10 rad/s 曲轴转速的动力学响应

② 在相同间隙下，曲轴转速越慢，十字头的输出响应频率除自身运动频率外的其他频率成分越复杂且幅值越大，与间隙变化的影响规律刚好相反。从图 2.16(d)可以看到，曲轴转速为 10 rad/s 时，十字头响应频率除了自身运动频率(1.554 Hz 和 2 倍频 3.109 Hz)外，明显还有其他频率成分且幅值大于转频成分幅值。在其他频率成分中，可以观察到 167.9 Hz 及其 2 倍频 337.3 Hz 成分。随着曲轴转速增加至 70 rad/s，如图 2.17

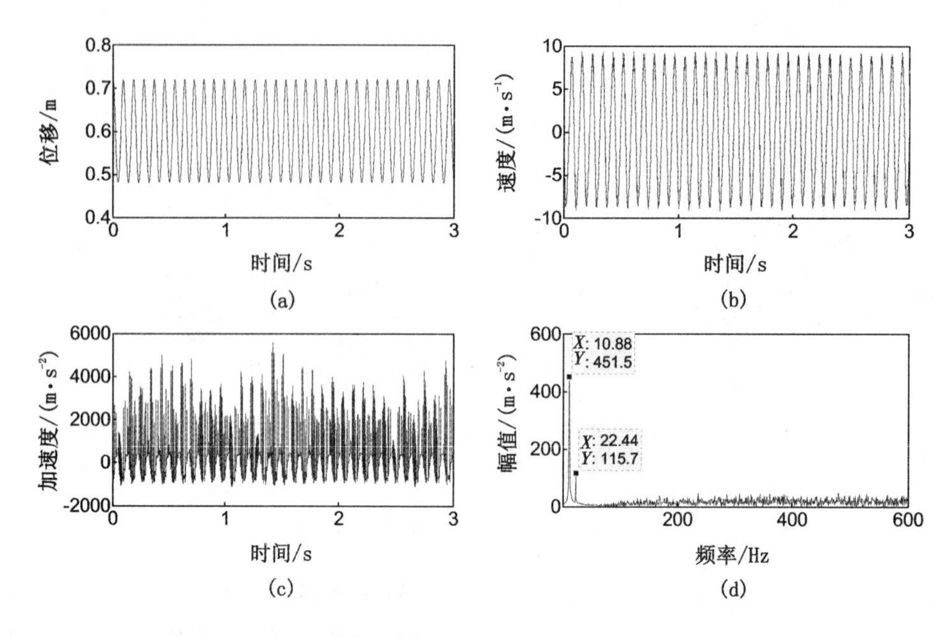

图 2.17　曲轴转速 70 rad/s 的动力学响应

(d)所示，十字头输出响应频率除了 1.554 Hz 和 2 倍频 3.109 Hz 外，虽然也有其他频率成分，但这些频率成分幅值明显小于十字头运动频率幅值。随着曲轴转速继续增加至 150 rad/s，如图 2.18(d)所示，十字头响应频率基本上只看到自身运动频率成分，而其他频率成分幅值远小于十字头自身的响应频率幅值，因此可以忽略不计。

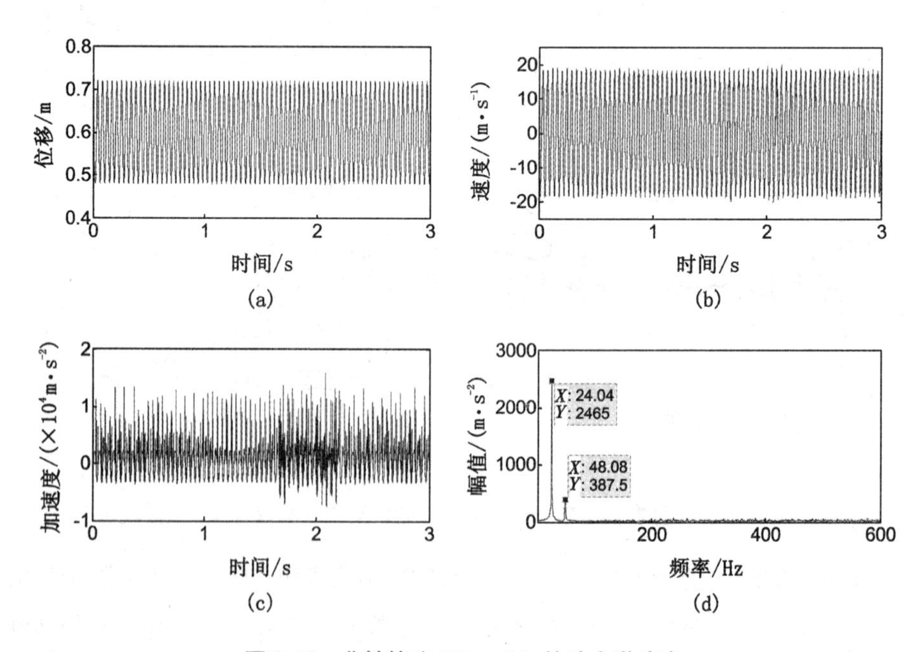

图 2.18　曲轴转速 150 rad/s 的动力学响应

由此可见，在相同间隙下，随着曲轴转速增大，十字头输出位移、速度和加速度响应曲线以越来越大的误差影响着机构工作性能，但是由间隙引入的响应频率幅值与自身运动频率幅值之比将随曲轴转速的增大而降低。

2.4　非线性特性评价

非线性是混沌系统的必要条件，而非充分条件。系统具有非线性不一定出现混沌，但没有非线性则系统一定不会出现混沌。如何评价含两类间隙的非线性动力学系统是随机运动还是类似于随机运动的混沌运动，如果该系统具有混沌行为，又如何揭示该系统的混沌特性等关键问题都是本节重点探索的内容。目前，评价混沌特性有定性和定量两种分析方法，其中定性方法主要有相轨迹法、庞加莱截面法，而定量分析方法主要有李雅普诺夫指数法。本节将采用相轨迹法的定性分析和李雅普诺夫指数法的定量分析，来揭示系统的混沌现象。

相轨迹法是基于非线性动力学微分方程的数值解，通过分析相空间轨迹和状态变量随时间周期变化的一种方法。对于周期或准周期运动的动力学系统，相轨迹线封闭，而且随时间周期变化；而对于混沌运动的动力学系统，相轨迹线不封闭，而且不随时间周期变化。

李雅普诺夫指数法是指在相空间中相互靠近的两条轨线在时间的演变过程中按指数分离或聚合的平均变化速率。李雅普诺夫指数沿某一方向取值的正负和大小表示长时间系统在吸引子中相邻轨线沿该方向平均发散（$\lambda_i>0$）或收敛（$\lambda_i<0$）的快慢程度。当 $\lambda_i>0$ 时，动力学系统具有混沌特性；当 $\lambda_i\leqslant 0$ 时，动力学系统对应着周期性或准周期性。

如图 2.19 所示，无间隙的往复压缩机传动机构的相轨迹线是一条封闭的曲线，表明该运动具有周期性。这与理想传动机构系统的动力学行为相吻合。

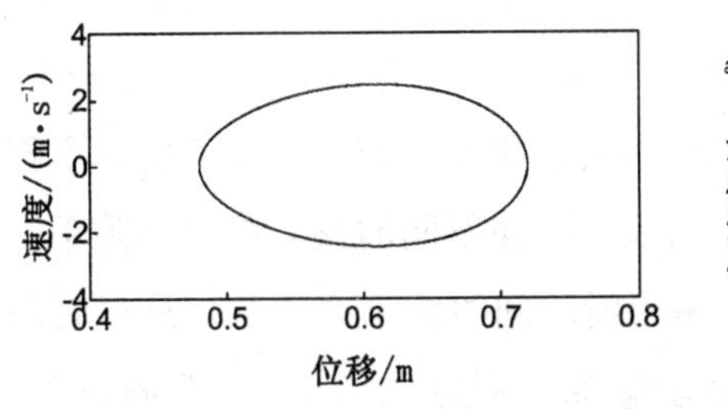

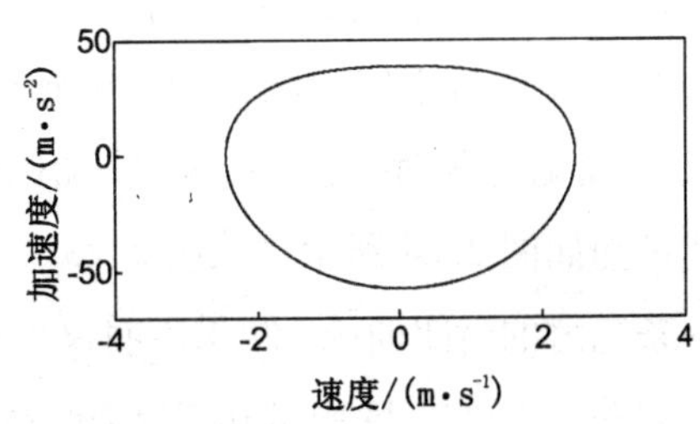

图 2.19　无间隙的传动机构相轨迹

对初始条件的敏感性是表征混沌特性的重要特征。在 2.3 节中，已阐明旋转铰间隙、偏心滑动间隙和曲轴转速影响了传动机构的动力学响应规律，其中旋转铰间隙的影响最大。同样，分别对旋转铰间隙、偏心滑动间隙和曲轴转速参数开展混沌特性研究，挖掘不同参数的影响规律。在曲轴转速为 191 r/min、偏心滑动间隙为 1 mm 的条件下，不同旋转铰间隙的相空间轨迹如图 2.20 和图 2.21 所示。结果表明，在不同旋转铰间隙下的位移-速度相轨迹中奇异吸引子不明显，而在速度-加速度相轨迹中看到显著的奇异吸引子。旋转铰间隙值越大，则奇异吸引子形状越明显，逐渐形成∞字形状，初步可以确定含旋转铰间隙的动力学系统具有混沌特性。为了进一步证实系统的混沌行为，利用 Wolf 方法分别计算间隙为 0.1，0.5，1，5 mm 的李雅普诺夫指数，并得到如图 2.22 所示的李雅普诺夫指数迭代过程以及最大李雅普诺夫指数值。0.1，0.5，1，5 mm 间隙对应的最大李雅普诺夫指数分别为 $\lambda_{11}=1.57$、$\lambda_{12}=0.68$、$\lambda_{13}=0.62$ 和 $\lambda_{14}=0.59$。显然，四个不同间隙值对应的最大李雅普诺夫指数都为正，进而表明含旋转铰间隙的传动机构动力学系统具有混沌特性。

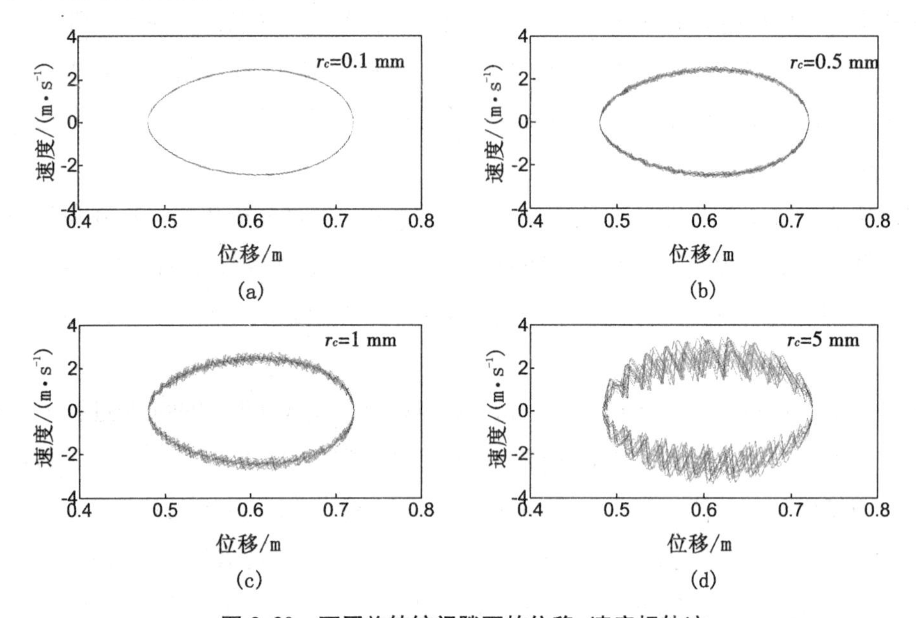

图 2.20　不同旋转铰间隙下的位移-速度相轨迹

与旋转铰间隙分析方法一样，同样利用相轨迹法和李雅普诺夫指数谱来评价偏心滑动间隙和曲轴转速对系统混沌行为的敏感性。在曲轴转速为 191 r/min、旋转铰间隙为 0 mm 时，不同偏心滑动间隙下的速度-加速度相轨迹如图 2.23 所示，相应的李雅普诺夫指数迭代过程如图 2.24 所示。从图 2.23 中可看到，在不同的偏心滑动间隙下，相轨迹线均为一条光滑的封闭曲线，结果表明仅含偏心滑动间隙的动力学系统具有周期性或准周期性。此外，从图 2.24 中可知，当偏心滑动间隙分别为 0，0.1，1，5 mm 时，相应的最大李雅普诺夫指数为 $\lambda_{21}=-5.4459\times10^{-4}$，$\lambda_{22}=5.2198\times10^{-4}$，$\lambda_{23}=5.2420\times10^{-4}$和 $\lambda_{24}=5.3401\times10^{-4}$。显然，在偏心滑动间隙为 0 mm 时，最大李雅普诺夫指数小于零，表明在两类间隙均为零时，系统是周期运动的。当偏心滑动间隙分别为 0.1，1，5 mm 时，最大李雅普诺夫指数趋于零，表明系统是准周期运动。因此，相轨迹和最大李雅普诺夫指数

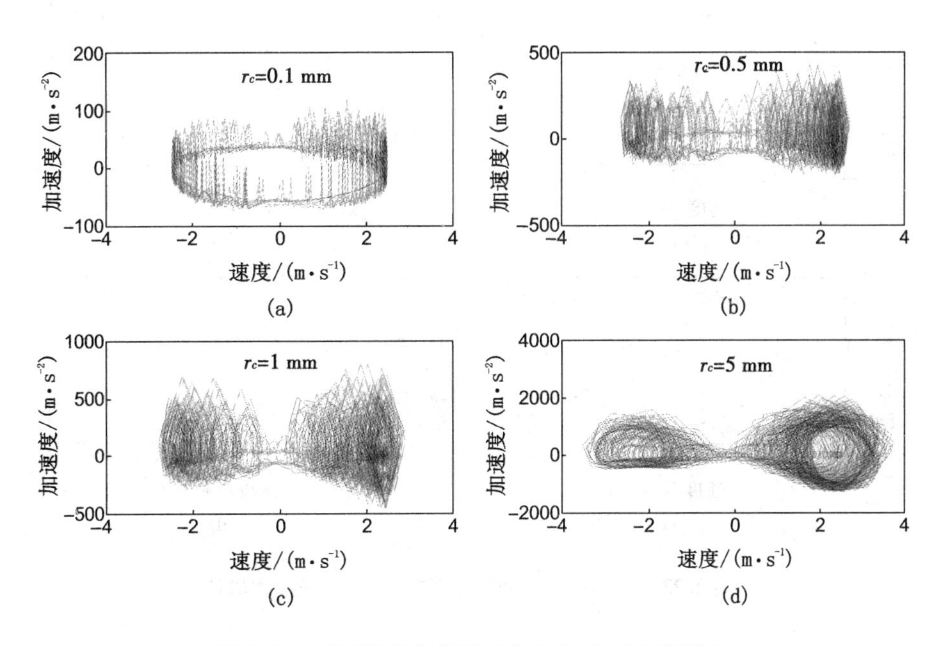

图 2.21　不同旋转铰间隙下的速度-加速度相轨迹

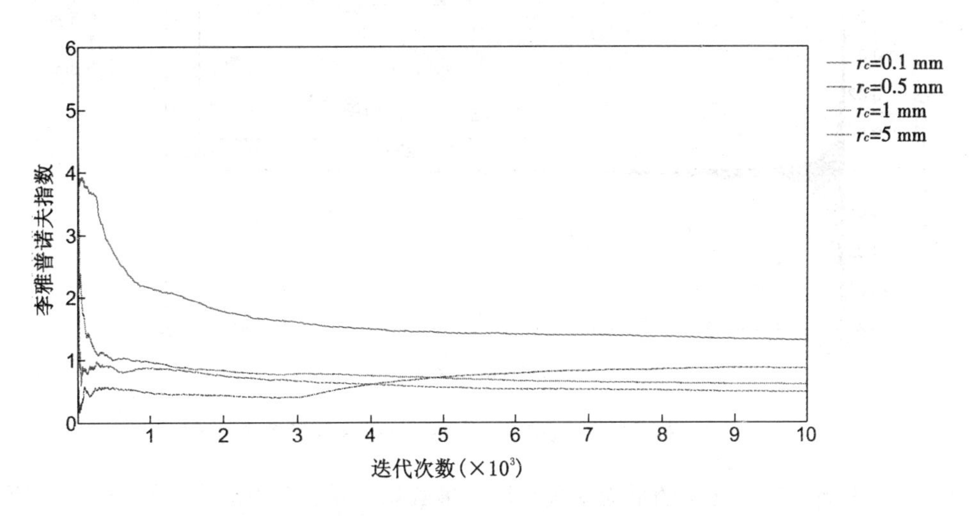

图 2.22　不同旋转铰间隙下的李雅普诺夫指数演变过程

的两种分析结果均表明，偏心滑动间隙不会引起传动机构系统产生混沌。

两类间隙均维持 1 mm 不变，通过改变曲轴转速方式来揭示曲轴转速对混沌行为的影响。在不同曲轴转速下的相空间轨迹和李雅普诺夫指数演变过程分别如图 2.25、图 2.26 和图 2.27 所示。研究发现，曲轴转速越低，相轨迹奇异吸引子越明显，当曲轴转速为 10 rad/s 时，相轨迹形状类似于∞字。随着曲轴转速的降低，相轨迹逐渐演变为两座“小山峰”形状。由此可见，曲轴转速越高，系统的混沌特性逐渐减弱，甚至演变为准周期或周期运动。根据图 2.26 所示的李雅普诺夫指数计算结果，当曲轴转速分别为 10，20，70，150 rad/s 时，相应的最大李雅普诺夫指数为 $\lambda_{31}=0.97$，$\lambda_{32}=0.59$，$\lambda_{33}=0.23$ 和

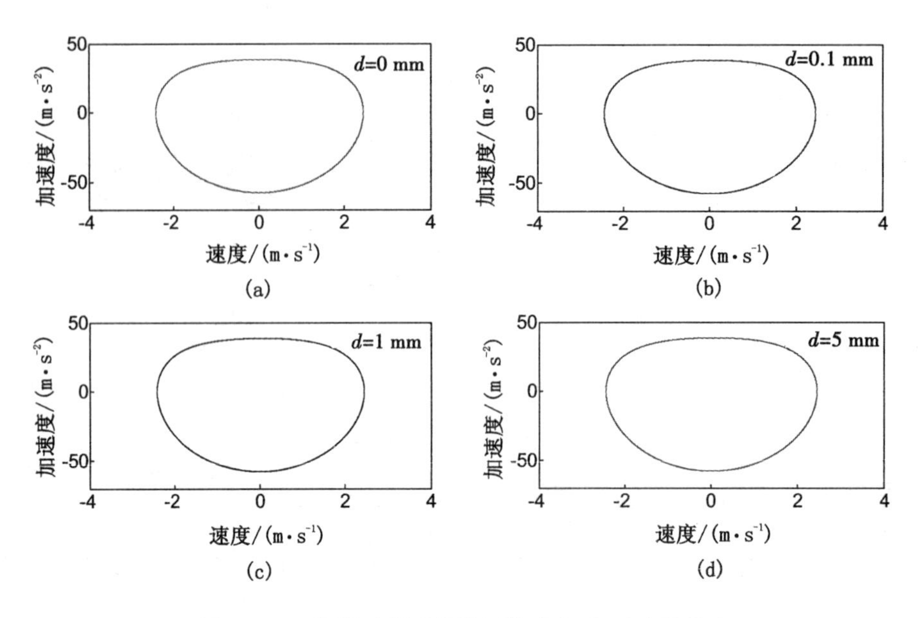

图 2.23　不同偏心滑动间隙下的速度-加速度相轨迹

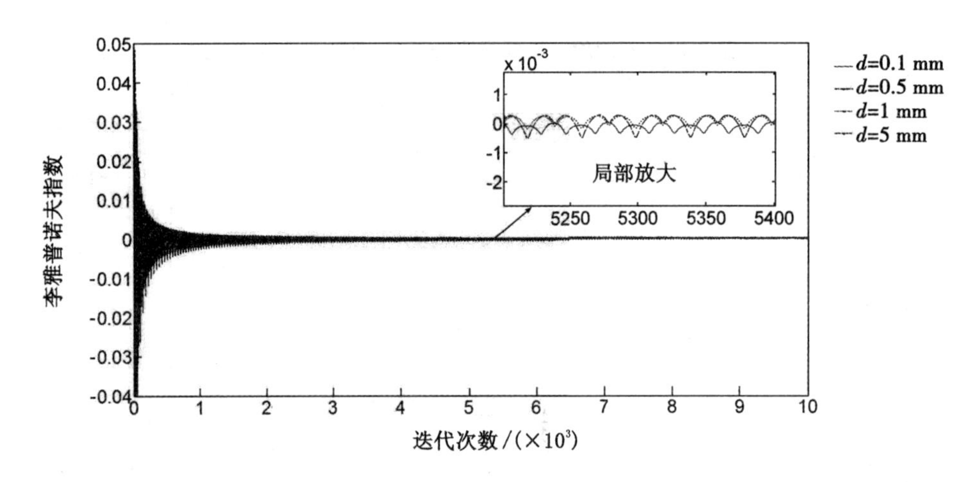

图 2.24　不同偏心滑动间隙下的李雅普诺夫指数演变过程

$\lambda_{34}=0.50$。显然，四种转速的最大李雅普诺夫指数均为正，表明动力学系统均呈现混沌状态。两种分析方法都证实了曲轴转速对混沌特性有影响，且转速越低，系统紊乱程度越高。

综上所述，通过相轨迹法和李雅普诺夫指数法，共同证实了含两类间隙的传动机构系统具有混沌行为。但是，从旋转铰间隙、偏心滑动间隙和曲轴转速参数对混沌行为的敏感程度来说，旋转铰间隙的敏感度最高，偏心滑动间隙的敏感度最低。

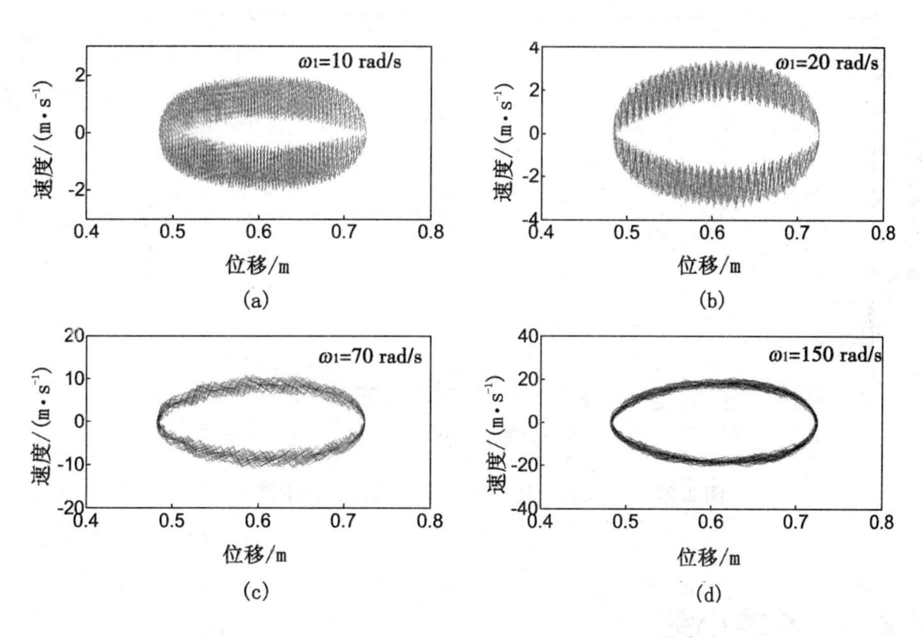

图 2.25　不同曲轴转速下的位移-速度相轨迹

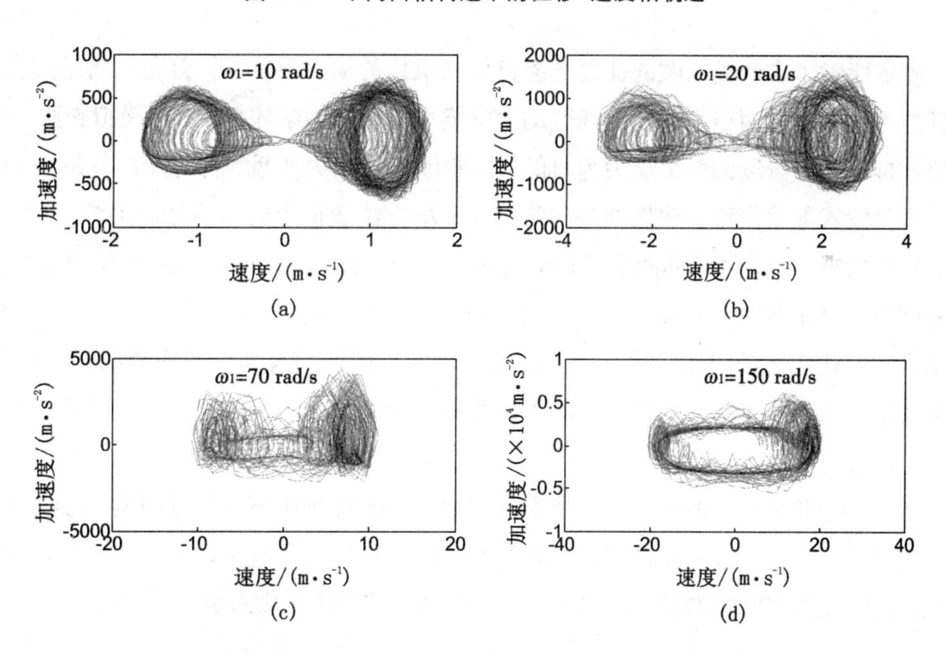

图 2.26　不同曲轴转速下的速度-加速度相轨迹

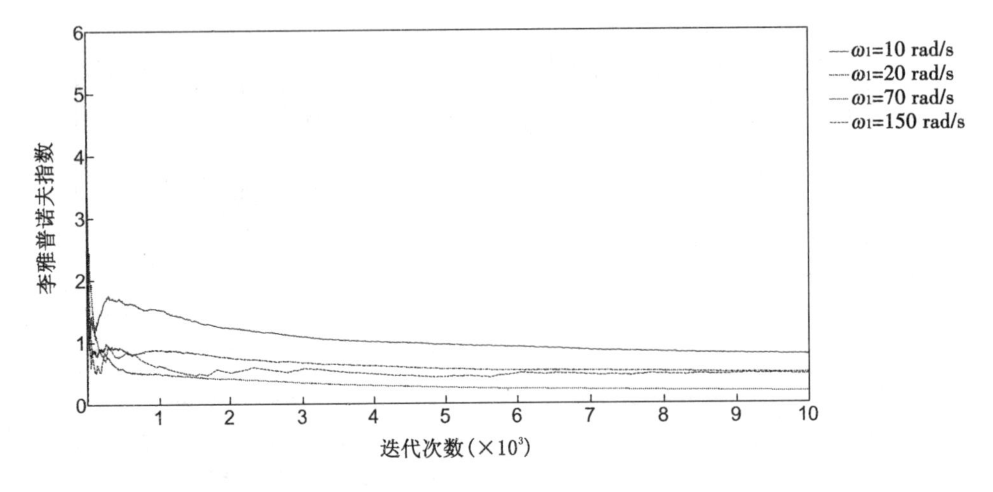

图 2.27　不同曲轴转速下的李雅普诺夫指数演变过程

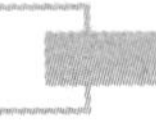

2.5　本章小结

本章探索了含两类间隙的往复压缩机传动机构的动力学特性。首先利用第二类拉格朗日方程建立了含两类间隙的非线性动力学模型。在动力学建模中，以模拟膨胀、吸气、压缩和排气四个阶段的气缸压力为目的，以曲轴旋转角为变量，将时变的气缸压力等效为一个分段式数学模型。然后通过四阶龙格库塔方法数值求解非线性动力学方程，分析了旋转铰间隙、偏心滑动间隙和曲轴转速参数对传动机构输出响应的影响。结果表明，随着间隙尺寸的增加，机构系统输出的位移、速度和加速度响应分别以微弱的、温和的和剧烈的方式影响系统动力学行为。接着分析了不同间隙尺寸对频率响应特性的影响。研究发现，随着间隙尺寸的增加，除了自身运动频率外，因间隙引入的其他频率成分增加，且幅值逐渐增大，揭示了间隙尺寸与频率响应的映射关系。利用相轨迹和李雅普诺夫指数两种分析方法，揭示了含两种不同类型间隙的往复压缩机传动机构的动力学系统具有混沌特性，并发现旋转铰间隙、偏心滑动间隙和曲轴转速对系统混沌特性的敏感度不同，其中旋转铰间隙的敏感度最高，偏心滑动间隙的敏感度最低且不敏感。

第 3 章　半弓式单形态碰磨的影响机制

3.1　引言

在第 2 章中，探索了含两类间隙的往复压缩机传动机构的动力学特性，揭示了旋转铰间隙、偏心滑动间隙等参数对传动机构输出响应的影响规律。但是，研究中考虑含间隙铰关节之间的碰撞和分离是瞬间的，即认为铰关节之间连续接触，而忽略了大头瓦轴颈与轴承之间及十字头与滑道之间的碰撞和分离情形。然而在实际中，存在含间隙铰关节之间的碰撞和分离情形。因此，在往复压缩机传动机构铰关节碰磨的研究中，考虑含间隙铰关节之间的碰撞和分离情形具有实际意义。

考虑含间隙铰关节之间的碰撞和分离情形，在绪论中已阐明部分学者利用 ADAMS 软件开展了往复压缩机传动机构旋转铰间隙碰磨研究，但还未发现有学者在该机构中从事滑动铰间隙的碰磨动力学特性研究。尽管在曲柄滑块机构中有学者探索了单个滑动铰间隙的碰磨研究，但该机构中的滑块仅受到连杆约束，而往复压缩机传动机构中的十字头滑块不仅受到连杆约束，还受到活塞杆的约束。更有趣的是考虑活塞杆弹性变形时，下沉的十字头与柔性活塞杆形成半张弓的形状。显然，往复压缩机传动机构中的十字头滑块碰磨特性不同于曲柄滑块机构中的滑块碰磨。因此，在考虑活塞杆柔性下，探讨十字头下沉引起的偏心滑动间隙中产生跳跃、碰撞和分离等现象是本章的研究重点之一。建立含偏心滑动间隙的半弓式单形态碰磨动力学模型，揭示偏心滑动间隙、柔性活塞杆上提力、时变载荷等因素对碰磨动力学特性的影响机制是本章的又一研究重点。利用混沌与分形方法分析系统的稳定性是本章的第三个研究内容。

3.2　半弓式单形态碰磨问题的提出

3.2.1　问题描述

在定义半弓式单形态碰磨的概念之前，假设往复压缩机传动机构满足如下条件：① 往复压缩机正常工作下，十字头与滑道，活塞与气缸内壁之间的间隙忽略不计；② 活塞工作状态正常；③ 活塞杆具有柔性，其他杆件为刚性；④ 十字头出现下沉现象；⑤ 十字头在跳跃和碰磨中不考虑微转动量；⑥ 填料函与活塞杆之间的理想间隙忽略不计；⑦ 曲轴转速恒定。

十字头因磨损引起下沉，十字头与填料函之间段活塞杆在下沉作用下产生弯曲变形，同时由于填料函与活塞杆之间没有考虑间隙，故填料函与活塞之间那段活塞杆仍然保持直杆形状，导致活塞杆演变为类似于半张弓的形状，如图 3.1 所示。活塞杆通过螺纹与十字头垂直联接，尽管十字头与填料函之间段活塞杆因下沉而发生弯曲变形，但活塞杆端部联接处仍与十字头保持垂直。由于垂直于十字头的未变形活塞杆端部尺寸很小，故不作考虑。

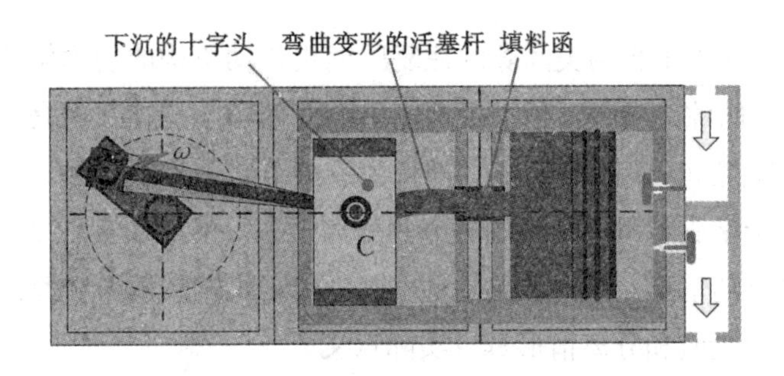

(a)活塞杆弯曲变形的传动机构工作示意图

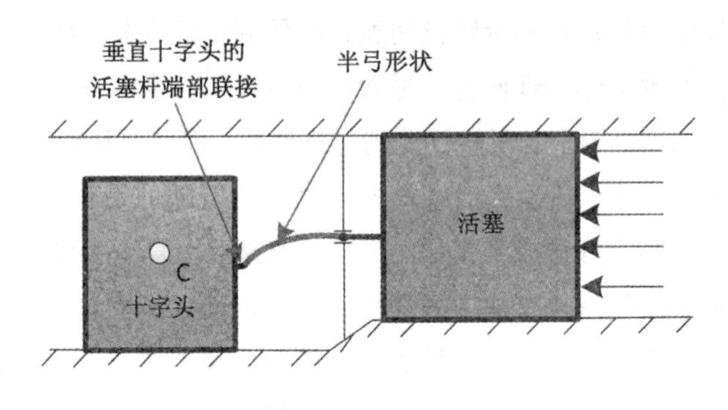

(b)半弓形局部图

图 3.1　半弓形描述

在每个周期内，十字头驱动活塞杆往复运动，可见半弓式活塞杆随曲轴转角变化而变化。十字头下沉量越大，即偏心滑动间隙越大，则活塞杆弯曲也越大。活塞杆弯曲必然在竖直方向产生作用于十字头的上提力，一旦作用于十字头的竖直合分力朝上，则十字头将脱离下滑道，且在含偏心间隙的滑道中发生跳跃并冲击上滑道。如果十字头的竖直合分力朝下，则十字头又回落到下滑道，同时给下滑道带来冲击。考虑到偏心滑动间隙量很小，十字头绕小头瓦关节的转动角可忽略不计，所以当十字头与上下滑道发生碰撞时，意味着十字头上下端面垂直于滑道碰撞。这种与滑道之间的单一碰撞方式视为单一碰磨形态。因此，联合活塞杆半弓形状和十字头碰磨形态，将此情形的传动机构碰磨动力学问题命名为半弓式单形态碰磨。

3.2.2　十字头跳跃与柔性活塞杆的关系

正常工作时，十字头紧贴滑道移动。当十字头满足跳跃条件时，则会脱离滑道，随后可能冲击滑道。十字头是否满足跳跃条件，取决于十字头在竖直方向的合力是否朝上。以十字头为研究对象，其受力分析如图 3.2 所示。

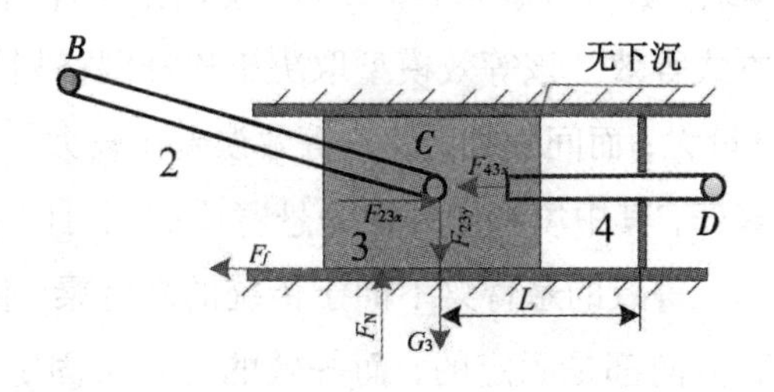

(a)无下沉时十字头受力

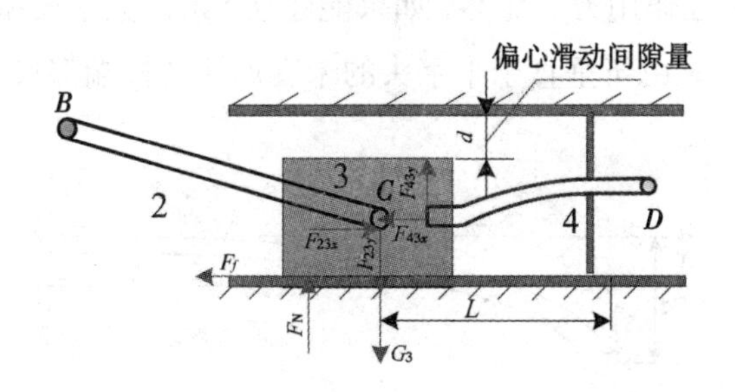

(b)含下沉时十字头受力

图 3.2　十字头受力分析

在图 3.2(a)中，十字头与滑道之间没有磨损(即无下沉)，柔性的活塞杆没有发生弯曲变形，那么活塞杆只有水平力作用于十字头上，此时作用于十字头的竖直分力有连杆作用的分力 F_{23y}、滑道对十字头的支撑力 F_N和重力 G_3。当十字头出现下沉时，如图 3.2(b)所示，柔性的活塞杆发生向下的弯曲变形，则作用于十字头的竖直分力除了连杆作用的分力 F_{23y}、滑道对十字头的支撑力 F_N和重力 G_3 外，还有活塞杆对十字头的竖直分力 F_{43y}。十字头在竖直方向的合力可写为：

$$\boldsymbol{F}_{vs} = \boldsymbol{G}_3 + \boldsymbol{F}_{23y} + \boldsymbol{F}_{43y} + \boldsymbol{F}_N \tag{3.1}$$

式中，F_{vs}为十字头在竖直方向的合力。

传动机构在正常工作下，F_{vs}为 0。随着下沉出现，如果 F_{vs}仍然为 0，表明十字头沿着滑道移动，否则十字头出现跳跃并冲击滑道，值得注意的是十字头脱离滑道时 F_N为零。在式(3.1)中，F_{43y}的方向一直朝上，如果 F_{23y}与 F_{43y}的方向相反，即 F_{43y}朝上，F_{23y}朝下，且 $|F_{43y}| > |G_3| + |F_{23y}|$，则十字头出现跳跃并冲击滑道。如果 F_{23y}与 F_{43y}的方向

相同，且 $|F_{23y}|+|F_{43y}|>|G_3|$（$G_3$ 通常远小于 $|F_{23y}|+|F_{43y}|$），十字头也会出现跳跃并冲击滑道。可见十字头是否满足跳跃条件与 F_{43y} 有着密切关系。F_{43y} 是柔性活塞杆的竖直分力，如何计算 F_{43y} 是一个亟须解决的关键问题。

在过去二十年，针对柔性杆数学模型的等效问题，Dupac 等提出了一种利用多个可扭转的无质量弹簧模型串联的等效方法来模拟柔性连杆。该方法能较准确地评价连杆的柔性，但计算方法过于烦琐，数值求解困难。Zheng 提出了一种刚柔耦合动力学模型，其中柔性连杆采用有限元方式等效。该等效模型取决于连杆网格划分的间隔，间隔划分越小，等效越真实，但计算量大；而间隔划分大，等效误差比较大。在本章中，提出一种悬臂梁方法来等效柔性活塞杆，其中填料函处视为悬臂梁的相对固定端。等效为悬臂梁的柔性活塞杆如图 3.3 所示。等效的悬臂梁不同于传统的悬臂梁，传统悬臂梁在固定端无论是在水平方向还是竖直方向都是固定的，而等效的悬臂梁固定端仅在竖直方向固定，但在水平方向可自由移动。在图 3.3 中，F_{34y} 和 F_{34x} 是十字头作用于活塞杆的两个分力，而 F_{34y} 和 F_{43y} 是一对相互作用力。显然，如果能建立 F_{34y} 的数学模型，即可求得满足十字头跳跃的关键因素 F_{43y}。由于垂直于十字头的未变形活塞杆端部尺寸很小，故忽略不计。F_{43y} 的推导过程如下：

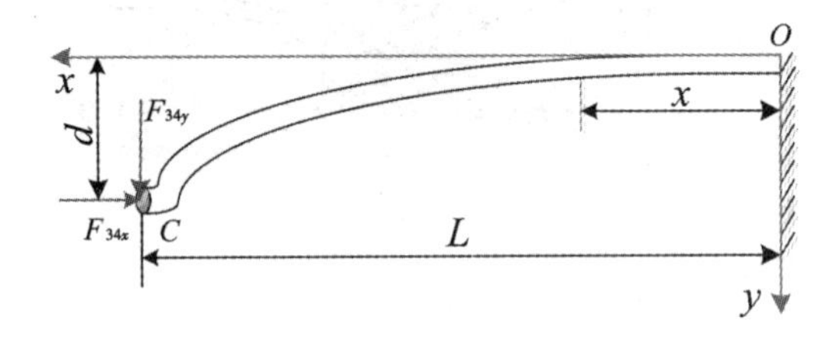

图 3.3　含偏心滑动间隙的柔性活塞杆

根据材料力学中纯弯曲变形公式可得：

$$\frac{1}{\rho(x)}=\frac{M(x)}{EI_z} \tag{3.2}$$

式中，$\rho(x)$ 为在 x 位置的曲率半径；$M(x)$ 为 x 位置的弯矩；E 为弹性模量；I_z 为活塞杆的惯性矩。假设活塞杆截面为正方形，则惯性矩和曲率半径的导数表示为：

$$I_z=\frac{b^4}{12} \tag{3.3}$$

$$\frac{1}{\rho(x)}=\frac{|y''(x)|}{\sqrt[2]{[1+y'(x)^2]^3}} \tag{3.4}$$

式中，b 为活塞杆截面尺寸。

考虑到柔性活塞杆的挠度很小，则 $y'(x)^2+1\approx1$。将式(3.4)代入式(3.2)中，则式(3.2)变为：

$$\frac{d^2y}{dx^2} = -\frac{M(x)}{EI_z} \tag{3.5}$$

对式(3.5)进行二次积分，可得：

$$y = \iint \frac{M(x)}{EI_z}dxdx + Cx + D \tag{3.6}$$

式中，C 和 D 代表与悬臂梁初始条件相关的两个常数。

根据图 3.3 可求得弯矩 $M(x)$ 为：

$$M(x) = F_{34y} \cdot (L - x) \tag{3.7}$$

在悬臂梁 O 处的相对固定端的弯曲量和挠度均为零，则初始条件为：

$$\left.\begin{aligned} y(0) = 0 \\ y'(0) = 0 \end{aligned}\right\} \tag{3.8}$$

将式(3.7)和式(3.8)代入式(3.6)，求得 $C=0$，$D=0$。再将 C 和 D 值代入式(3.6)中，可得：

$$y = \frac{F_{34y}}{EI_z}\left(\frac{Lx^2}{2} - \frac{x^3}{6}\right) \tag{3.9}$$

将 $y=d$，$x=L$ 代入式(3.9)中，可计算出竖直分力 F_{34y}：

$$F_{34y} = \frac{3dEI_z}{L^3} \tag{3.10}$$

其中

$$L = S_0 + l_1 + l_2 + a_1 - x_3 \tag{3.11}$$

式中，S_0为十字头与滑道内壁之间的余隙，如图 3.4 所示；x_3 为十字头质心位移；a_1 为十字头的一半长度。

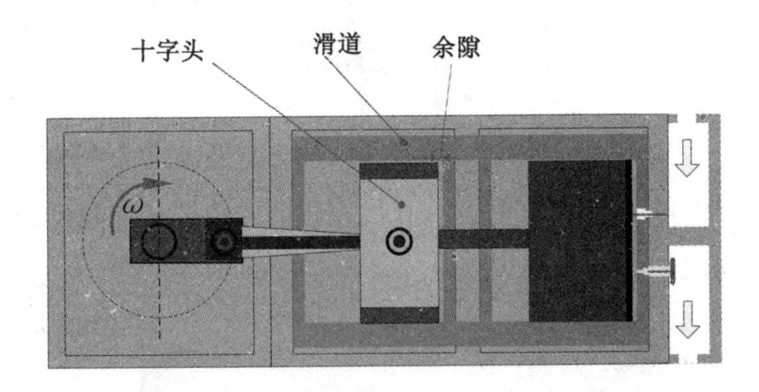

图 3.4　十字头与滑道内壁之间的余隙

竖直分力 F_{34y}和 F_{43y}是一对相互作用力，因此活塞杆作用于十字头的上提力 F_{43y}为：

$$F_{43y} = -\frac{dEb^4}{4L^3} \tag{3.12}$$

式中，符号“-”仅代表上提力的方向，不代表大小。

从式(3.12)可知，活塞杆作用于十字头的上提力与偏心滑动间隙量(十字头下沉量)和十字头的质心位置有关。一方面，当十字头运动位置不变时，偏心滑动间隙量 d 越大，活塞杆左端向下弯曲越大，上提力也越大；另一方面，当偏心滑动间隙量不变时，十字头运动至左极限端，上提力最小，运动至极限端，则上提力最大。

综上所述，柔性活塞杆的上提力是十字头能否满足跳跃条件的关键因素，一旦满足跳跃条件，十字头将由接触状态转为分离状态即脱离滑道，随后冲击上滑道，从而演变为接触—分离—碰撞情境。

3.2.3 滑变碰磨接触力模型

根据机构的演变规律，当转动副半径趋于无穷大时，转动副将演变为移动副。类似地，在往复压缩机传动机构中，十字头和滑道也可以分别视为由旋转关节的轴颈和轴承演变的，如图3.5所示。因此，偏心滑动间隙的滑变碰磨接触力模型可以类似于旋转铰间隙的碰磨接触力模型，但有显著不同之处。一般情况下，旋转铰间隙是轴承半径与轴颈半径之差，具有对称性；而下沉的十字头处于偏心位置，间隙不对称。如图3.5(d)所示，当自由运动的十字头接触滑道表面并穿透至滑道内部时，则表明碰撞发生。在碰撞过程中，同时考虑摩擦，则形成了碰磨现象。十字头与滑道发生碰磨，相对穿透深度 δ 定义如下：

$$\begin{cases}\delta = y_3 & \text{if } y_3 \geq 0 \\ \delta = -y_3 - d > 0 & \text{if } y_3 < 0\end{cases} \tag{3.13}$$

式中，δ 为相对穿透深度；y_3 为十字头的垂向坐标。

在碰磨中，十字头表面与滑道之间的相对速度定义为：

$$\begin{cases}v_n = \dot{\delta}\boldsymbol{n} \\ v_t = \dot{\delta}\boldsymbol{t}\end{cases} \tag{3.14}$$

式中，v_n和v_t分别为法向速度和切向速度；$\boldsymbol{n}$ 代表碰磨中单位法向速度；$\boldsymbol{t}$ 代表碰磨中单位切向速度，且 $\boldsymbol{n}$ 与 $\boldsymbol{t}$ 之间相差90°。

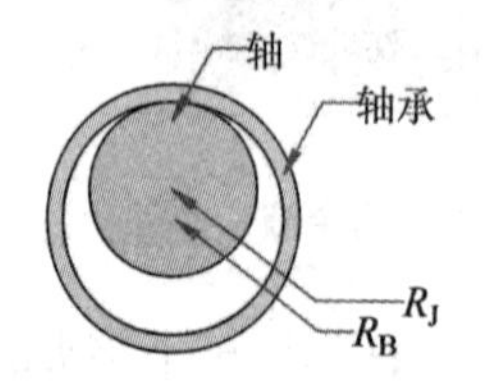

(a)旋转铰关节临界接触状态

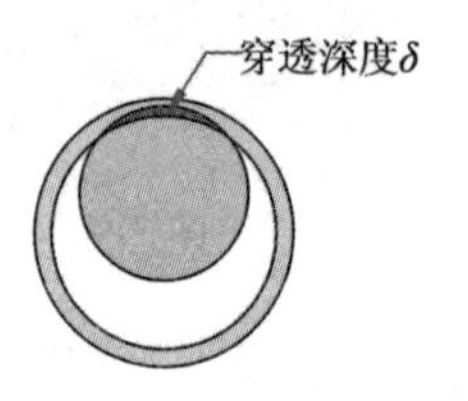

(b)旋转铰关节碰磨状态

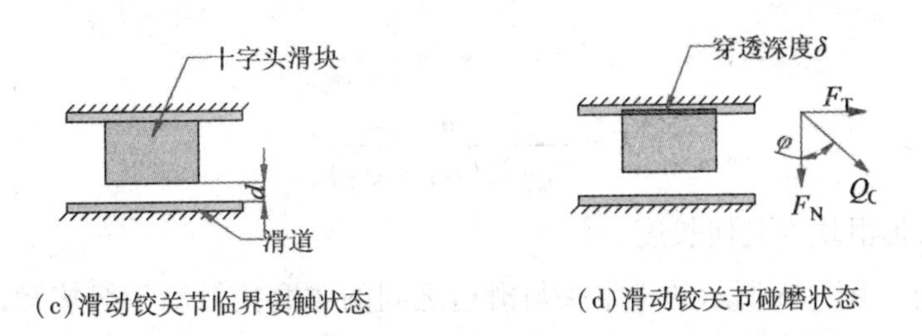

(c)滑动铰关节临界接触状态 (d)滑动铰关节碰磨状态

图3.5 旋转铰关节碰磨演变为滑动铰关节碰磨

十字头一旦出现跳跃，那么十字头与滑道之间的碰磨不可避免。碰磨的发生必将给往复压缩机机体造成冲击与振动，甚至影响往复压缩机的正常运行。如何评价碰磨中带来的轻重程度，又如何知道在碰磨过程中十字头的运动状态，滑变碰磨接触力是搞清这些问题的切入点。因此，如何表征碰磨接触力的模型至关重要。滑变碰磨接触力包括法向碰撞力和切向摩擦力。不论是法向碰撞力模型还是切向摩擦力模型，已经有多位学者提出了相关模型。在法向碰撞模型中，Hertz 提出一种基于弹性理论的著名模型。该模型是关于穿透深度 δ 的一个非线性函数，表达式为：

$$F_N = K\delta^n \tag{3.15}$$

其中

$$K = \frac{4}{3(\sigma_1 + \sigma_2)}R^{\frac{1}{2}} \tag{3.16}$$

$$\sigma_k = \frac{1 - \upsilon_k^2}{E_k}(k = 1,\ 2) \tag{3.17}$$

式中，F_N为十字头与滑道发生碰磨时的法向碰撞力；n 为能量指数，对于金属材料，n 一般取值为1.5；K 为广义刚度；R 为碰撞位置的曲率半径；υ_k 和 E_k分别为不同构件的泊松率和杨氏模量。

在上述的 Hertz 模型中，能量耗散在碰磨中被忽略，这显然不符合实际情形。在 Hertz 模型的基础上，Lankarani 提出了一个改进的法向接触力模型。在模型中，引入滞后阻尼因子用于考虑碰磨中的能量耗散，表达式为：

$$F_N = K\delta^n\left[1 + \frac{3(1 - c_r^2)}{4}\frac{\dot{\delta}}{\dot{\delta}^{(-)}}\right] \tag{3.18}$$

式中，$\dot{\delta}$ 和 $\dot{\delta}^{(-)}$ 分别为碰磨中十字头穿透滑道的相对速度和初始的碰撞速度；c_r为恢复系数。

式(3.18)的法向碰撞模型仅适合于点碰撞，而不适合线接触碰撞。针对线接触法向碰撞情形，Lankarani 在其博士论文中提出了一种线性弹性力模型来表征线接触的法向碰撞力，如式(3.19)所示。

$$F_N = K\delta \tag{3.19}$$

其中

$$K=\frac{a}{0.475(\sigma_1+\sigma_2)} \tag{3.20}$$

式中，a 为正方形滑块的几何长度。

理想情况下，图 3.5 所示的十字头与滑道之间的碰磨接触属于线接触，此时的法向接触力均匀分布在接触表面上。然而，实际中制造误差等因素会引起线接触模式发生改变。由于存在加工误差，任意一条加工直线都是凹凸不平的，如图 3.6 所示。碰磨中的穿透深度是一个极小的值，与加工精度是一个数量级，甚至低于加工精度的数量级，因此加工误差在碰磨中是不能忽视的。任意两点构成一条直线，在碰磨中，十字头上哪两点最先与滑道发生碰撞是一个值得广大学者探索的问题。在本专著中，考虑到工件在加工中进刀点和退刀点的加工误差最大(即图 3.6 的 A 和 E 两点)，故认为十字头在碰磨中只有两个拐角端点与滑道发生碰撞。

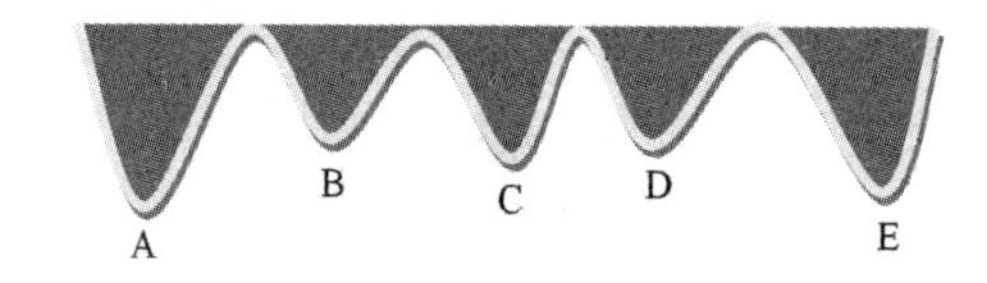

图 3.6　非理想直线的局部放大

在碰磨中，十字头产生滑变法向接触力的同时必然也产生切向摩擦力。正是由于摩擦力，将进一步加剧十字头与滑道间的磨损。学者们已经揭示了切向摩擦力在平面机构中会显著地影响着系统的动力学行为。为此，摩擦力因素不能忽略。在过去，大部分学者基于 Coulomb 摩擦规律提出了多种摩擦模型。Coulomb 摩擦规律是干接触表面之间最基本和最简单的摩擦模型。但是，Coulomb 摩擦定律与相对切向速度无关。在实践中，这是不合理的，因为摩擦力与许多因素相关，例如材料特性、温度、表面清洁度和滑动速度。因此，必须将切向速度与摩擦力相关联。此外，原始 Coulomb 摩擦定律是一种高度非线性现象，可能在滑动摩擦和静摩擦之间多次切换，因此该摩擦定律应用于计算程序中会导致数值求解困难。

学者们致力于摩擦问题研究，多数成果都是通过对 Coulomb 摩擦模型进行改进，并使改进的摩擦模型能避免相对切向速度为零时的不连续性问题。近些年，学者们发展了多种摩擦模型，如 Dubowsky 摩擦模型、Rooney 摩擦模型、Threlfall 摩擦模型、Ambrósio 摩擦模型等。在 Dubowsky 摩擦模型中，假设摩擦力是一个恒定值，其方向与速度相反。该摩擦模型没有考虑速度为零时的影响，导致速度为零时出现无限梯度缺陷，即摩擦力在速度为零时从 $-F_T$ 跳变为 $+F_T$，造成积分过程的计算困难，如图 3.7(a)所示。为了改善切向速度为零时无限梯度的不足，通过两组方程来计算摩擦力，Rooney 提出了一种具有更好数值特性的摩擦模型，如图 3.7(b)所示。Threlfall 基于 Rooney 摩擦模型开发了另一种摩擦力模型。在该模型中，$-F_{\mathrm{T}}$和$+F_{\mathrm{T}}$之间的过渡线由曲线替换了 Rooney 摩擦模型中的斜线，如图 3.7(c)所示。为了避免数值上的困难，通过引入动态校正因子，Ambrósio 提出了一种更完美的 Coulomb 摩擦改进模型，如图 3.7(d)所示。在该模型中，动态校正因子防止了切向速度为零时摩擦力方向的改变，这被积分算法感知为具有高频内容的动态响应，从而迫使时间步长减小。Ambrósio 摩擦模型的巨大优势在于能保持积分算法的数值稳定，表达式为：

$$F_{\mathrm{T}} = - c_f c_d F_{\mathrm{N}} \frac{v_t}{|v_t|} \tag{3.21}$$

其中

$$c_d = \begin{cases} 0 & |v_t| < v_0 \\ \dfrac{|v_t| - v_0}{v_m - v_0} & v_0 \leqslant |v_t| \leqslant v_m \\ 1 & |v_t| > v_m \end{cases} \tag{3.22}$$

式中，c_f是动摩擦系数；v_t是沿滑道方向的相对切向速度；c_d为动态校正因子；v_0和v_m为相对切向速度的给定公差。

在上述的摩擦模型中，Ambrósio 摩擦模型最适合用于表征十字头与滑道之间的切向摩擦力。不过，库仑摩擦定律没有考虑摩擦学现象，例如滑动接触表面之间的黏附，即静摩擦。Ahmed 等、Lankarani 和 Pereira 针对摩擦学现象进行讨论。这些摩擦学现象在未来的研究中将通过其他摩擦定律做进一步探索。

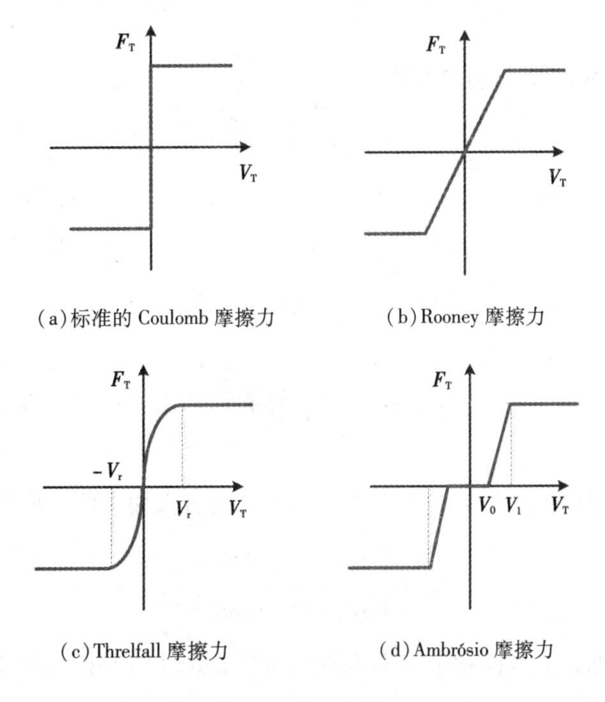

图 3.7　多种摩擦力

在碰磨中，十字头将经历自由运动、碰撞和连续接触三种运动状态。至于每个时刻处于何种状态，取决于十字头冲击滑道的滑变碰磨力。如果滑变碰磨力为零，则表明十字头没有与滑道发生接触，即自由运动状态。如果滑变碰磨力不为零，且前后两时刻都不为零，则表明十字头与滑道发生连续接触；否则为碰撞。滑变碰磨力 $\boldsymbol{Q}_c$ 通过定义的相对穿透深度 δ 、法向碰撞力和切向摩擦力可表示为：

$$\begin{cases} \boldsymbol{Q}_c = 0 & \delta < 0 \\ \boldsymbol{Q}_c = F_{\mathrm{N}} + F_{\mathrm{T}} & \delta \geqslant 0 \end{cases} \tag{3.23}$$

联合式(3.18)和式(3.21)，滑变碰磨力的大小和方向为：

$$\begin{cases} Q_c = K\delta^n (1 + c_f^2 c_d^2)^{\frac{1}{2}} \left[1 + \dfrac{3(1 - c_r^2)}{4} \dfrac{\dot{\delta}}{\dot{\delta}^{(-)}} \right] \\ \psi = \alpha + \varphi \end{cases} \tag{3.24}$$

其中 ψ 代表滑变碰磨力的方向，可通过式(3.25)和式(3.26)求得。

$$\varphi = \mathrm{artan} \frac{F_{\mathrm{T}}}{F_{\mathrm{N}}} \tag{3.25}$$

$$\alpha = \begin{cases} \dfrac{\pi}{2} & \text{与上滑道碰磨} \\ -\dfrac{\pi}{2} & \text{与下滑道碰磨} \end{cases} \quad \text{或者}\ \alpha = \frac{\pi}{2} \cdot \mathrm{sign}(y_3) \tag{3.26}$$

3.2.4 半弓式单形态碰磨动力学方程

为了揭示半弓式单形态碰磨的动力学特性，仍采用拉格朗日方法建立动力学方程。在建模过程中，假设了如下条件：① 传动机构的所有旋转铰关节都是理想的；② 在传动机构正常工作下，十字头和活塞的滑动间隙均为零，即滑动铰关节是理想的；③ 传动机构的构件都是均匀的，质心位于杆件中心位置；④ 活塞杆的截面为正方形。半弓式单形态碰磨动力学系统的机构简图如 3.8 所示。

在拉格朗日方程中，动力学系统的动能、势能和广义力的确定是关键，其计算过程如下：

半弓式单形态碰磨动力学系统有两个自由度，故引入如下两个广义坐标：

$$q_j = \begin{pmatrix} \theta_1 \\ \theta_2 \end{pmatrix}, \dot{q}_j = \begin{pmatrix} \omega_1 \\ \omega_2 \end{pmatrix} \tag{3.27}$$

以传动机构的曲轴、连杆和十字头为研究对象，柔性活塞杆为外部驱动构件。根据图 3.8 的几何关系，曲轴、连杆和十字头的质心坐标 x_i，y_i(i=1，2，3)如下：

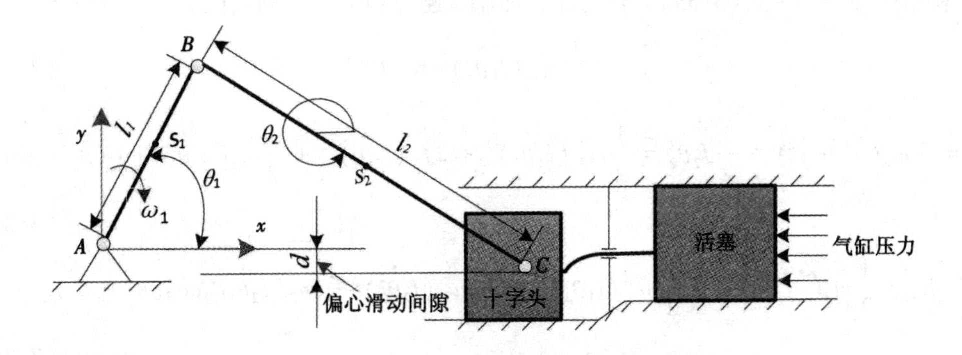

图 3.8　半弓式单形态碰磨动力学系统的机构简图

$$\begin{cases} x_1 = \dfrac{1}{2} l_1 \cos\theta_1 \\ y_1 = \dfrac{1}{2} l_1 \sin\theta_1 \end{cases} \tag{3.28}$$

$$\begin{cases} x_2 = l_1 \cos\theta_1 + \dfrac{1}{2} l_2 \cos\theta_2 \\ y_2 = l_1 \sin\theta_1 + \dfrac{1}{2} l_2 \sin\theta_2 \end{cases} \tag{3.29}$$

$$\begin{cases} x_3 = l_1 \cos\theta_1 + l_2 \cos\theta_2 \\ y_3 = l_1 \sin\theta_1 + l_2 \sin\theta_2 \end{cases} \tag{3.30}$$

式中，θ_2为连杆的转动角。

式(3.28)~式(3.30)分别对时间求导，可得曲轴、连杆和十字头的速度 $\dot{x}_i$，$\dot{y}_i$($i = 1$, 2, 3)：

$$\begin{cases} \dot{x}_1 = -\dfrac{1}{2} l_1 \dot{\theta}_1 \sin\theta_1 \\ \dot{y}_1 = \dfrac{1}{2} l_1 \dot{\theta}_1 \cos\theta_1 \end{cases} \tag{3.31}$$

$$\begin{cases} \dot{x}_2 = - l_1 \dot{\theta}_1 \sin\theta_1 - \dfrac{1}{2} l_2 \dot{\theta}_2 \sin\theta_2 \\ \dot{y}_2 = l_1 \dot{\theta}_1 \cos\theta_1 + \dfrac{1}{2} l_2 \dot{\theta}_2 \cos\theta_2 \end{cases} \tag{3.32}$$

$$\begin{cases} \dot{x}_3 = - l_1 \dot{\theta}_1 \sin\theta_1 - l_2 \dot{\theta}_2 \sin\theta_2 \\ \dot{y}_3 = l_1 \dot{\theta}_1 \cos\theta_1 + l_2 \dot{\theta}_2 \cos\theta_2 \end{cases} \tag{3.33}$$

式中，($\dot{x}_1$，$\dot{y}_1$)，($\dot{x}_2$，$\dot{y}_2$) 和 ($\dot{x}_3$，$\dot{y}_3$) 分别为曲轴、连杆和十字头的动能。

利用式(3.31)~式(3.33)，分别计算曲轴、连杆和十字头的动能：

$$E_1 = \frac{1}{6}m_1 (l_1\dot{\theta}_1)^2 = 2J_1\dot{\theta}_1^2 \tag{3.34}$$

$$E_2 = \frac{1}{2}m_2(\dot{x}_2^2 + \dot{y}_2^2) + \frac{1}{2}J_2\dot{\theta}_2^2 = \frac{1}{2}m_2 (l_1\dot{\theta}_1)^2 + 2J_2 (l_2\dot{\theta}_2)^2 + \frac{1}{2}m_2l_1l_2\dot{\theta}_1\dot{\theta}_2\cos(\theta_2 - \theta_1) \tag{3.35}$$

$$E_3 = \frac{1}{2}m_3(\dot{x}_3^2 + \dot{y}_3^2) = \frac{1}{2}m_3 (l_1\dot{\theta}_1)^2 + \frac{1}{2}m_3 (l_2\dot{\theta}_2)^2 + m_3l_1l_2\dot{\theta}_1\dot{\theta}_2\cos(\theta_2 - \theta_1) \tag{3.36}$$

式中，E_1、E_2 和 E_3 分别为曲轴、连杆和十字头的动能。

将曲轴、连杆和十字头的动能和势能求和，可得：

$$E= E_1+E_2+E_3 \tag{3.37}$$

$$U = m_1gy_1 + m_2gy_2 + m_3gy_3 = \left(\frac{1}{2}m_1 + m_2 + m_3\right) l_1g\sin\theta_1 + \left(\frac{1}{2}m_2 + m_3\right) l_2g\sin\theta_2 \tag{3.38}$$

式中，E 和 U 分别为曲轴、连杆和十字头的动能与势能之和。

在以曲轴、连杆和十字头构成的系统中，有效广义力为 F_{43x}、F_{43y} 和 Q_c。F_{43y} 和 Q_c 分别由式(3.12)和式(3.24)求得，而 F_{43x} 通过牛顿第二定律计算为：

$$F_{43x} =P+m_4a_4 \tag{3.39}$$

式中，m_4 为活塞组件的质量；a_4 为活塞组件的加速度。考虑柔性活塞在轴向上的变形量极小，可忽略不计，因此活塞组件的轴向加速度等于十字头的轴向加速度，即 $a_4 =a_3$。

联合式(3.12)、式(3.24)和式(3.39)，计算有效的广义力 $Q_{c,j}(j=1, 2)$：

$$Q_{c,1} = Q_cl_1\sin(\psi - \theta_1) + F_{43y}l_1\cos\theta_1 - F_{43x}l_2\sin\theta_1 \tag{3.40}$$

$$Q_{c,2} = Q_cl_2\sin(\psi - \theta_2) + F_{43y}l_1\cos\theta_2 - F_{43x}l_2\sin\theta_2 \tag{3.41}$$

将式(3.37)、式(3.38)、式(3.40)和式(3.41)代入拉格朗日方程式(2.34)中，求得半弓式单形态碰磨系统的动力学方程为：

$$\left[J_1 + \left(\frac{1}{4}m_1 + m_2 + m_3\right) l_1^2\right] \ddot{\theta}_1 + \left(\frac{1}{2}m_2 + m_3\right) l_1l_2\cos(\theta_2 - \theta_1)\ddot{\theta}_2 - \left(\frac{1}{2}m_2 + m_3\right) \times l_1l_2\sin(\theta_2 - \theta_1)\dot{\theta}_2^2 + \left(\frac{1}{2}m_1 + m_2 + m_3\right) gl_1\cos\theta_1 = Q_{c1} + M \tag{3.42}$$

$$\left(\frac{1}{2}m_2 + m_3\right) l_1l_2\cos(\theta_2 - \theta_1)\ddot{\theta}_1 + \left[J_2 + \left(\frac{1}{4}m_2 + m_3\right) l_2^2\right] \ddot{\theta}_2 + \left(\frac{1}{2}m_2 + m_3\right) l_1l_2 \times \sin(\theta_2 - \theta_1) \dot{\theta}_1^2 + \left(\frac{1}{2}m_2 + m_3\right) gl_2\cos\theta_2 = Q_{c2} \tag{3.43}$$

式中，J_1、J_2 分别表示曲轴、连杆绕质心的转动惯量。

在式(3.42)中，M 为作用于曲轴的驱动力矩。联立式(3.42)和式(3.43)，构成矩阵形式：

$$\begin{pmatrix} M_{11} & M_{12} \\ M_{21} & M_{22} \end{pmatrix}\begin{pmatrix} \ddot{\theta}_1 \\ \ddot{\theta}_2 \end{pmatrix}=\begin{pmatrix} \lambda_1 \\ \lambda_2 \end{pmatrix} \tag{3.44}$$

式中

$$M_{11}=J_1+\left(\frac{1}{4}m_1+m_2+m_3\right)l_1^2 \tag{3.45}$$

$$M_{12}=M_{21}=\left(\frac{1}{2}m_2+m_3\right)l_1l_2\cos(\theta_2-\theta_1) \tag{3.46}$$

$$M_{22}=J_2+\left(\frac{1}{4}m_2+m_3\right)l_2^2 \tag{3.47}$$

$$\lambda_1=\left(\frac{1}{2}m_2+m_3\right)l_1l_2\sin(\theta_2-\theta_1)\dot{\theta}_2^2-\left(\frac{1}{2}m_1+m_2+m_3\right)gl_1\cos\theta_1+Q_{c1}+M \tag{3.48}$$

$$\lambda_2=-\left(\frac{1}{2}m_2+m_3\right)l_1l_2\sin(\theta_2-\theta_1)\dot{\theta}_1^2-\left(\frac{1}{2}m_2+m_3\right)gl_2\cos\theta_2+Q_{c2} \tag{3.49}$$

考虑曲轴转速是均匀的，那么曲轴角加速为零，即 $\ddot{\theta}_1=0$。动力学方程式(3.44)演变为：

$$\begin{pmatrix} M_{11} & M_{12} \\ M_{21} & M_{22} \end{pmatrix}\begin{pmatrix} 0 \\ \ddot{\theta}_2 \end{pmatrix}=\begin{pmatrix} \lambda_1 \\ \lambda_2 \end{pmatrix} \tag{3.50}$$

3.3　不同参数对半弓式单形态碰磨的影响机制

3.3.1　影响碰磨的参数

非线性动力学方程式(3.50)的数值解是揭示半弓式单形态碰磨动力学特性的根本，而式(3.50)的参数变化将直接影响动力学方程的数值结果。分析影响碰磨的参数，将为后续揭示不同参数对碰磨动力学的影响规律奠定基础。

如式(3.13)所示，偏心滑动间隙 d 与十字头穿透滑道表面的相对深度 δ 直接相关。偏心滑动间隙越大，穿透深度也越大。穿透深度又直接与滑变碰磨接触力直接相关，且穿透深度越大，滑变碰磨接触力也越大。显然，偏心滑动间隙 d 是影响碰磨动力学特性的重要参数。

活塞杆上提力即竖直分力 F_{43y} 是动力学系统的一个广义力。上提力是直接影响十字头是否满足跳跃条件的重要参数。上提力越大，则十字头越容易脱离下滑道，且冲击上滑道的振动响应越剧烈。因此，活塞杆上提力参数与碰磨动力学特性有着密切关系，且直接在动力学方程中体现。

气缸压力是作用于传动机构的时变载荷。建模中，时变载荷 P 是广义力的一个重要参数。因此，时变载荷参数必然也影响着系统的动力学行为。

为了定量分析偏心滑动间隙、活塞杆上提力和时变载荷对半弓式单形态碰磨动力学行为的影响规律，在表 2.1 基础上增补了往复压缩机结构参数，如表 3.1 所示。在数值仿真分析中，仿真参数设置如表 3.2 所示。在表 3.2 中，偏心滑动间隙、气缸压力系数和活塞杆截面参数值均指除了讨论相应参数变化外的设定值。以讨论偏心滑动间隙的影响规律为例，曲轴转速、气缸压力系数和活塞杆截面参数值均采用表 3.2 中的给定值，而偏心滑动间隙是变化值。

表 3.1　2D12 往复压缩机的结构参数

名称	长度/m	质量/kg	转动惯量/(kg·m²)
曲轴	0.12	1	0.0012
连杆	0.6	5	0.15
十字头	—	1	—
活塞组件	—	4	—

表 3.2　仿真参数值

名称	参数值
偏心滑动间隙 d/mm	0.1
曲轴转速 ω/(r·min^{-1})	191
恢复系数 c_r	0.9
杨氏模量 E/GPa	207
泊松率 υ	0.3
摩擦系数 c_f	0.01
气缸压力系数 P_s	2×10^5
活塞杆的截面宽度 b/mm	0.01
余隙 S_0/mm	0.02
初始条件/rad	$\theta_{10}=0$ $\theta_{20}=2\pi-d/l_2$

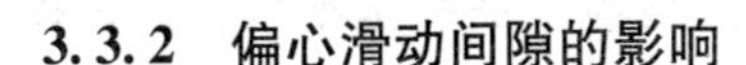

3.3.2　偏心滑动间隙的影响

十字头下沉将引起过大的偏心滑动间隙，同时造成柔性活塞产生向下弯曲变形。一旦十字头满足跳跃条件，十字头将脱离下滑道并向上滑道冲击。一个周期内，考虑不同的偏心滑动间隙，十字头在何时出现跳跃、跳跃次数多少以及跳跃后与滑道发生碰磨时又如何影响半弓式单形态碰磨的动力学行为是值得研究的课题。连杆作用于十字头的垂向分力 F_{23y} 和活塞杆作用于十字头的垂向分力 F_{43y} 是引起十字头跳跃的关键。当偏心滑动间隙为 0.1 mm，活塞杆截面宽度为 0.01 m 时，通过静力学分析（不考虑碰磨动力学行为），两个垂向分力的计算结果如图 3.9 所示。十字头重力远小于两个垂向分力，故忽略不计。此外，为了便于分析跳跃情形，图中 F_{23y} 和 F_{43y} 的正负含义均代表方向，但方向含义刚好相反，其中 F_{23y} 的正负分别代表朝下和朝上的方向，而 F_{43y} 的正值代表朝上的方向。不难看出，当曲轴运动至 6.9°的 A 位置和 181.1°的 B 位置时，满足跳跃条件，故十字头出现跳跃。若考虑跳跃后的碰磨，则十字头每经历一次跳跃且与滑道发生碰磨时，可能引起十字头在滑道中多次回弹。

在第 2 章中，间隙碰磨是以连续接触方式工作，即没有考虑关节之间的碰撞，因此在偏心滑动间隙过大的碰磨中，只有轴向的动力学响应输出，而无垂向的动力学响应输出。在本章中，则考虑了十字头在跳跃后会与滑道发生垂向碰撞，而这种碰撞力必然引起十字头在垂向上的动力学响应输出。轴向上，输出滑块没有直接与机体接触；而垂向上，输出滑块与机体会直接接触。显然，轴向的输出振动响应影响活塞的工作轨迹，但并不能直接引起机体振动；而垂向上的冲击响应将传递至机体，直接引起机体振动。

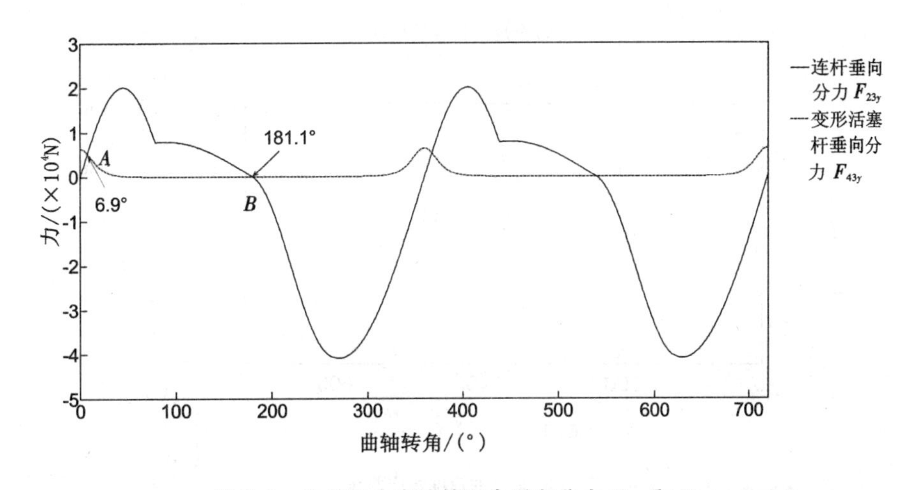

图 3.9　作用于十字头的两个垂向分力 F_{23y} 和 F_{43y}

利用四阶龙格库塔方法对非线性方程(3.49)进行数值求解，分别考虑 0.1，0.2，0.3 mm 的偏心滑动间隙，十字头在轴向和垂向上的动力学响应结果分析如下：

图 3.10 展示了不同偏心滑动间隙下的十字头轴向位移和速度输出响应。从图中可

看到，偏心滑动间隙从 0.1 mm 增加至 0.3 mm 后，位移和速度响应曲线基本重合，结果表明，偏心滑动间隙没有以显著方式影响传动机构的轴向输出响应。与位移和速度响应相比，十字头的轴向加速度响应有明显变化，如图 3.11 所示。传动机构无偏心滑动间隙时，位移、速度和加速输出响应曲线都是光滑的。当偏心滑动间隙从零逐渐增加至 0.1，0.2，0.3 mm 时，在第一次跳跃区域加速度输出响应最大波动误差值从零逐渐增加至 11.81，26.11，44.44 m/s^2。此外，从图 3.11 中还可以发现如下的动力学演变规律：

① 一个周期内，十字头分别在约 6.5°和 185°两个位置出现跳跃，随后与滑道发生碰磨。这与静力学分析的跳跃位置（图 3.9 所示）基本一致。之所以产生微小偏差，究其原因是静力学分析中忽视了碰磨动力学因素。

② 随着偏心滑动间隙的增加，轴向输出响应幅值在碰磨区域中也逐渐增大。

③ 十字头在非跳跃情形下，加速度曲线是光滑的，表明十字头处于连续接触或自由运动状态。

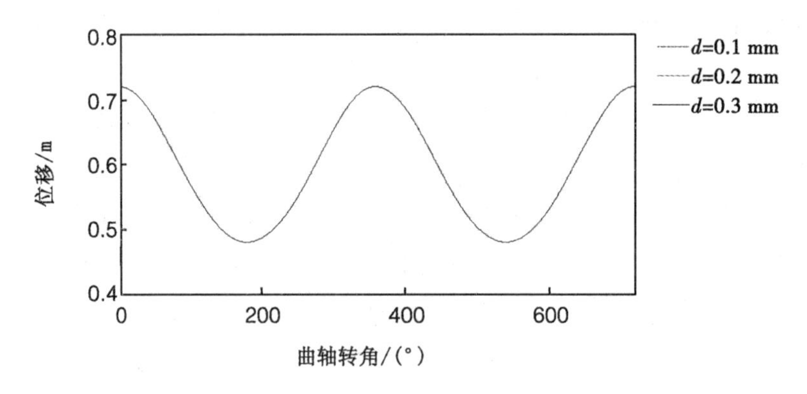

(a)全局的位移响应曲线

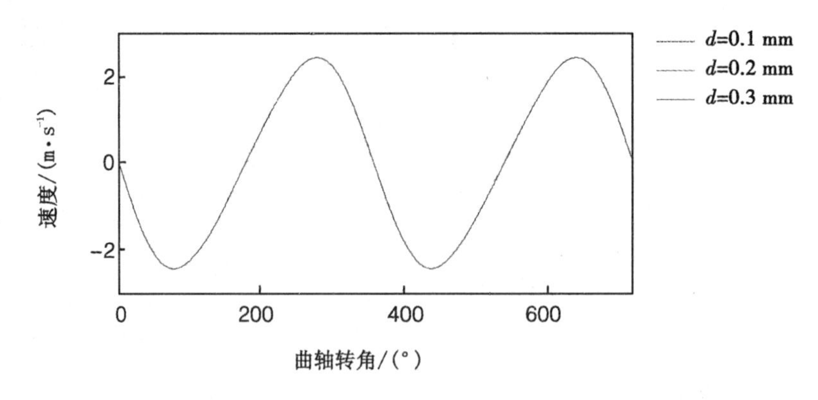

(b)全局的速度响应曲线

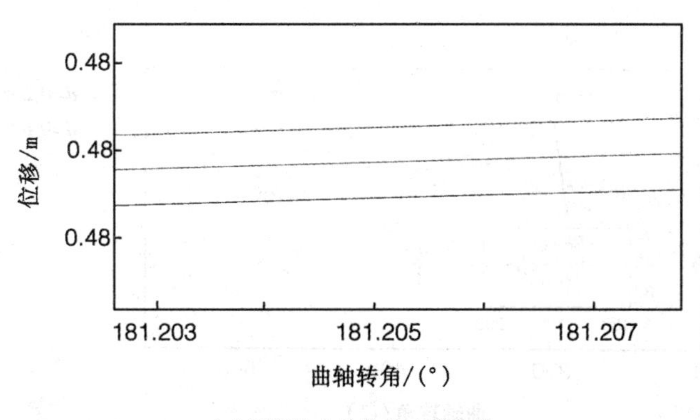

(c)局部放大的位移响应曲线

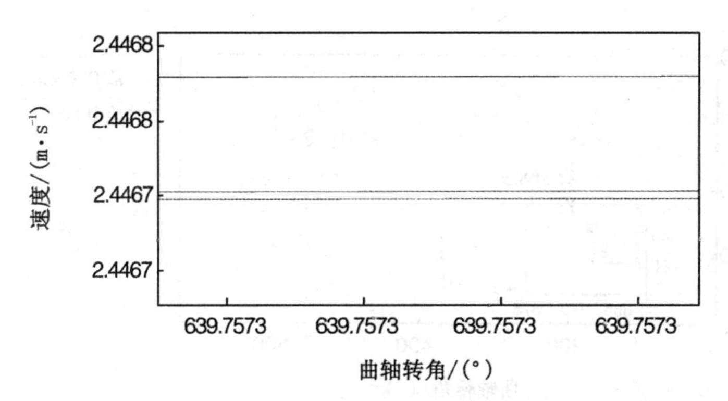

(d)局部放大的速度响应曲线

图 3.10　不同偏心滑动间隙的位移和速度曲线

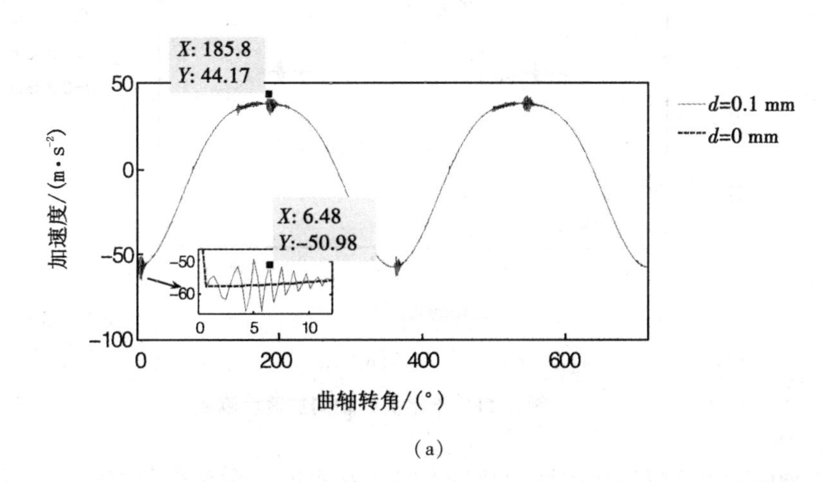

(a)

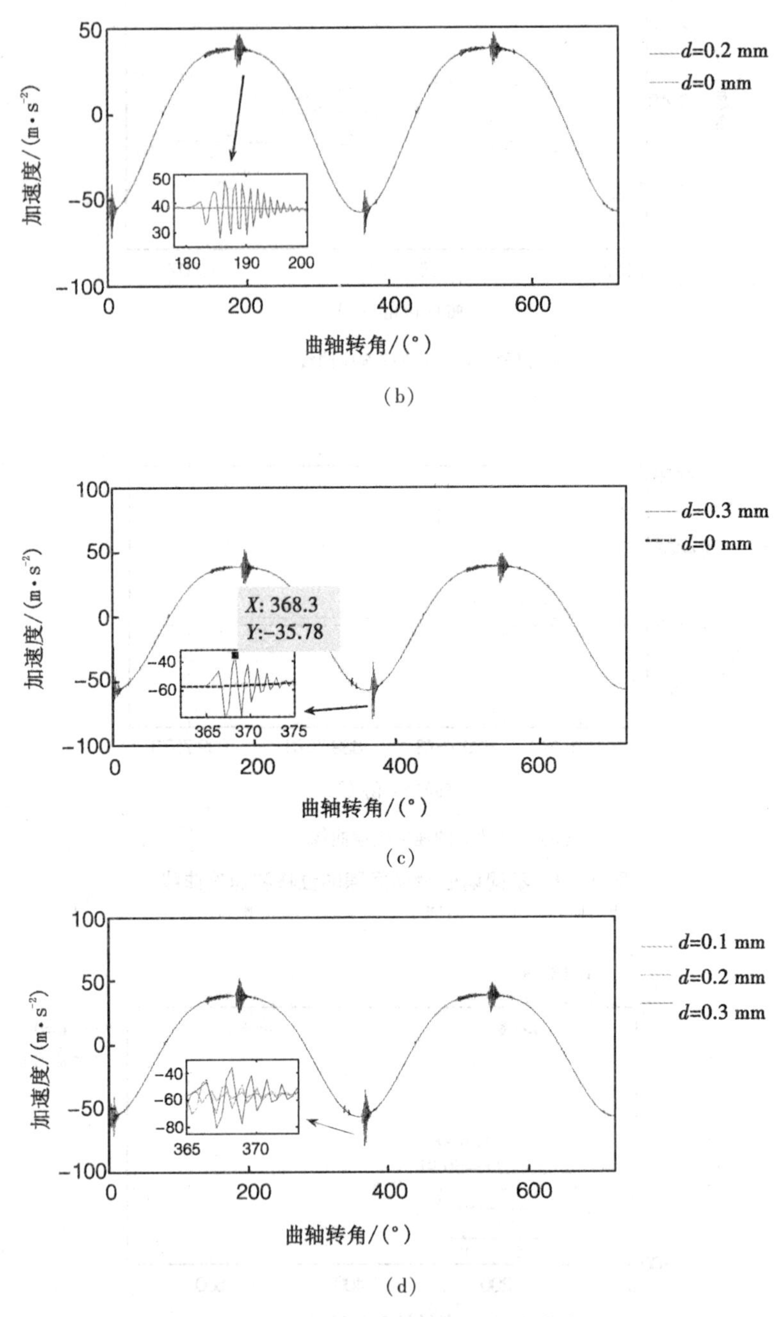

(b)

(c)

(d)

图 3.11　十字头的轴向加速度响应

与轴向输出响应形成鲜明对比，十字头在垂向上无论是位移(图 3.12)、速度(图 3.13)还是加速度(图 3.14)输出响应均随着偏心滑动间隙的变化产生了显著的影响。当偏心滑动间隙从零增加至 0.1，0.2，0.3 mm 时，十字头位移输出响应最大误差相应地从零增加至 0.01，0.02，0.03 mm，速度输出响应最大误差相应地从零增加至 0.17，0.30，0.41 m/s，加速度输出响应最大误差(或最大峰值)相应地从零逐渐增加至 392.5，

726.4，981 m/s²。不难看出，偏心滑动间隙越大，冲击滑道的加速度振动信号幅值也越大。考虑到振动响应信号通常采用加速度来表征，因此在后续的结果与讨论中，主要分析加速度输出响应的影响规律，而速度和位移输出响应的影响不再讨论。

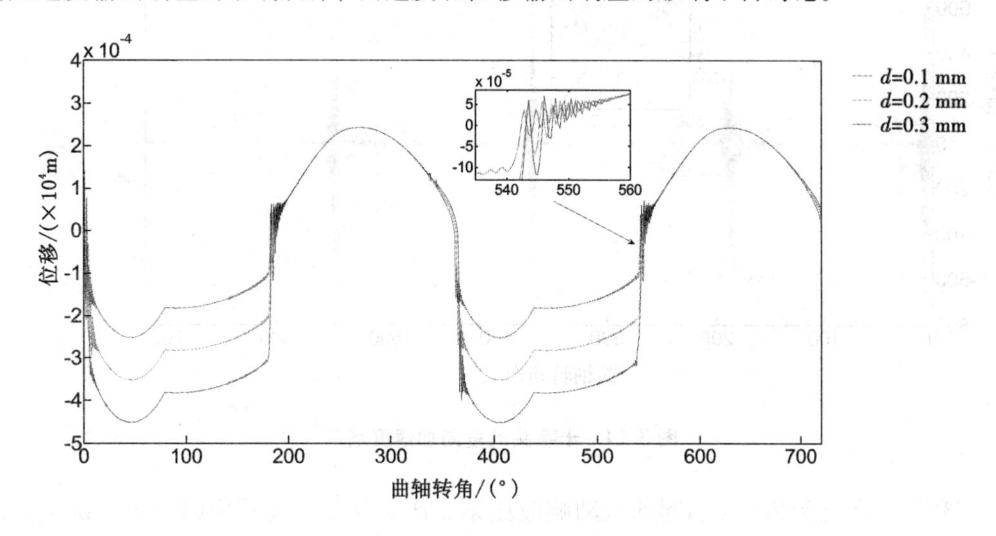

图 3.12　十字头的垂向位移响应

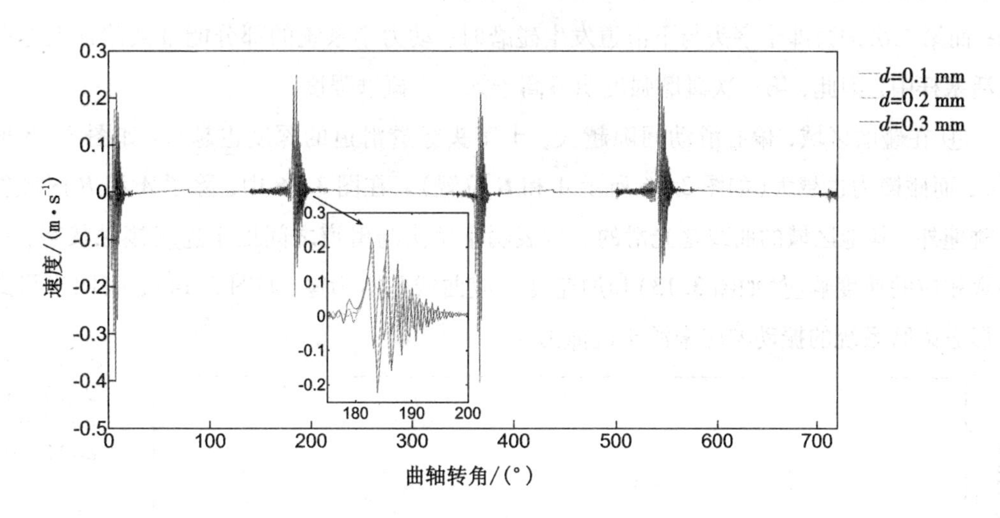

图 3.13　十字头的垂向速度响应

此外，除了碰磨区域的输出位移、速度和加速度动力学响应规律外，还可发现如下的动力学行为：

① 无论是轴向还是垂向，十字头输出响应对应的碰磨区域是相同的，但是由于碰撞来源于垂向，因此偏心滑动间隙对垂向输出响应比轴向输出响应的影响更大。

② 一个周期内，传动机构有两次跳跃，但每一次跳跃都有多次碰撞。这是因为十字头每经历一次跳跃并与滑道发生碰磨时，可能引起十字头在滑道中多次回弹，类似于皮球与地面碰撞后的回弹。

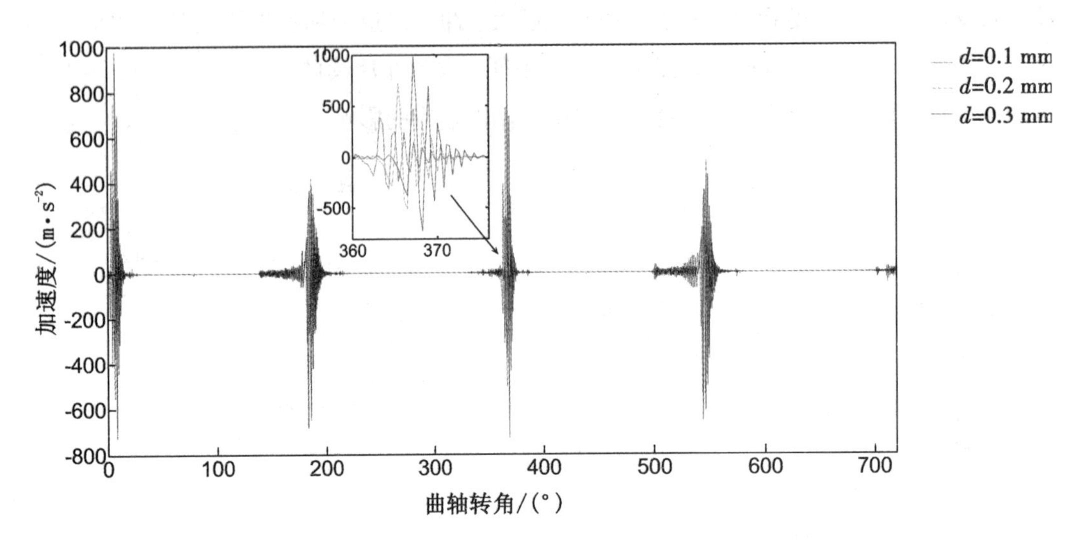

图 3.14　十字头的垂向加速度响应

③ 第一次跳跃和碰撞引起的振动响应比第二次更强烈。究其原因是第一次碰磨即十字头与上滑道发生碰磨，是由弯曲变形的活塞杆逐渐释放弹性势能造成的跳跃和冲击；而第二次碰磨即十字头与下滑道发生碰磨时，动力学系统的部分能量被储存至弯曲的活塞杆中，因此，第一次碰磨强度明显高于第二次碰磨强度。

④ 在碰磨区域，偏心滑动间隙越大，十字头穿透滑道的深度也越大(如图 3.15 所示)，而碰撞力也越大(如图 3.16 所示 A 和 B 位置)。在图 3.16 中，除了 A 和 B 区域发生碰撞外，其他区域的曲线是光滑的。这表明十字头与滑道之间处于连续接触状态，并导致相应的速度响应(如图 3.13)和加速度响应曲线基本为零(如图 3.14)，表明半弓式单形态碰磨系统的振动响应来源于碰撞力。

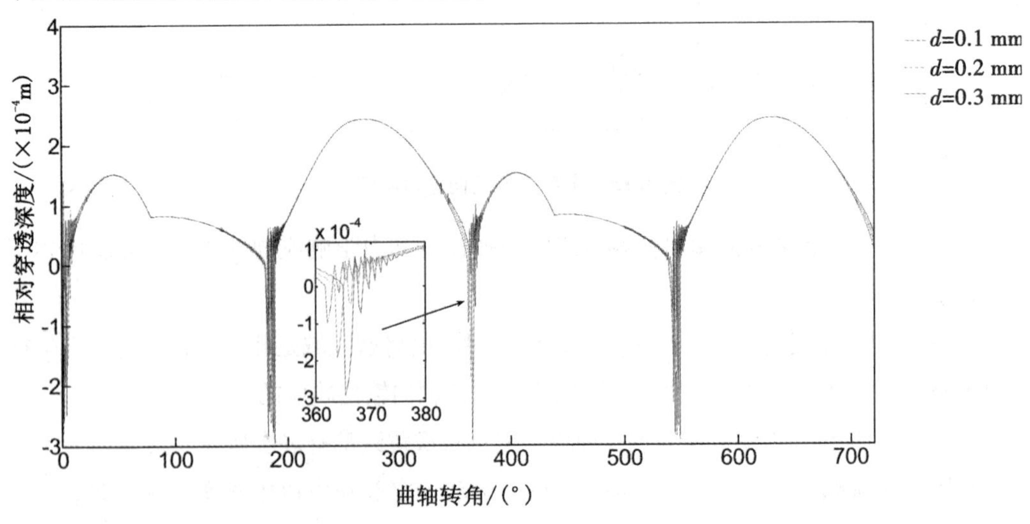

图 3.15　碰磨的相对穿透深度

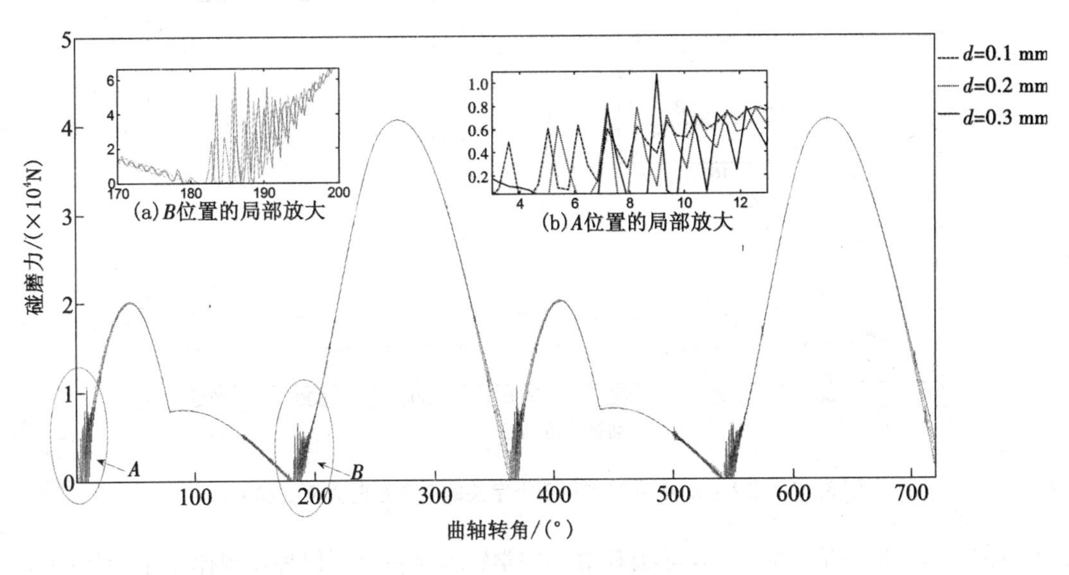

图 3.16 十字头的碰磨力

3.3.3 柔性活塞杆上提力的影响

由于十字头下沉，柔性活塞杆发生弯曲变形，必然产生上提力 F_{43y}。在3.2.2节中，讨论了活塞杆上提力很可能造成十字头出现跳跃并冲击滑道现象。显然，活塞杆上提力是影响半弓式单形态碰磨动力学特性的关键因素。在表征活塞杆上提力的式(3.12)中，当十字头下沉量确定即偏心滑动间隙确定时，活塞与气缸内壁之间的余隙 S_0 和活塞杆截面宽度 b 两个参数将影响活塞杆上提力。考虑到余隙 S_0 和活塞杆截面宽度 b 的讨论方法相似，本小节中仅以活塞杆截面宽度 b 为例来揭示活塞杆上提力对半弓式单形态碰磨的影响规律。在3.3.2节中，讨论了 $b=0.01$ m时，不同偏心滑动间隙对半弓式单形态碰磨动力学特性的影响规律。在本小节中，通过改变 b 参数值，探索活塞杆上提力引起的新动力学特性规律。

当 $b=0.04$ m时，不考虑动力学行为，通过静力学分析，含偏心滑动间隙0.1 mm的十字头将在曲轴转角为60.7°(A 位置)和174.2°(B 位置)时出现跳跃，如图3.17所示。与图3.9($b=0.01$ m)相比，由于 b 参数变化，作用于十字头的活塞杆上提力改变导致十字头跳跃位置发生显著的变化，且 b 值越大，上提力越大，跳跃位置越向中间靠拢。当作用于十字头的上提力 F_{43y} 远大于连杆作用于十字头上的垂向力 F_{23y} 时，F_{43y} 曲线和 F_{23y} 曲线可能只有一个交点甚至无交点。若为一个交点，则表明一个周期内十字头只出现一次跳跃；若无交点，则表明十字头无跳跃，且一直与上滑道连续接触。

在上小节3.3.2中，讨论了不同偏心滑动间隙对半弓式单形态碰磨动力学特性的影响。若改变活塞杆作用于十字头的上提力(以 $b=0.01$ m变化为 $b=0.04$ m为例)，同时

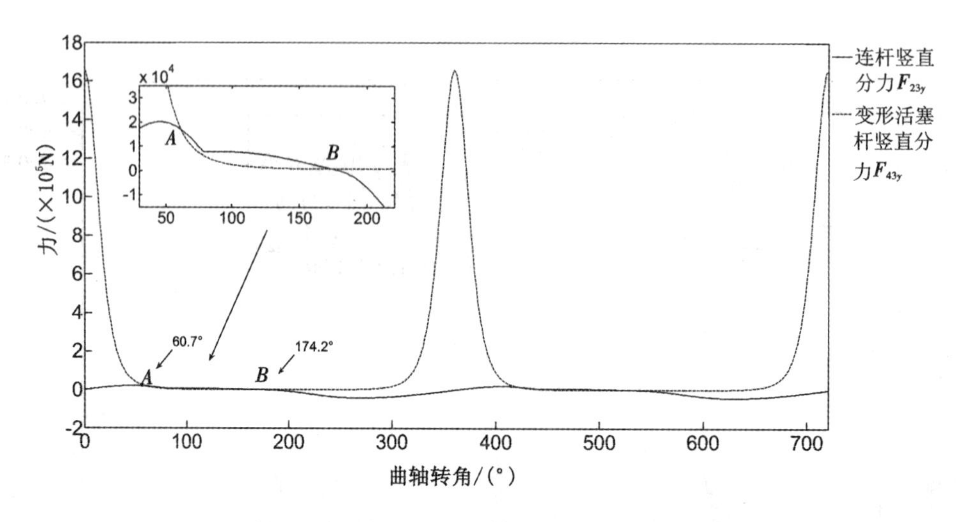

图 3.17　当 $b=0.04$ m 时作用于十字头的两个垂向力 F_{23y} 和 F_{43y}

改变偏心滑动间隙值，半弓式单形态碰磨动力学特性又将呈现何种新规律？当 $b=0.04$ m 时，随着偏心滑动间隙从 0，0.1，0.2 mm 增加至 0.3 mm，十字头在第一次跳跃位置的轴向加速度响应的最大误差相应地由 0，128.26，233.43 m/s^2 增加至 282.08 m/s^2，如图 3.18 所示；而垂向加速度响应最大误差相应地由 0，530.1，884.1 m/s^2 增加至 1076 m/s^2，如图 3.19 所示。与 $b=0.01$ m 时的轴向加速度响应(图 3.11)和垂向加速度响应(图 3.14)相比，可以看到活塞杆上提力对十字头加速度的影响不论是轴向还是垂向都随 b 参数的增大而增大。此外，在图 3.18 和图 3.19 中，还可观察到如下的动力学特性：

① 从图 3.18(a)中可看到十字头出现的跳跃并与滑道碰磨的曲轴转角约为 50.4°和 185°，与静力学分析的跳跃位置 60.7°和 174.2°相比，具有明显的偏差。结果表明，活塞杆上提力越大，碰磨越剧烈，碰磨动力学行为越不能忽略，否则会导致十字头的跳跃位置出现较大偏差。

② 当 $b=0.04$ m 时，随着偏心滑动间隙的变化，一个周期内十字头在第一次跳跃中出现不同的碰磨位置，而在第二次跳跃中十字头的碰磨位置基本相同。偏心滑动间隙越

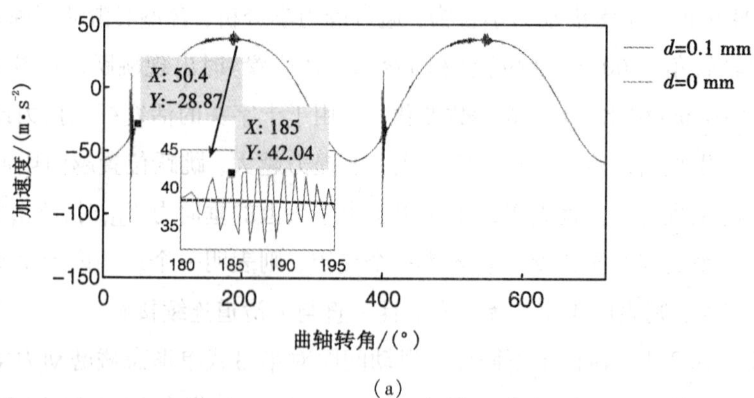

(a)

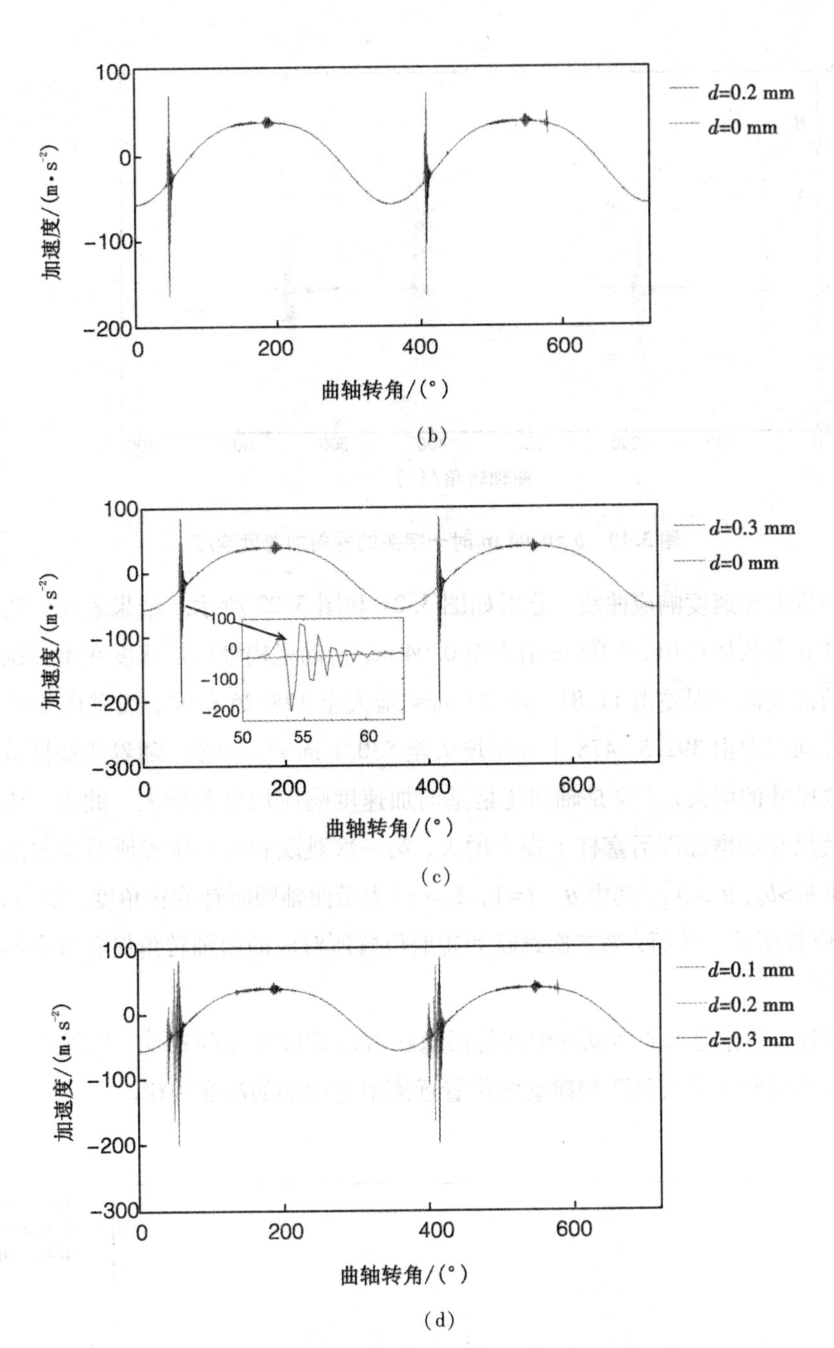

图 3.18　b=0.04 m 时十字头的轴向加速度响应

大，在第一次跳跃中十字头的碰磨位置越滞后，即越远离滑道两端，如图 3.19 的 A、B 和 C 位置所示。

不同偏心滑动间隙的碰磨接触力如图 3.20 所示。从碰磨接触力的变化来看，在第一次跳跃之前和第二次跳跃之后，阻止十字头脱离滑道的连续接触力巨大，几乎淹没了碰撞力。这将产生巨大的摩擦力，并进一步加剧十字头与滑道之间的磨损。

保持 0.1 mm 的偏心滑动间隙不变，通过改变活塞杆截面宽度尺寸 b 参数，得到传动

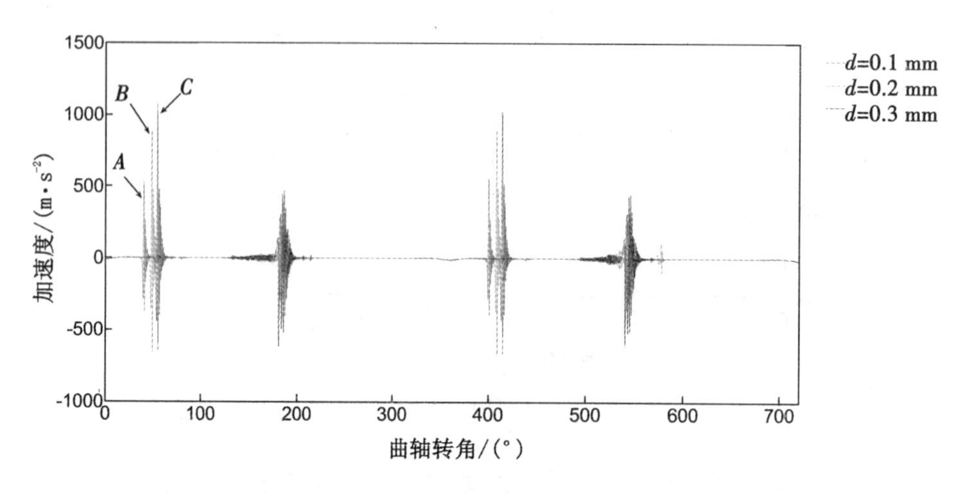

图 3.19　b=0.04 m 时十字头的垂向加速度响应

机构轴向和垂向加速度响应曲线，分别如图 3.21 和图 3.22 所示。结果表明，随着活塞杆截面宽度 b 参数从 0.01，0.02 m 增大至 0.04 m，传动机构轴向加速度在第一次跳跃和碰磨区域的最大波动误差由 11.81，40.39 m/s^{2}增大至 128.26 m/s^2，而垂向加速度输出响应最大波动误差由 392.5，478.1 m/s^{2}增大至 530.1 m/s^2。显然，随着活塞杆截面宽度尺寸 b 参数尺寸的增大，不论是轴向还是垂向加速度响应均显著增大。此外，还可发现随着 b 参数尺寸的增加即活塞杆上提力增大，第一次跳跃和碰磨位置所对应的曲轴转角也增大，即 $b_1>b_2$，$\theta_1>\theta_2$，其中 θ_i（i=1，2，…）表示曲轴顺时针旋转角度，如图 3.22 的 A，B 和 C 位置所示。然而，第二次跳跃和碰磨位置所对应的曲轴转角仅有微小的减小变化。

综上所述，不论是偏心滑动间隙还是活塞杆截面宽度尺寸的改变，均阐明活塞杆上提力的增大将导致十字头跳跃和碰磨的位置远离滑道两端的演变规律。

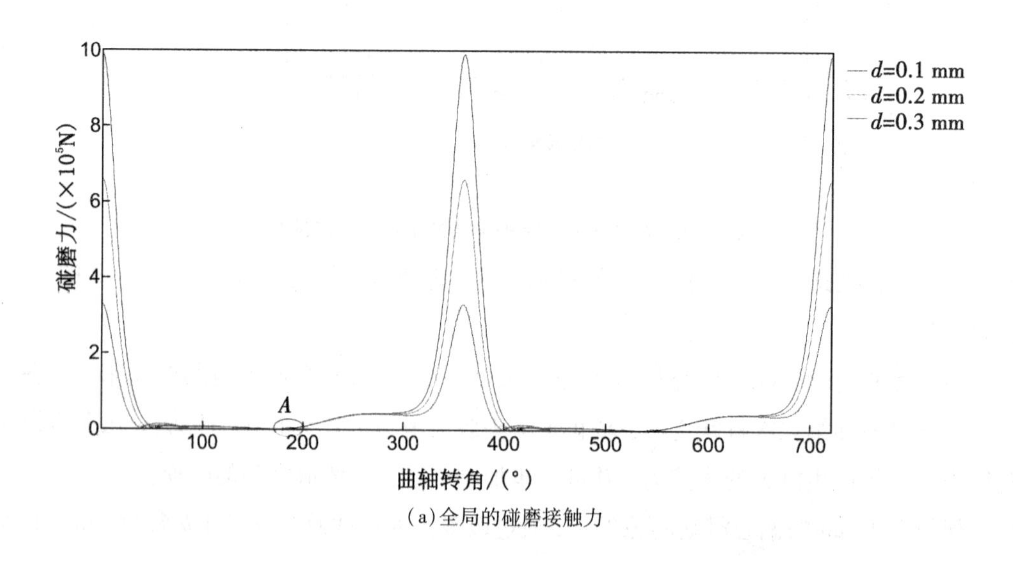

(a)全局的碰磨接触力

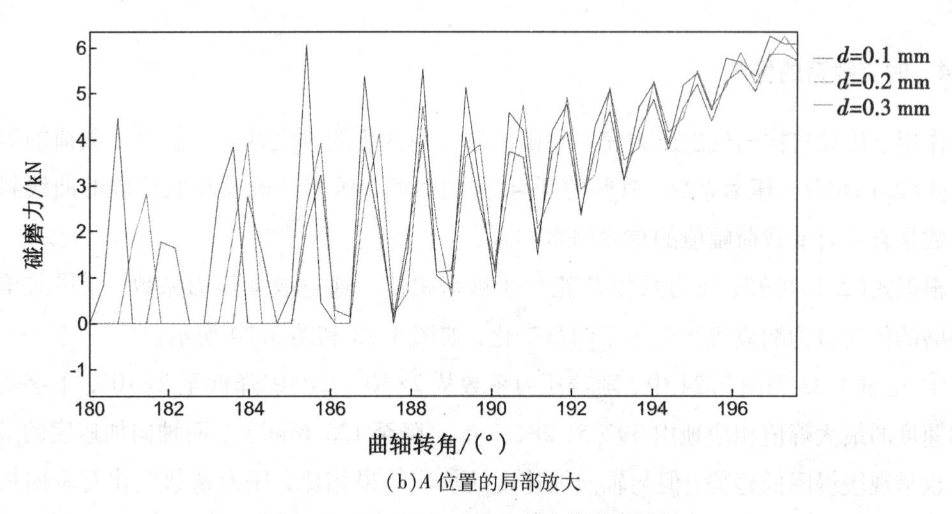

(b)A 位置的局部放大

图 3.20 b=0.04 m 时十字头的碰磨接触力

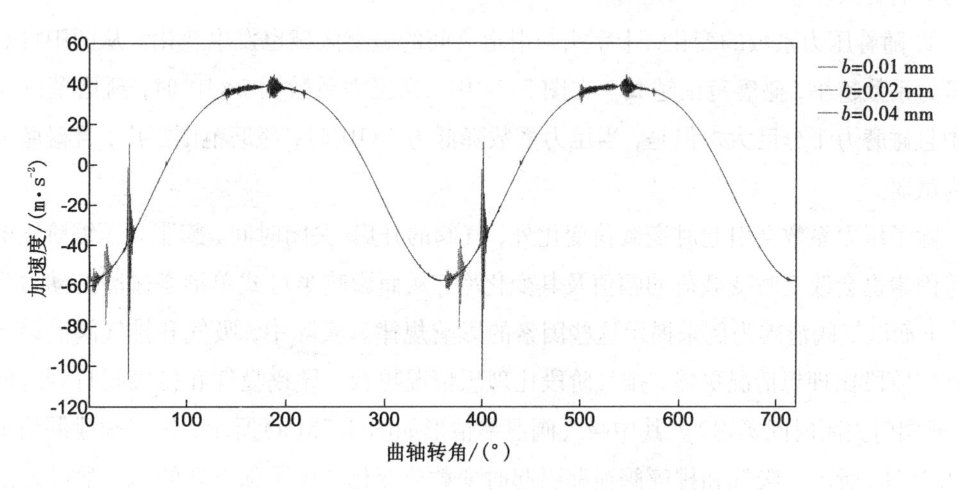

图 3.21 不同活塞杆截面尺寸的轴向加速度响应

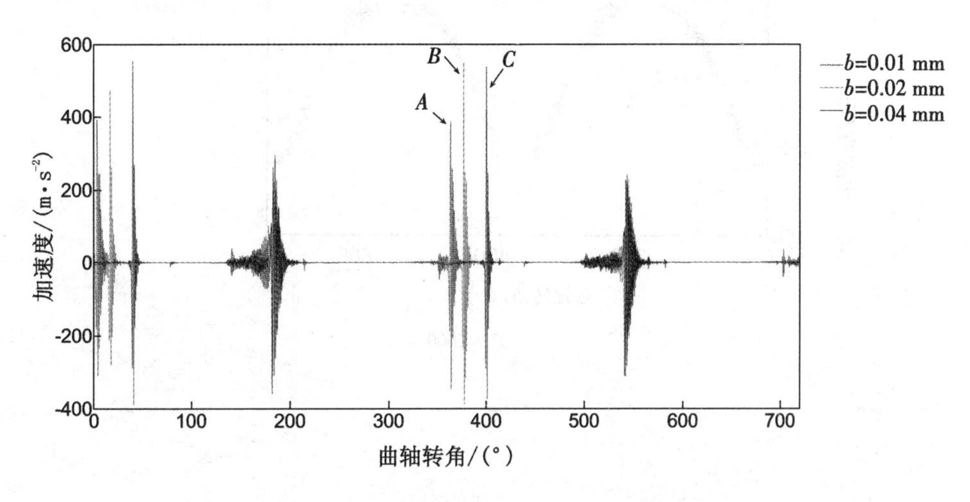

图 3.22 不同活塞杆截面尺寸的垂向加速度响应

3.3.4 时变载荷的影响

作用于传动机构的气缸压力是一种随曲轴转角变化的时变载荷。由时变载荷的等效模型式(2.1)可知，压力系数、气阀的开启/关闭时间、压缩阶段及膨胀阶段的曲线斜率等参数是影响时变载荷幅值的重要因素。

根据式(2.1)可知，压力系数 P_s 正比于载荷幅值。通过改变压力系数，半弓式单形态碰磨的传动机构响应规律发生了明显变化，如图 3.23 和图 3.24 所示。

① 在图 3.23 和图 3.24 中，随着压力系数从 2×10^5，2×10^4 降低至 2×10^3，十字头垂向加速度的最大峰值相应地由 392.5，281.3 m/s^2 降至 135.6 m/s^2，而轴向加速度的最大峰值也呈现缓慢降低趋势，但与轴向加速度的响应结果相比，压力系数变化对垂向加速度的影响更大。

② 随着压力系数的变化，十字头与滑道之间的碰磨区域也发生变化。从图中可观察到压力系数越小，碰磨范围越大。在图 3.24 中，当压力系数为 2×10^5 时，碰磨范围比较集中且碰磨力十分巨大。但是，当压力系数降低为 2×10^3 时，碰磨范围很广，且碰磨力也较为微弱。

除了压力系数会引起时变载荷变化外，气阀的开启/关闭时间、膨胀和压缩阶段的斜率等因素也会改变时变载荷的幅值及其变化率，从而影响半弓式单形态碰磨的动力学特性。下面以气阀泄露为例来揭示这些因素的影响规律。实际中，吸气和排气阀泄漏会引起膨胀阶段比理想情况更慢，排气阶段比理想情况更快，导致吸气和排气阀打开时间滞后(或阀门关闭时间延迟)。其中吸气阀泄漏情形如图 3.25(a)所示，排气阀泄漏情形如图 3.25(b)所示。吸气和排气阀泄漏引起时变载荷变化产生了如下新的动力学行为：

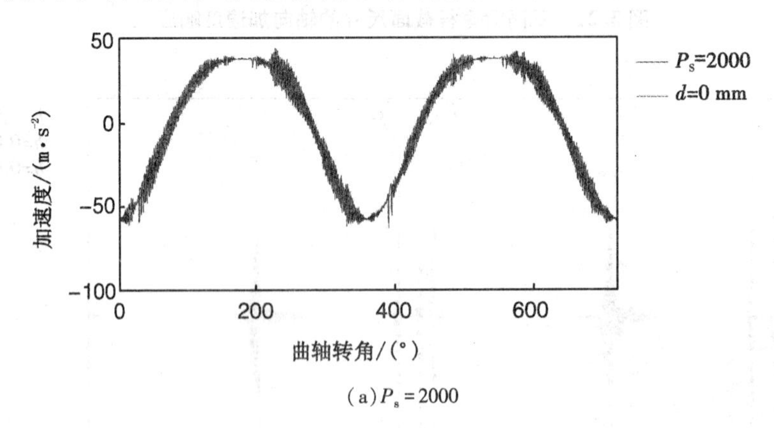

(a) $P_s = 2000$

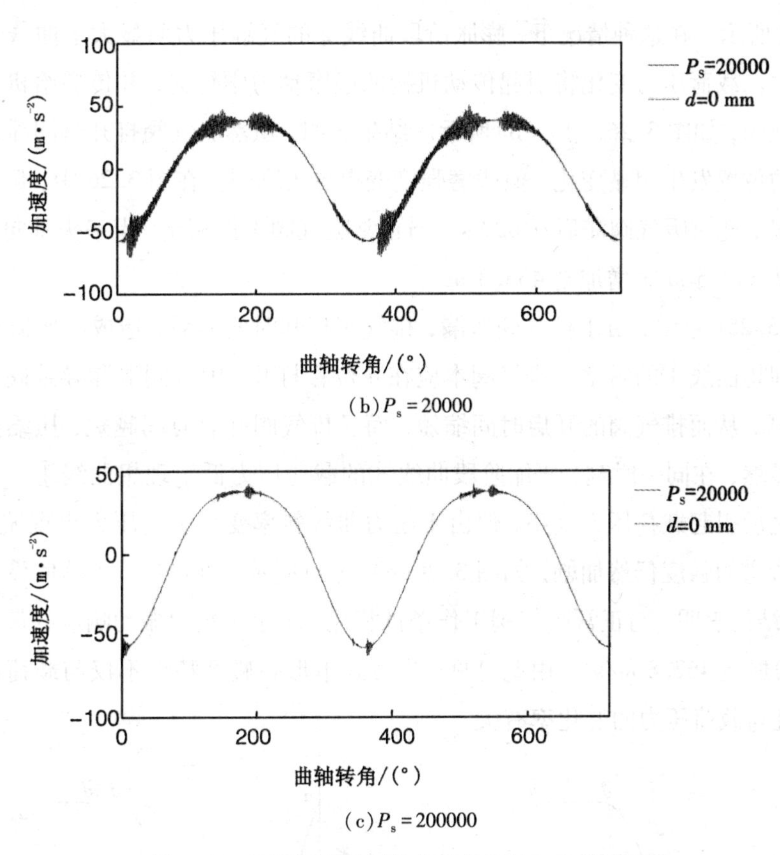

(b) $P_s = 20000$

(c) $P_s = 200000$

图 3.23　不同压力系数的十字头的轴向加速度响应

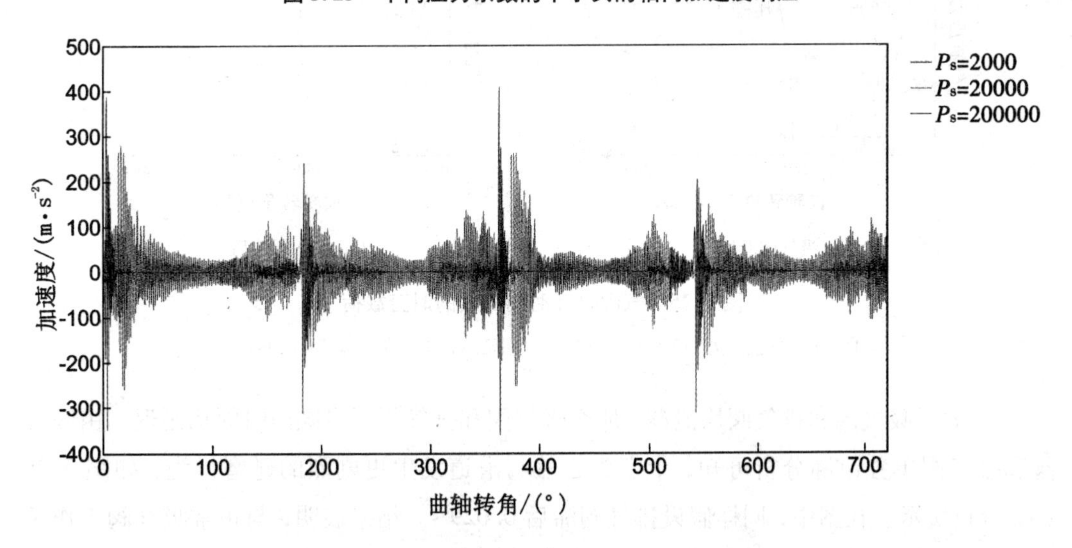

图 3.24　不同压力系数下十字头的垂向加速度响应

① 在图 3.25(a)中，由于吸气阀泄漏，吸气阀打开时间滞后，导致吸气阀打开时间变短，关闭时间变长，造成膨胀阶段②的曲线斜率绝对值比理想曲线①大。吸气阀的打开时间越短(或关闭时间越长)，膨胀阶段曲线的曲线斜率绝对值越大。理想情况下，吸气阀应在 b 位置打开，因气阀泄漏而滞后于 b_1 位置才打开阀门，导致吸气阀开启时间变

短，如曲线②所示。在这种情况下，膨胀阶段曲线②的气缸压力明显大于曲线①所示的正常载荷压力。载荷压力变化将引起传动机构的碰磨动力学行为，并传递给机体产生新的振动响应规律，如图 3. 26(a)~(b)所示。结果表明，虽然吸气阀打开时间滞后没有使十字头碰磨的位置发生明显变化，但碰磨强度变得更为剧烈。在图 3. 26 中，假设膨胀阶段滞后 33. 75°，此时吸气阀滞后 0. 029 s。与正常吸气阀工作相比，十字头垂向振动响应的最大峰值从 392. 5 m/s^2增加至 453. 3 m/s^2。

② 在图 3. 25(b)中，由于排气阀泄漏，排气阀打开时间滞后，造成膨胀阶段曲线③的斜率小于理想曲线①的斜率。排气阀本应在 d 位置打开，因气阀泄漏导致阀门滞后至 d_1 位置才打开，从而排气阀的开启时间缩短，而且排气阀开启时间越短，压缩阶段曲线斜率越小。显然，在同一时刻，压缩阶段曲线③的载荷压力低于理想曲线①。尽管排气阀打开时间之后引起载荷压力变小，但由于压力曲线斜率变化引起压力出现波动，导致十字头冲击滑道的强度仍然加剧，如图 3. 26(c)~(d)所示。在图中，仍然假设排气阀滞后 0. 029 s。结果表明，与正常吸气阀工作条件相比，十字头垂向振动响应的最大峰值从 392. 5 m/s^2增加至 462. 8 m/s^2。由此可见，半弓式单形态碰磨特性不仅与载荷压力的幅值有关，而且与载荷压力的变化率有关。

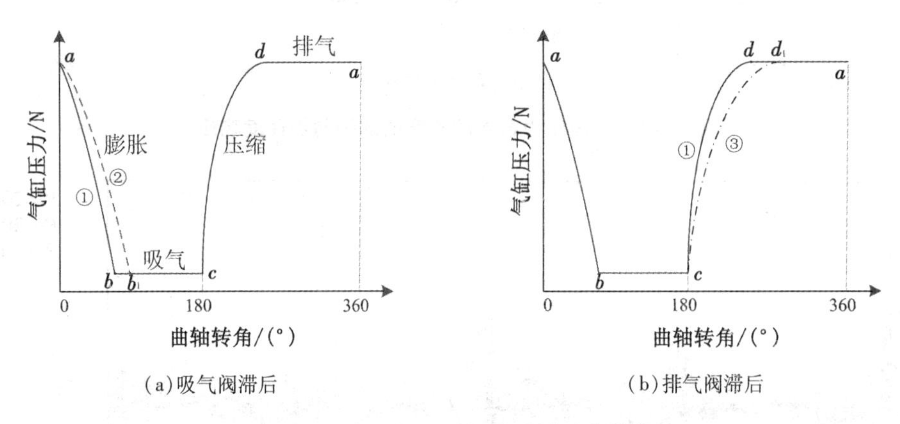

(a)吸气阀滞后

(b)排气阀滞后

图 3. 25　气阀打开时间滞后的时变载荷

①—正常气缸压力；②—吸气阀打开时间延迟；③—排气阀打开时间延迟

③ 如果吸气阀和排气阀均泄漏，那么吸气阀和排气阀开启阀门时间均延迟。由吸气阀和排气阀单独泄漏分析可知，十字头必然与滑道发生更剧烈的碰磨行为，如图 3. 26(e)~(f)所示。在图中，同样假设排气阀滞后 0. 029 s。结果表明，与正常吸气阀工作条件相比，十字头垂向振动响应的最大峰值从 392. 5 m/s^2增加至 476. 3 m/s^2。

综上所述，吸气阀和排气阀开启时间的滞后造成了膨胀阶段曲线斜率绝对值增大、压缩阶段曲线斜率绝对值减少，从而引起载荷压力变化。结果表明，吸气阀和排气阀开启时间的滞后均加剧了十字头与滑道之间的碰磨。

由此可见，载荷压力系数、吸气阀和排气阀的开启时间以及压力曲线斜率变化等因素均会引起半弓式单形态碰磨特性的变化。因此，在实际中，应密切关注往复压缩机的气缸压力。

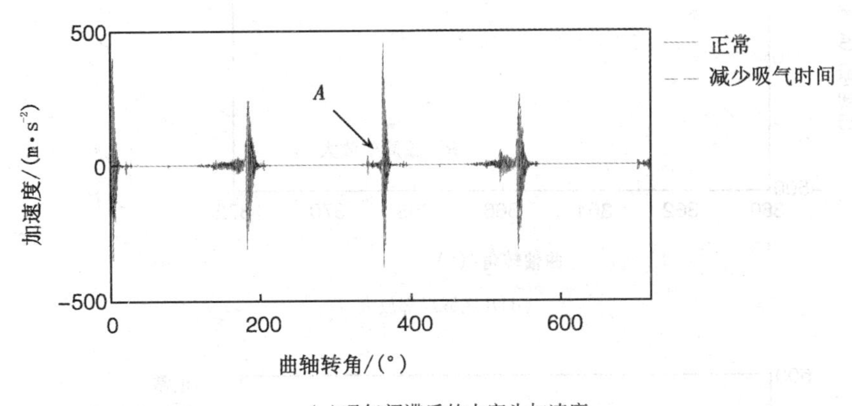

(a)吸气阀滞后的十字头加速度

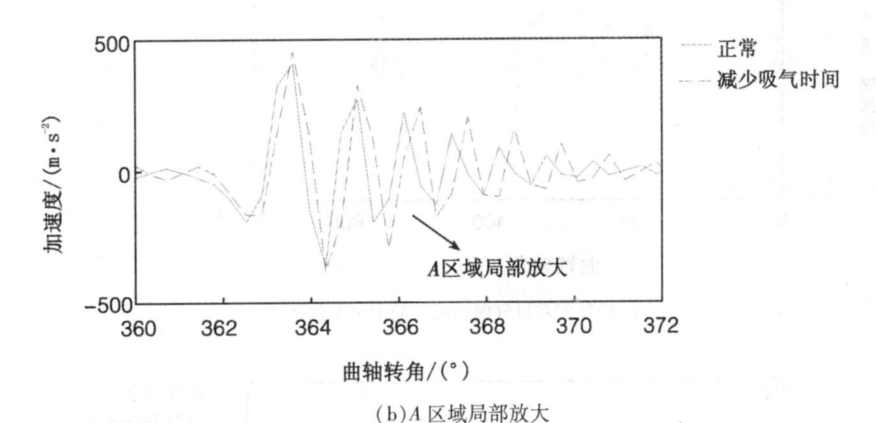

(b)A 区域局部放大

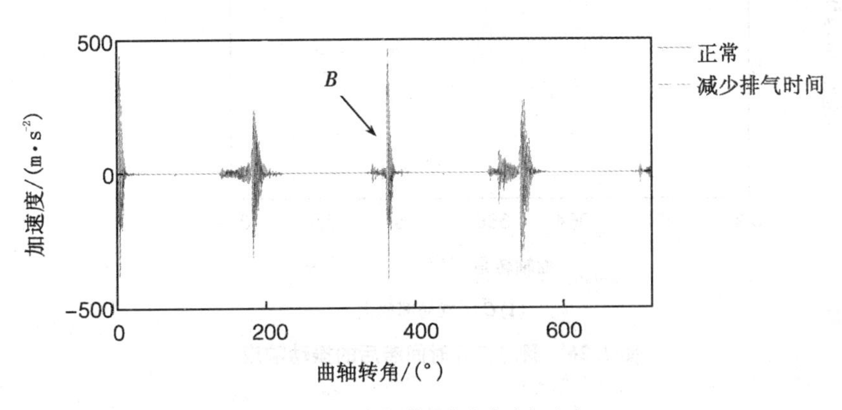

(c)排气阀滞后的十字头加速度

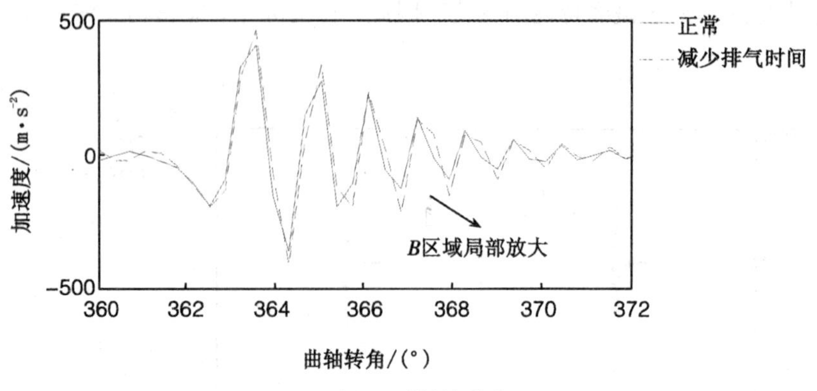

(d)B 区域局部放大

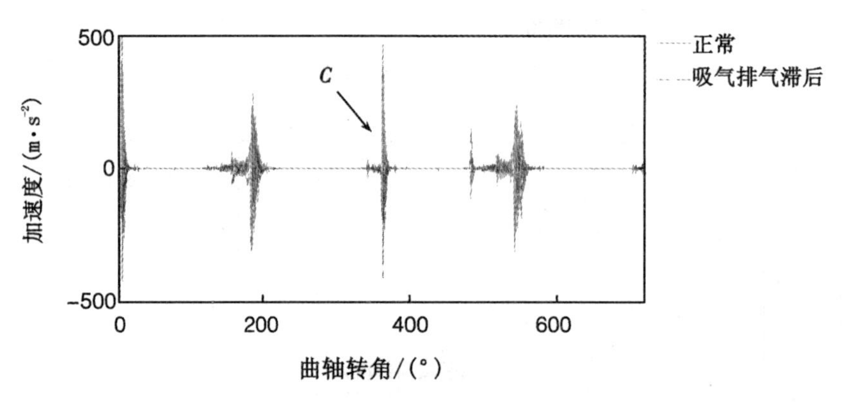

(e)吸气阀和排气阀均滞后的十字头加速度

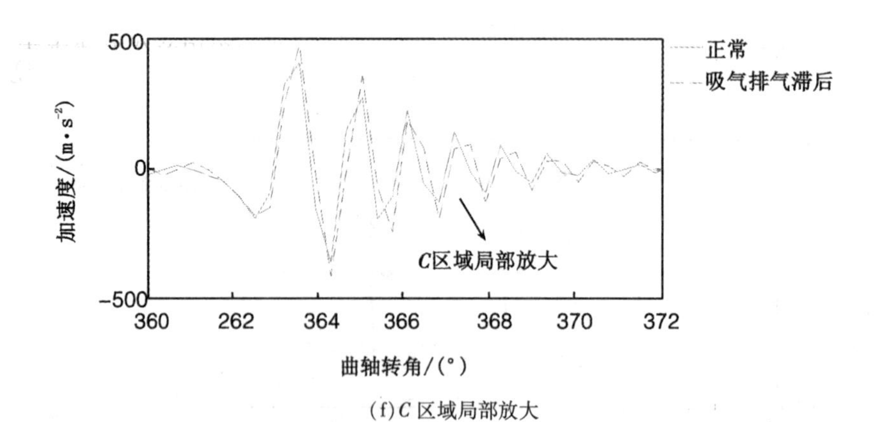

(f)C 区域局部放大

图 3.26　阀门打开时间滞后的振动响应

3.4　半弓式单形态碰磨的稳定性

在式(3.50)中，λ_1含有$\dot{\theta}_2^2$，λ_2含有$\dot{\theta}_1^2$，其中$\dot{\theta}_2^2$和$\dot{\theta}_1^2$均为非线性项。显然，半弓式单形态碰磨动力学系统是一个非线性系统。该非线性系统是周期运动还是非周期运动具有不确定性，如何揭示其稳定性是本节探索的工作。

确定性系统获取的数据可以被分类为周期性和非周期性数据，其中非周期性数据可以对应于准周期性、瞬态或混沌运动。吸引子是一种表征周期性和非周期性运动的有效方法。吸引子一般可分为不动点吸引子、极限环吸引子和奇异吸引子，其中不动点吸引子和极限环吸引子均表明系统是稳定的即非混沌系统，且对应于系统的平衡和周期运动状态。奇异吸引子也称混沌吸引子，具有非周期特征，对应于混沌系统中的非周期的、貌似无规律的无序稳态运动形态。这种系统的相空间是不可预测的并且非常复杂。

目前，吸引子是检测系统是否具有混沌现象的一种方法。在混沌系统中，系统行为是不确定的、不可重复且不可预测的。混沌是系统全局稳定与局部不稳定之间相互作用的结果。局部不稳定使系统对初始值具有敏感性，而全局稳定性使其在相空间中显示出分形结构即奇异吸引子。

为了更好地分析半弓式单形态碰磨动力学系统的稳定性，除了观察相空间轨迹是否具有奇异吸引子之外，庞加莱截面法也将用于分析该非线性系统的稳定性。法国数学家庞加莱在相空间轨迹图的基础上，通过将非线性系统的微分方程用差分形式来表示，使相轨迹离散化，进而用少量的数据获得系统更多的信息。庞加莱提出的这种方法不仅容易区分周期运动和非周期运动，而且很清晰地反映出动力学系统在庞加莱截面上的相应结构。通过将系统离散化，不同运动形式的系统在通过庞加莱截面时，会出现不同形状特征的截面交点。当系统是周期运动或 N 周期运动时，庞加莱截面只有一个点或零星的 N 个孤立点；当系统是准周期运动时，庞加莱截面是一条封闭的曲线；当系统是混沌运动时，庞加莱截面将形成一定形状的线、带或分散性堆积的自相似图案。

在半弓式单形态碰磨动力学系统中，十字头不仅在轴向上产生振动响应，也在垂向上产生振动响应。但是，两个不同方向的振动响应呈现了不同的稳定性。如图 3.27 所示，在不同偏心滑动间隙下，十字头在轴向上的相轨迹均为一条光滑的封闭曲线，表明传动机构在轴向上输出响应的相轨迹没有奇异吸引子，即系统是稳定的。同时，在相应的庞加莱截面图上只看到个别孤立点，如图 3.28 所示。结果也表明轴向运动系统是周期性的。

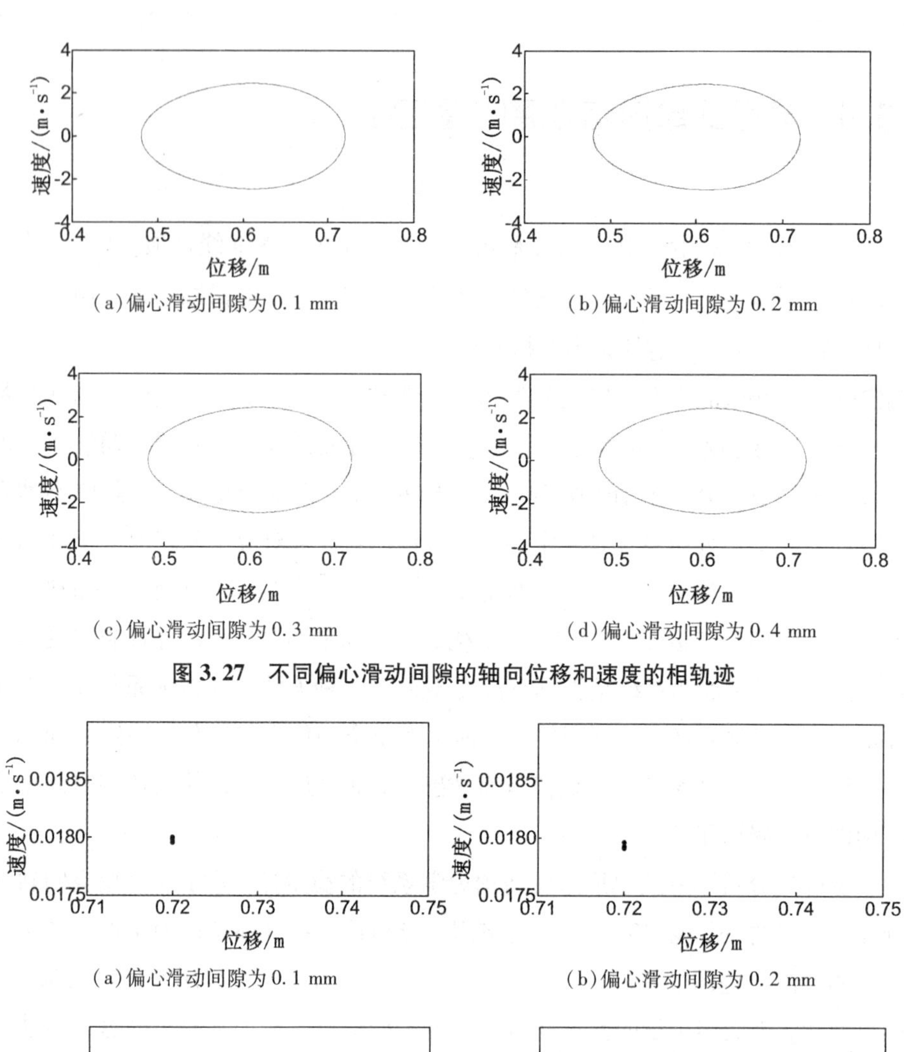

(a)偏心滑动间隙为 0.1 mm　(b)偏心滑动间隙为 0.2 mm

(c)偏心滑动间隙为 0.3 mm　(d)偏心滑动间隙为 0.4 mm

图 3.27　不同偏心滑动间隙的轴向位移和速度的相轨迹

(a)偏心滑动间隙为 0.1 mm　(b)偏心滑动间隙为 0.2 mm

(c)偏心滑动间隙为 0.3 mm　(d)偏心滑动间隙为 0.4 mm

图 3.28　不同偏心滑动间隙的轴向位移和速度的庞加莱截面

然而，在相同条件下，十字头在垂向上的相轨迹呈现了明显的奇异吸引子，如图 3.29 所示。随着偏心滑动间隙由 0.1 mm 增大至 0.4 mm，虽然奇异吸引子的形状没有明显的改变，均像两个“陀螺”形状，但两个“陀螺”的距离会随着间隙的增大而增大。与图 3.29 相对应的庞加莱截面均为密集点集中的线形状，如图 3.30 所示。根据庞加莱截面判定准则，垂向运动系统是不稳定的，即系统是非周期性的。

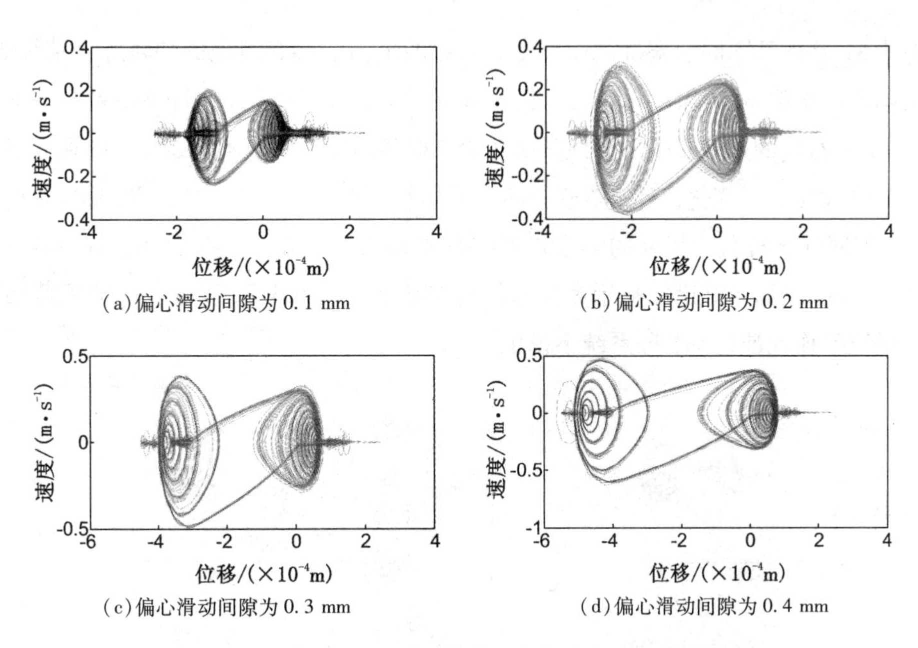

(a)偏心滑动间隙为 0.1 mm
(b)偏心滑动间隙为 0.2 mm
(c)偏心滑动间隙为 0.3 mm
(d)偏心滑动间隙为 0.4 mm

图 3.29　不同偏心滑动间隙的垂向位移和速度的相轨迹

考虑含偏心滑动间隙的半弓式单形态碰磨动力学系统在轴向运动状态是周期性的，而且在第 2 章的第 2.4 节中，相轨迹和最大李雅普诺夫指数均揭示了偏心滑动间隙对十字头在轴向上的混沌运动特性不敏感。因此，不论是否考虑十字头与滑道之间的碰撞行为，均表明含偏心滑动间隙的传动机构的轴向运动系统具有周期性。鉴于此，后续不再分析其他参数变化对系统轴向运动稳定性的影响。

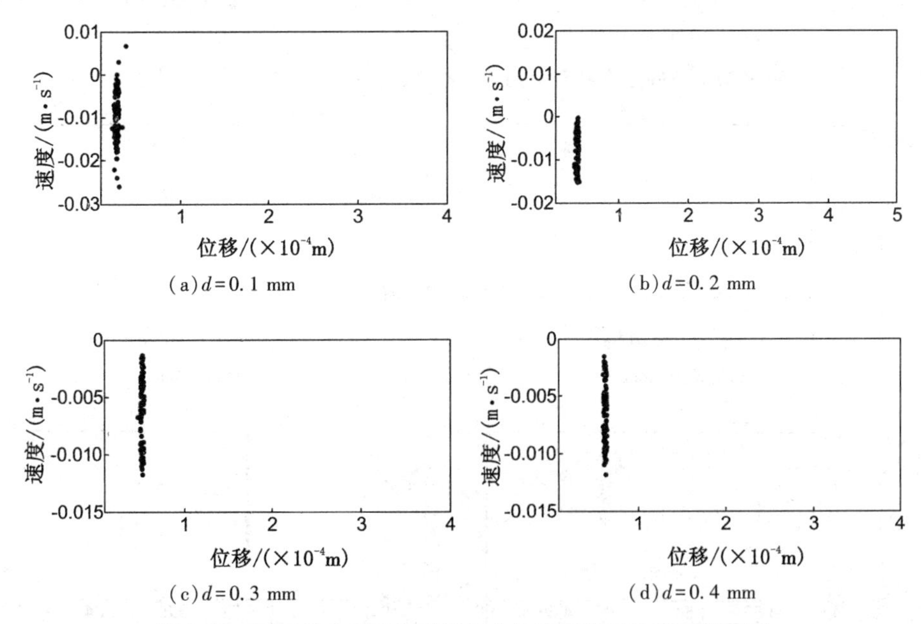

(a) d=0.1 mm
(b) d=0.2 mm
(c) d=0.3 mm
(d) d=0.4 mm

图 3.30　不同偏心滑动间隙的垂向位移和速度的庞加莱截面

图 3.31 呈现了不同活塞杆截面尺寸 b 参数的垂向位移和速度的相轨迹。结果表明，随着 b 参数从 0.01 m 增加至 0.04 m，相轨迹出现了明显的变化，且随着活塞杆截面尺寸 b 逐渐增大，右边的“陀螺中心天线”演变为“保龄球”形状。不难看出，尽管活塞杆截面尺寸 b 参数发生了变化，但相轨迹中的奇异吸引子仍然可见。因此，在偏心滑动间隙碰磨下，不同活塞杆截面尺寸的半弓式单形态碰磨动力学系统具有混沌特性。同时，与图 3.31 相应的庞加莱截面图显示为线形状的密集点，如图 3.32 所示。庞加莱截面图也揭示了系统是作混沌运动，即系统不稳定。

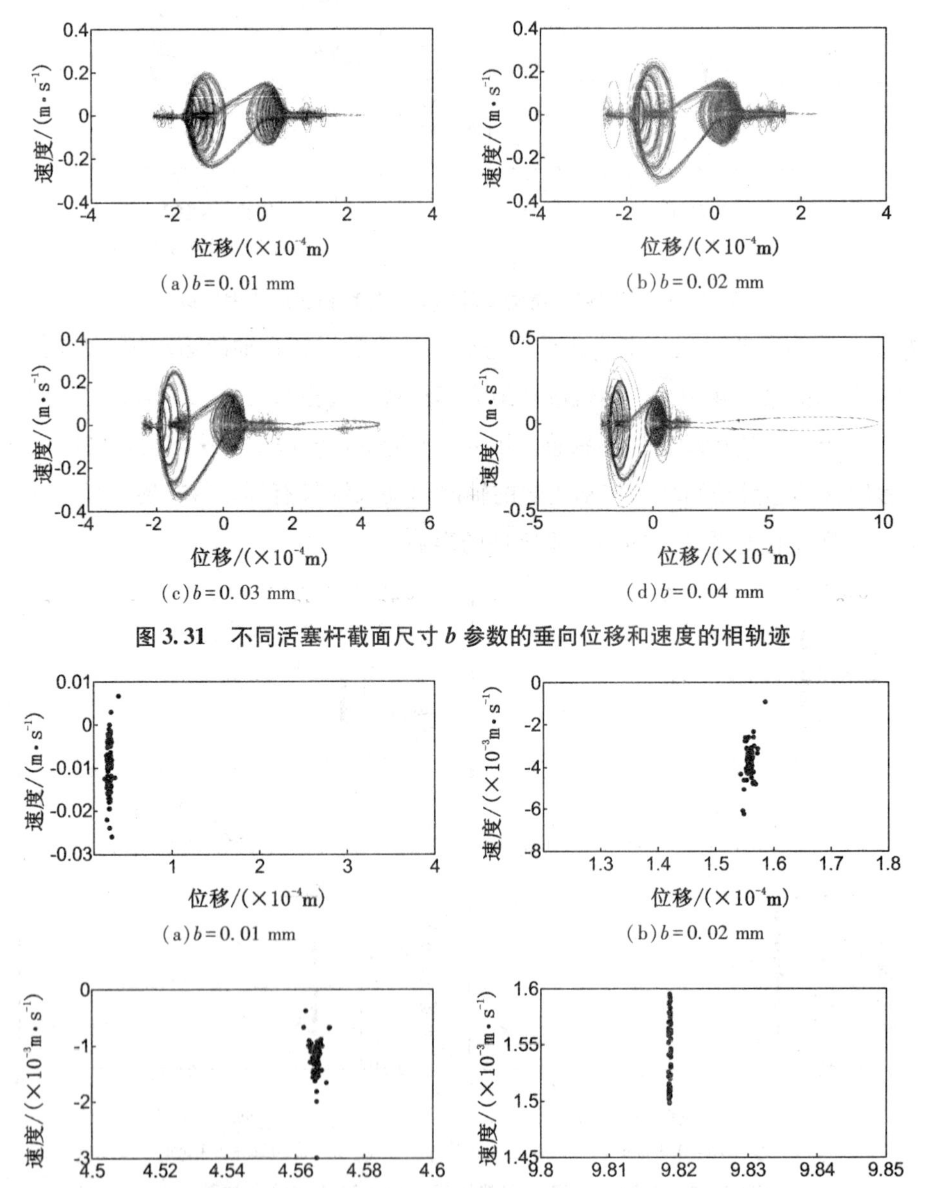

(a) b=0.01 mm　(b) b=0.02 mm　(c) b=0.03 mm　(d) b=0.04 mm

图 3.31　不同活塞杆截面尺寸 b 参数的垂向位移和速度的相轨迹

(a) b=0.01 mm　(b) b=0.02 mm　(c) b=0.03 mm　(d) b=0.04 mm

图 3.32　不同活塞杆截面尺寸 b 参数的垂向位移和速度的庞加莱截面

同样，对不同载荷压力系数的垂向位移和速度响应绘制相空间轨迹，如图 3.33 所示。结果表明，随着载荷压力系数从 2×10^5降至 5×10^3，虽然相轨迹都存在奇异吸引子，但轨迹形状出现显著的变化。随着载荷压力系数的减少，相轨迹由两个左右两边的“陀螺”形状演变为一个∞字形状。与相轨迹图 3.33 相对应的庞加莱截面如图 3.34 所示。庞加莱截面上均聚集了成片的密集点，可判定该动力学系统是非周期的混沌状态。由此可见，不同载荷压力系数改变了半弓式单形态碰磨动力学系统的相轨迹形状，但仍未改变系统的混沌特性。

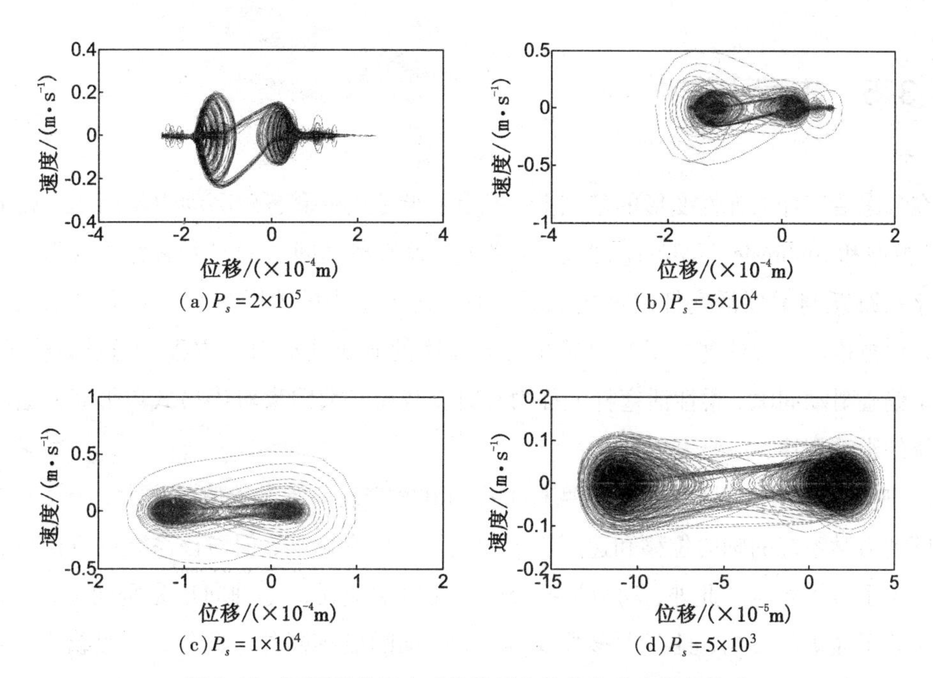

(a) $P_s=2\times10^5$　(b) $P_s=5\times10^4$

(c) $P_s=1\times10^4$　(d) $P_s=5\times10^3$

图 3.33　不同载荷压力系数的垂向位移和速度的相轨迹

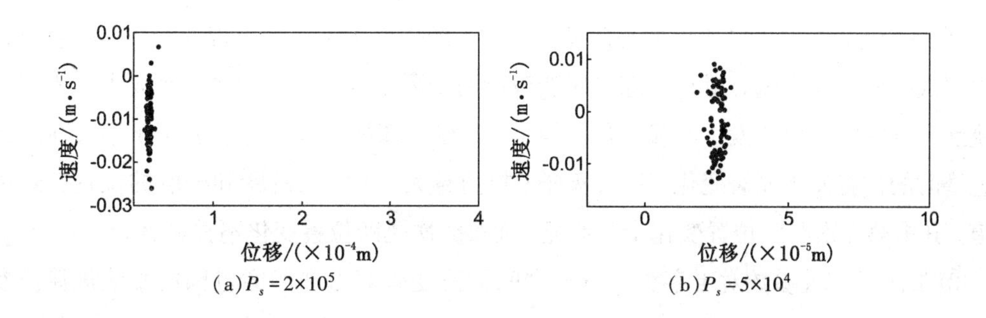

(a) $P_s=2\times10^5$　(b) $P_s=5\times10^4$

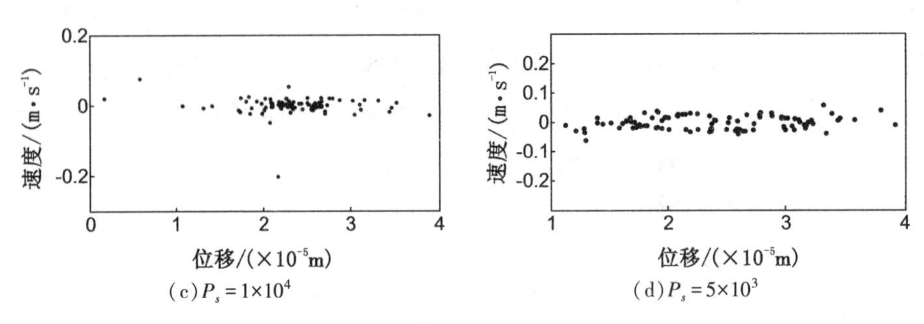

(c) $P_s=1\times10^4$　　(d) $P_s=5\times10^3$

图 3.34　不同载荷压力系数的垂向位移和速度的庞加莱截面

3.5　本章小结

在考虑活塞杆的弹性变形的基础上，提出了半弓式单形态碰磨动力学问题。在 Lankarani 模型和 Ambrósio 模型的基础上，定义了含偏心滑动间隙的滑变碰磨力模型。探讨了十字头跳跃与柔性活塞杆之间的关系，为确定十字头的跳跃条件及跳跃次数奠定基础。采用拉格朗日方法建立了半弓式单形态碰磨的非线性动力学方程。通过数值求解，揭示了偏心滑动间隙、柔性活塞杆上提力和时变载荷三大因素对半弓式单形态碰磨动力学系统的影响规律，主要表现为：

① 随着偏心滑动间隙、柔性活塞杆上提力和时变载荷等参数值的增大，半弓式单形态碰磨动力学系统的轴向位移和速度输出响应几乎没有影响，但对该系统的垂向位移和速度产生了较大影响。此外，动力学系统的加速度响应无论是轴向还是垂向上，三大参数均引起了显著的影响，且三大参数值越大，振动响应越剧烈。此外，时变载荷因素中不仅载荷幅值会影响碰磨动力学特性，而且载荷曲线变化率也会改变系统的动力学行为。

② 每个周期内，半弓式单形态碰磨动力学系统中的十字头会出现两次跳跃并与滑道发生多次碰撞。改变偏心滑动间隙和时变载荷两个因素的参数值，并未造成十字头在两次跳跃和碰磨时的位置发生明显变化。但是，改变活塞杆上提力却引起了十字头在跳跃和碰磨时的位置发生显著变化，且活塞杆上提力越大，十字头跳跃和碰磨的位置越远离滑道，其中第一次跳跃位置变化十分明显，而第二次跳跃位置变化不够显著。

③ 揭示了三大参数对十字头与滑道之间的滑变碰磨力和碰磨范围的影响规律。参数值越大，滑变碰磨力也越大。偏心滑动间隙和活塞杆上提力基本不影响碰磨范围，但时变载荷参数的变化会显著地影响十字头的碰磨范围。随着载荷压力系数的降低，十字头与滑道之间的碰磨区域越来越大。

④ 利用相轨迹分析和庞加莱截面法研究了半弓式单形态碰磨动力学系统的稳定性。研究发现，该系统的轴向运动具有周期性，而垂向运动具有混沌特性。三大参数的变化

尽管未改变系统的混沌行为，但改变了相轨迹形状。随着偏心滑动间隙的增大，类似于两个陀螺形状的吸引子之间的距离也逐渐增大；随着柔性活塞杆上提力的增大，右边的“陀螺中心天线”演变为“保龄球”形状；而随着时变载荷幅值的减少，左右两边的“陀螺”形状演变为∞字形状。

第4章 半弓式多形态碰磨动力学演变规律研究

4.1 引言

在第3章中，通过考虑活塞杆的柔性，从往复压缩机的传动机构中提出了半弓式单形态碰磨动力学问题，并对此问题开展了动力学特性研究。在这个问题的探索中，考虑到十字头下沉引起的偏心滑动间隙量很小，十字头在跳跃中转动角度也很小，从而认为微小的转动角度可忽略不计。为此，十字头在满足跳跃条件下的碰磨形态只考虑垂直于滑道方向的情形，即忽略了跳跃中的转动，导致十字头与滑道之间只有相邻两拐角同时与滑道碰磨这一种形态。然而，在实际中，由于偏心滑动间隙的存在，在平面的机械系统中十字头的三个约束被全部消除，即不仅可以轴向和垂向地移动，还可以绕着连杆与十字头之间的旋转铰转动。显然，十字头在跳跃过程中的转动是不可避免的。如果考虑十字头的转动自由度，那么十字头与滑道之间的碰磨形态将会演变为多种形态，包括十字头滑块的单个拐角与滑道碰磨、相邻两个拐角同时与滑道碰磨、相对两个拐角同时与滑道碰磨等形态。多形态碰磨动力学系统将在往复压缩机的传动机构中演变出更丰富的动力学特性。基于此，本章将以第3章为基础，考虑碰磨的多形态并重新定义碰磨条件，建立新的动力学模型，揭示出往复压缩机传动机构随着偏心滑动间隙、活塞杆刚度和时变载荷等参数变化而引起十字头碰磨形态的演变机制，评价碰磨形态演变引起的振动响应规律，阐明半弓式多形态碰磨动力学系统的非线性特性。

4.2 半弓式多形态碰磨问题的提出

4.2.1 问题描述

在定义半弓式多形态碰磨的概念之前，假设往复压缩机传动机构满足如下条件：① 往复压缩机正常工作下，十字头与滑道、活塞与气缸内壁之间的间隙忽略不计；② 活塞工作状态是正常的；③ 活塞杆具有柔性，其他杆件为刚性；④ 十字头出现下沉现象；

(5) 考虑十字头在跳跃和碰磨中的转动；⑥ 填料函与活塞杆之间的理想间隙忽略不计；⑦ 曲轴转速恒定。

在第 3 章的 3.2 节中，已经描述了半弓式单形态碰磨的含义。在半弓式单形态碰磨动力学系统中，忽略了十字头在狭小的偏心滑动间隙中的转动，因此在跳跃和碰磨中认为十字头仅有相邻两拐角与滑道发生碰磨。为了更贴近实际情况，十字头在狭小的偏心滑动间隙中的转动不能忽略，从而十字头在跳跃和碰磨中出现多种形态，包括十字头单个拐角与滑道之间发生碰磨[图 4.1(a)]、十字头相邻两个拐角与滑道之间发生碰磨[图 4.1(b)]、相对两个拐角与滑道之间发生碰磨[图 4.1(c)]、十字头无拐角与滑道之间发生碰磨[图 4.1(d)]。这种具有多种碰撞方式的碰磨定义为多形态碰磨。

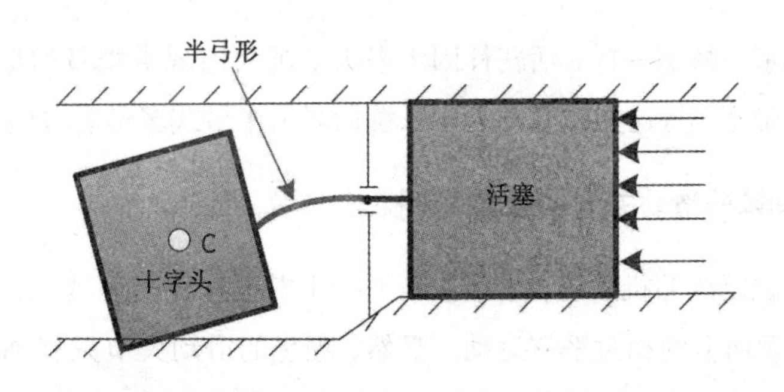

(a) 十字头单个拐角与滑道碰磨

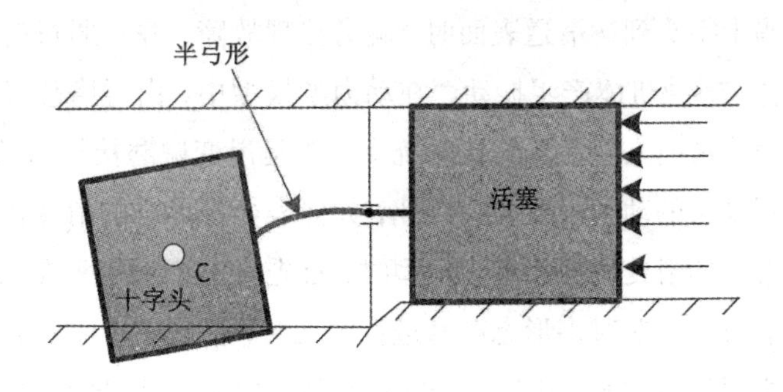

(b) 十字头相邻两拐角与滑道碰磨

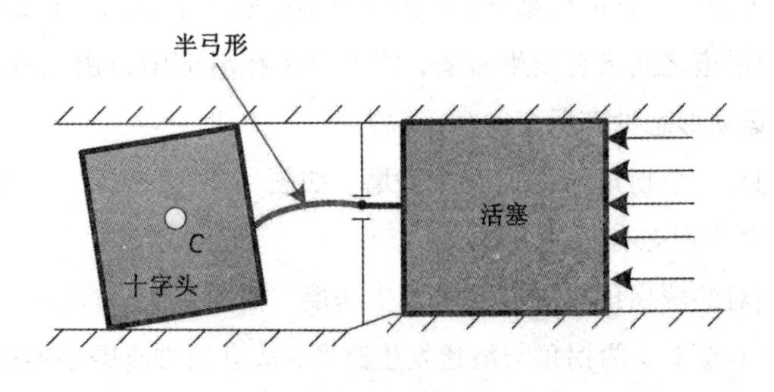

(c) 十字头相对两拐角与滑道碰磨

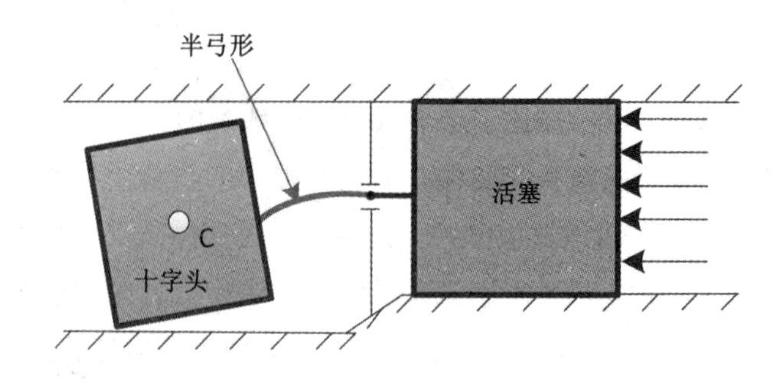

(d)十字头无拐角与滑道碰磨

图 4.1 半弓式多形态碰磨描述

与半弓式单形态碰磨一样，活塞杆因十字头下沉而出现半张弓的形状，同时结合十字头的多种碰磨形态，将这类碰磨动力学系统命名为半弓式多形态碰磨。

4.2.2 含偏心间隙的滑动关节多形态碰磨模型

对于理想的往复压缩机系统，十字头是平行于滑道作往复运动，这使十字头既没有转动，也没有在垂向上的相对平移运动。显然，理想的滑动关节只有轴向上的一个自由度，即两个自由度受到约束。然而，磨损造成的下沉导致滑动关节与滑道之间出现过大偏心间隙，从而消除了垂向滑动和转动这两个约束。因此，十字头可以在狭小的滑动间隙内自由运动。当十字头到达滑道表面时，碰磨出现故障，并且通过碰磨接触力将动力学响应传递至机体，导致机体产生振动。在动力学模型中，由碰磨故障引起的滑变碰磨接触力作为广义力将被引入往复压缩机系统中。正是滑变碰磨接触力的引入，使往复压缩机传动机构出现复杂的动力学行为。因此，如何表征多形态的滑变碰磨接触力模型是关键。在关注多形态的滑变碰磨接触力模型时，首先应搞清十字头在无约束的滑道中可能出现的所有碰磨形态。在对多形态碰磨进行定义时，描述了十字头在滑道中可能出现单个拐角与滑道之间发生碰磨、相邻两个拐角与滑道之间发生碰磨、相对两个拐角与滑道之间发生碰磨、无拐角与滑道之间发生碰磨四类大形态。这四类碰磨大形态只是宏观的分类，再对四类碰磨形态进行细分，会出现更多的碰磨小形态，主要表现如下：

① 十字头与滑道之间没有发生碰磨，即十字头在滑道中自由运动，如图 4.2(a)所示。显然，自由运动形态没有滑变碰磨接触力。

② 十字头的某一个拐角与滑道发生碰磨，如图 4.2(b)所示。十字头有四个拐角，意味着单拐角碰磨小形态有四种可能。

③ 十字头相对的两拐角与滑道同时发生碰磨，如图 4.2(c)所示。在此情形下，十字头可能出现 1-4 或 2-3 两拐角与滑道发生碰磨，故有两种碰磨小形态。

④ 十字头相邻的两拐角与滑道同时发生碰磨，如图 4.2(d)所示。在此情形下，十

字头可能出现 1-2 或 3-4 两个拐角与滑道同时发生碰磨，故有两种碰磨小形态。

综上所述，失去约束的十字头将有 9 种碰磨小形态。因此，在表征多形态的滑变碰磨接触力模型时，上述 9 种碰磨小形态均应考虑。

在碰磨中，十字头由一种碰磨形态转换至另一种碰磨形态取决于各个拐角是否满足碰磨条件。与单形态碰磨条件类似，通过定义十字头的四个拐角与滑道表面之间的相对穿透深度 δ_i（$i=1$，2，3，4）来确定各个拐角的碰磨形态。定义的相对穿透深度 δ_i（$i=1$，2，3，4）如下：

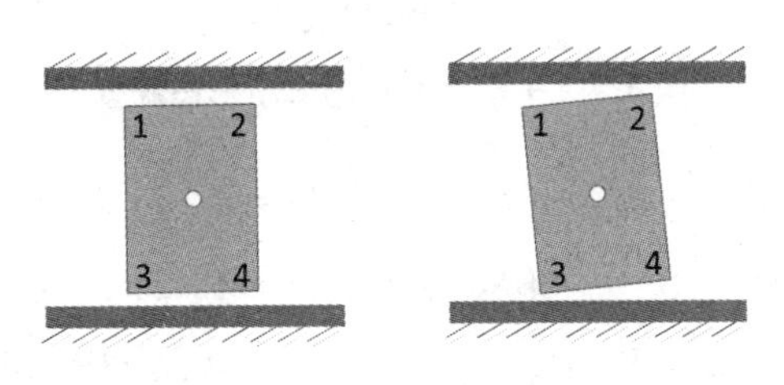

(a) 无碰磨形态

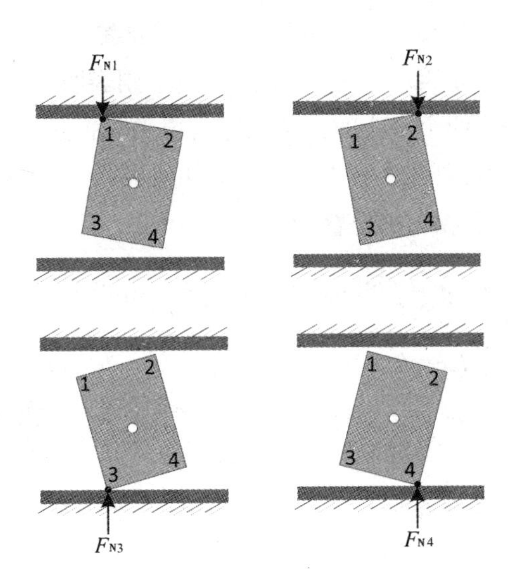

(b) 单个拐角碰磨形态

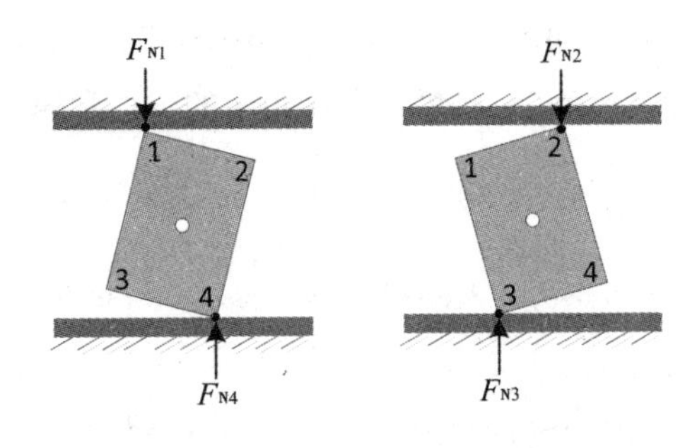

(c) 相对两个拐角碰磨形态

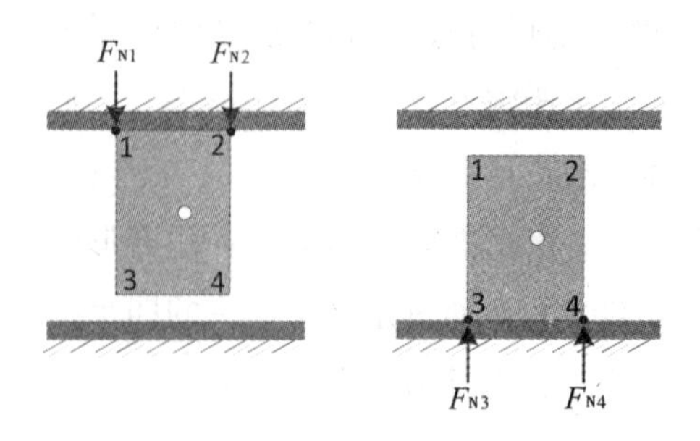

（d）相邻两个拐角碰磨形态

图 4.2　十字头 9 种碰磨小形态配置

$$\begin{cases}\delta_i = -S_{Ni} & \text{if } S_{Ni} < 0 \quad (i = 1,\ 2,\ 3,\ 4) \\ \delta_i = 0 & \text{if } S_{Ni} \geqslant 0 \quad (i = 1,\ 2,\ 3,\ 4)\end{cases} \tag{4.1}$$

式中，δ_i 是十字头第 i 个拐角的相对穿透深度；$S_{Ni}(i=1,\ 2)$ 代表拐角 1 和 2 与上滑道之间的距离，$S_{Ni}(i=3,\ 4)$ 代表拐角 3 和 4 与下滑道之间的距离。

从式(4.1)可知，各个拐角是否与滑道上下表面发生碰磨，关键在于各个拐角与滑道上下表面之间的距离 S_{Ni} 是否小于零。如果 $S_{Ni}>0$，则表明十字头的拐角没有与滑道表面接触；如果 $S_{Ni}=0$，则表明十字头的拐角刚好与滑道表面接触；如果 $S_{Ni}<0$，则表明十字头的拐角穿透至滑道表面即发生碰磨。因此，如何表征 S_{Ni} 是关键。如图 4.3 所示，根据几何关系，十字头的每个拐角的位置函数计算如下：

$$\begin{cases}S_{N1} = \dfrac{e}{2} - l_1\sin\theta_1 - l_2\sin\theta_2 + a_1\sin\theta_3 - b_1\cos\theta_3 \\ S_{T1} = l_1\cos\theta_1 + l_2\cos\theta_2 - a_1\cos\theta_3 - b_1\sin\theta_3\end{cases} \tag{4.2}$$

式中，e 为滑道的宽度；a_1 为十字头的长度；b_1 为十字头的宽度；θ_3 为十字头转动的角度；$S_{Ti}(i=1,\ 2,\ 3,\ 4)$ 表示十字头拐角水平位移。

将式(4.2)对时间求导，求得十字头拐角 1 的法向速度和切向速度为：

$$\begin{cases}\dot{S}_{N1} = -l_1\dot{\theta}_1\cos\theta_1 - l_2\dot{\theta}_2\cos\theta_2 + a_1\dot{\theta}_3\cos\theta_3 + b_1\dot{\theta}_3\sin\theta_3 \\ \dot{S}_{T1} = -l_1\dot{\theta}_1\sin\theta_1 - l_2\dot{\theta}_2\sin\theta_2 + a_1\dot{\theta}_3\sin\theta_3 - b_1\dot{\theta}_3\cos\theta_3\end{cases} \tag{4.3}$$

类似地，计算十字头的拐角 2、拐角 3 和拐角 4 的位移和速度表达式：

$$\begin{cases}S_{N2} = \dfrac{e}{2} - l_1\sin\theta_1 - l_2\sin\theta_2 - a_1\sin\theta_3 - b_1\cos\theta_3 \\ S_{T2} = l_1\cos\theta_1 + l_2\cos\theta_2 + a_1\cos\theta_3 - b_1\sin\theta_3\end{cases} \tag{4.4}$$

$$\begin{cases}\dot{S}_{N2} = -l_1\dot{\theta}_1\cos\theta_1 - l_2\dot{\theta}_2\cos\theta_2 - a_1\dot{\theta}_3\cos\theta_3 + b_1\dot{\theta}_3\sin\theta_3 \\ \dot{S}_{T2} = -l_1\dot{\theta}_1\sin\theta_1 - l_2\dot{\theta}_2\sin\theta_2 - a_1\dot{\theta}_3\sin\theta_3 - b_1\dot{\theta}_3\cos\theta_3\end{cases} \tag{4.5}$$

$$\begin{cases} S_{N3} = \dfrac{e}{2} + d + l_1\sin\theta_1 + l_2\sin\theta_2 - a_1\sin\theta_3 - b_1\cos\theta_3 \\ S_{T3} = l_1\cos\theta_1 + l_2\cos\theta_2 - a_1\cos\theta_3 + b_1\sin\theta_3 \end{cases} \tag{4.6}$$

$$\begin{cases} \dot{S}_{N3} = l_1\dot{\theta}_1\cos\theta_1 + l_2\dot{\theta}_2\cos\theta_2 - a_1\dot{\theta}_3\cos\theta_3 + b_1\dot{\theta}_3\sin\theta_3 \\ \dot{S}_{T3} = - l_1\dot{\theta}_1\sin\theta_1 - l_2\dot{\theta}_2\sin\theta_2 + a_1\dot{\theta}_3\sin\theta_3 + b_1\dot{\theta}_3\cos\theta_3 \end{cases} \tag{4.7}$$

$$\begin{cases} S_{N4} = \dfrac{e}{2} + d + l_1\sin\theta_1 + l_2\sin\theta_2 + a_1\sin\theta_3 - b_1\cos\theta_3 \\ S_{T4} = l_1\cos\theta_1 + l_2\cos\theta_2 + a_1\cos\theta_3 + b_1\sin\theta_3 \end{cases} \tag{4.8}$$

$$\begin{cases} \dot{S}_{N4} = l_1\dot{\theta}_1\cos\theta_1 + l_2\dot{\theta}_2\cos\theta_2 + a_1\dot{\theta}_3\cos\theta_3 + b_1\dot{\theta}_3\sin\theta_3 \\ \dot{S}_{T4} = - l_1\dot{\theta}_1\sin\theta_1 - l_2\dot{\theta}_2\sin\theta_2 - a_1\dot{\theta}_3\sin\theta_3 + b_1\dot{\theta}_3\cos\theta_3 \end{cases} \tag{4.9}$$

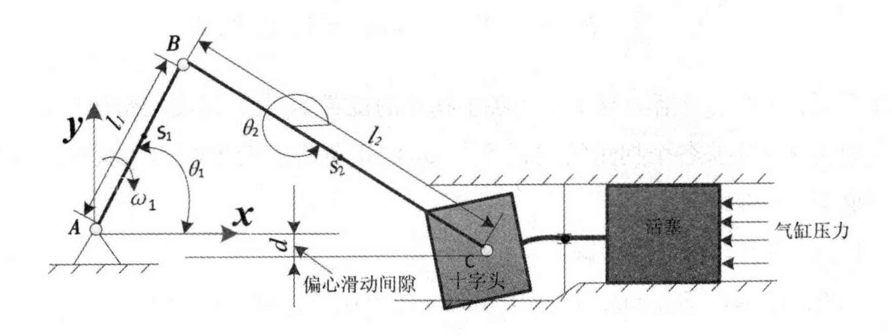

(a)半弓式多形态碰磨传动机构简图

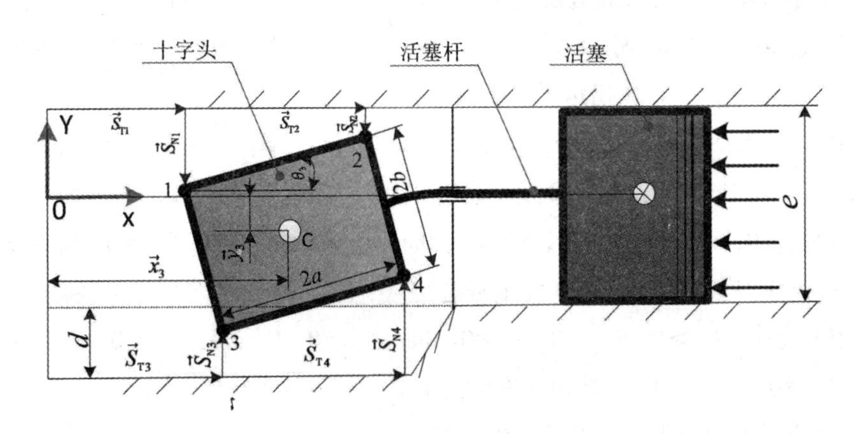

(b)十字头在滑道中一般位置情形

图 4.3　半弓式传动机构的运动位置状况

显然，如果十字头出现了如图 4.2(b)～(d)所示的碰磨形态，那么 $S_{Ni}<0$，表明十字头与滑道之间存在滑变碰磨力。滑变碰磨力的表征是一个关键问题，因为它是系统动力

学方程中的广义力，将直接影响着系统的动力学行为。滑变碰磨力模型在第 3 章中已被阐明，不同的是多形态碰磨模型应考虑十字头 4 个拐角的碰磨。因此，第 3 章中的式(3.18)和式(3.21)表达式分别演变为如下的式(4.10)和式(4.11)。

$$F_{Ni} = K\delta_i^n\left[1 + \frac{3(1 - c_r^2)}{4}\frac{\dot{\delta}_i}{\dot{\delta}_i^{(-)}}\right](i = 1, 2, 3, 4) \tag{4.10}$$

$$F_{Ti} = -c_f c_d F_{Ni}\frac{v_t}{|v_t|}(i = 1, 2, 3, 4) \tag{4.11}$$

式中，F_{Ni}和 F_{Ti}分别代表十字头第 i 个拐角在碰磨中的法向力和摩擦力。其他参数如 K、c_f、c_d、v_t和 c_r的含义详见第 3 章的 3.2.2 节。

求得碰磨中各个拐角的法向力和摩擦力，并将其矢量合成，则可得到多形态的滑变碰磨力 $\boldsymbol{Q}_c$，如式(4.12)所示。

$$\begin{cases}\boldsymbol{Q}_c = 0 & \delta_i < 0(i = 1, 2, 3, 4) \\ \boldsymbol{Q}_c = \sum_{i=1}^{4}(F_{Ni} + F_{Ti}) & \delta_i \geqslant 0(i = 1, 2, 3, 4)\end{cases} \tag{4.12}$$

不难看出，多形态碰磨力与十字头各个拐角的位置 S_{Ni}及其速度均密切相关，而碰磨形态更是取决于十字头各个拐角的位置 S_{Ni}。S_{Ni}的正负将演变出图 4.2 所示的各种碰磨形态和碰磨力，演变规律如下：

(1)十字头没有与滑道发生碰磨

If $S_{N1}\geqslant0$, $S_{N2}\geqslant0$, $S_{N3}\geqslant0$, $S_{N4}\geqslant0$, then $F_{N1}=0$, $F_{T1}=0$; $F_{N2}=0$, $F_{T2}=0$; $F_{N3}=0$, $F_{T3}=0$; $F_{N4}=0$, $F_{T4}=0$

(2)十字头单个拐角与滑道发生碰磨

① If $S_{N1}<0$, $S_{N2}\geqslant0$, $S_{N3}\geqslant0$, $S_{N4}\geqslant0$, then $F_{N1}>0$, $F_{T1}>0$; $F_{N2}=0$, $F_{T2}=0$; $F_{N3}=0$, $F_{T3}=0$; $F_{N4}=0$, $F_{T4}=0$。(拐角 1 发生碰磨)

② If $S_{N1}\geqslant0$, $S_{N2}<0$, $S_{N3}\geqslant0$, $S_{N4}\geqslant0$, then $F_{N1}=0$, $F_{T1}=0$; $F_{N2}>0$, $F_{T2}>0$; $F_{N3}=0$, $F_{T3}=0$; $F_{N4}=0$, $F_{T4}=0$。(拐角 2 发生碰磨)

③ If $S_{N1}\geqslant0$, $S_{N2}\geqslant0$, $S_{N3}<0$, $S_{N4}\geqslant0$, then $F_{N1}=0$, $F_{T1}=0$; $F_{N2}=0$, $F_{T2}=0$; $F_{N3}>0$, $F_{T3}>0$; $F_{N4}=0$, $F_{T4}=0$。(拐角 3 发生碰磨)

④ If $S_{N1}\geqslant0$, $S_{N2}\geqslant0$, $S_{N3}\geqslant0$, $S_{N4}<0$, then $F_{N1}=0$, $F_{T1}=0$; $F_{N2}=0$, $F_{T2}=0$; $F_{N3}=0$, $F_{T3}=0$; $F_{N4}>0$, $F_{T4} > 0$。(拐角 4 发生碰磨)

(3)十字头相对两拐角与滑道发生碰磨

① If $S_{N1}<0$, $S_{N2}\geqslant0$, $S_{N3}\geqslant0$, $S_{N4}<0$, then $F_{N1}>0$, $F_{T1}>0$; $F_{N2}=0$, $F_{T2}=0$; $F_{N3}=0$, $F_{T3}=0$; $F_{N4}>0$, $F_{T4}>0$。(相对两拐角 1 和 4 同时发生碰磨)

② If $S_{N1}\geqslant0$, $S_{N2}<0$, $S_{N3}<0$, $S_{N4}\geqslant0$, then $F_{N1}=0$, $F_{T1}=0$; $F_{N2}>0$, $F_{T2}>0$; $F_{N3}>0$,

$F_{T3}>0$；$F_{N4}=0$，$F_{T4}=0$。(相对两拐角 2 和 3 同时发生碰磨)

(4)十字头相邻两拐角与滑道发生碰磨

① If $S_{N1}<0$，$S_{N2}<0$，$S_{N3}\geqslant 0$，$S_{N4}\geqslant 0$，then $F_{N1}>0$，$F_{T1}>0$；$F_{N2}>0$，$F_{T2}>0$；$F_{N3}=0$，$F_{T3}=0$；$F_{N4}=0$，$F_{T4}=0$。(相邻两拐角 1 和 2 同时发生碰磨)

② If $S_{N1}\geqslant 0$，$S_{N2}\geqslant 0$，$S_{N3}<0$，$S_{N4}<0$，then $F_{N1}=0$，$F_{T1}=0$；$F_{N2}=0$，$F_{T2}=0$；$F_{N3}>0$，$F_{T3}>0$；$F_{N4}>0$，$F_{T4}>0$。(相邻两拐角 3 和 4 同时发生碰磨)

其中，$F_{Ni}>0$ 和 $F_{Ti}>0(i=1, 2, 3, 4)$分别代表碰磨法向力和摩擦力的大小。

4.2.3　半弓式多形态碰磨动力学方程

在半弓式单形态碰磨动力学模型中，由于忽略了十字头在滑道中的转动角，从而只引入了两个广义坐标；而对于半弓式多形态碰磨动力学系统，十字头在滑道中的转动约束被消除，因此系统具有三个自由度，应引入三个广义坐标。三个广义坐标选择为：

$$q_j=\begin{pmatrix}\theta_1\\ \theta_2\\ \theta_3\end{pmatrix},\ \dot{q}_j=\begin{pmatrix}\omega_1\\ \omega_2\\ \omega_3\end{pmatrix} \tag{4.13}$$

联合第 3 章式(3.12)、式(3.38)、式(4.3)、式(4.5)、式(4.7)、式(4.9)和式(4.12)，代入第 2 章式(2.35)所示的广义力公式中，可求得半弓式多形态碰磨动力学系统的广义力：

$$Q_{c1}=(F_{N3}+F_{N4}-F_{N1}-F_{N2})l_1\cos\theta_1-(F_{T1}+F_{T2}+F_{T3}+F_{T4})l_1\sin\theta_1+F_{43y}l_1\cos\theta_1-F_{43x}l_2\sin\theta_1+M_1 \tag{4.14}$$

$$Q_{c2}=(F_{N3}+F_{N4}-F_{N1}-F_{N2})l_2\cos\theta_2-(F_{T1}+F_{T2}+F_{T3}+F_{T4})l_2\sin\theta_2+F_{43y}l_1\cos\theta_2-F_{43x}l_2\sin\theta_2 \tag{4.15}$$

$$Q_{c3}=(F_{N1}+F_{N4})(a_1\cos\theta_3+b_1\sin\theta_3)+(F_{N2}+F_{N3})(-a_1\cos\theta_3+b_1\sin\theta_3)+(F_{T1}-F_{T4})(a_1\sin\theta_3-b_1\cos\theta_3)+(F_{T3}-F_{T2})(a_1\sin\theta_3+b_1\cos\theta_3) \tag{4.16}$$

将式(4.14)、式(4.15)和式(4.16)代入第 2 章所示的拉格朗日方程式(2.34)中，从而求得如下所示的半弓式多形态碰磨动力学系统的非线性微分方程组：

$$\left(\frac{1}{2}m_2+m_3\right)l_1l_2\cos(\theta_2-\theta_1)\ddot{\theta}_2-\left(\frac{1}{2}m_2+m_3\right)l_1l_2\sin(\theta_2-\theta_1)\dot{\theta}_2^2+\left(\frac{1}{2}m_1+m_2+m_3\right)gl_1\cos\theta_1=Q_{c1}+M_1 \tag{4.17}$$

$$\left(J_2+\left(\frac{1}{4}m_2+m_3\right)l_2^2\right)\ddot{\theta}_2+\left(\frac{1}{2}m_2+m_3\right)l_1l_2\sin(\theta_2-\theta_1)\dot{\theta}_1^2+\left(\frac{1}{2}m_2+m_3\right)gl_2\cos\theta_2=Q_{c2} \tag{4.18}$$

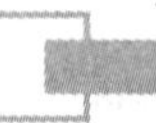

$$J_3\ddot{\theta}_3 = Q_{c3} \tag{4.19}$$

式中，J_1、J_2 和 J_3 分别表示曲轴、连杆和十字头绕质心的转动惯量。

4.3 多形态碰磨动力学特性评价

在半弓式多形态碰磨动力学系统中，任意时刻的碰磨接触力与其上一时刻的冲击速度 $\dot{\delta}_i^{(-)}$ 密切相关。因此，当十字头结束了当前的碰磨形态，下一时刻碰磨的初始条件也随之确定。设置 $\theta_1 = \theta_{10}$，$\theta_2 = \theta_{20}$，$\theta_3 = \theta_{30}$，其中 θ_{10}、θ_{20}和 θ_{30}分别为曲轴、连杆和十字头的初始转角，然后通过对式(4.17)、式(4.18)和式(4.19)的非线性微分方程组进行数值求解，揭示多形态碰磨系统的动力学特性。在第3章表3.1和表3.2的基础上，稍微补充了部分几何参数和仿真参数，如表4.1和表4.2所示。考虑到传动机构的碰磨动力学行为造成滑块与滑道之间在垂向上产生冲击，进而引起机体振动，故后续研究只关注垂直于滑道方向即垂向上的输出动力学响应，而平行于滑道方向即轴向的输出动力学响应不作讨论。

表 4.1　　传动机构的参数

构件名称	长度或宽度/m	质量/kg	转动惯量/($kg \cdot m^2$)
曲轴	$l_1=0.12$	$m_1=1$	$J_1=0.0012$
连杆	$l_2=0.6$	$m_2=5$	$J_2=0.15$
十字头	$a_1=0.25$ $b_1=0.05$	$m_3=1$	$J_3=0.001$
活塞组件	—	$m_4=4$	—

表 4.2　　多形态碰磨动力学系统的仿真参数

参数名称	参数值
曲轴转速/($rad \cdot s^{-1}$)	50
恢复系数	$c_r=0.9$
杨氏模量/GPa	$E_k=207$
泊松率	$\upsilon_k=0.3$
摩擦系数	$c_f=0.01$
压力系数	$P_s=2\times10^5$
活塞杆截面尺寸/m	$b=0.01$
余隙/m	$S_0=0.02$
重力加速度/($m \cdot s^{-2}$)	$g=9.8$

参数名称	参数值
初始条件/rad	$\theta_{10}=0$ $\theta_{20}=2\pi-d/l_2$ $\theta_{30}=0$

4.3.1 不同偏心滑动间隙的动力学行为

在半弓式单形态碰磨动力学系统中已经证实过大的偏心滑动间隙会引起传动机构与滑道之间产生碰磨，并造成机体振动。对于半弓式多形态碰磨动力学系统，过大的偏心滑动间隙必然会造成传动机构与滑道之间的碰磨，也将引起机体振动，只是单形态和多形态产生的碰磨强度会有所差异。如图4.4所示，当曲轴转速为50 rad/s时，随着偏心滑动间隙从0.1 mm、0.2 mm增加至0.3 mm，多形态碰磨造成十字头的加速度振动响应从1525，2725 m/s^{2}增加至3550 m/s^2。偏心滑动间隙越大，产生的振动响应也越剧烈。对于单形态碰磨动力学系统，振动响应规律与多形态碰磨相似，但振动强度有所减弱，如图4.5所示。在相同曲轴转速下，随着偏心滑动间隙从0.1，0.2 mm增加至0.3 mm，单形态碰磨动力学行为造成十字头的加速度振动响应从1450，2393 m/s^{2}增加至3239 m/s^2。此外，从碰磨加速度响应中还可看到，加速度响应曲线呈逐渐衰减直至为零状态，如图4.4(b)和图4.5所示。加速度振动响应为零，表明十字头与滑道之间的碰撞结束，十字头步入自由运动或连续接触运动状态。值得注意的是，十字头的加速度振动响应不等同于机体的振动信号，前者传递给后者会有极大的衰减，但十字头的加速度振动响应规律会映射至机体中，使机体振动信息的响应规律与十字头一致。

在碰磨动力学行为过程中，十字头与滑道有三种接触模式：无接触(即自由运动)、碰撞和连续接触，其中无接触和连续接触模式均不会使机体产生振动，唯有碰撞模式才会导致机体产生振动响应。尽管连续接触模式不能使机体产生振动，但是在接触过程中

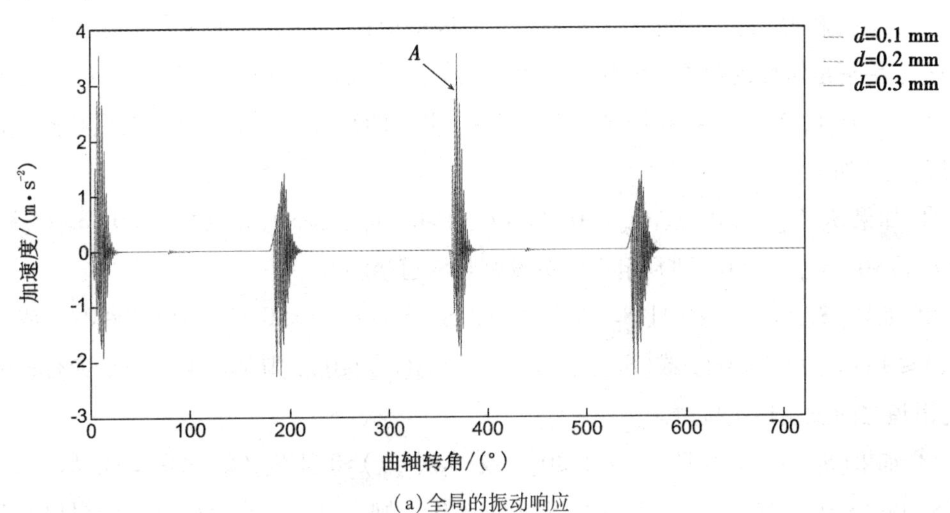

(a)全局的振动响应

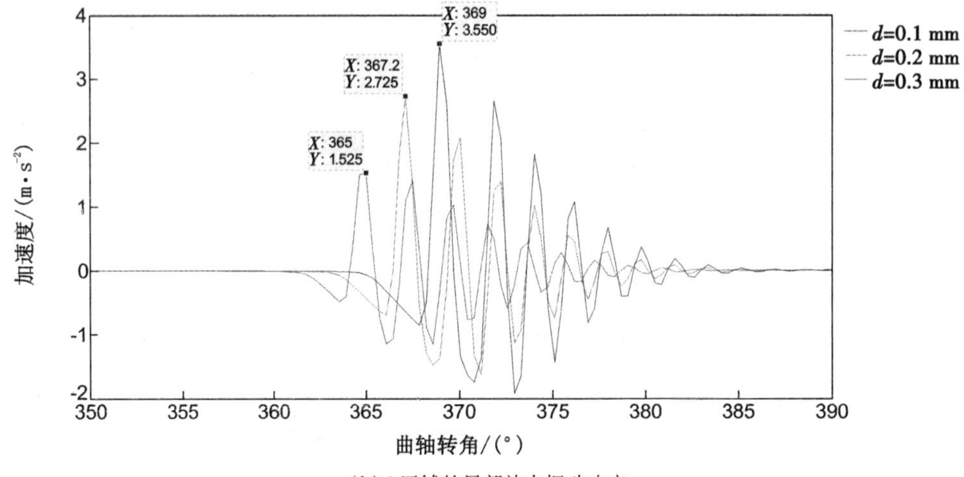

(b)A 区域的局部放大振动响应

图 4.4　多形态下不同偏心滑动间隙的振动响应

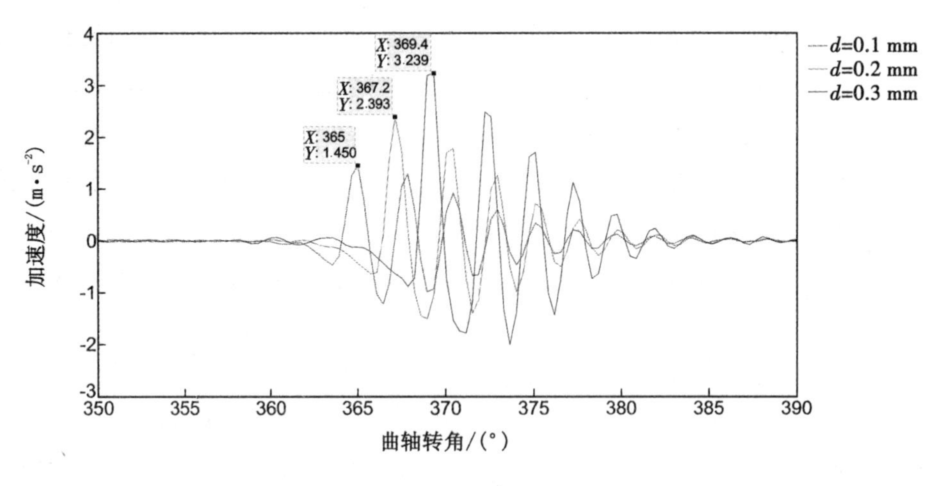

图 4.5　与图 4.4(b) 相对应的单形态下的振动响应

仍然有滑变接触力，还会引起十字头与滑道之间的磨损。在半弓式多形态碰磨动力学系统中，十字头是何种接触模式依赖于各个拐角的运动位置 $S_{Ni}(i=1,\ 2,\ \cdots,\ 4)$。可以通过监测 $S_{Ni}(i=1,\ 2,\ \cdots,\ 4)$ 在两个离散时刻 t_{n-1} 和 t_n 的符号来判定十字头的接触模式，判定思路主要如下：

① 如果 $S_{N1}(t_{n-1})>0$，$S_{N1}(t_n)>0$，$S_{N2}(t_{n-1})>0$，$S_{N2}(t_n)>0$，$S_{N3}(t_{n-1})>0$，$S_{N3}(t_n)>0$，$S_{N4}(t_{n-1})>0$，$S_{N4}(t_n)>0$，则判定十字头没有与滑道接触。

② 如果[$S_{N1}(t_{n-1})\leqslant 0$ 且 $S_{N1}(t_n)\leqslant 0$]，或[$S_{N2}(t_{n-1})\leqslant 0$ 且 $S_{N2}(t_n)\leqslant 0$]，或[$S_{N3}(t_{n-1})\leqslant 0$ 且 $S_{N3}(t_n)\leqslant 0$]，或[$S_{N4}(t_{n-1})\leqslant 0$ 且 $S_{N4}(t_n)\leqslant 0$]，则判定十字头至少有一个拐角与滑道之间发生连续接触。

③ 如果[$S_{N1}(t_{n-1})>0$ 且 $S_{N1}(t_n)\leqslant 0$]，或[$S_{N2}(t_{n-1})>0$ 且 $S_{N2}(t_n)\leqslant 0$]，或[$S_{N3}(t_{n-1})>0$ 且 $S_{N3}(t_n)\leqslant 0$]，或[$S_{N4}(t_{n-1})>0$ 且 $S_{N4}(t_n)\leqslant 0$]，则判定十字头至少有一个拐角与滑道

之间发生碰撞接触。

在半弓式多形态碰磨动力学系统中，当偏心滑动间隙为 0.2 mm、压力系数为 2×10^5 时，十字头各个拐角的运动轨迹如图 4.6 所示。在图 4.6 中，当 $S_{Ni}(i=1,\ 2,\ \cdots,\ 4)\leqslant0$ 时，振荡曲线表明十字头处于碰撞接触模式，而光滑曲线表明十字头处于连续接触模式。当 $S_{Ni}(i=1,\ 2,\ \cdots,\ 4)>0$ 时，不论各个拐角的运动轨迹是振荡曲线还是光滑曲线，均表明十字头处于无接触模式。根据上述制定的判定思路，可确定半弓式多形态碰磨动力学系统大部分时间经历连续接触模式运动，少部分时间经历碰撞接触运动和自由运动。十字头在经历不同接触运动模式时以何种碰磨形态呈现是本节值得关注的焦点。就碰磨形态而言，无接触运动模式映射为无碰磨形态；连续接触运动模式通常映射为两个相邻拐角同时碰磨形态，即线接触碰磨状态；碰撞接触运动映射的碰磨形态可能为单个拐角碰磨、相对两个拐角碰磨和相邻两个拐角碰磨。从图 4.6 可观察到，在上半周期，十字头在碰撞发生之前，以无碰磨形态在滑道中自由运动，然后拐角 3 在曲轴转角为 7.2°处与滑道发生瞬间碰撞即单个拐角碰磨，随后拐角 3 和拐角 4 同时与滑道发生碰撞即相邻两个拐角碰磨。碰撞结束后，拐角 3 和拐角 4 没有与滑道分离，仍以连续接触模式运动。在下半周期，拐角 3 和拐角 4 与滑道分离，拐角 1 在曲轴转角为 185.8°处与滑道发生瞬间碰撞，随后拐角 1 和拐角 2 同时与滑道发生碰撞，待碰撞结束后，拐角 1 和拐角 2 仍以连续接触模式运动。不难看出，十字头在一个周期内经历了相邻两拐角碰磨、单个拐角碰磨和无碰磨形态，其中相邻两拐角同时碰磨为主要形态。

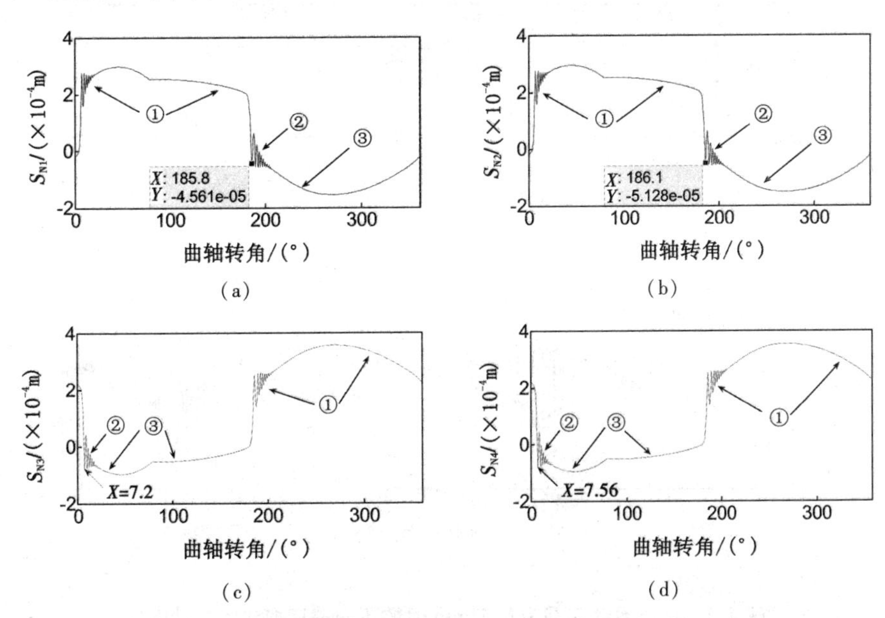

图 4.6　偏心滑动间隙为 0.2 mm、压力系数为 2×10^5 时十字头各个拐角 $S_{Ni}(i=1,\ 2,\ 3,\ 4)$ 的位置轨迹

①—自由运动；②—碰撞运动；③—连续接触运动

4.3.2 时变载荷对碰磨形态的演变规律

时变载荷作为半弓式多形态碰磨动力学方程的广义力，必然会影响碰磨形态的演变。气缸压力系数与时变载荷成正比，直接影响着时变载荷幅值。为此，本节将以改变气缸压力系数来探索时变载荷对碰磨形态的演变规律。当压力系数由 2×10^5 降至 2×10^3 时，传动机构输出的振动响应曲线如图 4.7 所示。结果表明，随着压力系数的降低，传动机构输出加速度响应峰值由 2725 m/s^2 降至 952.1 m/s^2，而碰撞接触时间随着压力系数的降低反而增加。此外，不论压力系数如何变化，加速度振动响应曲线均以逐渐衰减方式从碰撞接触过渡到连续接触运动，且压力系数越大，振动响应曲线的衰减越快。这也是图 4.7(a)的振动信号相对集中，而图 4.7(b)的振动信号相对发散的原因。

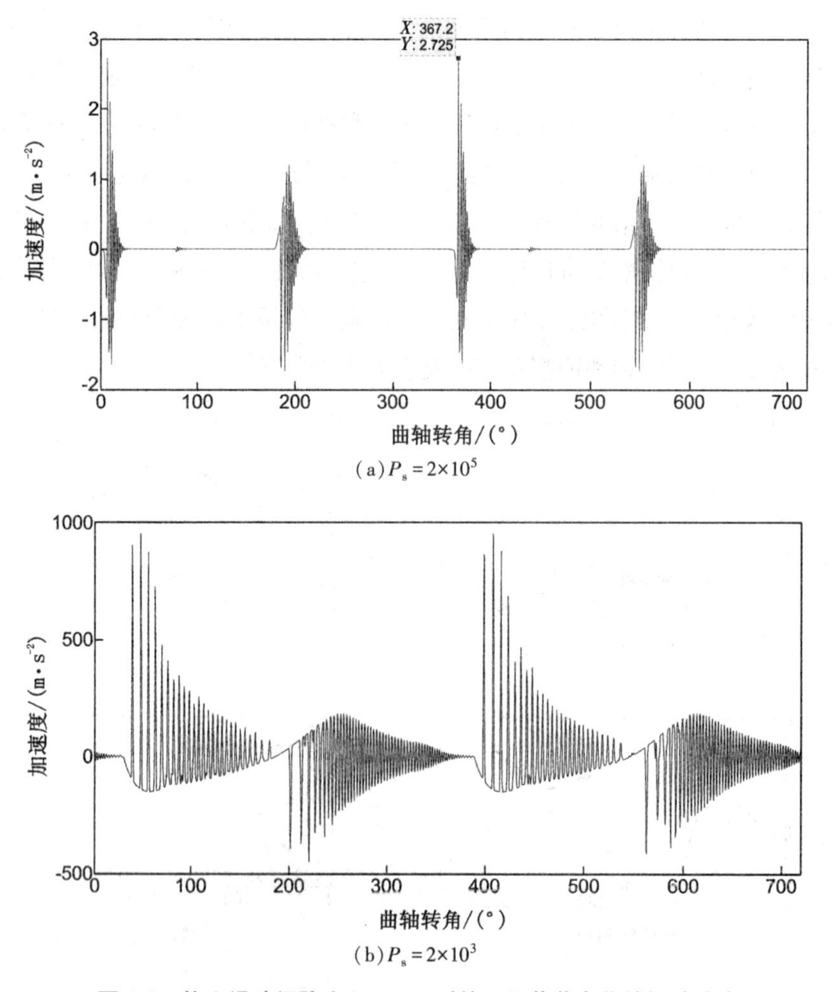

图 4.7 偏心滑动间隙为 0.2 mm 时的不同载荷变化的振动响应

压力系数为 2×10^5 时的碰磨形态演变规律已在上节中揭示了，而随着压力系数变化碰磨形态又以何种规律演变值得继续探索。当压力系数降低为 2×10^3 时，十字头各个拐角的位置轨迹如图 4.8 所示。由图 4.8 可看到，十字头各个拐角的位置轨迹曲线很不光滑，表明十字头经历了多次碰撞。与压力系数为 2×10^5 的图 4.6 相比，随着压力系数降低，十字头拐角位置轨迹曲线变得更不光滑，表明十字头拐角与滑道之间的碰撞次数更多，但整体的碰撞强度会随着压力系数的降低而降低。压力系数引起的碰撞接触的演变规律与图 4.7 所示的振动响应曲线相吻合。

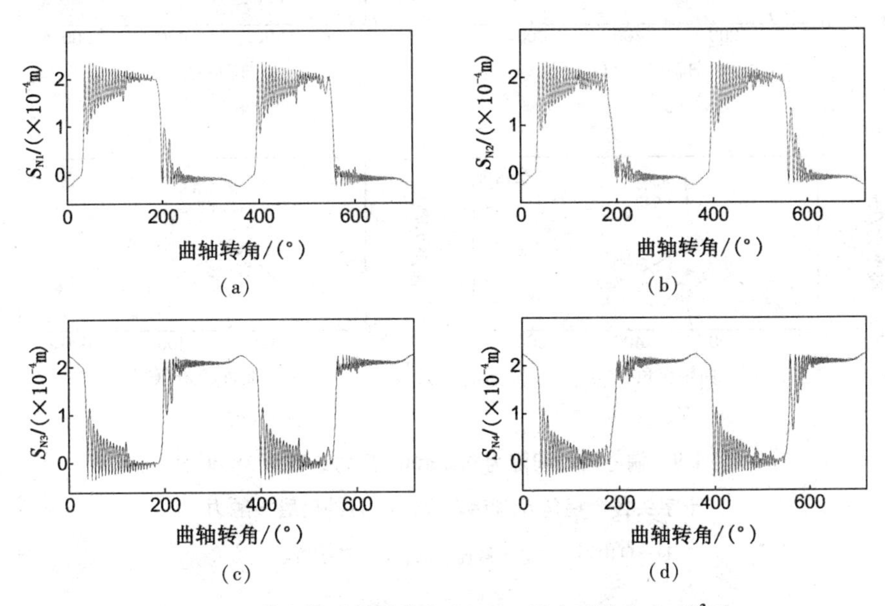

图 4.8　偏心滑动间隙为 0.2 mm、压力系数为 2×10^3 时十字头各个拐角 $S_{Ni}(i=1,2,3,4)$ 的位置轨迹

图 4.8 的四个拐角的碰磨接触力如图 4.9 所示。从图 4.9 可观察到十字头在滑道中出现了自由运动、连续接触和碰撞三种运动模式。其中，三种运动模式在拐角 1 和拐角 2 碰磨中都能发现，但拐角 3 和拐角 4 只经历了自由运动和碰撞两种运动模式。在碰撞运动模式中，拐角 3 和拐角 4 冲击滑道的碰磨接触力明显大于拐角 1 和拐角 2，因此拐角 3 和拐角 4 引起的振动响应必然比拐角 1 和拐角 2 引起的振动响应更强烈。这正是造成图 4.7 所示的上半周期振动幅值大于下半周期振动幅值的原因。

从碰磨形态来看，十字头经历了无碰磨(即自由运动)、单个拐角碰磨和相邻两拐角碰磨三种形态(图 4.9 中仅标识曲轴转角为 200.5°处单个拐角碰磨，398.5°处相邻拐角同时碰磨情形)，而相对两拐角碰磨形态没有发生。这与压力系数为 2×10^5 的碰磨形态演变规律相同。不论压力系数如何变化，相邻两拐角碰磨形态一直为整个碰磨中的主要形态，产生的原因与偏心滑动间隙很小有密切关系。在微小的偏心滑动间隙下，十字头在碰磨过程中的转动角 θ_3 必然也很小，如图 4.10(a)所示。十字头的转动角 θ_3 虽小，其角加速度却十分巨大，如图 4.10(c)所示，从而在碰撞中产生很大的碰磨接触力。

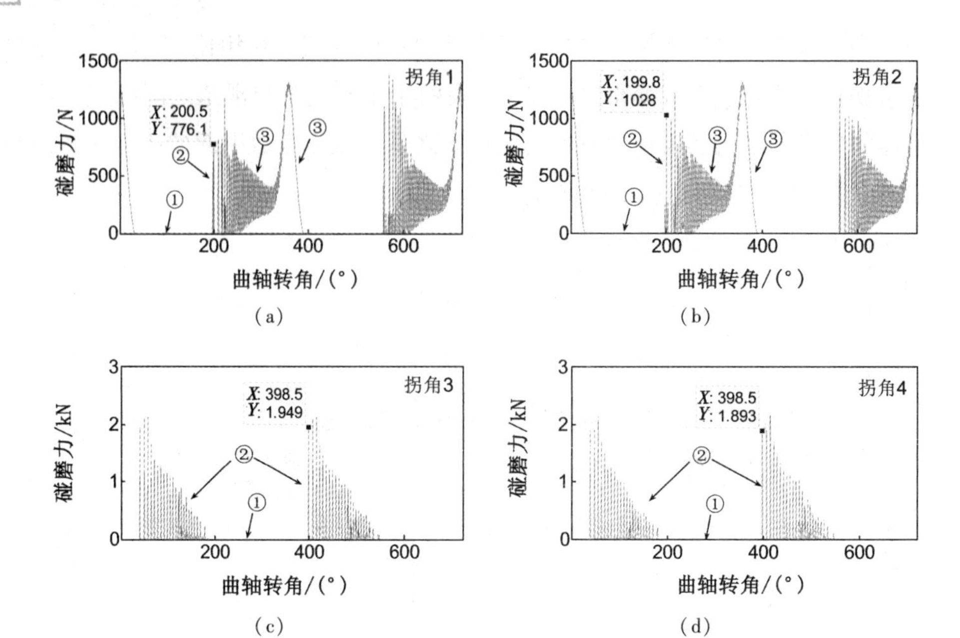

图 4.9　偏心滑动间隙为 0.2 mm、压力系数为 2×10³ 时十字头各个拐角 S_{Ni}(i=1, 2, 3, 4)的碰磨接触力

①—自由运动；②—碰撞运动；③—连续接触运动

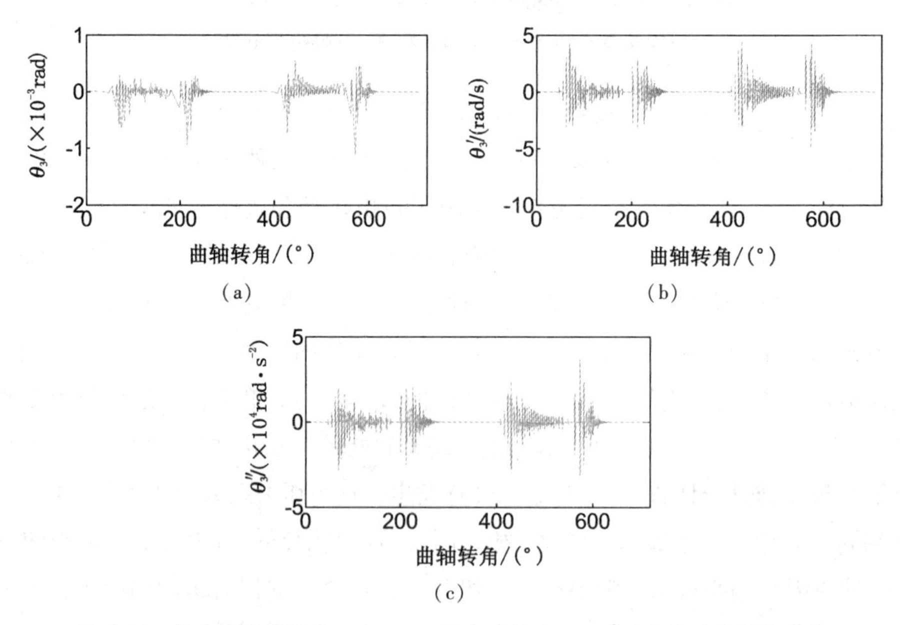

图 4.10　偏心滑动间隙为 0.2 mm、压力系数为 2×10³ 时十字头的转角变化

4.3.3　活塞杆刚度的影响

如果考虑活塞杆的柔性，十字头下沉将引起活塞杆弯曲变形。如果不考虑活塞杆的柔性，十字头下沉之后活塞杆仍然是直杆。显然，活塞杆的刚度变化必然会导致传动机构产生不同的振动响应。当偏心滑动间隙为 0.2 mm、压力系数为 2×10^3时，不同刚度下传动机构的振动响应曲线如图 4.11 所示。结果表明，当活塞杆为柔性时，十字头垂向加速度的最大峰值为 952.1 m/s^2；而当活塞杆为刚性时，十字头垂向加速度的最大峰值为 726.3 m/s^2。不难看出，活塞杆刚度越小，碰磨动力学行为引起的振动响应越剧烈。造成这种现象的原因是：十字头与下滑道之间存在偏心滑动间隙，而十字头与上滑道之间被考虑为无间隙即理想条件。当十字头由下滑道跳跃并冲击上滑道时，弯曲变形的活塞杆将储存的弹性势能释放，进而加剧了十字头冲击滑道，造成传动机构产生更剧烈的振动响应。如果十字头与上滑道之间也有间隙，那么活塞杆刚度越小，不论活塞杆是朝上还是朝下弯曲均需储存弹性势能，从而会减弱传动机构的冲击与振动。

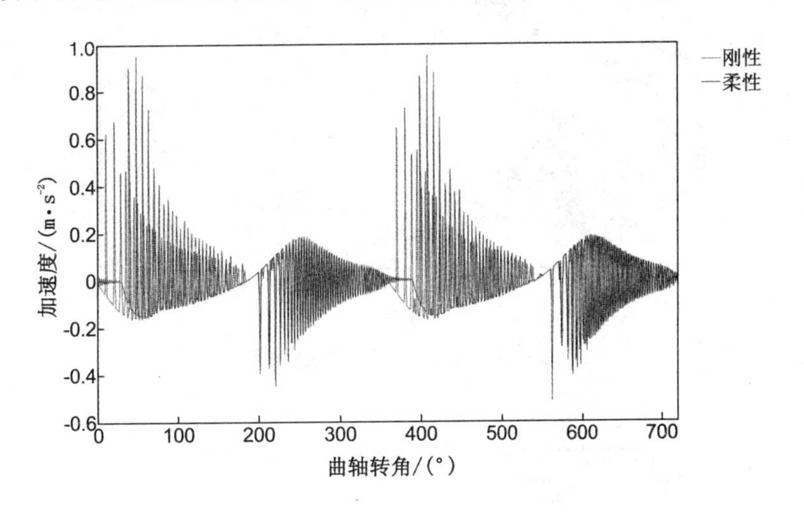

图 4.11　活塞杆在刚性和柔性下的振动响应

图 4.11 所对应的刚性与柔性下的振动响应频率分别如图 4.12 和图 4.13 所示。从图 4.12 和图 4.13 中可观察到，不论活塞杆是刚性还是柔性，振动响应频率中均出现了 7.771 Hz 和 2 倍频 15.54 Hz 成分。由于曲轴转速为 50 rad/s，显然这两种频率成分正好是十字头往复运动频率。除了十字头往复运动频率外，还可看到由碰磨引起的其他振动响应频率成分。在这些其他频率成分中，也能找到多个频率峰值。当活塞杆为刚性时，碰磨振动响应频率有 485.7 Hz 和 2 倍频 914.1 Hz，其中 914.1 Hz 是刚性碰磨下的最大振动响应频率峰值，如图 4.12(b)所示。当活塞杆为柔性时，碰磨振动响应频率有 413.8 Hz 和 2 倍频 827.7 Hz，其中 827.7 Hz 是柔性碰磨下的最大振动响应频率峰值，如图 4.13(b)所示。不难看出，活塞杆刚度变化引起了碰磨振动响应频率变化，且刚度越低，

碰磨振动响应频率也越低。

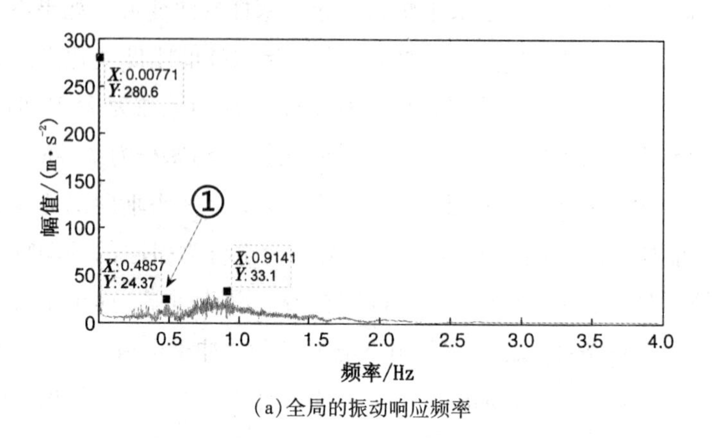

(a)全局的振动响应频率

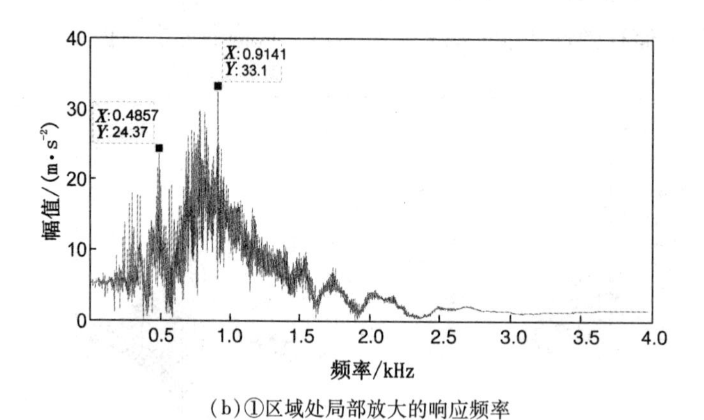

(b)①区域处局部放大的响应频率

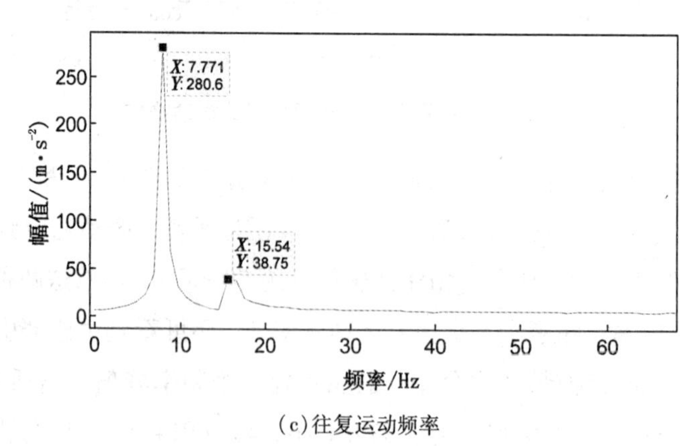

(c)往复运动频率

图 4.12　活塞杆在刚性下的振动响应频率

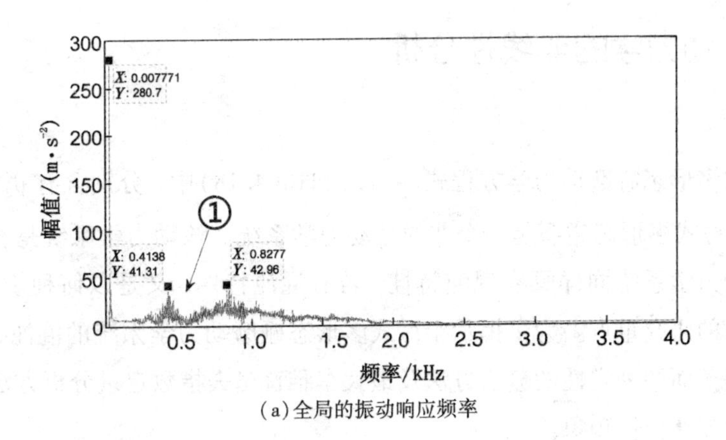

(a)全局的振动响应频率

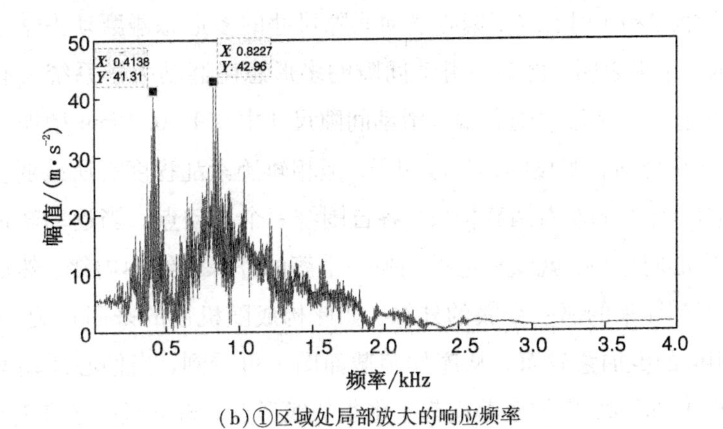

(b)①区域处局部放大的响应频率

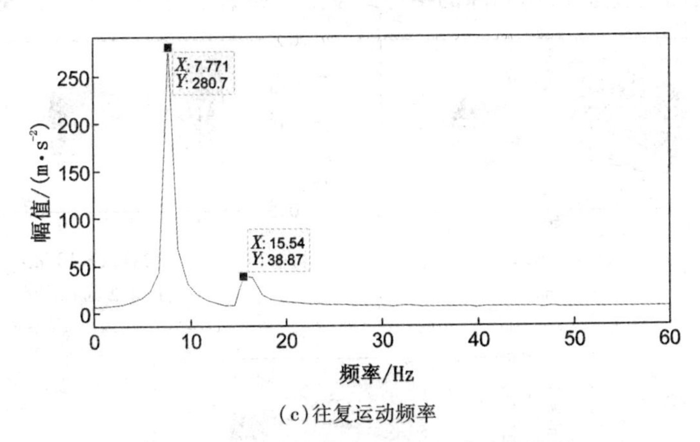

(c)往复运动频率

图4.13　活塞杆在柔性下的振动响应频率

4.4 动力学的非线性分析

在半弓式多形态碰磨动力学方程式(4.17)和式(4.18)中，分别含有 $\dot{\theta}_2^2$ 和 $\dot{\theta}_1^2$ 非线性项。显然，半弓式多形态碰磨是一个非线性动力学系统。该动力学系统是否也和半弓式单形态碰磨动力学系统同样具有混沌特性，若有混沌特性，又是以何种规律进行演变，这些都是本节的研究重点。为了揭示半弓式多形态碰磨动力学系统的混沌行为，采用相轨迹和庞加莱截面两种定性的分析方法及最大李雅普诺夫指数定量分析方法来共同探讨该动力学系统的非线性现象。

当压力系数为 2×10^3 时，改变偏心滑动间隙尺寸的多形态碰磨动力学系统的相轨迹如图4.14所示。结果表明，含偏心滑动间隙的多形态碰磨动力学系统具有显著的奇异吸引子，且相轨迹呈∞字形。随着偏心滑动间隙尺寸由0.1，0.2 mm 增加至0.4 mm，多形态碰磨动力学系统均有明显的奇异吸引子，但相轨迹紊乱程度有所减弱。这些∞字形吸引子由“浑然一体”的左右两簇构成，各自围绕一个不动点。当运动轨道在一个簇中由外向内绕到中心附近后，就随机地跳到另一个簇的外缘继续向内绕，然后在达到中心附近后突然跳回到原来的那一个簇的外缘，如此构成随机性的来回盘旋。图4.15展示了与图4.14相应的庞加莱截面。从庞加莱截面图中可看到，当偏心滑动间隙尺寸分别为0.1，0.2，0.4 mm 时，庞加莱截面都呈密集的线形点。奇异吸引子和密集线形点的庞加莱截面均揭示了含偏心滑动间隙的半弓式多形态碰磨动力学系统具有混沌特性。

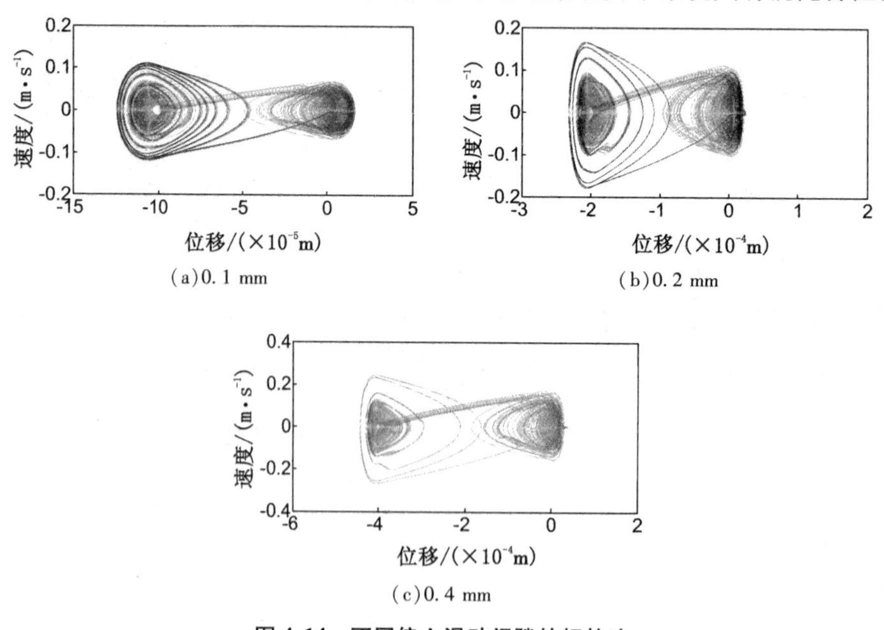

(a)0.1 mm　(b)0.2 mm　(c)0.4 mm

图4.14　不同偏心滑动间隙的相轨迹

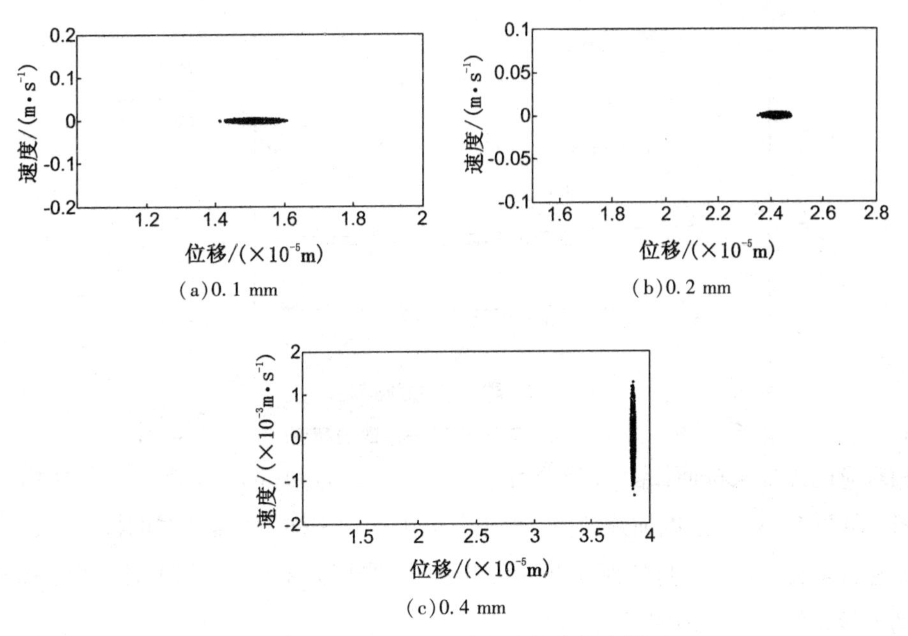

(a)0.1 mm

(b)0.2 mm

(c)0.4 mm

图 4.15　不同偏心滑动间隙的庞加莱截面

图 4.16(a)计算了偏心滑动间隙尺寸分别为 0.1，0.2，0.4 mm 的李雅普诺夫指数，且相应的最大李雅普诺夫指数分别为 $\lambda_{11}=0.643$、$\lambda_{12}=0.444$、$\lambda_{13}=0.226$。显然，三个偏心滑动间隙尺寸的最大李雅普诺夫指数均大于零，这也证实了系统呈混沌状态。另外，还可发现随着偏心滑动间隙尺寸增加，最大李雅普诺夫指数呈现逐渐减少的趋势。

分析变压力系数的非线性方法与变偏心滑动间隙相同，即通过观察相轨迹图的奇异吸引子是否存在，通过辨识庞加莱截面是否聚集线、带或分散性堆积的自相似图案密集点，以及通过计算最大李雅普诺夫指数是否大于零来判定变压力系数的稳定性演变情况。当偏心滑动间隙为 0.2 mm 时，压力系数为 2×10^3，2×10^4 和 2×10^5 的相轨迹，如图 4.17 所示。在相轨迹图中，明显发现奇异吸引子的存在，且随着压力系数的减少，相轨迹越来越紊乱。当压力系数为 2×10^5 时，相轨迹较为清晰，趋于准周期运动。与图 4.17

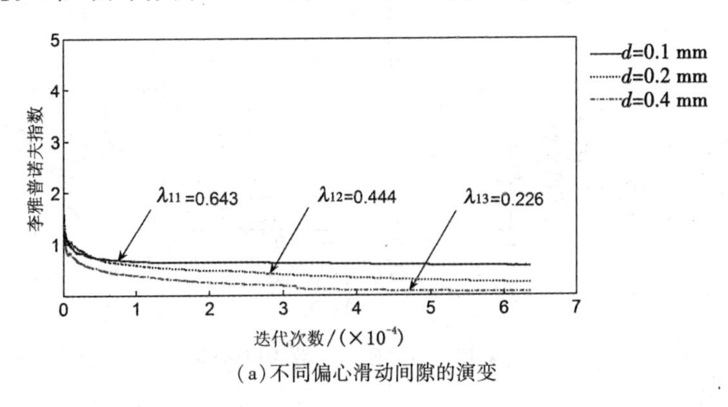

(a)不同偏心滑动间隙的演变

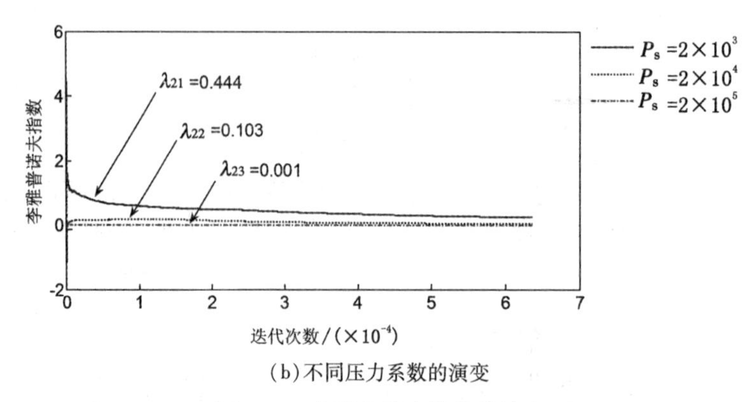

(b)不同压力系数的演变

图 4.16　李雅普诺夫指数的演变

相对应的庞加莱截面如图 4. 18 所示。在图 4. 18(a)和(b)中，庞加莱截面均为密集的线形，而图 4. 18(c)的庞加莱截面"线形"纵坐标均一样，而每条线的横坐标也几乎相同，故庞加莱截面趋于零星的孤立点。结果表明，当压力系数为 2×10^5时，半弓式多形态碰磨动力学系统趋于准周期运动。

图 4. 16(b)计算了压力系数为 2×10^3，2×10^4和 2×10^5的李雅普诺夫指数，且相应的最大李雅普诺夫指数分别为 $\lambda_{21}=0.444$、$\lambda_{22}=0.103$、$\lambda_{23}=0.001$。显然，λ_{21}和 λ_{22}的最大李雅普诺夫指数均大于零，而 λ_{23}趋于零，表明压力系数为 2×10^3和 2×10^4时系统是混沌的，而压力系数为 2×10^5时，系统趋于准周期运动，判定结果与相轨迹、庞加莱截面方法相吻合。

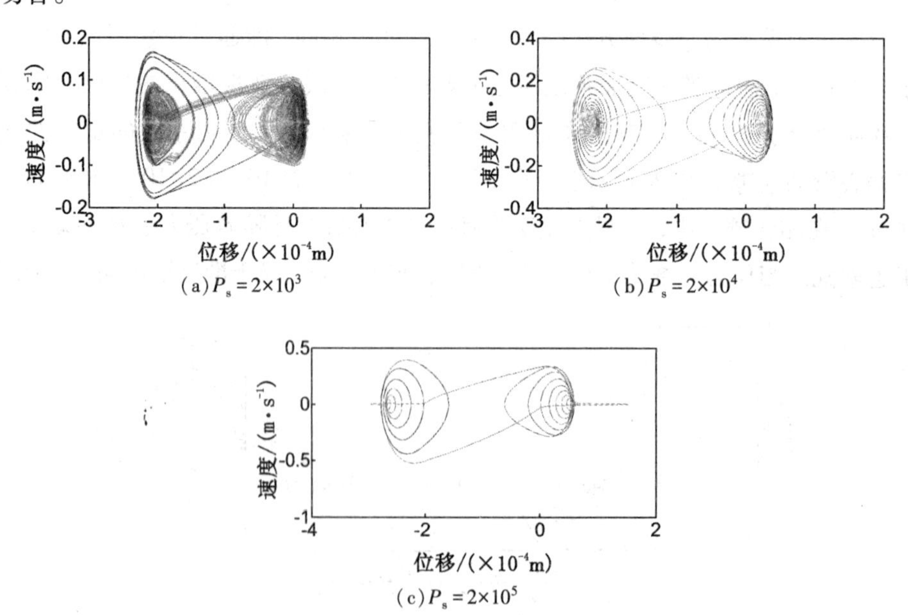

图 4.17　不同压力系数的相轨迹

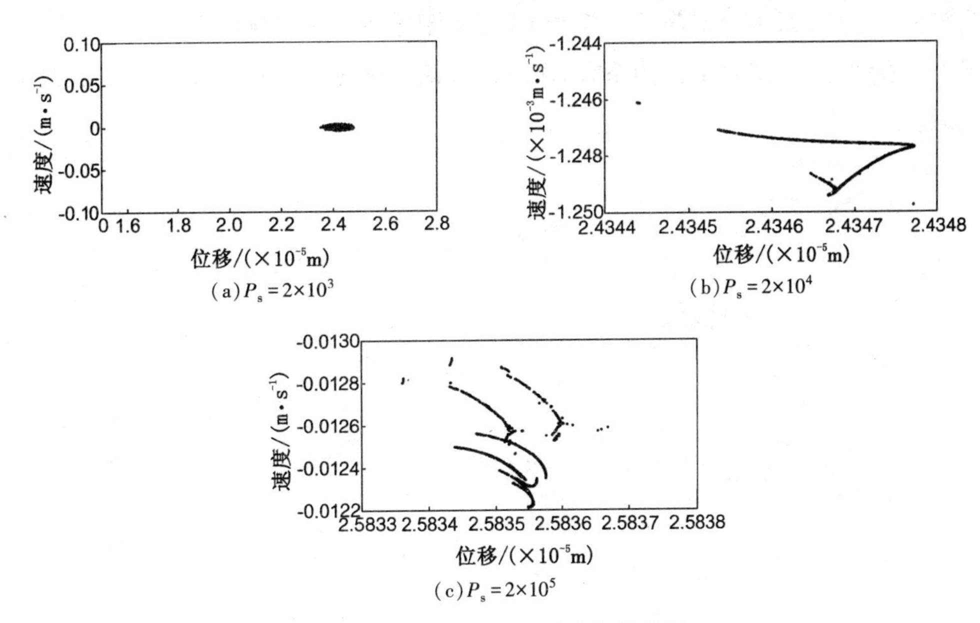

图 4.18　不同压力系数的庞加莱截面

4.5　本章小结

在考虑活塞杆的弹性变形，且十字头可能存在单个拐角碰磨、相邻两拐角碰磨、相对两拐角碰磨和无碰磨的多种形态的基础上，提出了一个半弓式多形态碰磨动力学问题。通过讨论不同偏心滑动间隙的动力学行为，揭示了间隙尺寸越大，十字头冲击滑道引起的振动响应越剧烈的响应规律。通过监测十字头滑块各个拐角 $S_{Ni}(i=1, 2, 3, 4)$ 在两个离散时刻 t_{n-1} 和 t_n 的符号来判定十字头的接触模式，揭示了十字头在偏心滑动间隙的滑道中经历了无接触、连续接触和碰撞接触三种运动模式，呈现了自由运动、单个拐角碰磨和相邻两拐角碰磨的三种形态。

本章探索了时变载荷对碰磨形态的演变规律。研究发现，随着时变载荷压力系数的降低，碰磨动力学行为引起的振动响应强度减弱，而碰撞接触时间随着压力系数的降低反而增加。通过分析活塞杆刚度的影响，揭示了活塞杆刚度越小，碰磨动力学行为引起越剧烈的振动响应规律，搞清了活塞杆刚度变化引起碰磨振动响应频率的变化规律，且刚度越低，碰磨振动响应频率也越低。

采用相轨迹和庞加莱截面两种定性分析方法及最大李雅普诺夫指数定量分析方法，辨识了半弓式多形态碰磨动力学系统的混沌行为。研究发现，含偏心滑动间隙的多形态碰磨动力学系统具有∞字形奇异吸引子。随着时变载荷压力系数的增大，多形态碰磨动力学系统的相轨迹由紊乱状态逐渐演变为清晰状态，庞加莱截面的线形状密集点逐渐演变为零星孤立点，最大李雅普诺夫指数由明显大于零演变为逐渐趋于零，揭示了半弓式多形态碰磨动力学系统随着压力系数的增大，逐渐由混沌运动演变为准周期运动，甚至周期运动。

第 5 章　跷跷板式耦合碰磨动力学规律探索

5.1　引言

在第 3 章和第 4 章中，研究了半弓式单形态和多形态碰磨动力学特性，并分析了两类非线性动力学系统的稳定性。无论是半弓式单形态还是多形态碰磨动力学系统中，活塞在垂向上均认为其仍然处于理想工作状态，即十字头与填料函之间的活塞杆在下沉时发生弯曲变形，而填料函与活塞之间的活塞杆仍为直杆，因此活塞在气缸内没有发生碰磨现象。

在本章中，考虑活塞杆为刚性，填料函与活塞杆之间存在合理的微小间隙，当十字头在含偏心滑动间隙中与滑道发生碰磨时，由于活塞、十字头和活塞杆联为一体，必然诱发活塞与气缸内壁也产生碰磨，从而出现十字头碰磨和活塞碰磨的耦合现象。十字头和活塞均与活塞杆垂直，填料函类似于活塞杆的支撑点，因此由十字头、活塞杆和活塞这三联体构件的垂向运动形成了跷跷板式耦合碰磨现象。如何表征跷跷板式耦合碰磨接触力，又如何通过表征的耦合碰磨接触力模型来揭示其动力学行为演变规律均为本章的探索内容。此外，如何分析跷跷板式耦合碰磨动力学系统的稳定性，并辨识系统的混沌特性也是本章的研究工作。

5.2　跷跷板式耦合碰磨问题的提出

5.2.1　问题描述

在定义跷跷板式耦合碰磨的概念之前，假设往复压缩机传动机构满足如下条件：① 往复压缩机正常工作下，十字头贴住下滑道，活塞贴住气缸下表面运动，即两滑块与下滑道之间无间隙，而十字头与上滑道、活塞与气缸内壁上表面之间有相同的合理微小间隙；② 传动机构的杆件均为刚性；③ 十字头出现下沉现象；④ 填料函与活塞杆之间存在合理的微小间隙；⑤ 曲轴转速恒定。

如图 5.1 所示，十字头、刚性活塞杆和活塞为三联体构件。不论十字头如何运动，活塞杆一直与十字头和活塞两滑块保持垂直。填料函类似于一个支点，当十字头向下运动时，在活塞杆的驱动下，活塞必然向上运动；反之，当十字头向上运动时，活塞必然向下运动。三联体构件的运动模式与生活中的跷跷板极为相似。此外，考虑到十字头上下运动过程中可能与滑道发生碰磨，同时可能诱发活塞上下运动与气缸内壁也发生碰磨，进而形成耦合碰磨现象，因此将这种有趣的三联体构件的运动命名为跷跷板式耦合碰磨。不同的是，生活中的跷跷板只是上下运动，而本章的跷跷板不仅上下运动，还左右运动。由此可见，本章的跷跷板式耦合碰磨更为复杂。

图 5.1 分别呈现了活塞杆斜率为零、为正和为负的三种耦合碰磨状态。实际上，跷跷板式耦合碰磨形态远不止这三种。因为十字头在偏心滑动间隙中可能存在单个拐角碰磨、相邻两拐角碰磨、相对两拐角碰磨和无碰磨等多种形态，同时十字头的任意一种碰磨形态又诱发活塞产生多种碰磨形态，因此，跷跷板式耦合碰磨将具有几十种形态。

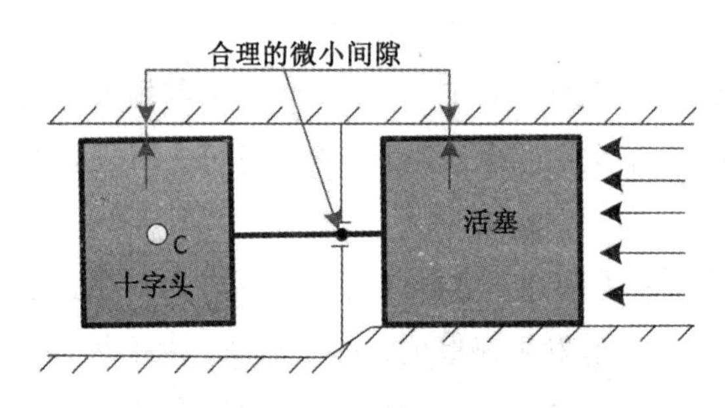

(a)活塞杆与滑道平行

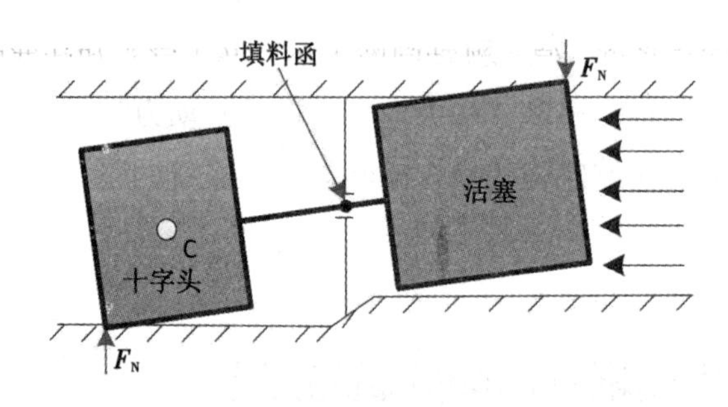

(b)活塞杆斜率为正

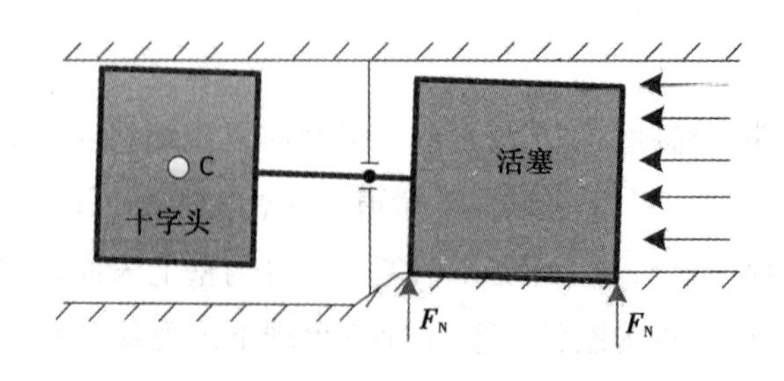

(c)活塞杆斜率为负

图 5.1 跷跷板式耦合碰磨描述

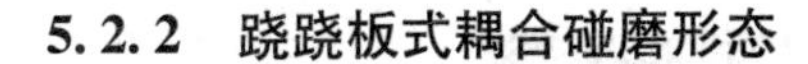

5.2.2　跷跷板式耦合碰磨形态

十字头、活塞杆和活塞的三联体构件有两个移动副，且是两个相互耦合的移动关节。往复压缩机传动机构在正常工作下，十字头与活塞的质心位于同一水平位置，且十字头与滑道、活塞与气缸均相互平行，以至于十字头和活塞既没有垂向移动，也没有转动。因此，三联体构件仅有一个轴向运动的自由度。随着十字头与下滑道之间产生磨损，十字头出现下沉，使原本只有合理的微小间隙逐渐演变为较大的偏心滑动间隙。滑动间隙的增大使十字头的垂向移动和转动的两个约束被消除，即十字头可以在有限的滑动间隙中自由运动。当十字头某个拐角或某两个拐角与滑道接触时，十字头与滑道发生碰磨，并通过碰磨接触力将振动响应传递至机体，进而使机体产生振动。同时，与十字头直接关联的活塞在十字头碰磨的诱导下也产生碰磨。这两个移动副关节的耦合碰磨将不可避免地加剧机体的振动。

在第 4 章中，阐明了单个滑动关节可能经历单个拐角碰磨、相邻两拐角碰磨、相对两拐角碰磨和无碰磨四类大形态。如果对这四大类碰磨形态进行细分，单个滑动关节累计有 9 种碰磨小形态，包括单个拐角碰磨的拐角 1 碰磨或拐角 2 碰磨或拐角 3 碰磨或拐角 4 碰磨这四种小形态，相邻两拐角碰磨的拐角 1 和拐角 2 同时碰磨或拐角 3 和拐角 4 同时碰磨这两种小形态，相对拐角碰磨的拐角 1 和拐角 3 同时碰磨或拐角 2 和拐角 4 同时碰磨这两种小形态，以及无碰磨这一种小形态。跷跷板式的三联体构件具有两个耦合的滑动关节。理论上，两个滑动关节的耦合碰磨形态按照排列组合形式存在 81 种碰磨小形态。然而，受活塞杆长度、偏心滑动间隙大小以及十字头和活塞的运动范围等约束，跷跷板式的三联体构件实际上达不到 81 种碰磨小形态。假设十字头和活塞的宽度相同，以单个滑动关节的碰磨形态为基础，跷跷板式的三联体构件实际可能出现的耦合碰磨形态分析如下：

① 当十字头自由运动即没有与滑道接触时，偏心滑动间隙的存在，将会诱发活塞出现无碰磨、单个拐角碰磨、相邻两拐角碰磨和相对两拐角碰磨四类大形态，如图 5.2 所示。其中，单个拐角碰磨只列出了拐角 6 或拐角 7 与气缸碰磨情形，当活塞杆斜率为负值时，拐角 5 或拐角 8 也会与气缸发生碰磨。活塞会出现相对两拐角 6 和 7 同时与气缸碰磨情形，但不会出现相对两拐角 5 和 8 同时与气缸碰磨情形。假设相对两拐角 5 和 8 同时与气缸碰磨，根据几何关系，十字头拐角 1 必然与滑道发生碰磨，这与十字头自由运动不符。此外，相邻两拐角仅出现拐角 5 和 6 同时碰磨情形，而拐角 7 和 8 不可能出现同时碰磨情形，否则拐角 1 必然发生碰磨，这与十字头自由运动也不符。因此，十字头自由运动时可能诱发活塞耦合碰磨累计有 7 种小形态。

② 当十字头某单个拐角与滑道碰磨时，也会诱发活塞出现无碰磨、单个拐角碰磨、相邻两拐角碰磨和相对两拐角碰磨四类大形态，如图 5.3 所示。图 5.3 仅列出了十字头

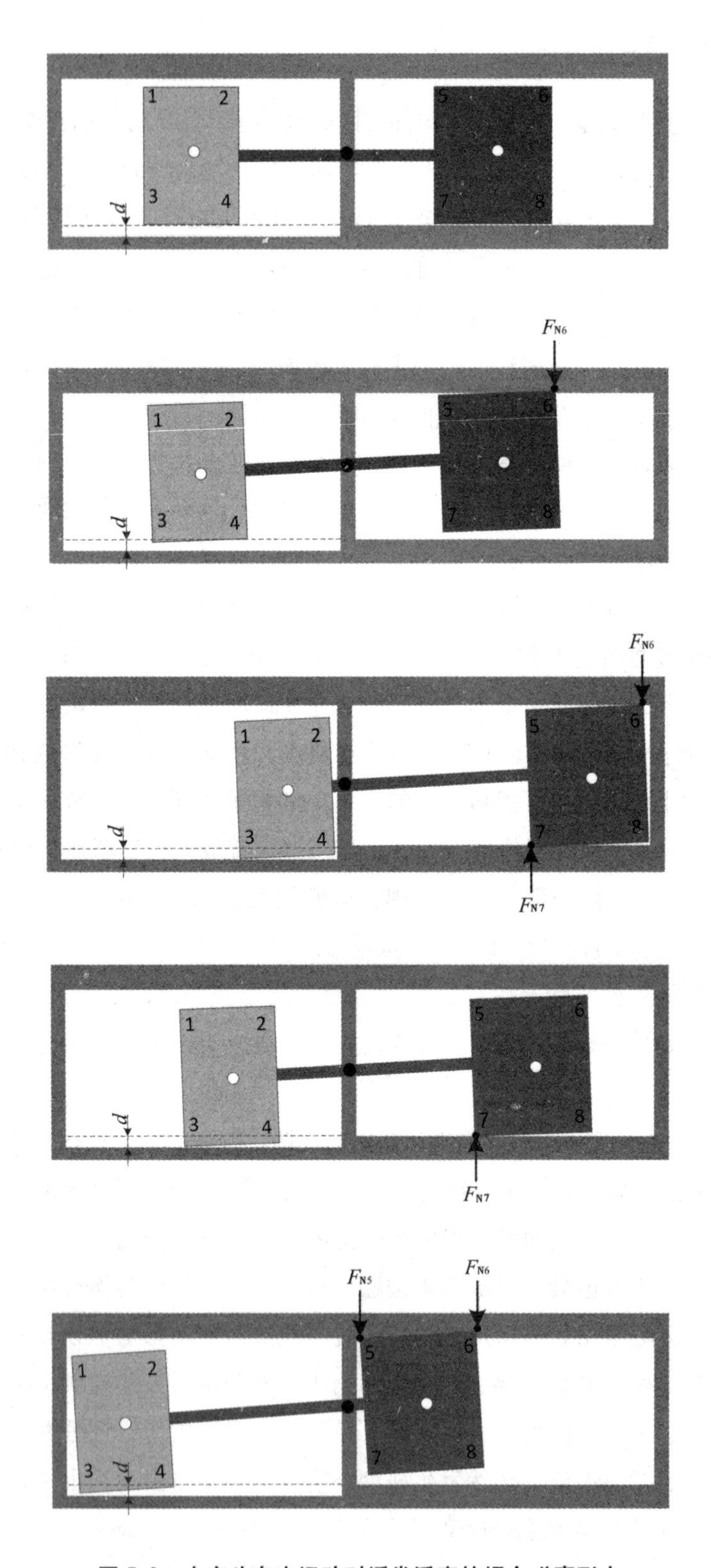

图 5.2　十字头自由运动时诱发活塞的耦合碰磨形态

拐角 3 与滑道发生碰磨时诱发活塞与气缸之间发生的 6 种耦合碰磨小形态；而十字头拐角 4 与滑道发生碰磨时，活塞也会与气缸发生类似于图 5.3 所示的碰磨形态。但是，当十字头的拐角 1 或拐角 2 与滑道发生碰磨时，可能诱发活塞发生 3 种碰磨小形态。之所以出现这种情形的原因如下：

当十字头拐角 1 发生碰磨时(即 $S_{N1}\leqslant0$)，活塞拐角 5 与气缸上侧内壁之间的距离 $S_{N5}=S_{N1}-l_3\sin\theta_3(\theta_3<0)$，其中 l_3 为十字头右侧至活塞左侧之间的活塞杆长度。由于 $S_{N1}>l_3\sin\theta_3$，故 $S_{N5}>0$，表明活塞拐角 5 与气缸上侧内壁之间没有发生碰磨。$S_{N6}=S_{N5}-a_2\sin\theta_3$，显然，$S_{N6}>S_{N5}>0$，表明活塞拐角 6 与气缸上侧内壁之间更不可能发生碰磨。可见，当十字头拐角 1 发生碰磨时，只能诱发活塞单个拐角 8、相邻拐角 7 和 8、自由运动这 3 种碰磨小形态。同理，当十字头拐角 2 发生碰磨时，活塞拐角 7 和 8 不会与气缸下侧内壁发生碰磨，只能诱发活塞单个拐角 6、相邻拐角 5 和 6、自由运动这 3 种碰磨小形态。

因此，十字头单个拐角碰磨时诱发的活塞耦合碰磨小形态累计有 18 种。

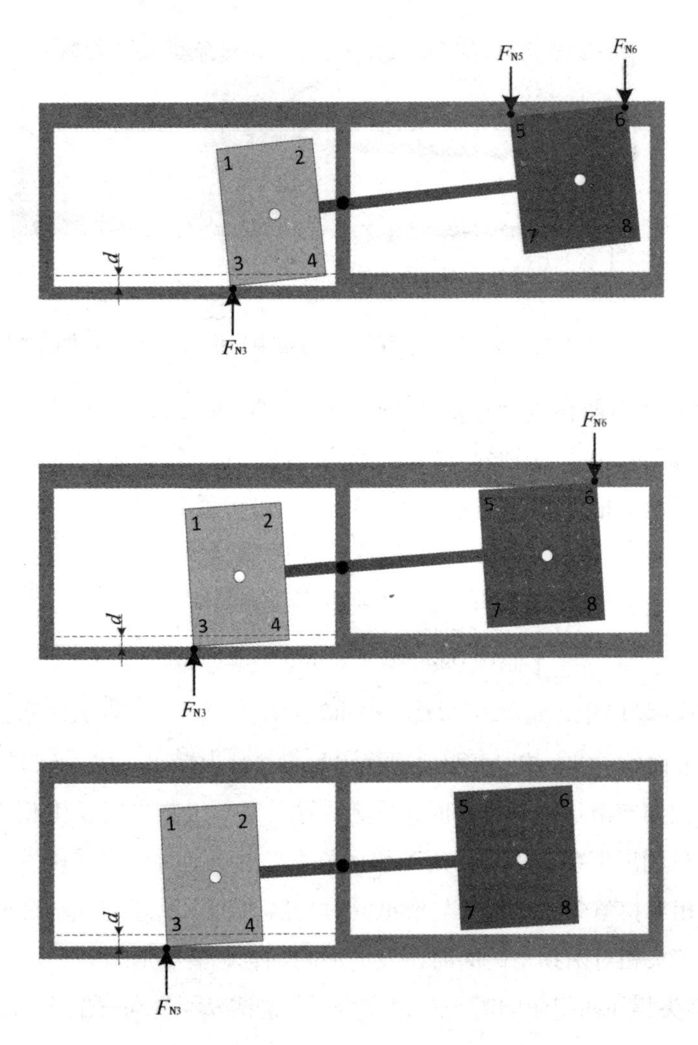

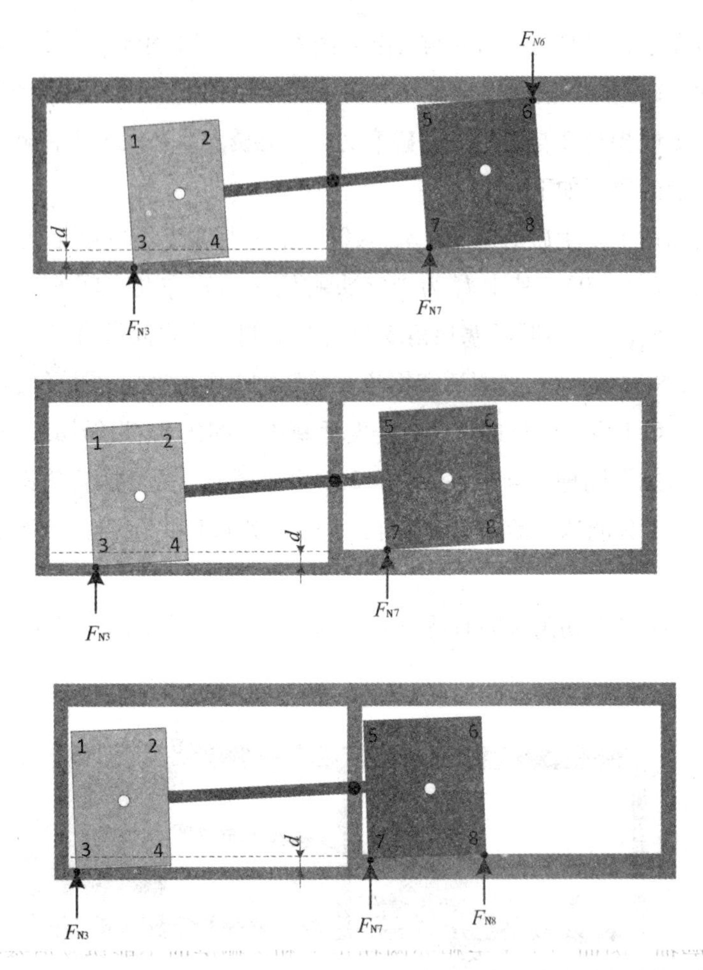

图 5.3　十字头单个拐角(以拐角 3 为例)碰磨时诱发活塞的耦合碰磨形态

③ 当十字头相对两拐角同时与滑道碰磨时，仅诱发活塞与气缸之间发生相邻两拐角碰磨形态，如图 5.4 所示。因偏心滑动间隙的存在，上下滑道之间的距离大于气缸上下侧内壁之间的距离。根据几何关系，活塞拐角 7 和拐角 8 与气缸下侧内壁的距离分别为：

$$\begin{cases} S_{N7} = S_{N4} + d + l_3\sin\theta_3 \\ S_{N8} = S_{N4} + d + l_3\sin\theta_3 + 2a_2\sin\theta_3 \end{cases} \tag{5.1}$$

显然，在式(5.1)中，$S_{N4} \leqslant 0$，$d<0$，$l_3\sin\theta_3<0$，故 $S_{N7}<0$，表明活塞拐角 7 与气缸内壁发生了碰磨；而 $S_{N8}<S_{N7}<0$，表明活塞拐角 8 与气缸内壁也发生了碰磨。由此可见，当十字头相对两拐角与滑道同时碰磨时，只能诱发活塞与气缸之间发生相邻两拐角碰磨形态。图 5.4 中只列出十字头相对拐角 1 和拐角 4 与滑道同时碰磨时诱发活塞耦合碰磨情形，而十字头相对拐角 2 和拐角 3 与滑道同时碰磨时诱发活塞与气缸之间的耦合碰磨与之相似，故十字头相对两拐角碰磨时诱发的活塞耦合碰磨小形态有 2 种。

④ 当十字头相邻两拐角同时与滑道碰磨时，将诱发活塞与气缸之间发生相邻两拐角

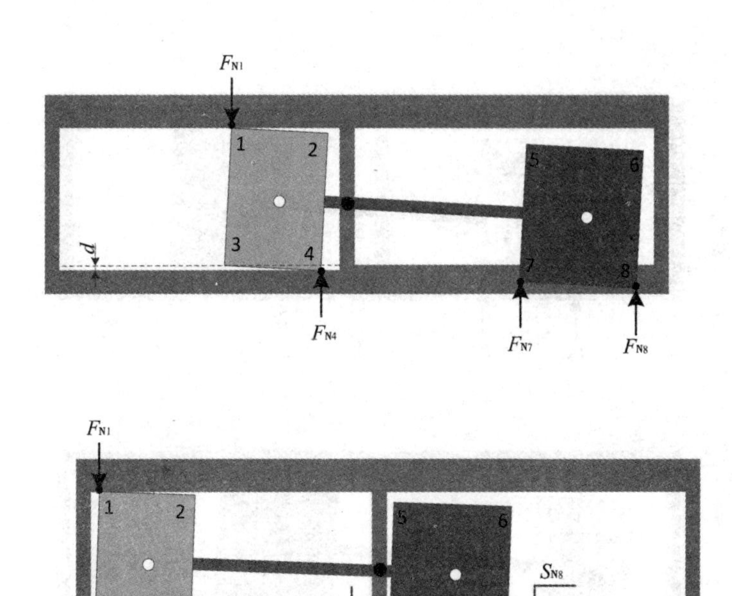

图 5.4　十字头相对两拐角(以拐角 1 和 4 为例)碰磨时诱发活塞的耦合碰磨形态

碰磨、单个拐角碰磨、相对两拐角碰磨和无碰磨四类大形态，如图 5.5 所示。图 5.5 只列出了十字头相邻两拐角 3 和 4 与滑道同时碰磨时诱发活塞耦合碰磨的形态。尽管相邻两拐角 1 和 2 与滑道同时碰磨时诱发活塞耦合碰磨的形态与图 5.5 存在相似性，但是由于上滑道没有磨损，因而当十字头相邻两拐角 1 和 2 碰磨时不能诱发活塞拐角 5 或 6 与气缸发生耦合碰磨，而只能诱发单个拐角 8、相邻两拐角 7 和 8、无拐角这 3 种耦合碰磨小形态。造成这种情形的原因与十字头单个拐角 1 或 2 碰磨诱发活塞耦合碰磨形态相类似，在此不再继续讨论。因此，当十字头相邻两拐角同时与滑道碰磨时，诱发的活塞耦合碰磨小形态有 9 种。

通过上述分析可知，十字头碰磨诱发的活塞耦合碰磨小形态有 36 种。

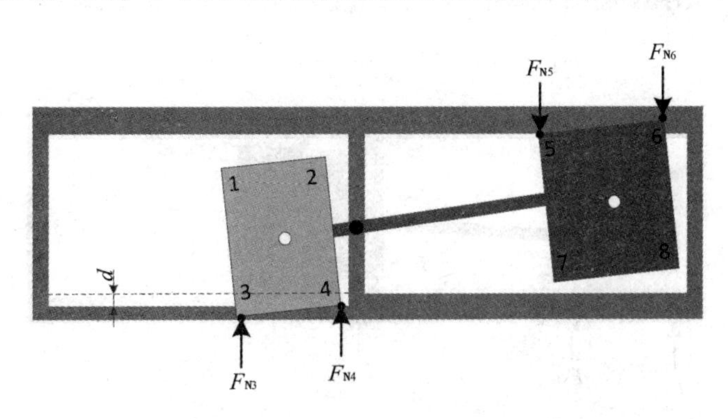

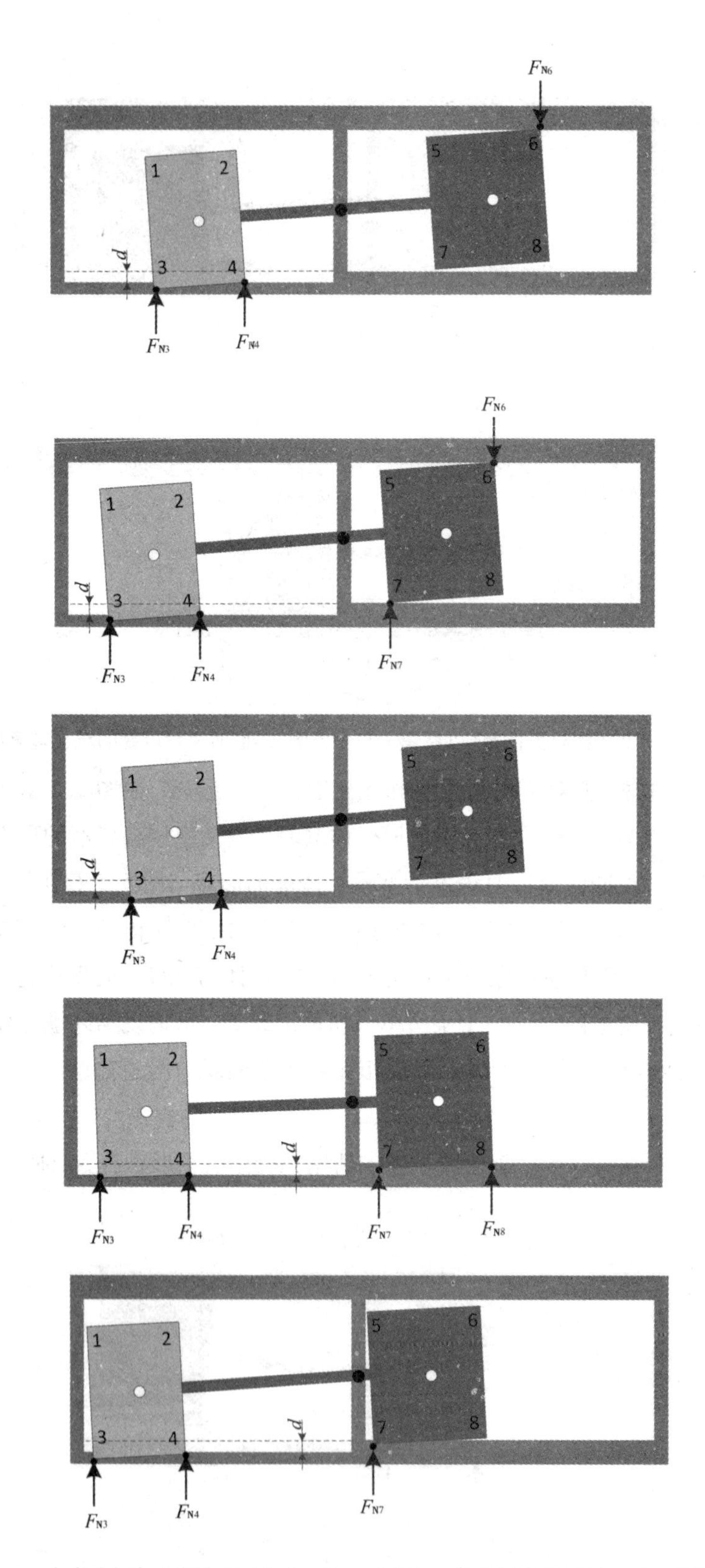

图 5.5　十字头相邻两拐角(以拐角 3 和 4 为例)碰磨时诱发活塞的耦合碰磨形态

5.2.3　跷跷板式耦合碰磨接触力模型

与多形态碰磨类似，当三联体构件的双滑动关节发生耦合碰磨时，十字头拐角与滑道表面之间或活塞拐角与气缸表面之间出现了接触甚至穿透行为。下面仍通过定义相对穿透深度函数来确定双滑块拐角是否满足碰磨条件，双滑动关节的耦合碰磨的相对穿透深度 δ_i $(i=1, 2, \cdots, 8)$定义如下：

$$\begin{cases}\delta_i = -S_{Ni} & \text{if} \quad S_{Ni} < 0 \quad (i=1, 2, \cdots, 8) \\ \delta_i = 0 & \text{if} \quad S_{Ni} \geqslant 0 \quad (i=1, 2, \cdots, 8)\end{cases} \tag{5.2}$$

式中，δ_i $(i=1, 2, \cdots, 8)$为三联体构件中第 i 个拐角的相对穿透深度；$S_{Ni}$$(i=1, 2, 3, 4)$为十字头各个拐角与滑道表面之间的距离，$S_{Ni}$$(i=5, 6, 7, 8)$为活塞各个拐角与气缸表面之间的距离。

相对穿透深度 δ_i 是表征滑块与滑道之间的接触状态的重要参数。当 $\delta_i<0$ 时，表明滑块拐角没有与滑道接触，如图5.6(a)所示，在此情形下，滑块在滑道中是自由运动状态；当 $\delta_i=0$ 时，滑块拐角与滑道之间正处于临界接触状态，表明碰撞或连续接触运动的初始时刻或结束时刻，如图5.6(b)所示；当 $\delta_i>0$ 时，表明滑块拐角不仅与滑道接触，而且穿透了滑道表面，是含穿透深度的碰撞或连续接触运动的必要条件，如图5.6(c)所示。因此，确定相对穿透深度 δ_i 是十分重要的。根据式(5.2)可知，确定相对穿透深度 δ_i 等效于确定滑块拐角与滑道表面之间的距离函数 S_{Ni}。

十字头各个拐角的位置函数 S_{Ni} 和 $S_{Ti}$$(i=1, 2, 3, 4)$及其速度函数在第4章中已列出，如式(4.2)~式(4.9)所示。同样，如图5.7所示，通过几何关系，可计算三联体构件的活塞各拐角的位置函数：

$$\begin{cases}S_{N5} = \dfrac{e}{2} - l_1\sin\theta_1 - l_2\sin\theta_2 - (l_3 + a_1)\sin\theta_3 - b_2\cos\theta_3 + r_c \\ S_{T5} = l_1\cos\theta_1 + l_2\cos\theta_2 + (l_3 + a_1)\cos\theta_3 - b_2\sin\theta_3\end{cases} \tag{5.3}$$

$$\begin{cases}S_{N6} = \dfrac{e}{2} - l_1\sin\theta_1 - l_2\sin\theta_2 - (a_1 + l_3 + 2a_2)\sin\theta_3 - b_2\cos\theta_3 + r_c \\ S_{T6} = l_1\cos\theta_1 + l_2\cos\theta_2 + (a_1 + l_3 + 2a_2)\cos\theta_3 - b_2\sin\theta_3\end{cases} \tag{5.4}$$

$$\begin{cases}S_{N7} = \dfrac{e}{2} + l_1\sin\theta_1 + l_2\sin\theta_2 + (a_1 + l_3)\sin\theta_3 - b_2\cos\theta_3 \\ S_{T7} = l_1\cos\theta_1 + l_2\cos\theta_2 + (a_1 + l_3)\cos\theta_3 + b_2\sin\theta_3\end{cases} \tag{5.5}$$

$$\begin{cases}S_{N8} = \dfrac{e}{2} + l_1\sin\theta_1 + l_2\sin\theta_2 + (a_1 + l_3 + 2a_2)\sin\theta_3 - b_2\cos\theta_3 \\ S_{T8} = l_1\cos\theta_1 + l_2\cos\theta_2 + (a_1 + l_3 + 2a_2)\cos\theta_3 + b_2\sin\theta_3\end{cases} \tag{5.6}$$

式中，$S_{Ni}$$(i=5, 6)$表示活塞拐角5和6与上侧气缸之间的距离，$S_{Ni}$$(i=7, 8)$表示拐角7

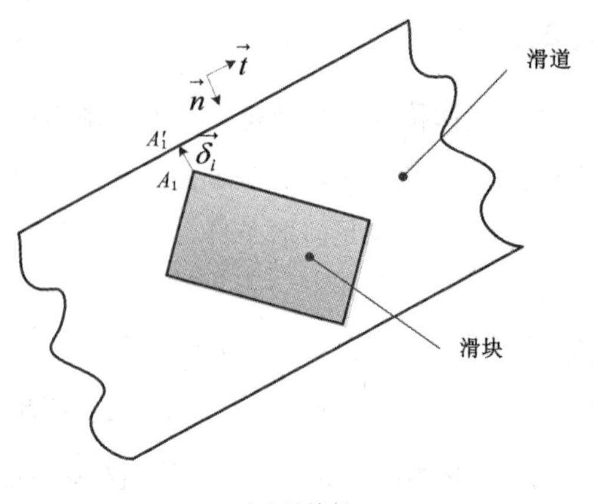

(a)无接触

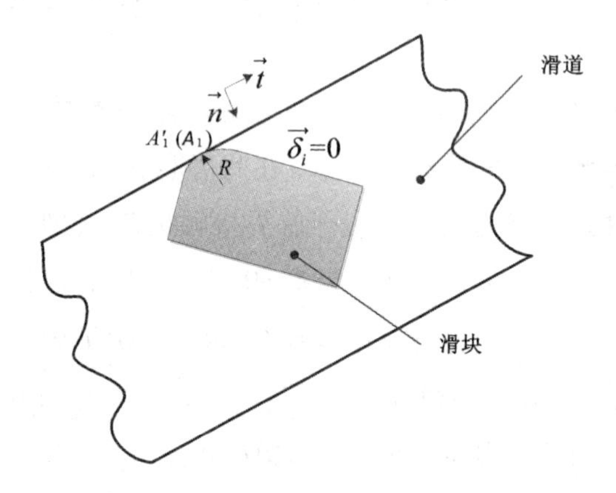

(b)临界接触

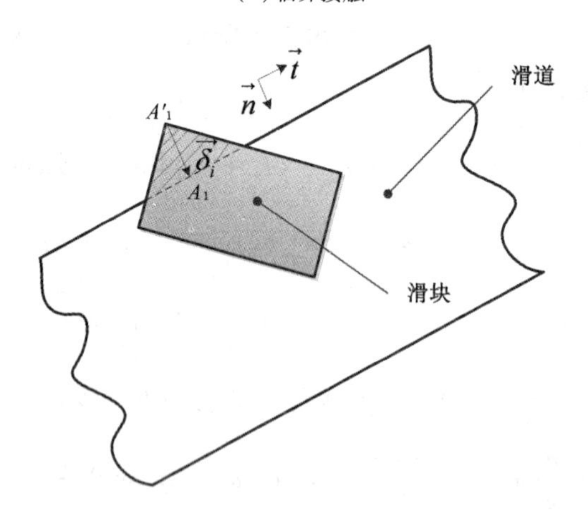

(c)碰撞接触

图 5.6　滑块与滑道接触的三个时刻

和 8 与下侧气缸之间的距离；S_{Ti}(i=5，6，7，8)表示活塞拐角的水平位移；a_2 和 b_2 分别为活塞的长度和宽度；r_c为活塞与气缸上侧的合理微小间隙；l_3 为十字头到活塞之间的距离，是活塞杆的一部分长度。

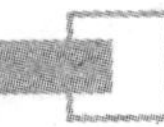

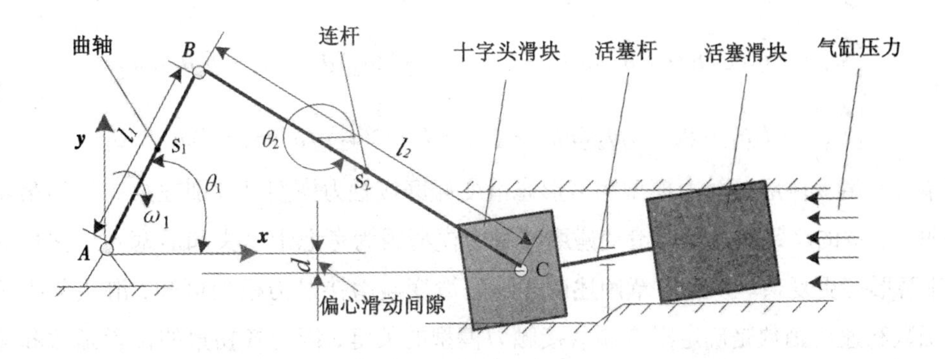

(a)含双滑动关节的传动机构简图

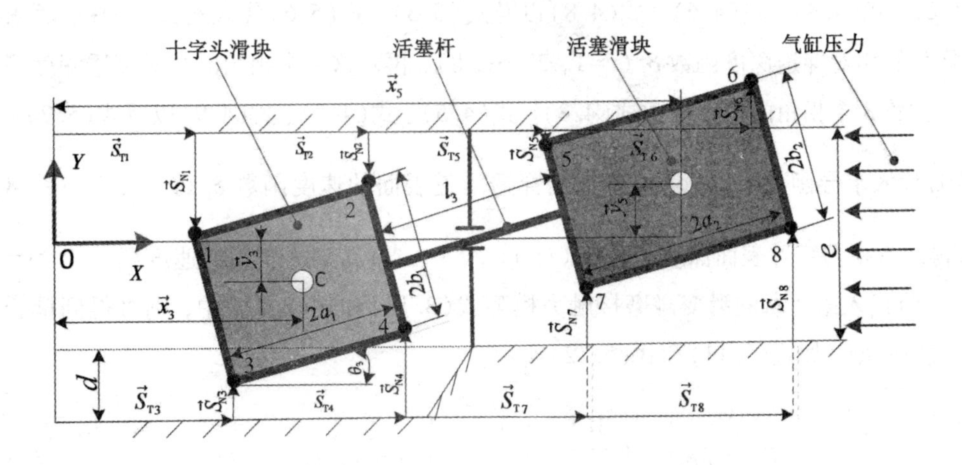

(b)三联体构件的位置关系

图 5.7　含双滑动关节的传动机构的运动位置状况

分别对活塞各拐角位置函数 $S_{\mathrm{N}i}$ 和 $S_{\mathrm{T}i}(i=5, 6, 7, 8)$ 求导，可求得其速度函数 $\dot{S}_{\mathrm{N}i}$ 和 $\dot{S}_{\mathrm{T}i}$ $(i=5, 6, 7, 8)$：

$$\begin{cases}\dot{S}_{\mathrm{N5}}=-l_1\dot{\theta}_1\cos\theta_1-l_2\dot{\theta}_2\cos\theta_2-(a_1+l_3)\dot{\theta}_3\cos\theta_3+b_2\dot{\theta}_3\sin\theta_3\\ \dot{S}_{\mathrm{T5}}=-l_1\dot{\theta}_1\sin\theta_1-l_2\dot{\theta}_2\sin\theta_2-(a_1+l_3)\dot{\theta}_3\sin\theta_3-b_2\dot{\theta}_3\cos\theta_3\end{cases}\tag{5.7}$$

$$\begin{cases}\dot{S}_{\mathrm{N6}}=-l_1\dot{\theta}_1\cos\theta_1-l_2\dot{\theta}_2\cos\theta_2-(a_1+l_3+2a_2)\dot{\theta}_3\cos\theta_3+b_2\dot{\theta}_3\sin\theta_3\\ \dot{S}_{\mathrm{T6}}=-l_1\dot{\theta}_1\sin\theta_1-l_2\dot{\theta}_2\sin\theta_2-(a_1+l_3+2a_2)\dot{\theta}_3\sin\theta_3-b_2\dot{\theta}_3\cos\theta_3\end{cases}\tag{5.8}$$

$$\begin{cases}\dot{S}_{\mathrm{N7}}=l_1\dot{\theta}_1\cos\theta_1+l_2\dot{\theta}_2\cos\theta_2+(a_1+l_3)\dot{\theta}_3\cos\theta_3+b_2\dot{\theta}_3\sin\theta_3\\ \dot{S}_{\mathrm{T7}}=-l_1\dot{\theta}_1\sin\theta_1-l_2\dot{\theta}_2\sin\theta_2-(a_1+l_3)\dot{\theta}_3\sin\theta_3+b_2\dot{\theta}_3\cos\theta_3\end{cases}\tag{5.9}$$

$$\begin{cases} \dot{S}_{N8} = l_1\dot{\theta}_1\cos\theta_1 + l_2\dot{\theta}_2\cos\theta_2 + (a_1 + l_3 + 2a_2)\dot{\theta}_3\cos\theta_3 + b_2\dot{\theta}_3\sin\theta_3 \\ \dot{S}_{T8} = -l_1\dot{\theta}_1\sin\theta_1 - l_2\dot{\theta}_2\sin\theta_2 - (a_1 + l_3 + 2a_2)\dot{\theta}_3\sin\theta_3 + b_2\dot{\theta}_3\cos\theta_3 \end{cases} \tag{5.10}$$

单形态滑变碰磨接触力模型和多形态滑变碰磨接触力模型已分别在第 3 章和第 4 章中阐明，本章的跷跷板式耦合滑变碰磨接触力模型因为考虑十字头和活塞 8 个拐角的碰磨，碰磨形态更复杂。从第 4 章阐述的多形态滑变碰磨接触力模型可知，滑块各拐角的位置函数和速度函数是确定滑变碰磨接触力模型的关键，因为各拐角的位置函数和速度函数分别决定了相对穿透深度及其穿透滑道表面的速度。因此，将 8 个拐角的位置函数式(4.2)、式(4.4)、式(4.6)、式(4.8)以及式(5.3)~式(5.6)代入式(5.2)中，可求得 8 个拐角的相对穿透深度函数 δ_i ($i=1, 2, \cdots, 8$)，再对这 8 个拐角的相对穿透深度函数求导，并将 8 个拐角的速度函数式(4.3)、式(4.5)、式(4.7)、式(4.9)以及式(5.7)~式(5.10)代入求导函数中，可求得各拐角穿透滑道表面的速度函数 $\dot{\delta}_i$ ($i=1, 2, \cdots, 8$)。将求得的各拐角穿透表面深度函数 δ_i ($i=1, 2, \cdots, 8$)和穿透表面的速度函数 $\dot{\delta}_i$ ($i=1, 2, \cdots, 8$)代入第 3 章的滑变碰磨接触力模型式(3.18)和式(3.21)中，则可得到耦合碰磨接触力模型，如式(5.11)和式(5.12)所示。

$$F_{Ni} = K\delta_i^n\left[1 + \frac{3(1 - c_r^2)}{4}\frac{\dot{\delta}_i}{\dot{\delta}_i^{(-)}}\right] (i = 1, 2, \cdots, 8) \tag{5.11}$$

$$F_{Ti} = -c_f c_d F_{Ni}\frac{v_t}{|v_t|} (i = 1, 2, \cdots, 8) \tag{5.12}$$

式中，F_{Ni}和 F_{Ti}分别代表十字头第 i 个拐角在碰磨中的法向力和摩擦力；其他参数含义详见第 3 章的 3.2.2 节。

根据式(5.11)和式(5.12)，计算耦合碰磨中 8 个拐角的法向力和摩擦力，可求得耦合碰磨接触力的矢量合力 $\boldsymbol{Q}_c$：

$$\begin{cases} \boldsymbol{Q}_c = 0 & \delta_i < 0 \quad (i = 1, 2, \cdots, 8) \\ \boldsymbol{Q}_c = \sum_{i=1}^{8}(\boldsymbol{F}_{Ni} + \boldsymbol{F}_{Ti}) & \delta_i \geqslant 0 \quad (i = 1, 2, \cdots, 8) \end{cases} \tag{5.13}$$

5.2.4 跷跷板式耦合碰磨动力学方程

与半弓式多形态碰磨动力学系统一样，含偏心滑动间隙的跷跷板式耦合碰磨动力学系统也有三个自由度，故定义广义坐标为 $q=[\theta_1, \theta_2, \theta_3]$，广义速度为 $\dot{q}=[\omega_1, \omega_2, \omega_3]$，而广义力计算如式(5.14)所示。

$$Q_{c,j}=\sum_{i=1}^{9}\left(\boldsymbol{F}_i^*\cdot\frac{\partial \boldsymbol{V}_{c,i}}{\partial \dot{q}_j}+\boldsymbol{M}_i^*\cdot\frac{\partial \boldsymbol{\omega}_{c,i}}{\partial \dot{q}_j}\right) \tag{5.14}$$

在跷跷板式耦合碰磨动力学系统中，式(5.14)的驱动外力 $\boldsymbol{F}_i{}^*$ 是 8 个拐角的耦合碰磨接触力和时变载荷；$\boldsymbol{M}_i{}^*$ 是作用于曲轴的驱动力矩。联立十字头各拐角的速度函数式(4.3)、式(4.5)、式(4.7)和式(4.9)，计算与十字头 4 个拐角碰磨接触力相匹配的 $\frac{\partial V_{c,i}}{\partial \dot{q}_j}$ 表达式：

$$\frac{\partial \boldsymbol{V}_{N1}}{\partial \dot{q}_j}=\begin{pmatrix}-l_1\cos\theta_1\\-l_2\cos\theta_2\\a_1\cos\theta_3+b_1\sin\theta_3\end{pmatrix} \tag{5.15}$$

$$\frac{\partial \boldsymbol{V}_{T1}}{\partial \dot{q}_j}=\begin{pmatrix}-l_1\sin\theta_1\\-l_2\sin\theta_2\\a_1\sin\theta_3-b_1\cos\theta_3\end{pmatrix} \tag{5.16}$$

$$\frac{\partial \boldsymbol{V}_{N2}}{\partial \dot{q}_j}=\begin{pmatrix}-l_1\cos\theta_1\\-l_2\cos\theta_2\\-a_1\cos\theta_3+b_1\sin\theta_3\end{pmatrix} \tag{5.17}$$

$$\frac{\partial \boldsymbol{V}_{T2}}{\partial \dot{q}_j}=\begin{pmatrix}-l_1\sin\theta_1\\-l_2\sin\theta_2\\-a_1\sin\theta_3-b_1\cos\theta_3\end{pmatrix} \tag{5.18}$$

$$\frac{\partial \boldsymbol{V}_{N3}}{\partial \dot{q}_j}=\begin{pmatrix}l_1\cos\theta_1\\l_2\cos\theta_2\\-a_1\cos\theta_3+b_1\sin\theta_3\end{pmatrix} \tag{5.19}$$

$$\frac{\partial \boldsymbol{V}_{T3}}{\partial \dot{q}_j}=\begin{pmatrix}-l_1\sin\theta_1\\-l_2\sin\theta_2\\a_1\sin\theta_3+b_1\cos\theta_3\end{pmatrix} \tag{5.20}$$

$$\frac{\partial \boldsymbol{V}_{N4}}{\partial \dot{q}_j}=\begin{pmatrix}l_1\cos\theta_1\\l_2\cos\theta_2\\a_1\cos\theta_3+b_1\sin\theta_3\end{pmatrix} \tag{5.21}$$

$$\frac{\partial \boldsymbol{V}_{T4}}{\partial \dot{q}_j}=\begin{pmatrix}-l_1\sin\theta_1\\-l_2\sin\theta_2\\-a_1\sin\theta_3+b_1\cos\theta_3\end{pmatrix} \tag{5.22}$$

联立活塞各拐角的速度函数式(5.7)~式(5.10)，计算与活塞4个拐角碰磨接触力相匹配的$\dfrac{\partial \boldsymbol{V}_{c,i}}{\partial \dot{q}_j}$表达式：

$$\frac{\partial \boldsymbol{V}_{\mathrm{N5}}}{\partial \dot{q}_j}=\begin{pmatrix}-l_1\cos\theta_1\\-l_2\cos\theta_2\\-(l_3+a_1)\cos\theta_3+b_2\sin\theta_3\end{pmatrix}\tag{5.23}$$

$$\frac{\partial \boldsymbol{V}_{\mathrm{T5}}}{\partial \dot{q}_j}=\begin{pmatrix}-l_1\sin\theta_1\\-l_2\sin\theta_2\\-(l_3+a_1)\sin\theta_3-b_2\cos\theta_3\end{pmatrix}\tag{5.24}$$

$$\frac{\partial \boldsymbol{V}_{\mathrm{N6}}}{\partial \dot{q}_j}=\begin{pmatrix}-l_1\cos\theta_1\\-l_2\cos\theta_2\\-(l_3+a_1+2a_2)\cos\theta_3+b_2\sin\theta_3\end{pmatrix}\tag{5.25}$$

$$\frac{\partial \boldsymbol{V}_{\mathrm{T6}}}{\partial \dot{q}_j}=\begin{pmatrix}-l_1\sin\theta_1\\-l_2\sin\theta_2\\-(l_3+a_1+2a_2)\sin\theta_3-b_2\cos\theta_3\end{pmatrix}\tag{5.26}$$

$$\frac{\partial \boldsymbol{V}_{\mathrm{N7}}}{\partial \dot{q}_j}=\begin{pmatrix}l_1\cos\theta_1\\l_2\cos\theta_2\\(l_3+a_1)\cos\theta_3+b_2\sin\theta_3\end{pmatrix}\tag{5.27}$$

$$\frac{\partial \boldsymbol{V}_{\mathrm{T7}}}{\partial \dot{q}_j}=\begin{pmatrix}-l_1\sin\theta_1\\-l_2\sin\theta_2\\-(l_3+a_1)\sin\theta_3+b_2\cos\theta_3\end{pmatrix}\tag{5.28}$$

$$\frac{\partial \boldsymbol{V}_{\mathrm{N8}}}{\partial \dot{q}_j}=\begin{pmatrix}l_1\cos\theta_1\\l_2\cos\theta_2\\(l_3+a_1+2a_2)\cos\theta_3+b_2\sin\theta_3\end{pmatrix}\tag{5.29}$$

$$\frac{\partial \boldsymbol{V}_{\mathrm{T8}}}{\partial \dot{q}_j}=\begin{pmatrix}-l_1\sin\theta_1\\-l_2\sin\theta_2\\-(l_3+a_1+2a_2)\sin\theta_3+b_2\cos\theta_3\end{pmatrix}\tag{5.30}$$

类似地，计算与时变载荷即气缸压力相匹配的$\dfrac{\partial \boldsymbol{V}_{c,i}}{\partial \dot{q}_j}$表达式，可得：

$$\frac{\partial \boldsymbol{V}_{\mathrm{P}}}{\partial \dot{q}_j}=\begin{pmatrix}-l_1\sin\theta_1\\-l_2\sin\theta_2\\-(l_3+a_1+2a_2)\sin\theta_3\end{pmatrix}\tag{5.31}$$

将式(5.15)~式(5.31)代入广义力公式(5.14)中，可得三个广义力公式：

$$Q_{c,1}=l_1\cos\theta_1\sum_{i=1}^{8}F_{\mathrm{N}i}-l_1\sin\theta_1\sum_{i=1}^{8}F_{\mathrm{T}i}-Pl_1\sin\theta_1+M \tag{5.32}$$

$$Q_{c,2}=l_2\cos\theta_2\sum_{i=1}^{8}F_{\mathrm{N}i}-l_2\sin\theta_2\sum_{i=1}^{8}F_{\mathrm{T}i}-Pl_2\sin\theta_2 \tag{5.33}$$

$$\begin{aligned}Q_{c,3}=&(F_{\mathrm{N4}}-F_{\mathrm{N1}})(a_1\cos\theta_3+b_1\sin\theta_3)+(F_{\mathrm{N3}}-F_{\mathrm{N2}})(-a_1\cos\theta_3+b_1\sin\theta_3)+\\&(F_{\mathrm{T1}}-F_{\mathrm{T4}})(a_1\sin\theta_3-b_1\cos\theta_3)+(F_{\mathrm{T3}}-F_{\mathrm{T2}})(a_1\sin\theta_3+b_1\cos\theta_3)+\\&(F_{\mathrm{N5}}+F_{\mathrm{N7}})(a_1+l_3)\cos\theta_3+(F_{\mathrm{N6}}+F_{\mathrm{N8}})(a_1+l_3+2a_2)\cos\theta_3+\\&(F_{\mathrm{N7}}-F_{\mathrm{N5}}+F_{\mathrm{N8}}-F_{\mathrm{N6}})b_2\sin\theta_3-(F_{\mathrm{T5}}+F_{\mathrm{T7}})(a_1+l_3)\sin\theta_3-\\&(F_{\mathrm{T6}}+F_{\mathrm{T8}}+P)(a_1+l_3+2a_2)\sin\theta_3+(F_{\mathrm{T7}}-F_{\mathrm{T5}}+F_{\mathrm{T8}}-F_{\mathrm{T6}})b_2\cos\theta_3\end{aligned} \tag{5.34}$$

在执行拉格朗日方法中，动力学系统的动能和势能的计算是不可缺少的环节。在半弓式单形态碰磨动力学系统中，曲轴动能 E_1 和连杆动能 E_2 的表达式均已得到，如式(3.34)和式(3.35)所示。由于单形态碰磨动力学系统的十字头动能 E_3 是在不考虑十字头转动时计算的，而跷跷板式耦合碰磨动力学系统的情形与之不一致，故其十字头动能 E_3 需重新计算，如式(5.35)所示。

$$E_3=\frac{1}{2}m_3(l_1\dot{\theta}_1)^2+\frac{1}{2}m_3(l_2\dot{\theta}_2)^2+m_3l_1l_2\dot{\theta}_1\dot{\theta}_2\cos(\theta_2-\theta_1)+\frac{1}{2}J_3\dot{\theta}_3^2 \tag{5.35}$$

活塞杆和活塞的动能计算如下：

$$\begin{aligned}E_4=&\frac{1}{2}m_4(l_1\dot{\theta}_1)^2+\frac{1}{2}m_4(l_2\dot{\theta}_2)^2+\frac{1}{2}m_4\left(a_1+\frac{l_3}{2}\right)^2\dot{\theta}_3^2+m_4l_1l_2\dot{\theta}_1\dot{\theta}_2\cos(\theta_2-\theta_1)+\\&m_4l_1\left(a_1+\frac{l_3}{2}\right)\dot{\theta}_1\dot{\theta}_3\cos(\theta_3-\theta_1)+m_4l_2\left(a_1+\frac{l_3}{2}\right)\dot{\theta}_3\dot{\theta}_2\cos(\theta_3-\theta_2)+\frac{1}{2}J_4\dot{\theta}_3^2\end{aligned} \tag{5.36}$$

$$\begin{aligned}E_5=&\frac{1}{2}m_5(l_1\dot{\theta}_1)^2+\frac{1}{2}m_5(l_2\dot{\theta}_2)^2+\frac{1}{2}m_5(a_1+l_3+a_2)^2\dot{\theta}_3^2+\\&m_5l_1l_2\dot{\theta}_1\dot{\theta}_2\cos(\theta_2-\theta_1)+m_5l_1(a_1+l_3+a_2)\dot{\theta}_1\dot{\theta}_3\cos(\theta_3-\theta_1)+\\&m_5l_2(a_1+l_3+a_2)\dot{\theta}_3\dot{\theta}_2\cos(\theta_3-\theta_2)+\frac{1}{2}J_5\dot{\theta}_3^2\end{aligned} \tag{5.37}$$

式中，m_4，m_5分别为活塞杆和活塞的质量；J_1，J_2 和 J_3 分别表示曲轴、连杆和十字头绕各自质心的转动惯量，而 J_4 和 J_5分别表示活塞杆和活塞绕十字头质心的转动惯量。

跷跷板式耦合碰磨动力学系统的总动能 E 和总势能 V 分别为曲轴、连杆、十字头、活塞杆和活塞的动能和势能之和，如式(5.38)和式(5.39)所示。

$$E=E_1+E_2+E_3+E_4+E_5 \tag{5.38}$$

$$V=\left(\frac{1}{2}m_1+m_2+m_3+m_4+m_5\right)l_1 g\sin\theta_1+\left(\frac{1}{2}m_2+m_3+m_4+m_5\right)\cdot l_2 g\sin\theta_2+\left[m_4\left(a_1+\frac{l_3}{2}\right)+m_5(a_1+l_3+a_2)\right]g\sin\theta_3 \tag{5.39}$$

将广义力式(5.32)~式(5.34)、动力学系统的动能之和 E 及势能之和 V 代入拉格朗日方程中，可求得如式(5.40)~式(5.42)所示的跷跷板式耦合碰磨动力学微分方程组：

$$A\ddot{\theta}_1+C\cos(\theta_1-\theta_2)\ddot{\theta}_2+F\cos(\theta_1-\theta_3)\ddot{\theta}_3+C\sin(\theta_1-\theta_2)\dot{\theta}_2^2+F\sin(\theta_1-\theta_3)\dot{\theta}_3^2+I\cos\theta_1=Q_{c,1} \tag{5.40}$$

$$B\ddot{\theta}_2+C\cos(\theta_1-\theta_2)\ddot{\theta}_1+H\cos(\theta_2-\theta_3)\ddot{\theta}_3-C\sin(\theta_1-\theta_2)\dot{\theta}_1^2+H\sin(\theta_2-\theta_3)\dot{\theta}_3^2+J\cos\theta_2=Q_{c,2} \tag{5.41}$$

$$D\ddot{\theta}_3+F\cos(\theta_1-\theta_3)\ddot{\theta}_1+H\cos(\theta_2-\theta_3)\ddot{\theta}_2-F\sin(\theta_1-\theta_3)\dot{\theta}_1^2-H\sin(\theta_2-\theta_3)\dot{\theta}_2^2+K\cos\theta_3=Q_{c,3} \tag{5.42}$$

式中，

$$A=J_1+\left(\frac{1}{4}m_1+m_2+m_3+m_4+m_5\right)l_1^2 \tag{5.43}$$

$$B=J_2+\left(\frac{1}{4}m_2+m_3+m_4+m_5\right)l_2^2 \tag{5.44}$$

$$C=\left(\frac{1}{2}m_2+m_3+m_4+m_5\right)l_1 l_2 \tag{5.45}$$

$$D=J_3+J_4+J_5+\frac{1}{2}m_4\left(a_1+\frac{l_3}{2}\right)^2+\frac{1}{2}m_5(a_1+a_2+l_3)^2 \tag{5.46}$$

$$F=\left[m_4\left(a_1+\frac{l_3}{2}\right)+m_5(a_1+a_2+l_3)\right]l_1 \tag{5.47}$$

$$H=\left[m_4\left(a_1+\frac{l_3}{2}\right)+m_5(a_1+a_2+l_3)\right]l_2 \tag{5.48}$$

$$I=\left(\frac{1}{2}m_1+m_2+m_3+m_4+m_5\right)g l_1 \tag{5.49}$$

$$J=\left(\frac{1}{2}m_2+m_3+m_4+m_5\right)g l_2 \tag{5.50}$$

$$K=\left[m_4\left(a_1+\frac{l_3}{2}\right)+m_5(a_1+a_2+l_3)\right]g \tag{5.51}$$

将跷跷板式耦合碰磨动力学微分方程组式(5.40)~式(5.42)构建为矩阵形式，如式(5.52)所示。

$$\begin{pmatrix} A_{11} & A_{12} & A_{13} \\ A_{21} & A_{22} & A_{23} \\ A_{31} & A_{32} & A_{33} \end{pmatrix} \begin{pmatrix} \ddot{\theta}_1 \\ \ddot{\theta}_2 \\ \ddot{\theta}_3 \end{pmatrix} = \begin{pmatrix} \lambda_1 \\ \lambda_2 \\ \lambda_3 \end{pmatrix} \tag{5.52}$$

式中，

$$A_{11} = A = J_1 + \left(\frac{1}{4}m_1 + m_2 + m_3 + m_4 + m_5\right) l_1^2 \tag{5.53}$$

$$A_{12} = A_{21} = C\cos(\theta_1 - \theta_2) = \left(\frac{1}{2}m_2 + m_3 + m_4 + m_5\right) l_1 l_2 \cos(\theta_1 - \theta_2) \tag{5.54}$$

$$A_{13} = A_{31} = F\cos(\theta_1 - \theta_3) = \left[m_4\left(a_1 + \frac{l_3}{2}\right) + m_5(a_1 + a_2 + l_3)\right] l_1 \cos(\theta_1 - \theta_3) \tag{5.55}$$

$$A_{22} = B = J_2 + \left(\frac{1}{4}m_2 + m_3 + m_4 + m_5\right) l_2^2 \tag{5.56}$$

$$A_{23} = A_{32} = H\cos(\theta_2 - \theta_3) = \left[m_4\left(a_1 + \frac{l_3}{2}\right) + m_5(a_1 + a_2 + l_3)\right] l_2 \cos(\theta_2 - \theta_3) \tag{5.57}$$

$$A_{33} = D = J_3 + J_4 + J_5 + \frac{1}{2}m_4\left(a_1 + \frac{l_3}{2}\right)^2 + \frac{1}{2}m_5(a_1 + a_2 + l_3)^2 \tag{5.58}$$

$$\lambda_1 = Q_{c,1} - C\sin(\theta_1 - \theta_2)\dot{\theta}_2^2 - F\sin(\theta_1 - \theta_3)\dot{\theta}_3^2 - I\cos\theta_1 \tag{5.59}$$

$$\lambda_2 = Q_{c,2} + C\sin(\theta_1 - \theta_2)\dot{\theta}_1^2 - H\sin(\theta_2 - \theta_3)\dot{\theta}_3^2 - J\cos\theta \tag{5.60}$$

$$\lambda_3 = Q_{c,3} + F\sin(\theta_1 - \theta_3)\dot{\theta}_1^2 + H\sin(\theta_2 - \theta_3)\dot{\theta}_2^2 - K\cos\theta_3 \tag{5.61}$$

5.3 跷跷板式耦合碰磨动力学特性分析

碰磨形态是跷跷板式耦合碰磨动力学特性分析的重点，故应密切关注滑块拐角与滑道之间的非接触、临界接触与碰撞、连续接触之间的状态转换。不同状态切换条件依赖于十字头和活塞两滑块 8 个拐角与滑道之间的位置关系。当某拐角与滑道之间的距离大于零时，此拐角与滑道是非接触状态；当某拐角与滑道之间的距离为零时，此拐角与滑道是临界接触状态；当某拐角与滑道之间的距离小于零时，此拐角与滑道是接触状态，至于是碰撞接触还是连续接触，则取决于滑块拐角穿透滑道表面的两个连续时刻 $\delta_i(t_{n-1})$ 和 $\delta_i(t_n)$。如果 $\delta_i(t_{n-1}).\delta_i(t_n)>0$，此拐角与滑道是连续接触状态；否则为碰撞接触状态。

与之前章节讨论的碰磨动力学系统的数值求解方法类似，本节也采用龙格库塔数值方法求解跷跷板式耦合碰磨非线性动力学微分方程组。将非线性二阶微分方程组通过积分手段进行降阶，从而使式(5.52)所示的3个二阶微分方程演变为6个一阶微分方程，最终达到数值求解的目的。在数值仿真与分析中，在表4.1的基础上对传动机构本体参数给予了补充，如表5.1所示；而动力学系统的数值仿真参数除了初始条件 $\theta_{30}=d/l_3$ rad 外，其他参数与表4.2相同。

表 5.1　　传动机构的参数

构件名称	长度或宽度/m	质量/kg	转动惯量/(kg · m²)
曲轴	$l_1=0.12$	$m_1=1$	$J_1=0.0012$
连杆	$l_2=0.6$	$m_2=5$	$J_2=0.15$
十字头	$a_1=0.25$ $b_1=0.05$	$m_3=1$	$J_3=0.001$
活塞杆	$l_3=0.3$	$m_4=1$	$J_4=0.0381$
活塞	$a_2=0.04$ $b_2=0.05$	$m_5=3$	$J_5=0.4038$

5.3.1　研究设想验证

在文献中，陈敬龙等开展了往复压缩机活塞碰磨的故障诊断研究。他们通过采集某油田现场的往复压缩机活塞碰磨的振动信号，利用自适应非抽样提升小波包降噪方法，有效获得了高信噪比的活塞碰磨振动信号，如图5.8所示。通过对跷跷板式耦合碰磨动力学模型进行数值求解，得到了如图5.9所示的活塞碰磨的振动响应信号。在现场实验中，往复压缩机型号为DTY220MH-4.25×4，曲轴转速为1500 r/min；而本专著上篇模拟的往复压缩机型号为2D12，曲轴转速为477.7 r/min。尽管文献和本专著模拟的往复压缩机结构几何参数有所不同，但往复压缩机的碰磨本质是不会改变的。比较图5.8和图5.9，可以看到现场采集的碰磨信号与数值求解的碰磨响应基本吻合，尤其是碰磨区域具有一致性。比较结果表明，用于数值仿真分析的动力学模型可靠，从而确保了后续数值仿真结果讨论的准确性。值得注意的是，图5.8和图5.9中展示的加速度响应信号的幅值不是一个数量级，其中图5.8是机体上采集的加速度振动信号，而图5.9是在碰磨中活塞质心的加速度信号。活塞的加速度信号将通过碰磨接触力传递至机体上，这样才能在机体上呈现振动响应。由于碰磨信息在传递至机体过程中会产生能量的极大衰减，故在机体上展示的信号幅值远小于无能量损失的活塞加速度信号，但两者之间具有映射规律。

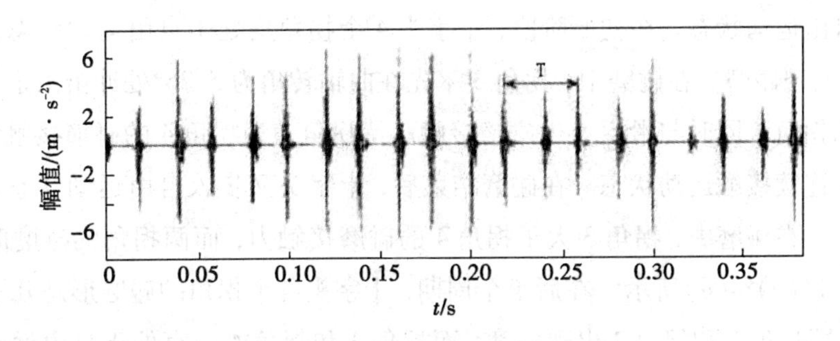

图 5.8　降噪后的往复压缩机活塞碰磨振动信号

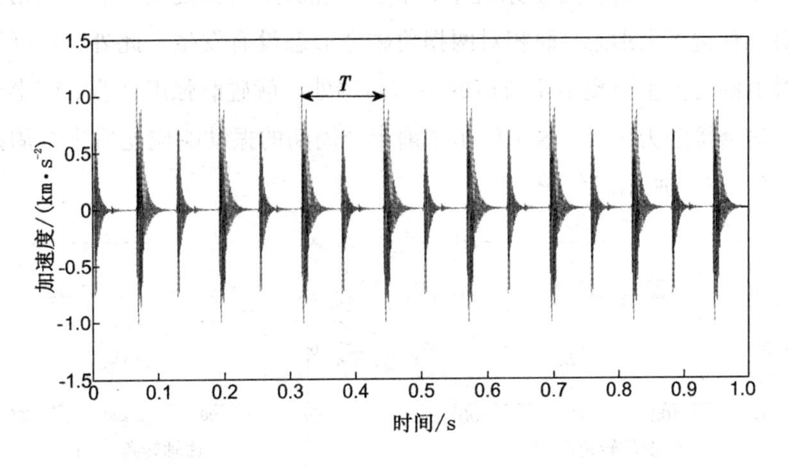

图 5.9　含 0.1 mm 的偏心滑动间隙的活塞碰磨振动响应

5.3.2　耦合碰磨动力学演变规律

单个滑动关节可能出现 9 种碰磨小形态，而含偏心滑动间隙的跷跷板式双滑动关节可能出现 36 种耦合碰磨小形态。然而，针对实际的十字头、活塞杆和活塞构成的跷跷板式三联体构件，因受到间隙尺寸、活塞杆长度等参数的影响，三联体构件不可能出现所有碰磨小形态。滑块拐角与滑道之间是否发生碰磨，依赖于拐角位置在两个连续离散时刻 $S_{Ni}(t_{n-1})$ 和 $S_{Ni}(t_n)$ 的状态。可通过监测 $S_{Ni}(i=1, 2, \cdots, 8)$ 在两个离散时刻 t_{n-1} 和 t_n 的符号来判定滑块的接触模式，而判定拐角的接触运动准则在第 4.3.1 节中已阐明，此处不再赘述。

在跷跷板式耦合碰磨动力学系统中，当偏心滑动间隙为 0.1 mm、载荷压力系数为 10^5 时，十字头拐角 $S_{Ni}(i=1, 2, \cdots, 4)$ 的位置轨迹如图 5.10 所示。与图 5.10 相应的拐角碰磨接触力如图 5.11 所示，其中图 5.11(a) 对应于图 5.10(a) 的碰磨接触力，其他以此类推。从图 5.10 和图 5.11 中可看到，在前半个周期，十字头的拐角 3 和拐角 4 大部分时候都满足碰磨中的接触条件，即 $S_{N3} \leqslant 0$ 和 $S_{N4} \leqslant 0$；而拐角 1 和拐角 2 不满足碰磨接触条件，即 $S_{N1}>0$ 和 $S_{N2}>0$。显然，拐角 3 和拐角 4 出现了碰磨现象，而拐角 1 和拐角 2 一直处于自由运动状态。在初始阶段，十字头 4 个拐角均处于自由运动状态，随后拐角 3 和拐角 4 出现碰磨。在碰磨中，拐角 3 率先在曲轴转角为 5.76°处冲击滑道，随后相邻的拐角 3 和拐角 4 同时与滑道发生碰撞接触。待拐角 3 和拐角 4 的碰撞接触结束，两拐角随即步入连续接触运动状态。在碰磨结束后，十字头又步入自由运动状态，直至下一次碰磨发生。在碰磨中，拐角 3 大于拐角 4 的碰磨接触力，而两拐角的碰磨时间几乎相同，如图 5.11(c) ~(d)所示。在后半个周期，十字头各个拐角的碰磨形态几乎与前半个周期相反，即拐角 1 和拐角 2 出现碰磨，而拐角 3 和拐角 4 一直处于自由运动状态。因此，在跷跷板式耦合碰磨动力学系统中，十字头经历了自由运动、单个拐角碰磨和相邻两拐角碰磨三种碰磨大形态，而相对两拐角碰磨形态没有发生。此外，还可以观察到十字头冲击滑道的位置主要集中于滑道的左右两端处。就碰磨强度而言，前半个周期比后半个周期的碰磨接触力更大，这也揭示了前半个周期的振动响应比后半个周期更剧烈的原因，如图 5.12(a)所示。

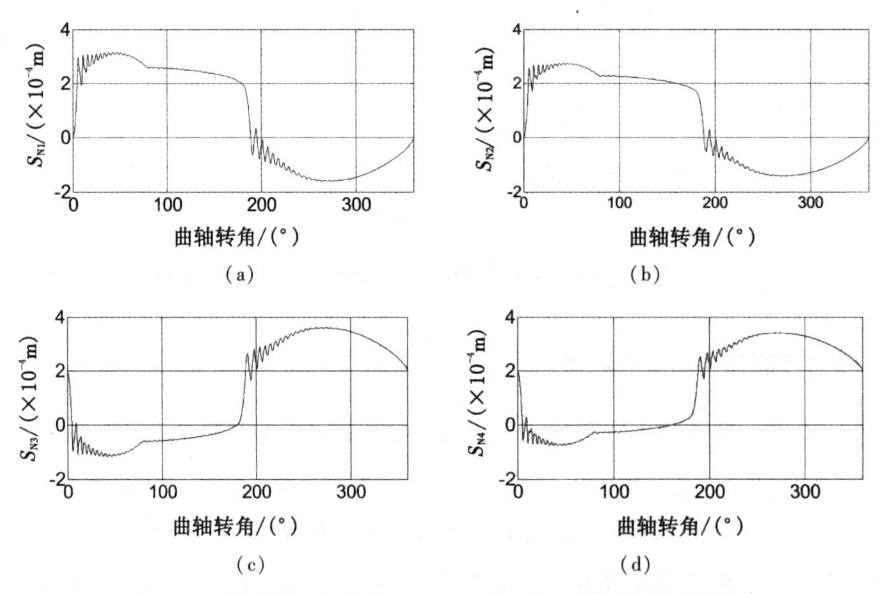

图 5.10　偏心滑动间隙为 0.1 mm 时十字头各拐角的位置轨迹

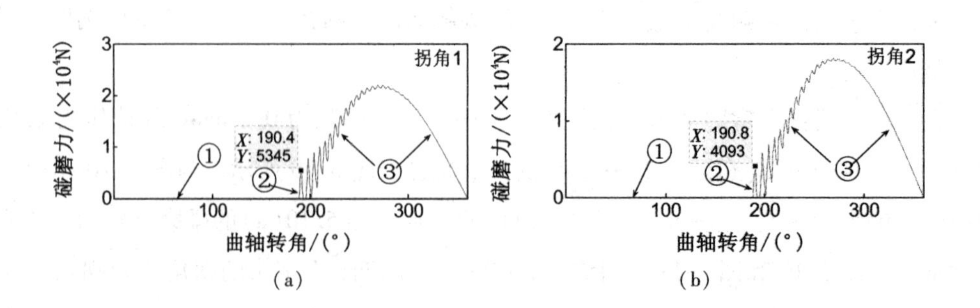

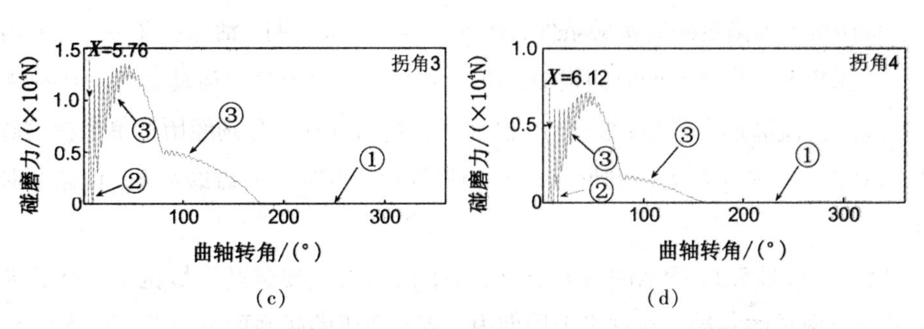

图 5.11　偏心滑动间隙为 0.1 mm 时十字头各拐角的碰磨接触力

①—自由运动；②—碰撞运动；③—连续接触运动

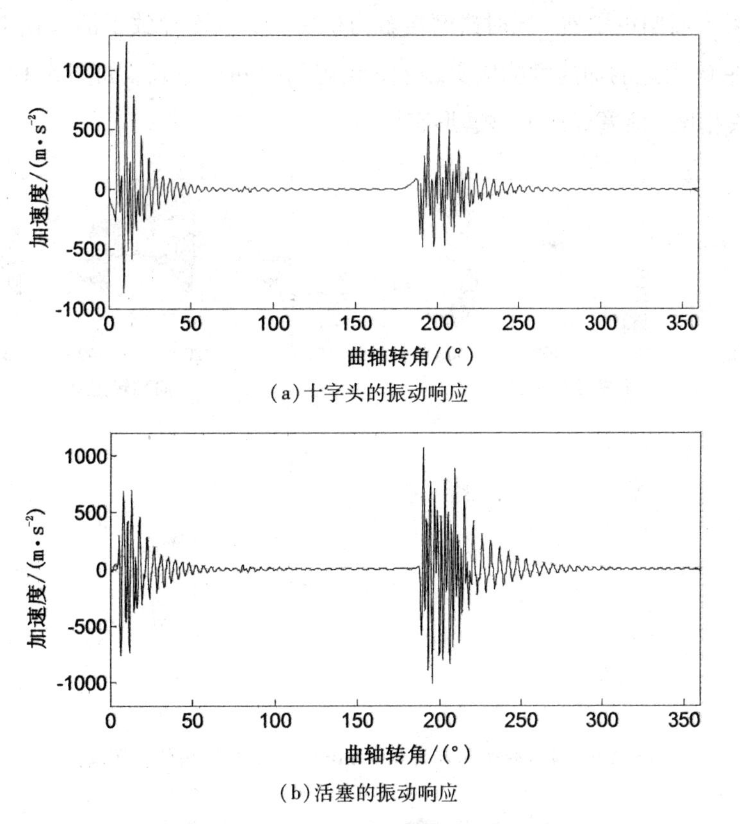

(a)十字头的振动响应

(b)活塞的振动响应

图 5.12　十字头和活塞的垂向加速度

十字头和活塞是两个耦合的移动部件，考虑活塞杆刚性下十字头碰磨动力学行为必然会诱发活塞也产生碰磨，进而造成复杂的耦合碰磨。图 5.13 呈现了在十字头碰磨下诱发活塞各拐角的位置轨迹。与图 5.13 相对应的各拐角碰磨接触力如图 5.14 所示，其中图 5.14(a)对应于图 5.13(a)的碰磨接触力，其他以此类推。与分析十字头的碰磨动力学行为一样，也是通过分析活塞各拐角的位置轨迹及其碰磨接触力来判定活塞的碰磨特性。从图 5.13 和图 5.14 中可看到，活塞经历了多种碰磨形态。在前半个周期，当十字头从右端往左端移动时，活塞拐角 6，7，8 满足碰磨接触条件，即 $S_{N6}\leqslant 0$，$S_{N7}\leqslant 0$ 和

$S_{N8} \leqslant 0$；而拐角5未满足碰磨接触条件，即 $S_{N5}>0$。结果表明，活塞拐角6、7、8出现了碰磨，其中拐角8出现碰磨的时间很短；而拐角5一直处于自由运动状态。在前半个周期，活塞经历的碰磨形态包括：① 自由运动；② 拐角6和7分别经历了单个拐角碰磨形态；③ 相对拐角6和7同时碰磨形态；④ 相邻拐角7和8同时碰磨形态，但碰磨时间极为短暂。

在图5.13和图5.14所示的后半个周期中，活塞的主要碰磨区域位于180°附近，即十字头移动至滑道的左端。在这半个周期内，活塞经历的碰磨形态如下：① 拐角5~8中某单个拐角与气缸发生碰磨；② 相邻拐角5和6或7和8同时与气缸发生碰磨；③ 相对两拐角5和8同时与气缸发生碰磨。此外，从图中还能观察到后半个周期拐角运动曲线的波动比前半个周期更剧烈，同时碰磨接触力也更大，从而导致了活塞在180°附近的加速度响应比在0°附近的加速度响应更剧烈，且震荡时间也更长，如图5.12(b)所示。显然，与十字头相比，活塞经历的碰磨形态更丰富。

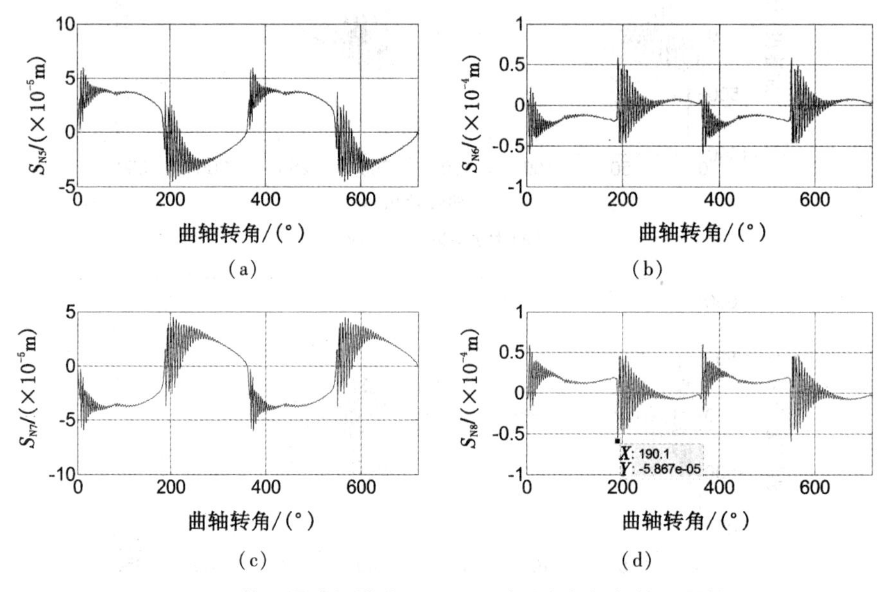

图5.13　偏心滑动间隙为0.1 mm时活塞各拐角的位置轨迹

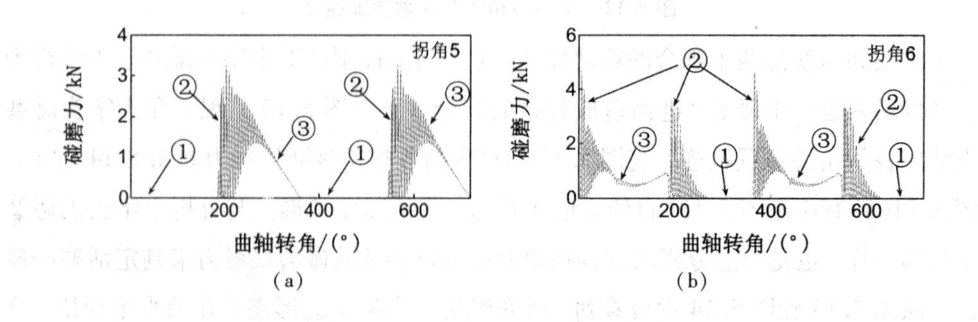

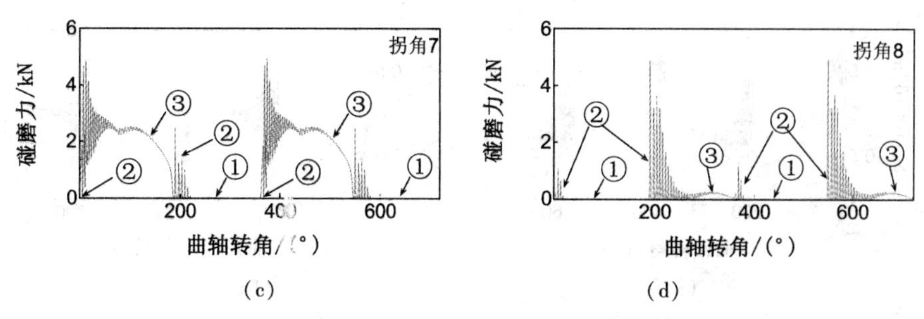

图 5.14　偏心滑动间隙为 0.1 mm 时活塞各拐角的碰磨接触力

①—自由运动；②—碰撞运动；③—连续接触运动

5.3.3　不同偏心滑动间隙量的碰磨响应机制

过大的偏心滑动间隙使十字头不仅沿着滑道轴向运动，也让十字头出现垂向跳跃和碰磨。十字头的跳跃和碰磨诱发活塞也出现碰磨。因此，揭示变化的偏心滑动间隙对跷跷板式耦合碰磨动力学的影响规律是值得探索的课题。

滑块拐角在滑道中的位置轨迹决定了碰磨的各种形态，也影响了碰磨接触力的变化规律。在上节中，图 5.10 和图 5.13 分别呈现了十字头和活塞各拐角在偏心滑动间隙为 0.1 mm 时的位置轨迹。为了搞清变化的偏心滑动间隙对耦合碰磨动力学特性的影响，图 5.15 和图 5.16 分别展示了偏心滑动间隙为 0.3 mm 时十字头和活塞各拐角的位置轨迹。比较图 5.10 和图 5.15 或比较图 5.13 和图 5.16，不难看出，随着偏心滑动间隙的增大，滑块穿透滑道表面的最大深度也增大。以比较图 5.13(d) 和图 5.16(d) 为例，当偏心滑动间隙为 0.1 mm 时，活塞拐角穿透气缸内壁表面的最大深度为 5.867×10^{-5} m；而当偏心滑动间隙为 0.3 mm 时，活塞拐角穿透气缸内壁表面的最大深度达到 7.884×10^{-5} m。

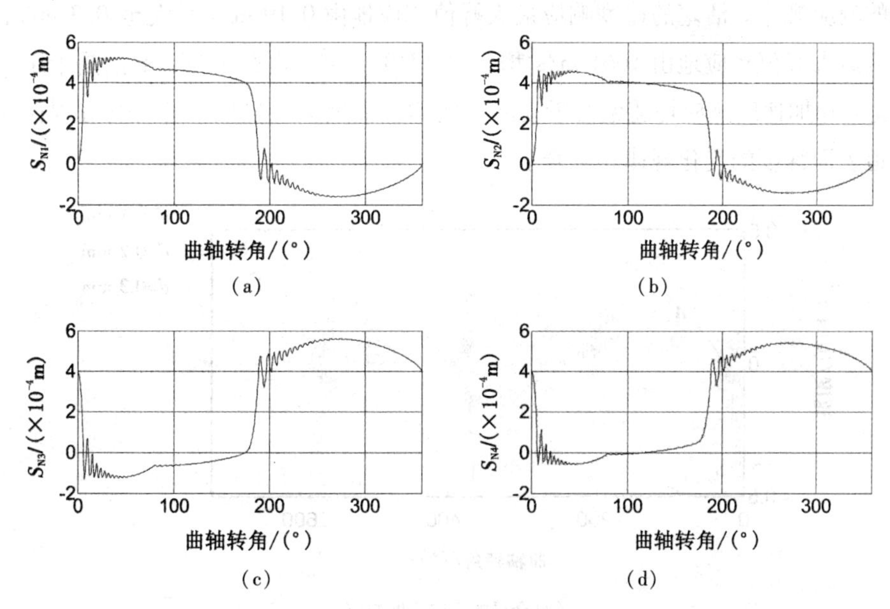

图 5.15　偏心滑动间隙为 0.3 mm 时十字头各拐角的位置轨迹

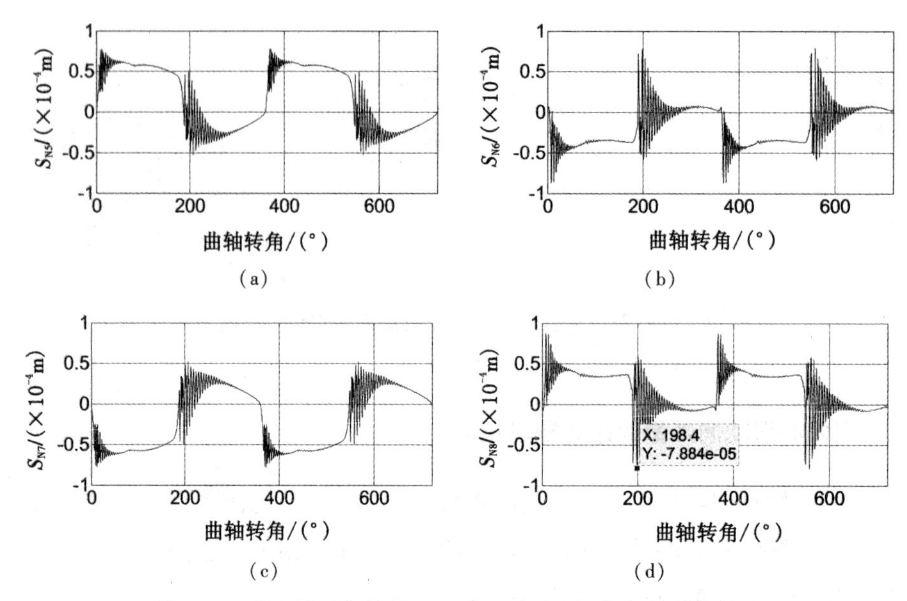

图 5.16　偏心滑动间隙为 0.3 mm 时活塞各拐角的位置轨迹

由此可见，随着偏心滑动间隙的增大，滑块拐角穿透滑道表面的深度也增大。穿透深度越大，表明滑块与滑道之间的碰撞越剧烈，必然造成更剧烈的振动响应。图 5.17 显示了十字头的垂向速度和加速度响应曲线，而图 5.18 展示了十字头诱发活塞产生的垂向速度和加速度响应曲线。结果表明，随着偏心滑动间隙由 0.1 mm 增加至 0.3 mm，十字头的速度响应最大峰值相应地由 0.28 m/s 增大至 0.46 m/s，而加速度响应最大峰值以更显著的方式相应地由 1075 m/s^2增大至 1725 m/s^2。在十字头的碰磨诱导下，活塞也有类似的响应规律。活塞的速度响应最大峰值相应地由 0.19 m/s 增大至 0.3 m/s，而加速度响应最大峰值相应地由 1061 m/s^2增大至 1719 m/s^2。由此可见，不论是十字头还是活塞，速度和加速度响应均随偏心滑动间隙的增大而增大。显然，运动响应规律与滑块穿透滑道表面深度的变化规律相吻合。

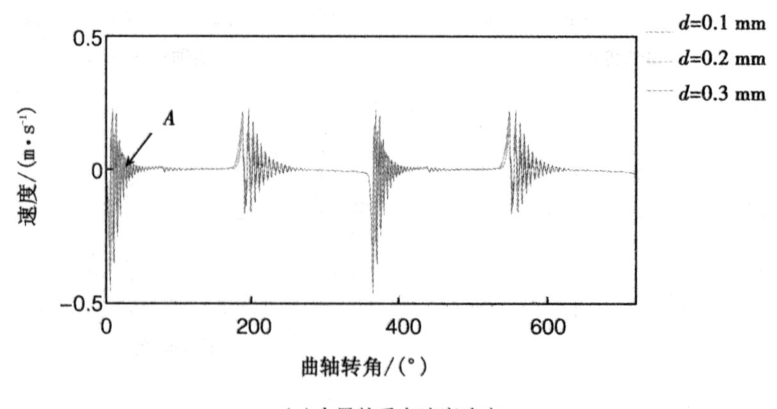

(a)全局的垂向速度响应

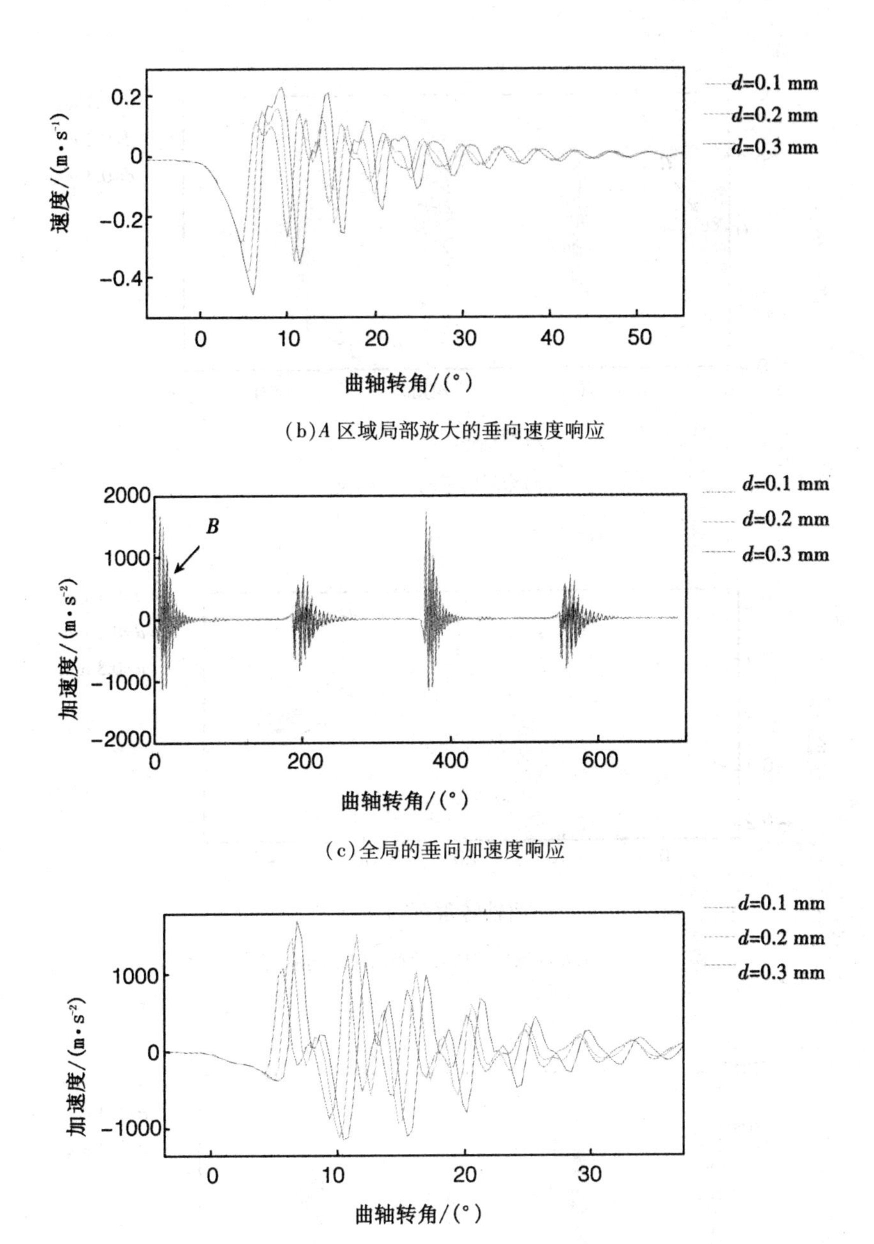

(b)*A* 区域局部放大的垂向速度响应

(c)全局的垂向加速度响应

(d)*B* 区域局部放大的垂向加速度响应

图 5.17　偏心滑动间隙变化下十字头的垂向速度和加速度响应

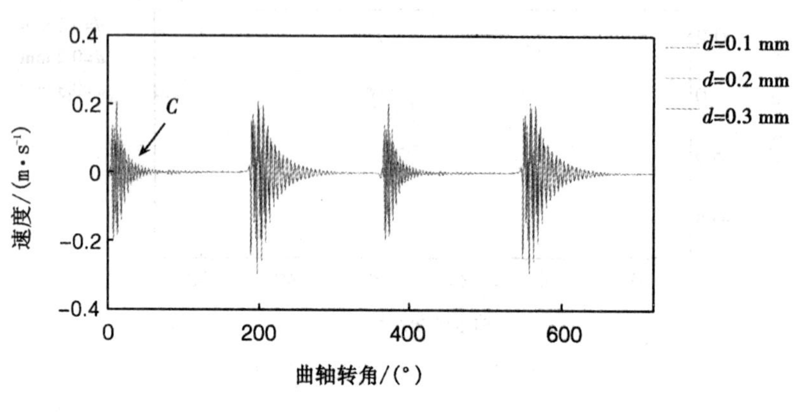

(a)全局的垂向速度响应

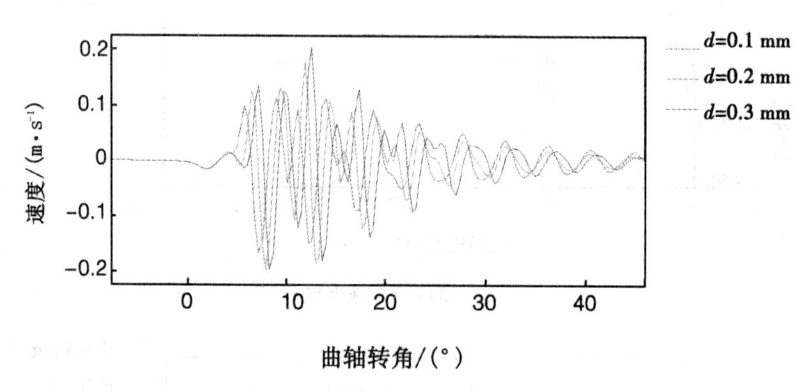

(b)C 区域局部放大的垂向速度响应

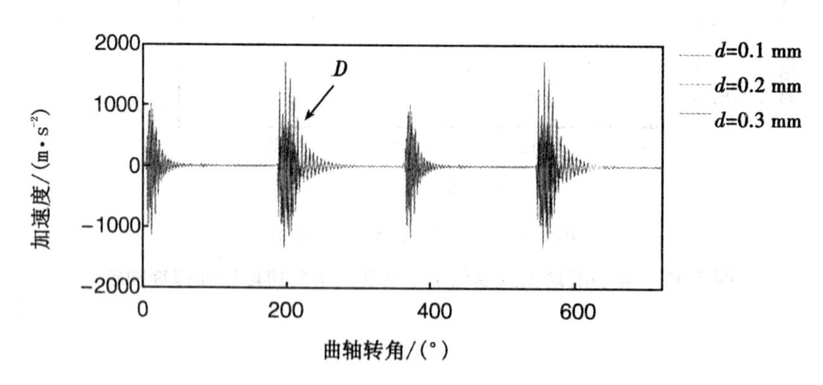

(c)全局的垂向加速度响应

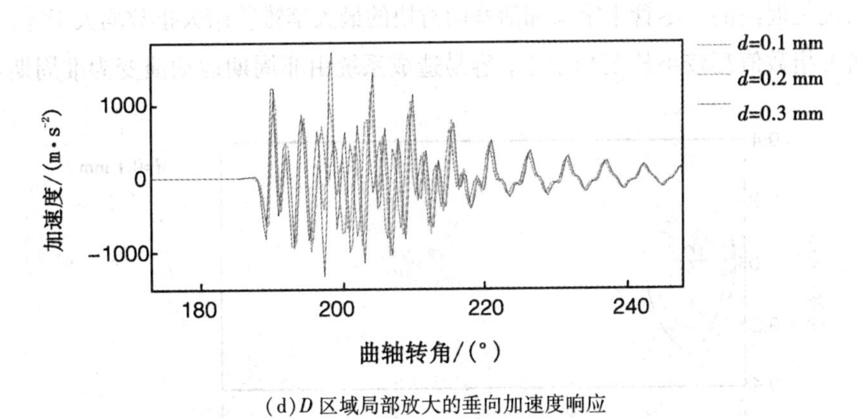

(d)*D* 区域局部放大的垂向加速度响应

图 5.18　偏心滑动间隙变化下活塞的垂向速度和加速度响应

5.4　跷跷板式耦合碰磨动力学系统稳定性分析

在跷跷板式耦合碰磨动力学方程中，明显看到 $\dot{\theta}_1^2$，$\dot{\theta}_2^2$ 和 $\dot{\theta}_3^2$ 的非线性项，表明该动力学系统为非线性。在半弓式单形态或多形态碰磨动力学系统中，十字头展现了非周期运动特征，揭示了无耦合碰磨的动力学系统具有混沌特性。面对存在耦合碰磨的非线性动力学系统，十字头是否仍具有非周期运动特征，而十字头碰磨诱发活塞耦合碰磨的运动又呈现何种运动特征均值得探究。

图 5.19 展示了压力系数为 10^5 时不同偏心滑动间隙尺寸的十字头相轨迹，以及十字头诱发耦合碰磨的活塞相轨迹。十字头的相轨迹线可视为由两个圆锥形构成，虽然能看到粗具雏形的奇异吸引子，但轨迹线不紊乱。在十字头碰磨的诱导下，耦合碰磨的活塞的相轨迹显得更为紊乱，但奇异吸引子形状很难察觉到。因此，由相轨迹形状来判定跷跷板式耦合碰磨动力学系统的稳定性显得十分困难。此外，随着偏心滑动间隙尺寸的变化，不论是十字头还是活塞，相轨迹形状变化不大，表明偏心滑动间隙参数对相轨迹形状不够敏感。

鉴于图 5.19 所示的相轨迹不能清晰地判定系统的稳定性，故联合庞加莱截面和最大李雅普诺夫指数方法来判定系统的稳定性。与图 5.19 相对应的庞加莱截面如图 5.20 所示，不论是十字头还是活塞，庞加莱截面均为一片稠密的密集点，表明跷跷板式耦合碰磨动力学系统具有混沌与不稳定性。同时，如图 5.21 所示的李雅普诺夫指数进一步证实了系统具有非周期运动特性。从图 5.21 中可以看到，当偏心滑动间隙为 0.1 mm 时，十字头和活塞两滑块的最大李雅普诺夫指数分别为 $\lambda_{11}=0.0367$，$\lambda_{12}=0.0032$；当偏心滑动间隙为 0.3 mm 时，十字头和活塞两滑块的最大李雅普诺夫指数分别为 $\lambda_{21}=$

0.0972，$\lambda_{22}=0.012$。显然，最大李雅普诺夫指数均大于零，结果表明跷跷板式耦合碰磨动力学系统是混沌的。尽管十字头和活塞两滑块的最大李雅普诺夫指数均大于零，但最大李雅普诺夫指数值都较小甚至趋于零，容易造成系统由非周期运动演变为准周期运动。

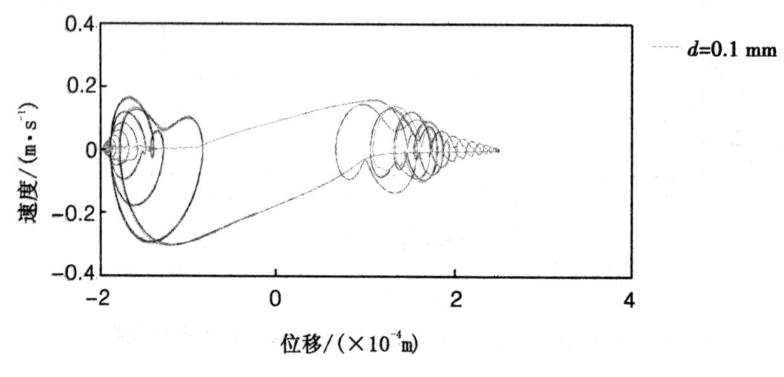

(a)偏心滑动间隙为 0.1 mm 的十字头相轨迹

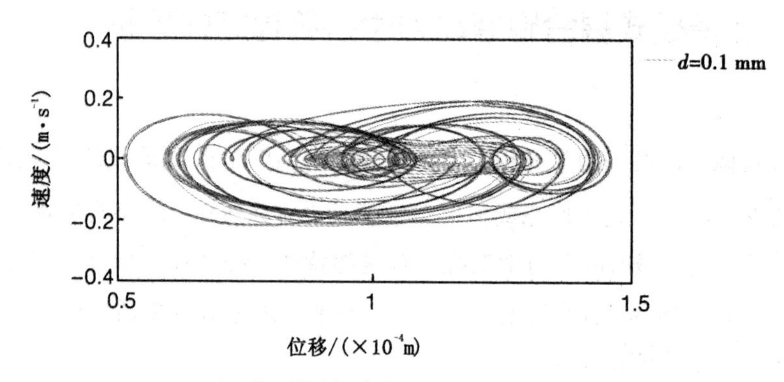

(b)偏心滑动间隙为 0.1 mm 的活塞相轨迹

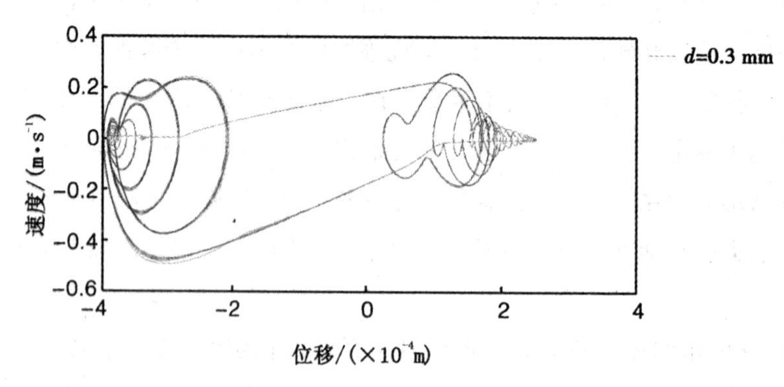

(c)偏心滑动间隙为 0.3 mm 的十字头相轨迹

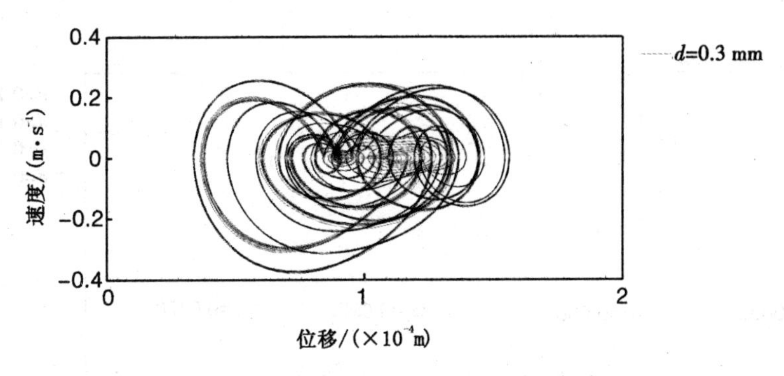

(d)偏心滑动间隙为 0. 3 mm 的活塞相轨迹

图 5. 19　十字头和活塞两滑块的相轨迹

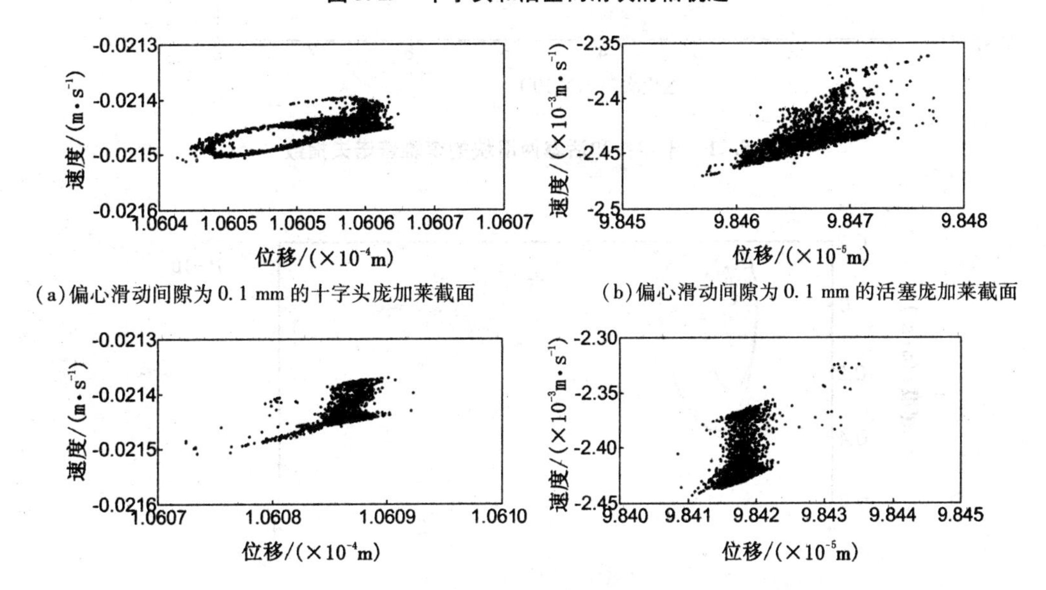

(a)偏心滑动间隙为 0. 1 mm 的十字头庞加莱截面　　(b)偏心滑动间隙为 0. 1 mm 的活塞庞加莱截面

(c)偏心滑动间隙为 0. 3 mm 的十字头庞加莱截面　　(d)偏心滑动间隙为 0. 3 mm 的活塞庞加莱截面

图 5. 20　不同偏心滑动间隙下十字头和活塞两滑块的庞加莱截面

时变载荷是往复压缩机传动机构工作的核心要素。前面章节揭示了时变载荷对动力学系统的稳定性具有明显的影响。因此，在分析跷跷板式耦合碰磨动力学系统的稳定性时，也应搞清时变载荷对稳定性的影响规律。图 5. 22 展示了偏心滑动间隙为 0. 2 mm 时不同压力系数下的跷跷板式耦合碰磨动力学系统的相轨迹。不难看出，压力系数分别为 10^5和 10^3数量级时，不论是十字头还是活塞，相轨迹都发生显著的变化，且压力系数越小，相轨迹线越紊乱，奇异吸引子越明显。

与图 5. 22 相对应的庞加莱截面如图 5. 23 所示。结果表明，随着压力系数由 10^5降低至 10^3，庞加莱截面点变得更为稠密，说明系统具有的混沌特性没有改变，而且混沌特性更加明显。

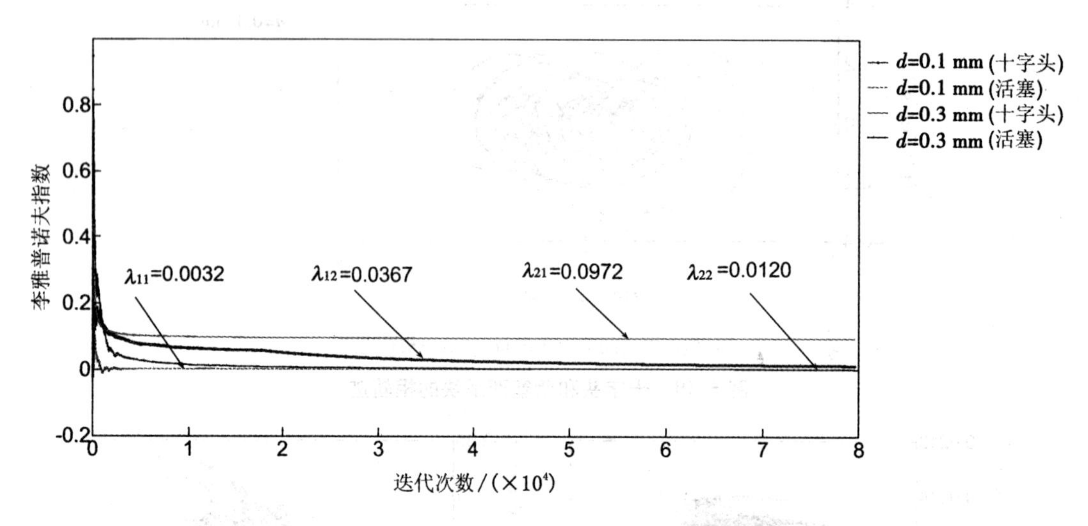

图 5.21　十字头和活塞两滑块的李雅普诺夫指数

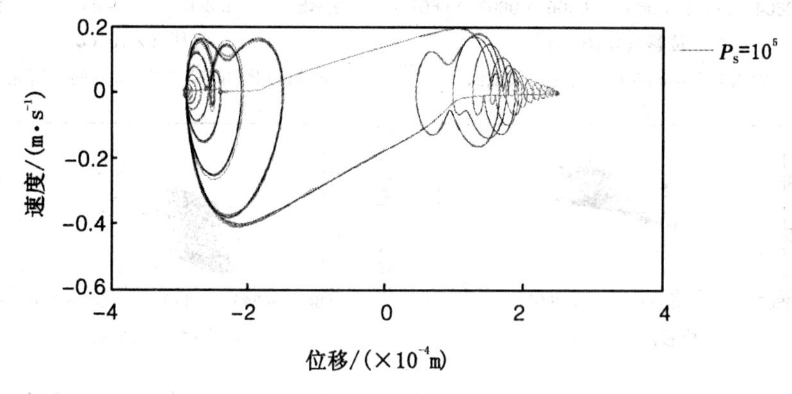

(a)压力系数为 10^5 的十字头相轨迹

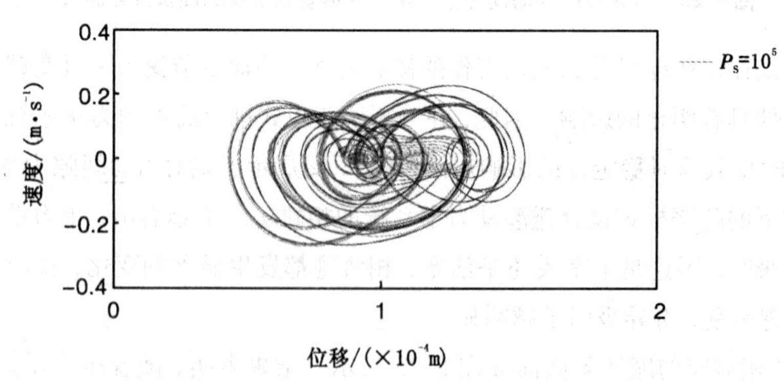

(b)压力系数为 10^5 的活塞相轨迹

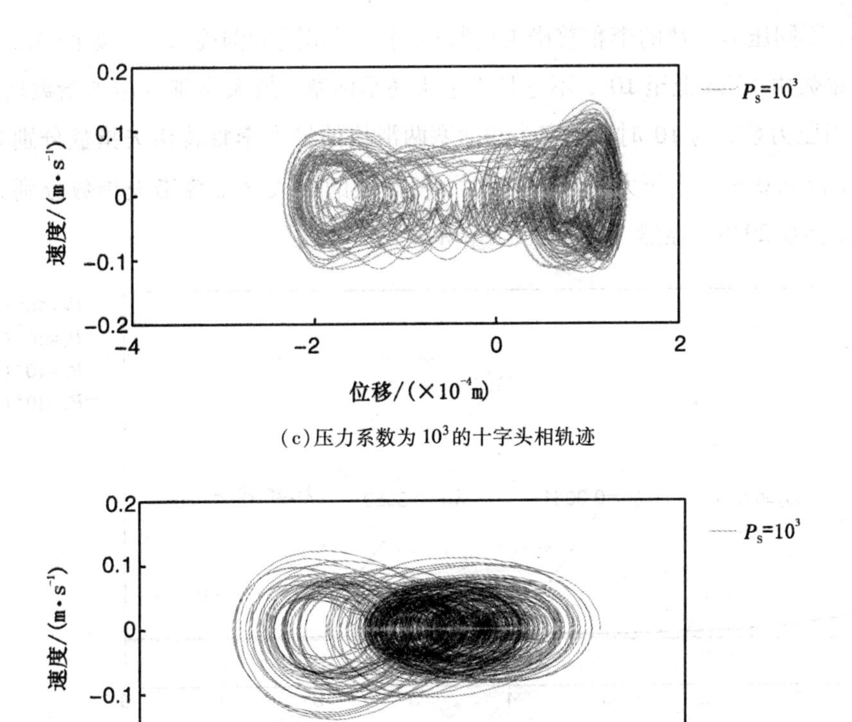

(c)压力系数为 10^3 的十字头相轨迹

(d)压力系数为 10^3 的活塞相轨迹

图 5.22　偏心滑动间隙为 0.2mm 时不同压力系数下十字头和活塞两滑块的相轨迹

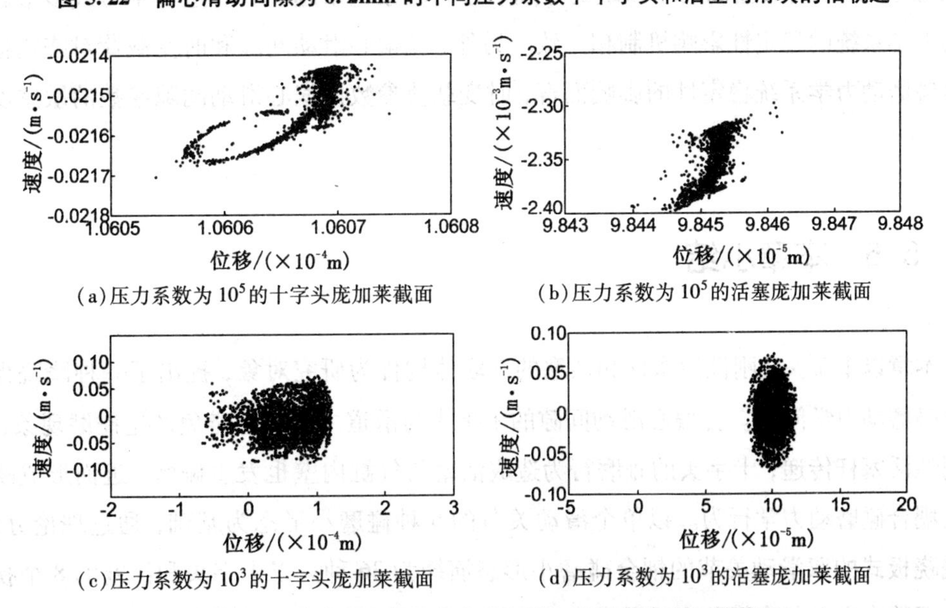

(a)压力系数为 10^5 的十字头庞加莱截面　　(b)压力系数为 10^5 的活塞庞加莱截面

(c)压力系数为 10^3 的十字头庞加莱截面　　(d)压力系数为 10^3 的活塞庞加莱截面

图 5.23　不同压力系数下十字头和活塞两滑块的庞加莱截面

此外，不同压力系数的李雅普诺夫指数也揭示了相同的演变规律，如图 5.24 所示。随着压力系数由 10^5降低至 10^3，不论是十字头还是活塞，最大李雅普诺夫指数均有较大的增加。当压力系数为 10^5时，十字头和活塞两滑块的最大李雅普诺夫指数分别为 λ_{13} = 0.0293，λ_{14} = 0.0061；当压力系数为 10^3时，两滑块的最大李雅普诺夫指数分别为 λ_{23} = 0.3050，λ_{24} = 0.2928。显然，$\lambda_{23}>\lambda_{13}$，$\lambda_{24}>\lambda_{14}$。

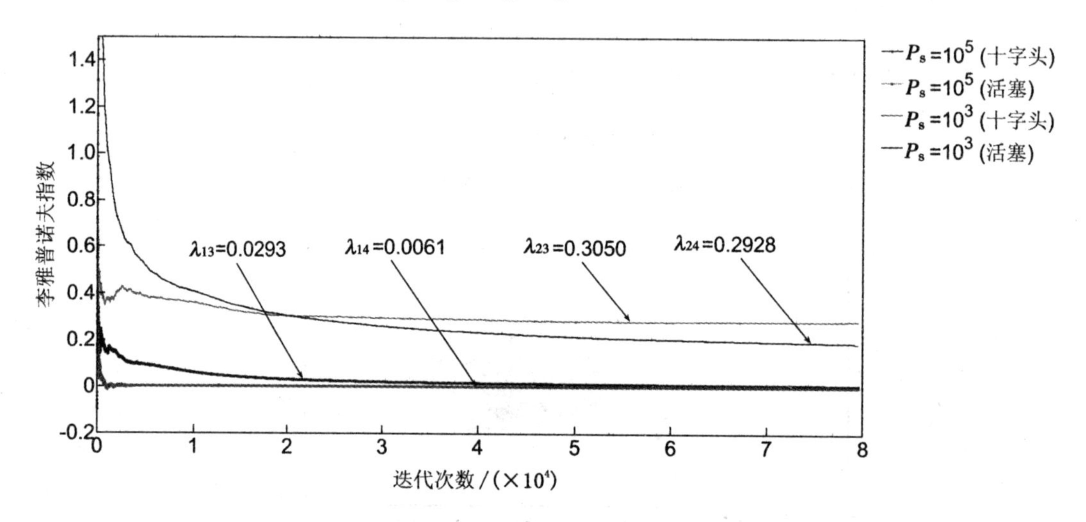

图 5.24 不同压力系数下十字头和活塞两滑块的李雅普诺夫指数

相轨迹、庞加莱截面和最大李雅普诺夫指数的研究结果均表明，随着压力系数的降低，跷跷板式耦合碰磨动力学系统的非周期运动现象越来越显著。这与半弓式多形态碰磨动力学系统的稳定性影响机制相一致。另外，就偏心滑动间隙和时变载荷对跷跷板式耦合碰磨动力学系统稳定性的影响而言，时变载荷参数比偏心滑动间隙参数的敏感度更高。

5.5 本章小结

本章以十字头、刚性活塞杆和活塞的三联体构件为研究对象，提出了一种跷跷板式耦合碰磨动力学问题。含偏心滑动间隙的十字头与滑道之间不可避免产生碰磨现象，通过刚性活塞杆传递，十字头的碰磨行为造成活塞与气缸内壁也发生碰磨，进而形成跷跷板式耦合碰磨动力学行为。以单个滑动关节的 9 种碰磨小形态为基础，通过理论分析，将跷跷板式的双滑动关节的耦合碰磨小形态演绎为 36 种。以十字头和活塞的 8 个拐角位置函数来定义各个拐角穿透滑道表面的相对深度，进而建立了耦合碰磨接触力的表征模型。在此基础上，采用拉格朗日方法建立了跷跷板式耦合碰磨动力学微分方程组。

本章对跷跷板式耦合碰磨形态进行了分析。研究发现，十字头经历了自由运动、单个拐角碰磨和相邻两拐角碰磨三种碰磨大形态，但未经历相对两拐角碰磨大形态。而在十字头碰磨的诱导下，活塞产生了更丰富的碰磨大形态，不仅经历了自由运动、单个拐角碰磨和相邻两拐角碰磨大形态，还发生了相对两拐角碰磨大形态。通过研究碰磨接触力的分布特征，揭示了十字头在前半个周期的振动加速度响应比后半个周期更剧烈，而活塞的振动响应规律正好相反。通过探究偏心滑动间隙量变化对耦合碰磨响应的影响，发现了偏心滑动间隙越大，滑块拐角穿透滑道表面越深的变化规律，而且随着穿透深度的增大，滑块与滑道之间的碰撞进一步加剧，造成冲击振动响应更剧烈的动力学响应规律。采用相轨迹、庞加莱截面和最大李雅普诺夫指数方法，分析了跷跷板式耦合碰磨动力学系统的稳定性，揭示出该动力学系统具有非周期运动特性。

第6章　S式耦合碰磨机理研究

6.1　引言

在第5章中，以十字头、活塞杆和活塞构成的三联体构件为研究主体，提出了一种含双滑动关节的跷跷板式耦合碰磨动力学问题，并对该问题开展了耦合碰磨动力学特性研究，揭示出含偏心滑动间隙的双滑动关节耦合碰磨形态演变规律，分析了偏心滑动间隙对动力学特性的影响，搞清了跷跷板式耦合碰磨动力学系统的混沌特性以及不同参数对混沌特性的敏感度。但是，跷跷板式耦合碰磨动力学是基于活塞杆为刚性条件下提出的一个科学问题。实际中，活塞杆可能为柔性杆件。如果假设活塞杆为柔性体，则十字头下沉会引起十字头与填料函之间这段活塞杆弯曲变形，同时十字头发生跳跃和碰磨后，填料函与活塞之间这段活塞杆也会弯曲变形，并造成活塞冲击气缸内壁，从而使跷跷板式耦合碰磨动力学演变为另一种类似于S式耦合碰磨动力学问题。

针对S式耦合碰磨动力学新问题，含偏心滑动间隙的双滑动关节耦合碰磨形态规律如何演变、不同偏心滑动间隙尺寸如何影响耦合碰磨动力学响应，以及混沌现象如何辨识等工作都是本章探索的研究内容。

6.2　S式耦合碰磨问题的提出

6.2.1　问题描述

在定义S式耦合碰磨的概念之前，假设往复压缩机传动机构满足如下条件：① 往复压缩机正常工作下，十字头与上滑道、活塞与气缸内壁上下表面之间有合理的微小间隙；② 活塞杆为柔性杆件，其他传动机构的杆件均为刚性；③ 十字头出现下沉现象；④ 填料函与活塞杆之间存在合理的微小间隙；⑤ 曲轴转速恒定；⑥ 传动机构在运动中，虽然柔性活塞杆发生弯曲变形，但考虑到弯曲度较小，故仍认为活塞杆两端与两滑块保持垂直，即十字头和活塞仍保持平行。

由十字头、柔性活塞杆和活塞构成的三联体构件因十字头下沉造成十字头与滑道之间发生上下碰磨，同时诱发活塞在气缸内也上下碰磨。在十字头和活塞相互耦合碰磨的过程中，柔性活塞杆以填料函为支点，左右两端都会出现弯曲变形，如图6.1所示。当十字头与下滑道碰磨时，活塞杆左端向下弯曲变形，同时可能诱发活塞与气缸上侧碰磨，活塞杆右端向上弯曲变形，如图6.1(b)所示。类似地，当十字头与上滑道碰磨时，活塞杆左端向上弯曲变形，同时可能诱发活塞与气缸下侧碰磨，活塞杆右端向下弯曲变形，如图6.1(c)所示。不论是图6.1(b)，还是图6.1(c)所示，弯曲变形的活塞杆均呈现S形状。由于十字头和活塞两滑块不仅轴向移动，还垂向运动，致使柔性活塞杆的S形状动态变化，因此将由S形杆件和双滑动关节构成的三联体运动命名为S式耦合碰磨。很显然，S式耦合碰磨是由跷跷板式耦合碰磨在考虑活塞杆柔性下演变而来的。

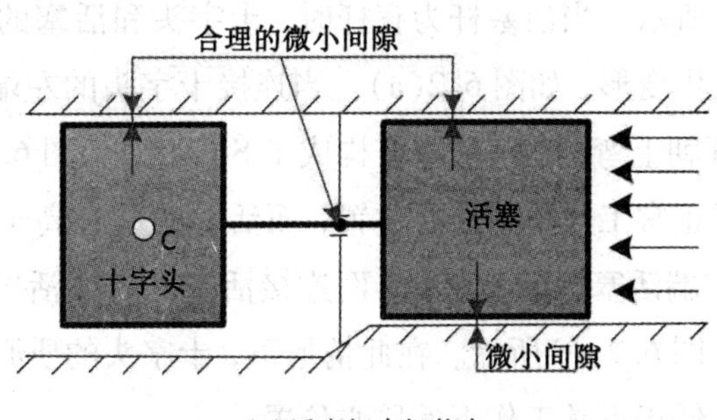

(a)活塞杆直杆状态

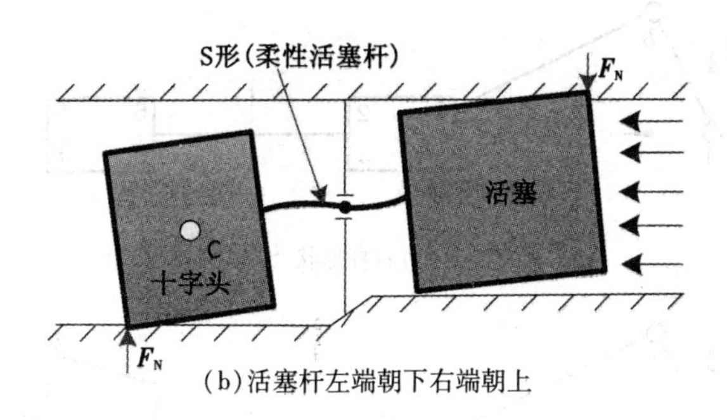

(b)活塞杆左端朝下右端朝上

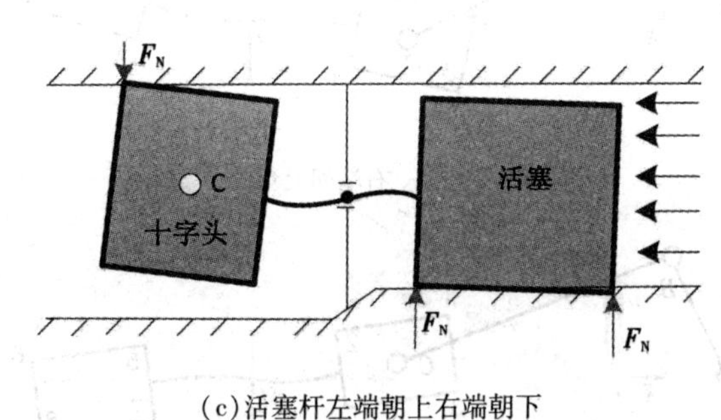

(c)活塞杆左端朝上右端朝下

图6.1　S式耦合碰磨描述

6.2.2 S 式耦合碰磨形态

与跷跷板式耦合碰磨相似，S 式耦合碰磨也是因十字头下沉造成过大的偏心滑动间隙，而过大的偏心滑动间隙使十字头失去约束，导致十字头可以在有限的滑道中自由运动，包括轴向运动、垂向运动和转动。十字头的垂向运动和转动引起了多种可能的碰磨形态，并诱导与十字头联为一体的活塞杆和活塞共同运动，进而造成活塞耦合碰磨。两种耦合碰磨的不同之处是跷跷板式耦合碰磨的活塞杆为刚性杆件，而 S 式耦合碰磨的活塞杆为柔性杆件；跷跷板式耦合碰磨的活塞杆为直杆，而 S 式耦合碰磨的活塞杆除了直杆外，还可能出现活塞杆左端朝下弯曲、右端朝上弯曲或者左端朝上弯曲、右端朝下弯曲的 S 形状，如图 6.2 所示。当活塞杆为直杆时，十字头和活塞的质心处于在同一水平位置，故活塞杆没有发生变形，如图 6.2(a)。当连接十字头的左端活塞杆朝下弯曲，而连接活塞的右端活塞杆朝上弯曲时，活塞杆构成了 S 形状，如图 6.2(b)所示。在此情形下，十字头的质心低于正常工作下的质心位置，而活塞的质心高于正常工作下的质心位置。当连接十字头的左端活塞杆朝上弯曲，而连接活塞的右端活塞杆朝下弯曲时，活塞杆也构成了 S 形状，如图 6.2(c)所示。在此情形下，十字头的质心高于正常工作下的质心位置，而活塞的质心低于正常工作下的质心位置。

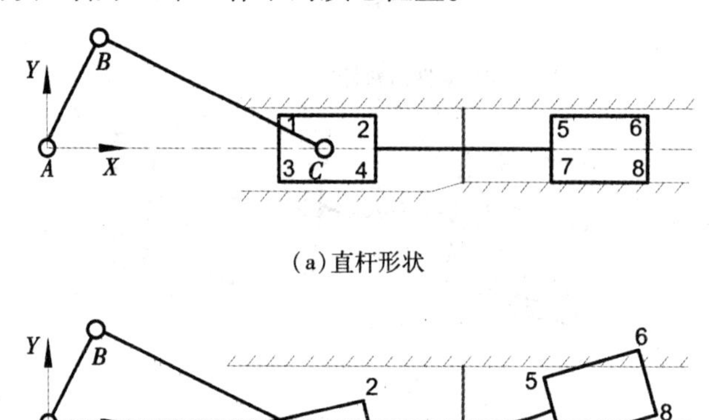

(a)直杆形状

(b)左端朝下弯曲、右端朝上弯曲的 S 形状

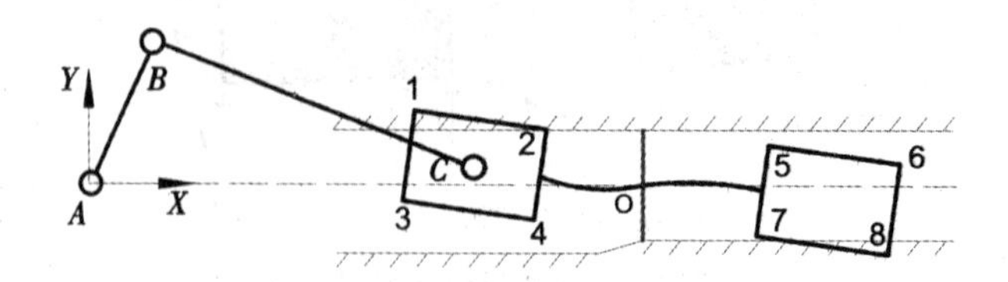

(c)左端朝上弯曲、右端朝下弯曲的 S 形状

图 6.2 柔性活塞杆经历三种情形

活塞杆任何一端发生弯曲变形，必将减少滑块与活塞杆弯曲方向滑道之间的穿透深度，进而减弱碰磨强度，甚至改变碰磨形态。例如，在跷跷板式耦合碰磨中，假设拐角 3 与下滑道发生碰磨，但在 S 式耦合碰磨中，活塞杆左端朝下弯曲，造成拐角 3 远离下滑道，使原来存在碰磨的拐角 3 可能不与下滑道发生碰磨，同时造成与拐角 3 相对的拐角 2 朝上滑道靠近，使无碰磨的拐角 2 与上滑道可能发生碰磨。由此可见，活塞杆刚度的变化将引起十字头和活塞两滑块的碰磨形态发生变化。

S 式耦合碰磨的形态如何演变? 演变机制的分析过程如下：

① 当十字头自由运动即无碰磨时，在偏心滑动间隙的影响下，将会诱发活塞经历自由运动、单个拐角碰磨、相邻两拐角碰磨和相对两拐角碰磨四类大形态，如图 6.3 所示。其中，单个拐角碰磨只列出了拐角 6 或拐角 7 与气缸碰磨情形，实际上当连接十字头的左端活塞杆朝上弯曲时，拐角 5 或拐角 8 也会与气缸发生碰磨。活塞相对两拐角只列出了 6 和 7 同时与气缸碰磨情形，实际上当连接十字头的左端活塞杆朝上弯曲时，活塞相对两拐角 5 和 8 也可能同时与气缸发生碰磨。在跷跷板式耦合碰磨中，活塞相对两拐角 5 和 8 是不可能同时与气缸发生碰磨的，否则十字头拐角 1 必与上滑道发生碰磨。然而，在 S 式耦合碰磨中，左端朝上弯曲的活塞杆将使拐角 1 远离上滑道，避免了拐角 1 与上滑道发生碰磨，故活塞相对两拐角 5 和 8 存在同时与气缸发生碰磨的可能性。活塞相邻两拐角只列出了 5 和 6 同时与气缸碰磨情形，实际上当连接十字头的左端活塞杆朝上弯曲时，相邻两拐角 7 和 8 也可能与气缸发生碰磨，这在跷跷板式耦合碰磨中也是不会发生的，原因与相对拐角的情形相同。因此，在 S 式耦合碰磨中，十字头自由运动时可能诱发活塞耦合碰磨累计有 9 种小形态。

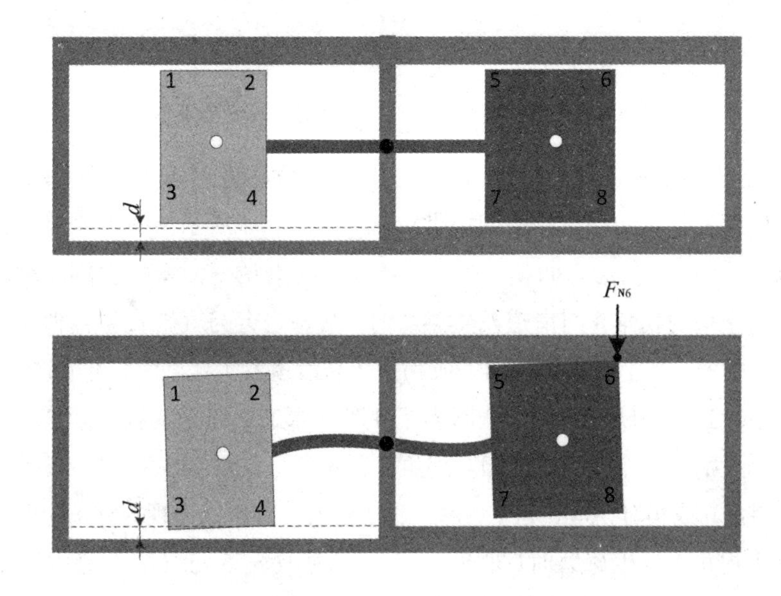

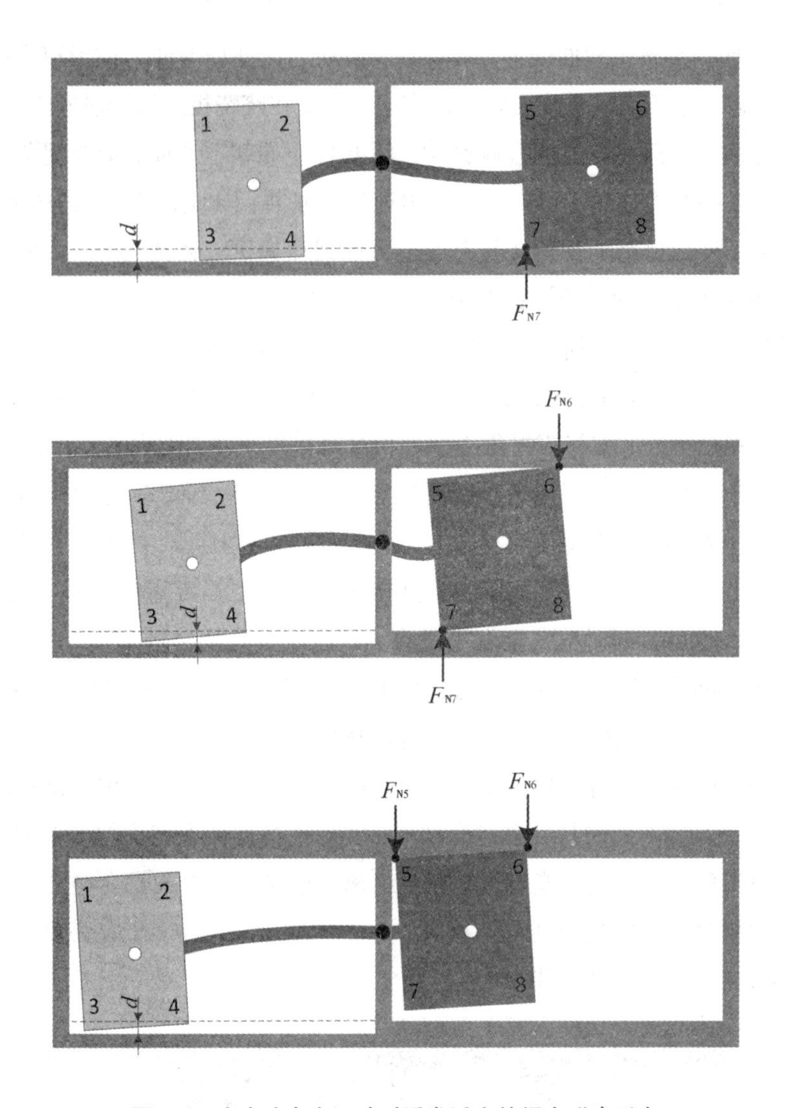

图 6.3 十字头自由运动时诱发活塞的耦合碰磨形态

② 当十字头某单个拐角与滑道碰磨时，也会诱发活塞出现无碰磨、单个拐角碰磨、相邻两拐角碰磨和相对两拐角碰磨四类大形态，如图 6.4 所示。图 6.4 仅列出了当柔性活塞杆左端弯曲朝下、右端弯曲朝上时单个拐角 3 碰磨诱发活塞发生的 6 种耦合碰磨小形态。而当十字头的拐角 4 与滑道发生碰磨时，活塞也会与气缸发生类似于图 6.4 所示的碰磨形态。但是，当十字头的拐角 1 或拐角 2 与滑道发生碰磨时，可能诱发活塞发生 5 种碰磨小形态。这比跷跷板式耦合碰磨多了 4 种小形态，而这 4 种小形态包括：十字头拐角 1 碰磨诱发活塞单个拐角 5 或相对拐角 5 和 8 碰磨 2 种小形态，十字头拐角 2 碰磨诱发活塞单个拐角 6 或相对拐角 6 和 7 碰磨 2 种小形态。之所以出现这种情形的原因如下：

当十字头拐角 1 发生碰磨时（即 $S_{N1}\leqslant 0$），活塞拐角 5 与气缸上侧内壁之间的距离 $S_{N5}=S_{N1}-l_3\sin\theta_3+\varepsilon\sin\theta_3(\theta_3<0)$，其中 l_3 为十字头右侧至活塞左侧之间的刚性活塞杆长度，ε 为活塞杆由刚性演变为柔性后减少的轴向长度。当十字头拐角 1 穿透滑道表面深

度很浅即 $S_{N1}\approx 0$ 时，$S_{N1}+\varepsilon\sin\theta_3<l_3\sin\theta_3$，故 $S_{N5}>0$，此时活塞拐角 5 与气缸上侧内壁之间没有发生碰磨。但是，当十字头拐角 1 穿透滑道表面深度很深时，可能出现 $S_{N1}+\varepsilon\sin\theta_3>l_3\sin\theta_3$，那么 $S_{N5}<0$，此时活塞拐角 5 与气缸上侧内壁之间发生碰磨，不过这种碰磨形态发生的概率很低。

不难分析，拐角 6 的位置函数 S_{N6} 为：$S_{N6}=S_{N5}-a_2\sin\theta_3$。上面分析了 $S_{N5}>0$，而 $-a_2\sin\theta_3>0$，因此 $S_{N6}>0$，表明活塞拐角 6 与气缸上侧内壁之间不会发生碰磨。

由此可见，当十字头拐角 1 发生碰磨时，除了诱发活塞在跷跷板式耦合碰磨中出现的自由运动、单个拐角 8 以及相邻拐角 7 和 8 碰磨小形态，还可能出现低概率的单个拐角 5 以及相对拐角 5 和 8 碰磨小形态。同理，当十字头拐角 2 发生碰磨时，除了活塞拐角 8 不会与气缸上侧内壁发生碰磨，将诱发活塞单个拐角 6 或拐角 7、相邻拐角 5 和 6、相对拐角 6 和 7、自由运动 5 种碰磨小形态，其中诱发活塞单个拐角 7 及相对拐角 6 和 7 与气缸发生碰磨的可能性很低。

因此，十字头单个拐角碰磨时诱发的活塞耦合碰磨小形态累计有 22 种。

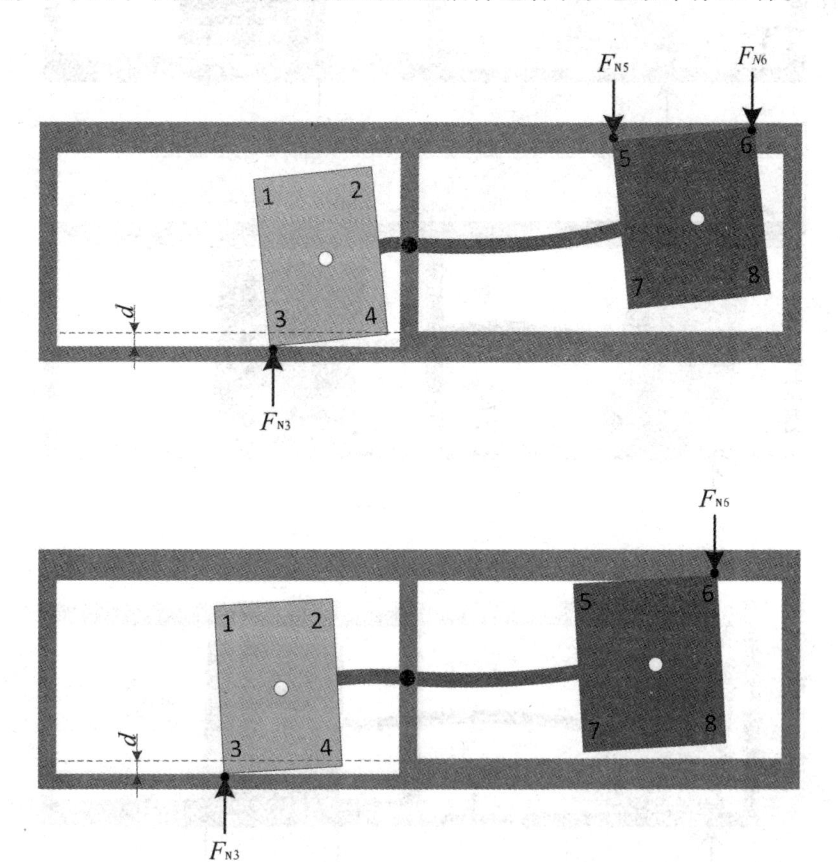

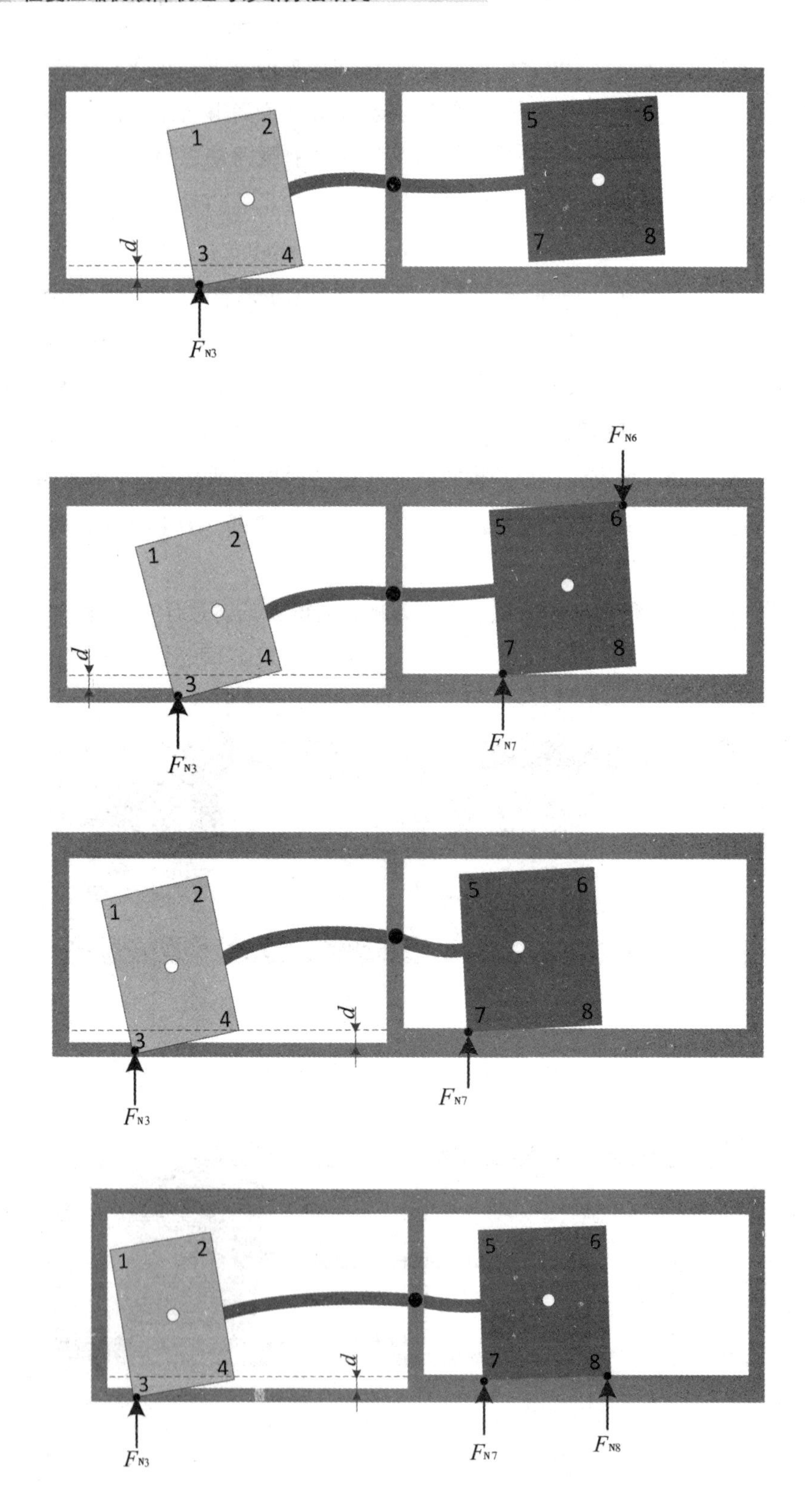

图 6.4　十字头单个拐角(以拐角 3 为例)碰磨诱发活塞的耦合碰磨形态

③ 当十字头相对两拐角同时与滑道碰磨时，仅诱发活塞与气缸之间发生相邻两拐角碰磨形态，如图 6.5 所示。根据几何关系，活塞拐角 7 和 8 与气缸下侧内壁的距离分别为：

$$\begin{cases} S_{N7} = S_{N4} + d + l_3\sin\theta_3 - \varepsilon\sin\theta_3 \\ S_{N8} = S_{N4} + d + l_3\sin\theta_3 + 2a_2\sin\theta_3 \end{cases} \tag{6.1}$$

在式(6.1)中，$S_{N4} \leqslant 0$，$d<0$，$l_3\sin\theta_3 - \varepsilon\sin\theta_3<0$，故 $S_{N7}<0$，表明活塞拐角 7 与气缸内壁发生了碰磨；而 $S_{N8}< S_{N7}<0$，表明活塞拐角 8 与气缸内壁也发生了碰磨。因此，当十字头相对两拐角与滑道同时碰磨时，只能诱发活塞与气缸之间发生相邻两拐角碰磨形态。图 6.5 中只列出十字头相对拐角 1 和 4 与滑道同时碰磨时诱发活塞的耦合碰磨情形，而十字头相对拐角 2 和 3 与滑道同时碰磨时诱发活塞的耦合碰磨与之相似，故十字头相对两拐角碰磨时诱发的活塞耦合碰磨小形态只有两种。

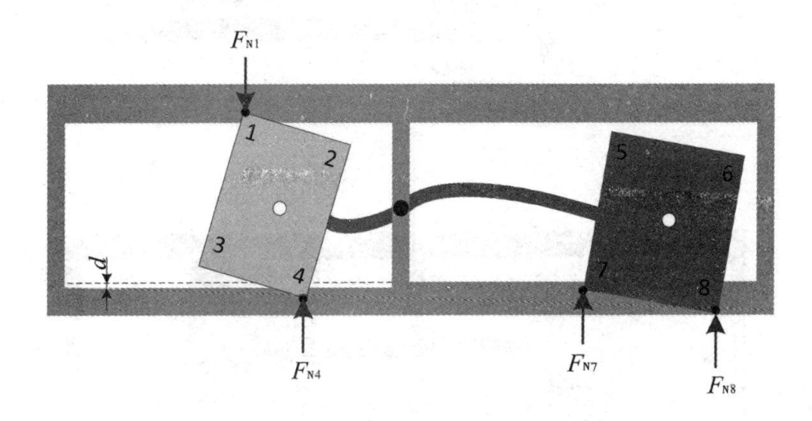

图 6.5 十字头相对拐角(以拐角 1 和 4 为例)碰磨诱发活塞的耦合碰磨形态

④ 当十字头相邻两拐角同时与滑道碰磨时，将会诱发活塞与气缸之间发生相邻两拐角碰磨、单个拐角碰磨、相对两拐角碰磨和无碰磨四类大形态，如图 6.6 所示。图 6.6 只列出了十字头相邻拐角 3 和 4 与滑道同时碰磨时诱发活塞耦合碰磨的形态。尽管相邻拐角 1 和 2 与滑道同时碰磨时诱发活塞耦合碰磨的形态与图 5.5 存在相似性，但是由于正常工作下，十字头与上滑道或活塞与上侧气缸内壁之间的合理微小间隙远小于下沉量(或偏心滑动间隙)，因而当十字头相邻两拐角 1 和 2 碰磨时不能诱发活塞拐角 5 或 6 与气缸发生耦合碰磨，而只能诱发单个拐角 8、相邻两拐角 7 和 8、自由运动这 3 种耦合碰磨小形态。原因分析如下：

$$\begin{cases} S_{N5} = S_{N2} - l_3\sin\theta_3 + \varepsilon\sin\theta_3 \\ S_{N6} = S_{N5} - 2a_2\sin\theta_3 \end{cases} \tag{6.2}$$

在式(6.2)中，$\theta_3<0$，$S_{N2} \leqslant 0$。当十字头相邻两拐角 1 和 2 碰磨时，拐角 2 穿透滑道上表面的深度通常很浅。如果拐角 2 穿透滑道上表面很深，拐角 1 将以更大的深度穿透

滑道上表面，这在实际中很难实现。因此，即使 S_{N2} 小于零，但也很小，可视为等于零。又因为 l_3 远大于 ε，故 $-l_3\sin\theta_3+\varepsilon\sin\theta_3>0$。不难分析 $S_{N5}>0$，$S_{N6}>S_{N5}>0$，表明活塞拐角 5 和拐角 6 都不能与气缸内壁发生碰磨。因此，当十字头相邻两拐角同时与滑道碰磨时，诱发的活塞耦合碰磨小形态有 9 种。

通过上述分析可知，在 S 式耦合碰磨中，十字头碰磨诱发的活塞耦合碰磨小形态有 42 种。显然，与跷跷板式耦合碰磨的 36 种小形态相比，S 式耦合碰磨小形态更丰富。

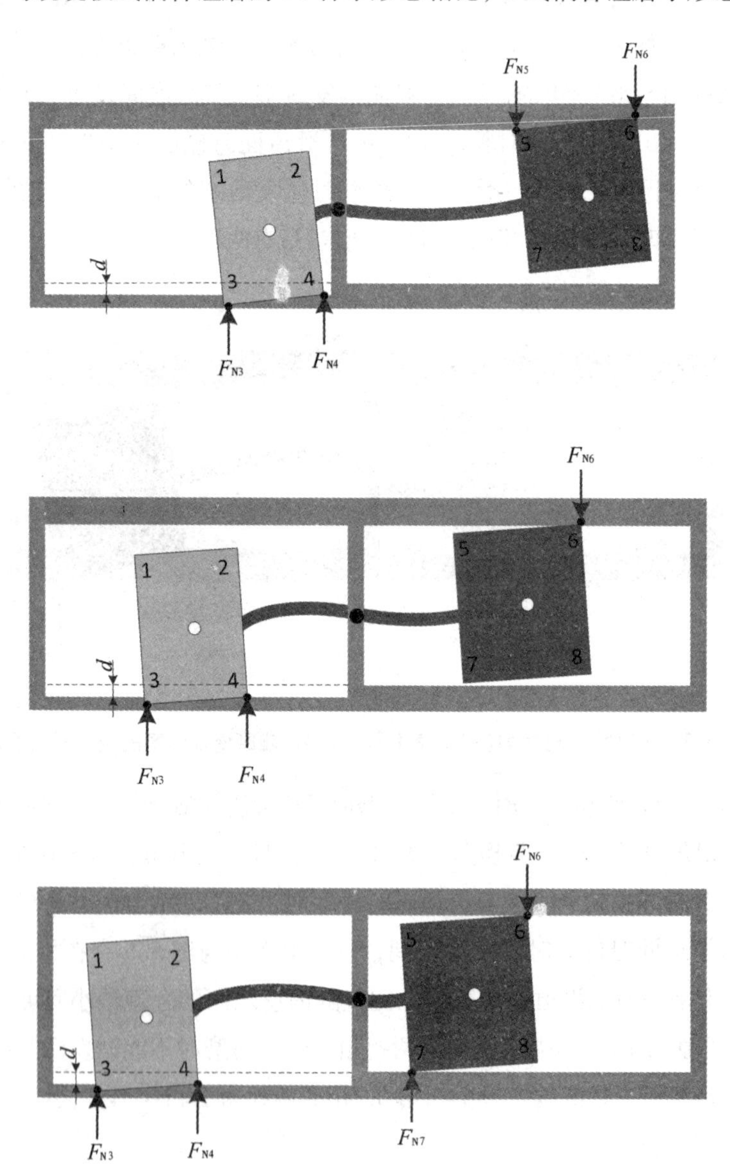

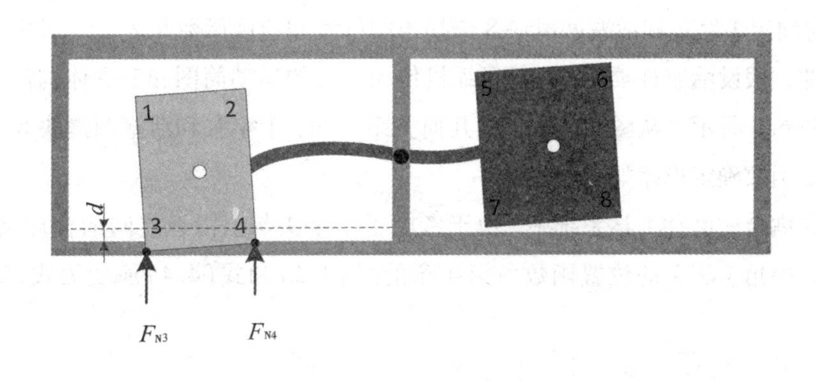

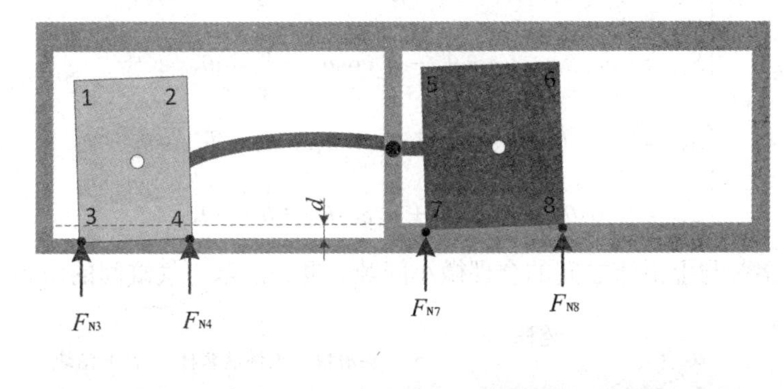

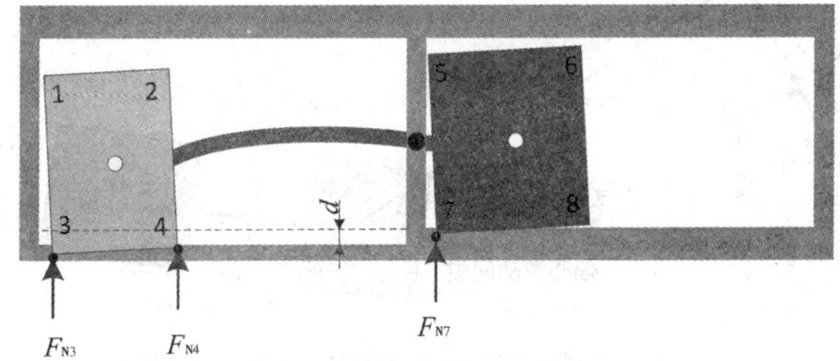

图 6.6　十字头相邻两拐角(以拐角 3 和 4 为例)碰磨诱发活塞耦合碰磨形态

6.2.3　S 式耦合碰磨接触力模型

在半弓式和跷跷板式的碰磨接触力模型中，已经阐明了碰磨接触力依赖于相对穿透深度 δ_i 和穿透速度 $\dot{\delta}_i$，而穿透深度 δ_i 和穿透速度 $\dot{\delta}_i$ 分别是通过滑块各个拐角的位置函数和速度函数来定义的。在 S 式耦合碰磨力模型的表征中，也是通过十字头和活塞两滑块 8 个拐角的位置函数和速度函数来分别定义穿透深度 δ_i 和穿透速度 $\dot{\delta}_i$ 。S 式耦合碰磨力的穿透深度 δ_i 的表达式与跷跷板式耦合碰磨力的穿透深度函数相同，如式(5.2)所示，而穿透速度函数可通过对穿透深度函数求导得到。尽管跷跷板式和 S 式两类耦合碰磨的穿透深度和速度函数的表达式相同，但是这两类耦合碰磨的拐角位置和速度函数不同。

因此，如何确定十字头和活塞两滑块 8 个拐角的位置和速度函数是表征 S 式耦合碰磨力模型的关键。假设活塞杆柔性，往复压缩机传动机构的运动简图和三联体构件的几何关系描述如图 6.7 所示。从图 6.7 所示的几何关系可知，十字头和活塞两滑块 8 个拐角的位置和速度函数确定思路如下：

在 S 式耦合碰磨动力学系统中，由于考虑了十字头与上滑道之间的合理微小间隙，因而十字头拐角 1 和 2 的位置函数由第 4 章的式(4.2)和式(4.4)演变为式(6.3)和式(6.4)。

$$\begin{cases} S_{\mathrm{N1}} = \dfrac{e}{2} - l_1\sin\theta_1 - l_2\sin\theta_2 + a_1\sin\theta_3 - b_1\cos\theta_3 + r_c \\ S_{\mathrm{T1}} = l_1\cos\theta_1 + l_2\cos\theta_2 - a_1\cos\theta_3 - b_1\sin\theta_3 \end{cases} \tag{6.3}$$

$$\begin{cases} S_{\mathrm{N2}} = \dfrac{e}{2} - l_1\sin\theta_1 - l_2\sin\theta_2 - a_1\sin\theta_3 - b_1\cos\theta_3 + r_c \\ S_{\mathrm{T2}} = l_1\cos\theta_1 + l_2\cos\theta_2 + a_1\cos\theta_3 - b_1\sin\theta_3 \end{cases} \tag{6.4}$$

式中，r_c为十字头与上滑道之间的合理微小间隙，也是活塞与气缸间的微小间隙。

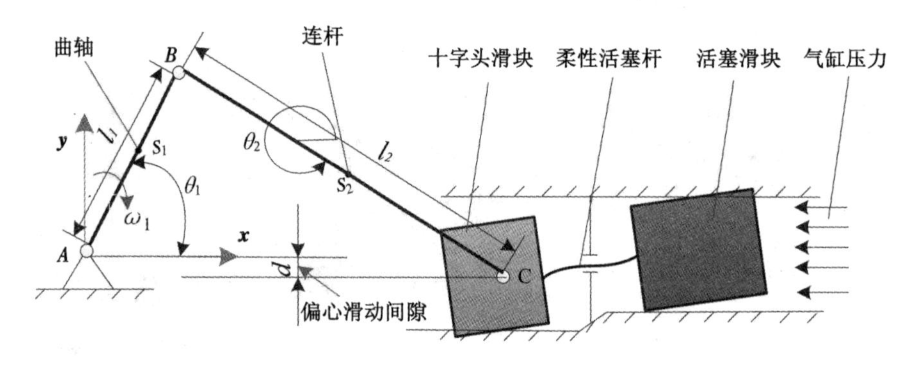

(a)考虑活塞杆柔性的往复压缩机传动机构的运动简图

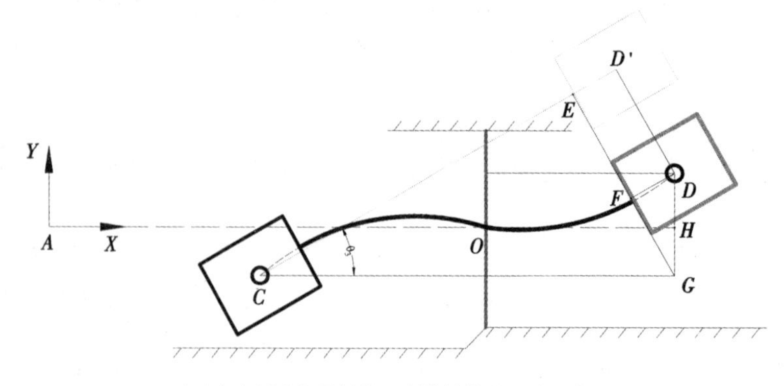

(b)考虑活塞杆柔性的三联体构件的运动示意图

十字头拐角 3 和 4 的位置函数仍分别由式(4.6)和式(4.8)表示。虽然拐角 1 和 2 的位置函数发生了变化，但求导后的速度函数仍与第 4 章中半弓式多形态碰磨拐角 1 和 2

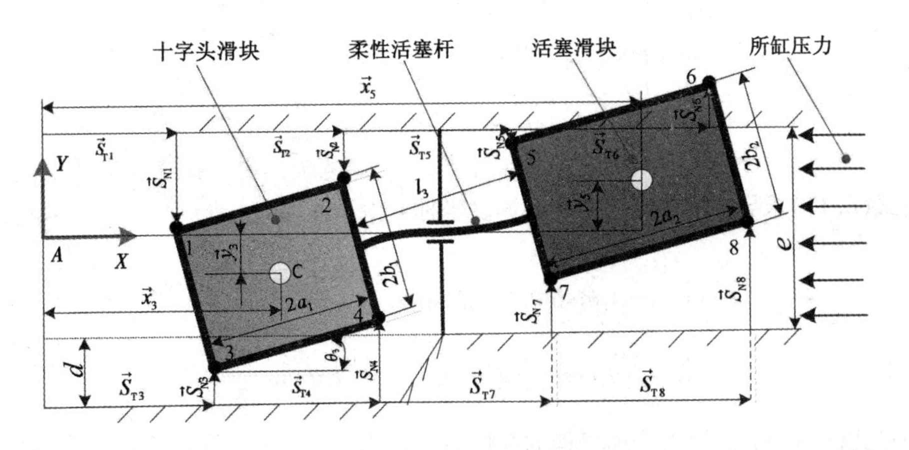

(c)考虑活塞杆柔性的三联体构件的几何关系

图6.7 S式传动机构的运动位置状况

的表达式相同，如式(4.3)和式(4.5)所示。此外，拐角3和4的位置函数相同，其速度函数的表达式也必然一样，如式(4.7)和式(4.9)所示。

与十字头不同，在活塞杆柔性的影响下，活塞4个拐角的位置和速度函数均发生了变化。

在图6.7(b)中，考虑到活塞杆的弹性变形量，可以假设 $CD'=CG=l_4=a_1+a_2+l_3$，其中 l_4 为传动机构正常工作下十字头与活塞两质心间的距离。根据三联体构件的几何关系，活塞质心坐标(x_5，y_5)的计算如下：

$$CE=CG\cdot\cos\theta_3 \tag{6.5}$$

$$FD=ED'=CD'-CE=l_4\cdot(1-\cos\theta_3) \tag{6.6}$$

$$DG=FD/\sin\theta_3 \tag{6.7}$$

将式(6.6)代入式(6.7)中，式(6.7)变为：

$$DG=l_4\cdot(1-\cos\theta_3)/\sin\theta_3=l_4\cdot\tan(\theta_3/2) \tag{6.8}$$

考虑到 θ_3 很小，故认为 $\tan(\theta_3/2)=\sin(\theta_3/2)$。因此，式(6.8)简化为：

$$DG=l_4\cdot\sin(\theta_3/2) \tag{6.9}$$

不难分析，y_5 的表达式为：

$$y_5=DG+y_3 \tag{6.10}$$

式中，y_3 为十字头的垂向质心坐标，如式(3.30)所示。

将 y_3 的表达式和式(6.9)代入式(6.10)中，可得 y_5 的表达式：

$$y_5=l_1\sin\theta_1+l_2\sin\theta_2+l_4\sin\frac{\theta_3}{2} \tag{6.11}$$

因 $x_5=CG$，故 x_5 的表达式为：

$$x_5=l_1\cos\theta_1+l_2\cos\theta_2+l_4 \tag{6.12}$$

将 x_5 和 y_5 的表达式合并，如式(6.13)所示。

$$\begin{cases} x_5 = l_1\cos\theta_1 + l_2\cos\theta_2 + l_4 \\ y_5 = l_1\sin\theta_1 + l_2\sin\theta_2 + l_4\sin\dfrac{\theta_3}{2} \end{cases} \tag{6.13}$$

对式(6.13)求导，可求得活塞质心速度坐标 $(\dot{x}_5, \dot{y}_5)$ ：

$$\begin{cases} \dot{x}_5 = -l_1\dot{\theta}_1\sin\theta_1 - l_2\dot{\theta}_2\sin\theta_2 \\ \dot{y}_5 = l_1\dot{\theta}_1\cos\theta_1 + l_2\dot{\theta}_2\cos\theta_2 + \dfrac{1}{2}l_4\dot{\theta}_3\cos\dfrac{\theta_3}{2} \end{cases} \tag{6.14}$$

通过式(6.14)，并根据传动机构的几何关系，可求得活塞拐角 5~8 的位置函数：

$$\begin{cases} S_{N5} = b_2 - l_1\sin\theta_1 - l_2\sin\theta_2 - l_4\sin\dfrac{\theta_3}{2} + a_2\sin\theta_3 - b_2\cos\theta_3 + r_c \\ S_{T5} = l_1\cos\theta_1 + l_2\cos\theta_2 + l_4 - a_2\cos\theta_3 - b_2\sin\theta_3 \end{cases} \tag{6.15}$$

$$\begin{cases} S_{N6} = b_2 - l_1\sin\theta_1 - l_2\sin\theta_2 - l_4\sin\dfrac{\theta_3}{2} - a_2\sin\theta_3 - b_2\cos\theta_3 + r_c \\ S_{T6} = l_1\cos\theta_1 + l_2\cos\theta_2 + l_4 + a_2\cos\theta_3 - b_2\sin\theta_3 \end{cases} \tag{6.16}$$

$$\begin{cases} S_{N7} = b_2 + l_1\sin\theta_1 + l_2\sin\theta_2 + l_4\sin\dfrac{\theta_3}{2} - a_2\sin\theta_3 - b_2\cos\theta_3 + r_c \\ S_{T7} = l_1\cos\theta_1 + l_2\cos\theta_2 + l_4 - a_2\cos\theta_3 + b_2\sin\theta_3 \end{cases} \tag{6.17}$$

$$\begin{cases} S_{N8} = b_2 + l_1\sin\theta_1 + l_2\sin\theta_2 + l_4\sin\dfrac{\theta_3}{2} + a_2\sin\theta_3 - b_2\cos\theta_3 + r_c \\ S_{T8} = l_1\cos\theta_1 + l_2\cos\theta_2 + l_4 + a_2\cos\theta_3 + b_2\sin\theta_3 \end{cases} \tag{6.18}$$

分别对式(6.15)~式(6.18)求导，可求得活塞拐角 5~8 的速度函数：

$$\begin{cases} \dot{S}_{N5} = -l_1\dot{\theta}_1\cos\theta_1 - l_2\dot{\theta}_2\cos\theta_2 - \dfrac{1}{2}l_4\dot{\theta}_3\cos\dfrac{\theta_3}{2} + a_2\dot{\theta}_3\cos\theta_3 + b_2\dot{\theta}_3\sin\theta_3 \\ \dot{S}_{T5} = -l_1\dot{\theta}_1\sin\theta_1 - l_2\dot{\theta}_2\sin\theta_2 - a_2\dot{\theta}_3\sin\theta_3 - b_2\dot{\theta}_3\cos\theta_3 \end{cases} \tag{6.19}$$

$$\begin{cases} \dot{S}_{N6} = -l_1\dot{\theta}_1\cos\theta_1 - l_2\dot{\theta}_2\cos\theta_2 - \dfrac{1}{2}l_4\dot{\theta}_3\cos\dfrac{\theta_3}{2} - a_2\dot{\theta}_3\cos\theta_3 + b_2\dot{\theta}_3\sin\theta_3 \\ \dot{S}_{T6} = -l_1\dot{\theta}_1\sin\theta_1 - l_2\dot{\theta}_2\sin\theta_2 - a_2\dot{\theta}_3\sin\theta_3 - b_2\dot{\theta}_3\cos\theta_3 \end{cases} \tag{6.20}$$

$$\begin{cases} \dot{S}_{N7} = l_1\dot{\theta}_1\cos\theta_1 + l_2\dot{\theta}_2\cos\theta_2 + \dfrac{1}{2}l_4\dot{\theta}_3\cos\dfrac{\theta_3}{2} - a_2\dot{\theta}_3\cos\theta_3 + b_2\dot{\theta}_3\sin\theta_3 \\ \dot{S}_{T7} = -l_1\dot{\theta}_1\sin\theta_1 - l_2\dot{\theta}_2\sin\theta_2 + a_2\dot{\theta}_3\sin\theta_3 + b_2\dot{\theta}_3\cos\theta_3 \end{cases} \tag{6.21}$$

$$\begin{cases} \dot{S}_{N8} = l_1\dot{\theta}_1\cos\theta_1 + l_2\dot{\theta}_2\cos\theta_2 + \frac{1}{2}l_4\dot{\theta}_3\cos\frac{\theta_3}{2} + a_2\dot{\theta}_3\cos\theta_3 + b_2\dot{\theta}_3\sin\theta_3 \\ \dot{S}_{T8} = -l_1\dot{\theta}_1\sin\theta_1 - l_2\dot{\theta}_2\sin\theta_2 - a_2\dot{\theta}_3\sin\theta_3 + b_2\dot{\theta}_3\cos\theta_3 \end{cases} \tag{6.22}$$

通过上述十字头和活塞两滑块拐角的位置函数和速度函数，可计算各个拐角与滑道表面发生碰磨时的穿透深度及其速度函数，将各个拐角的穿透深度和速度函数代入式(5.11)和式(5.12)中可求得碰磨法向接触力 F'_{Ni} 和摩擦力 F'_{Ti} 模型。最终得到的 S 式耦合碰磨接触力模型的表达式如下：

$$\begin{cases} \boldsymbol{Q}_c = 0 & \delta_i < 0 \quad (i = 1, 2, \cdots, 8) \\ \boldsymbol{Q}_c = \sum_{i=1}^{8}(\boldsymbol{F}'_{Ni} + \boldsymbol{F}'_{Ti}) & \delta_i \geqslant 0 \quad (i = 1, 2, \cdots, 8) \end{cases} \tag{6.23}$$

从表达形式上看，S 式与跷跷板式的耦合碰磨接触力模型相同。但是由于 S 式与跷跷板式的各个拐角位置和速度函数不同，因此两种类型的耦合碰磨接触力模型还是有本质区别的。

6.2.4　非线性耦合碰磨动力学方程

往复压缩机传动机构正常工作时，只有一个自由度，但是考虑了偏心滑动间隙和活塞杆柔性的 S 式耦合碰磨动力学系统被消除了两个约束，进而有三个自由度。因此，S 式耦合碰磨动力学系统中引入三个广义坐标，即 $q=[\theta_1, \theta_2, \theta_3]$，而广义力表达式如第 5 章的式(5.14)所示。

在式(5.14)所示的广义力中，$\frac{\partial \boldsymbol{V}_{c,i}}{\partial \dot{q}_j}$ 的表达是关键。在 S 式和跷跷板式耦合碰磨动力学系统中，两类系统的十字头各拐角的速度函数相同，故 $\frac{\partial \boldsymbol{V}_{N,i}}{\partial \dot{q}_j}$ 和 $\frac{\partial \boldsymbol{V}_{T,i}}{\partial \dot{q}_j}$（N，T 分别为法向和切向符号，$i$=1，2，3，4）表达式如第 5 章的式(5.15)~式(5.22)所示。因考虑了活塞杆柔性，活塞各拐角的 $\frac{\partial \boldsymbol{V}_{N,i}}{\partial \dot{q}_j}$ 和 $\frac{\partial \boldsymbol{V}_{T,i}}{\partial \dot{q}_j}$（$i$=5，6，7，8）不同于跷跷板式，联立式(6.19)~式(6.22)，可求得活塞各拐角的 $\frac{\partial \boldsymbol{V}_{N,i}}{\partial \dot{q}_j}$ 和 $\frac{\partial \boldsymbol{V}_{T,i}}{\partial \dot{q}_j}$（$i$=5，6，7，8）：

$$\frac{\partial \boldsymbol{V}_{N5}}{\partial \dot{q}_j} = \begin{pmatrix} -l_1\cos\theta_1 \\ -l_2\cos\theta_2 \\ -\frac{1}{2}l_4\cos\frac{\theta_3}{2} + a_2\cos\theta_3 + b_2\sin\theta_3 \end{pmatrix} \tag{6.24}$$

$$\frac{\partial \boldsymbol{V}_{T5}}{\partial \dot{q}_j}=\begin{pmatrix}-l_1\sin\theta_1\\-l_2\sin\theta_2\\a_2\sin\theta_3-b_2\cos\theta_3\end{pmatrix}\tag{6.25}$$

$$\frac{\partial \boldsymbol{V}_{N6}}{\partial \dot{q}_j}=\begin{pmatrix}-l_1\cos\theta_1\\-l_2\cos\theta_2\\-\frac{1}{2}l_3\cos\frac{\theta_3}{2}-a_2\cos\theta_3+b_2\sin\theta_3\end{pmatrix}\tag{6.26}$$

$$\frac{\partial \boldsymbol{V}_{T6}}{\partial \dot{q}_j}=\begin{pmatrix}-l_1\sin\theta_1\\-l_2\sin\theta_2\\-a_2\sin\theta_3-b_2\cos\theta_3\end{pmatrix}\tag{6.27}$$

$$\frac{\partial \boldsymbol{V}_{N7}}{\partial \dot{q}_j}=\begin{pmatrix}l_1\cos\theta_1\\l_2\cos\theta_2\\\frac{1}{2}l_4\cos\frac{\theta_3}{2}-a_2\cos\theta_3+b_2\sin\theta_3\end{pmatrix}\tag{6.28}$$

$$\frac{\partial \boldsymbol{V}_{T7}}{\partial \dot{q}_j}=\begin{pmatrix}-l_1\sin\theta_1\\-l_2\sin\theta_2\\a_2\sin\theta_3+b_2\cos\theta_3\end{pmatrix}\tag{6.29}$$

$$\frac{\partial \boldsymbol{V}_{N8}}{\partial \dot{q}_j}=\begin{pmatrix}l_1\cos\theta_1\\l_2\cos\theta_2\\\frac{1}{2}l_4\cos\frac{\theta_3}{2}+a_2\cos\theta_3+b_2\sin\theta_3\end{pmatrix}\tag{6.30}$$

$$\frac{\partial \boldsymbol{V}_{T8}}{\partial \dot{q}_j}=\begin{pmatrix}-l_1\sin\theta_1\\-l_2\sin\theta_2\\-a_2\sin\theta_3+b_2\cos\theta_3\end{pmatrix}\tag{6.31}$$

此外，计算与时变载荷压力相匹配的$\frac{\partial \boldsymbol{V}_{c,i}}{\partial \dot{q}_j}$表达式，可得：

$$\frac{\partial \boldsymbol{V}_P}{\partial \dot{q}_j}=\begin{pmatrix}-l_1\sin\theta_1\\-l_2\sin\theta_2\\0\end{pmatrix}\tag{6.32}$$

联立式(5.15)~式(5.22)及式(6.24)~式(6.32)，可得S式耦合碰磨动力学系统的广义力：

$$Q_{c,1}=l_1\cos\theta_1\sum_{i=1}^{8}F_{Ni}-l_1\sin\theta_1\sum_{i=1}^{8}F_{Ti}-Pl_1\sin\theta_1+M\tag{6.33}$$

$$Q_{c,2} = l_2\cos\theta_2 \sum_{i=1}^{8} F_{Ni} - l_2\sin\theta_2 \sum_{i=1}^{8} F_{Ti} - Pl_2\sin\theta_2 \tag{6.34}$$

$$Q_{c,3} = (F_{N5} + F_{N6} + F_{N7} + F_{N8})b_2\sin\theta_3 + \frac{1}{2}l_4\cos\frac{\theta_3}{2}(F_{N7} + F_{N8} + F_{N6} - F_{N5}) + (F_{N5} + F_{N8} - F_{N6} - F_{N7})a_2\cos\theta_3 + (F_{T5} + F_{T7} - F_{T6} - F_{T8})a_2\sin\theta_3 + (F_{T8} + F_{T7} - F_{T5} - F_{T6})b_2\cos\theta_3 \tag{6.35}$$

计算S式耦合碰磨动力学系统的动能和势能(含柔性活塞杆的弹性势能)，并将广义力式(6.33)~式(6.35)代入拉格朗日方程中，可求得S式耦合碰磨动力学方程：

$$A\ddot{\theta}_1 + B\cos(\theta_1 - \theta_2)\ddot{\theta}_2 + C\cos(\theta_1 - \theta_3)\ddot{\theta}_3 + B\sin(\theta_1 - \theta_2)\dot{\theta}_2^2 + C\sin(\theta_1 - \theta_3)\dot{\theta}_3^2 + D\cos\theta_1 = Q_{c,1} \tag{6.36}$$

$$F\ddot{\theta}_2 + B\cos(\theta_1 - \theta_2)\ddot{\theta}_1 + H\cos(\theta_2 - \theta_3)\ddot{\theta}_3 - B\sin(\theta_1 - \theta_2)\dot{\theta}_1^2 + H\sin(\theta_2 - \theta_3)\dot{\theta}_3^2 + I\cos\theta_2 = Q_{c,2} \tag{6.37}$$

$$J\ddot{\theta}_3 + C\cos(\theta_1 - \theta_3)\ddot{\theta}_1 + H\cos(\theta_2 - \theta_3)\ddot{\theta}_2 - C\sin(\theta_1 - \theta_3)\dot{\theta}_1^2 - H\sin(\theta_2 - \theta_3)\dot{\theta}_2^2 + K\cos\theta_3 + G = Q_{c,3} \tag{6.38}$$

式中，

$$A = J_1 + \left(\frac{1}{4}m_1 + m_2 + m_3 + m_4 + m_5\right)l_1^2 \tag{6.39}$$

$$B = \left(\frac{1}{2}m_2 + m_3 + m_4 + m_5\right)l_1l_2 \tag{6.40}$$

$$C = \left[m_4\left(a_1 + \frac{l_3}{2}\right) + m_5l_4\right]l_1 \tag{6.41}$$

$$D = \left(\frac{1}{2}m_1 + m_2 + m_3 + m_4 + m_5\right)gl_1 + 2kl_1^2\sin\theta_1 + 2kl_1l_2\sin\theta_2 + kl_1l_2\sin\frac{\theta_3}{2} \tag{6.42}$$

$$F = J_2 + \left(\frac{1}{4}m_2 + m_3 + m_4 + m_5\right)l_2^2 \tag{6.43}$$

$$H = \left[m_4\left(a_1 + \frac{l_3}{2}\right) + m_5l_4\right]l_2 \tag{6.44}$$

$$I = \left(\frac{1}{2}m_2 + m_3 + m_4 + m_5\right)gl_2 + 2kl_2^2\sin\theta_2 + 2kl_1l_2\sin\theta_1 + kl_4l_2\sin\frac{\theta_3}{2} \tag{6.45}$$

$$J = J_3 + J_4 + J_5 + \frac{1}{2}m_4\left(a_1 + \frac{l_3}{2}\right)^2 + \frac{1}{2}m_5 l_4^2 \tag{6.46}$$

$$K = \left[m_4\left(a_1 + \frac{l_3}{2}\right) + m_5 l_4\right] g \tag{6.47}$$

$$G = \frac{l_4^2 k}{4}\sin\theta_3 + \frac{l_4 k}{2}\cos\frac{\theta_3}{2}(l_1\sin\theta_1 + l_2\sin\theta_2) \tag{6.48}$$

式中，k 为活塞杆的刚度系数，$k=ES/l_4$，其中 S 为活塞杆的横截面积。考虑到曲轴转速是均匀的，即 $\ddot{\theta}_1=0$，因此，S 式耦合碰磨动力学系统的微分方程组式(6.36)~式(6.38)演变为：

$$B\cos(\theta_1 - \theta_2)\ddot{\theta}_2 + C\cos(\theta_1 - \theta_3)\ddot{\theta}_3 + B\sin(\theta_1 - \theta_2)\dot{\theta}_2^2 + C\sin(\theta_1 - \theta_3)\dot{\theta}_3^2 + D\cos\theta_1 = Q_{c,1} \tag{6.49}$$

$$F\ddot{\theta}_2 + H\cos(\theta_2 - \theta_3)\ddot{\theta}_3 - B\sin(\theta_1 - \theta_2)\dot{\theta}_1^2 + H\sin(\theta_2 - \theta_3)\dot{\theta}_3^2 + I\cos\theta_2 = Q_{c,2} \tag{6.50}$$

$$J\ddot{\theta}_{3\ 1} + H\cos(\theta_2 - \theta_3)\ddot{\theta}_2 - C\sin(\theta_1 - \theta_3)\dot{\theta}_1^2 - H\sin(\theta_2 - \theta_3)\dot{\theta}_2^2 + K\cos\theta_3 + G = Q_{c,3} \tag{6.51}$$

显然，式(6.49)~式(6.51)所示的微分方程组中含有 $\dot{\theta}_1^2$，$\dot{\theta}_2^2$ 和 $\dot{\theta}_3^2$ 的非线性项。因此，S 式耦合碰磨动力学方程为非线性。

6.3 数值仿真与结果分析

在 S 式耦合碰磨动力学特性的结果与讨论中，重点揭示十字头和活塞两滑块的耦合碰磨形态的演变规律，并阐明不同偏心滑动间隙变化对碰磨形态的影响规律，从而搞清 S 式耦合碰磨机理。在本章中，2D12 往复压缩机的结构参数和数值仿真参数与第 5 章的表 5.1 和表 5.2 相同，在此不再赘述。

6.3.1 耦合碰磨形态规律分析

揭示 S 式耦合碰磨机理的关键在于搞清耦合碰磨形态规律，而耦合碰磨形态的关键在于十字头和活塞两滑块拐角与滑道之间的相对穿透深度 δ_i 的演变。穿透深度 δ_i 依赖于滑块各拐角在滑道中的位置轨迹 $S_{Ni}(i=1, 2, \cdots, 8)$。如果 $S_{Ni}>0$，即 $\delta_i<0$，滑块拐角没有与滑道接触；否则滑块与滑道之间发生了碰磨。在前面章节中已阐明，可通过监测滑

块拐角 S_{Ni}在两个连续的离散时刻 t_{n-1}和 t_n的符号来进一步确定滑块拐角是连续接触还是碰撞接触状态。

当偏心滑动间隙为 0.1 mm、时变载荷的压力系数为 2×10^5时，十字头 4 个拐角的位置轨迹和相应的碰磨接触力分别如图 6.8 和图 6.9 所示，其中拐角 1 所示的位置轨迹图 6.8(a)对应的碰磨接触力见图 6.9(a)，其他拐角以此类推。从图 6.8 可观察到 4 个拐角的位置轨迹曲线在零位置的波动比较大，这导致拐角 S_{Ni}在两个连续的离散时刻 t_{n-1}和 t_n的乘积容易出现小于零的情形。如果 $S_{Ni}(t_{n-1})\cdot S_{Ni}(t_n)<0$，滑块拐角发生碰撞接触形态。图 6.9 所示的碰磨接触力几乎都是碰撞力，这正好证实了十字头在碰磨时主要以碰撞接触为主。图 6.8 和图 6.9 揭示出如下深层次的碰磨形态演变规律：

在前半个周期，十字头拐角 1 和 2 的位置轨迹 $S_{Ni}>0(i=1,2)$，同时拐角 1 和拐角 2 的碰磨接触力均为零，说明十字头拐角 1 和 2 一直是自由运动状态。而十字头拐角 3 和 4 除了自由运动外，还出现了单拐角碰磨和相邻两拐角碰磨形态。具体演变过程为：拐角 3 和 4 的碰磨接触力前期也为零，随后拐角 3 位置轨迹出现 $S_{N3}<0$，然后拐角 3 和 4 的位置轨迹同时出现 $S_{Ni}<0(i=3,4)$，表明拐角 3 和 4 先是自由运动，然后单个拐角 3 与滑道发生碰磨，接着相邻拐角 3 和 4 同时与滑道发生了短暂的碰磨(图 6.9 中仅标识曲轴转角为 58.68°处同时碰磨情形)。待相邻拐角 3 和 4 同时碰磨结束后，拐角 4 进入自由运动状态，只剩拐角 3 与滑道发生碰磨。当单个拐角 3 碰磨结束后，十字头 4 个拐角均进入自由运动状态。由此可知，前半个周期十字头经历了三种碰磨形态：自由运动、单个拐角 3 碰磨、相邻两拐角 3 和 4 同时与滑道发生碰磨，而相对拐角同时碰磨形态没有发生。

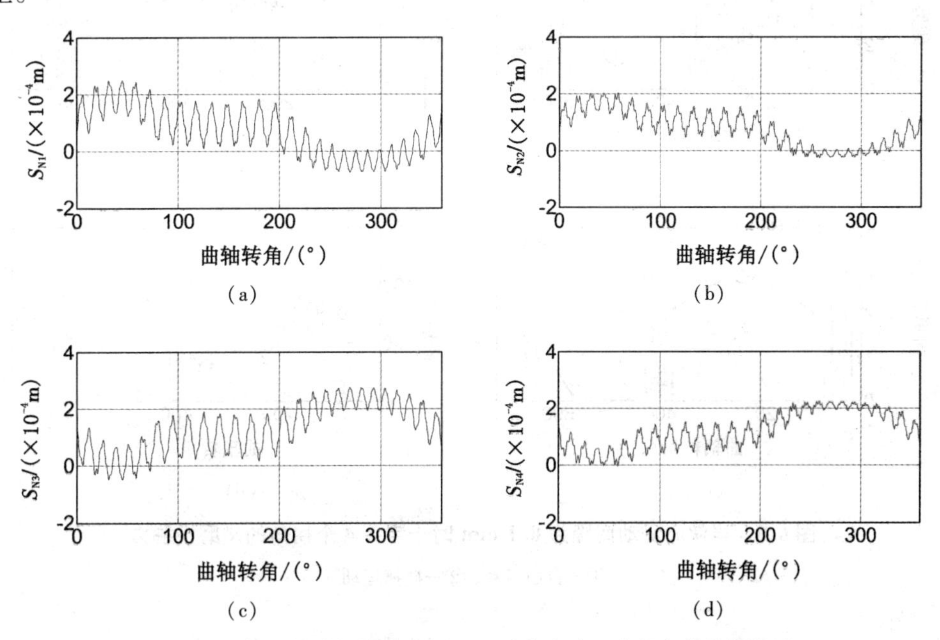

图 6.8　偏心滑动间隙为 0.1 mm 时十字头 4 个拐角的位置轨迹

在后半个周期，十字头拐角 3 和 4 的位置轨迹 $S_{Ni}>0(i=3, 4)$，同时拐角 3 和拐角 4 的碰磨接触力均为零，说明十字头拐角 3 和 4 一直是自由运动状态。而十字头拐角 1 和 2 除了自由运动外，还出现了单拐角碰磨和相邻两拐角碰磨形态。具体的演变过程为：在后半周期的初始阶段，拐角 1 和 2 的碰磨接触力也为零，然后拐角 1 位置轨迹出现 $S_{N1}<0$，即拐角 1 在曲轴转角为 220.7°处出现碰磨接触力，随后拐角 1 和 2 的位置轨迹同时出现 $S_{Ni}<0(i=1, 2)$，表明拐角 1 和 2 先是自由运动，随后单个拐角 1 与滑道发生碰磨，然后相邻拐角 1 和 2 与滑道之间持续了较长的同时碰磨状态（图 6.9 中仅标识曲轴转角为 293.4°处同时碰磨情形）。待相邻拐角 1 和 2 同时碰磨结束后，拐角 2 进入自由运动状态，只剩拐角 1 与滑道发生碰磨。最后，当拐角 1 再次经历短暂的单拐角碰磨后，十字头 4 个拐角均进入自由运动状态。不难看出，后半个周期十字头经历的碰磨形态类型与前半个周期是相同的，即经历自由运动、单个拐角碰磨和相邻两拐角同时碰磨三种形态，只是拐角位置不同。

此外，从图 6.9 可知，十字头与上滑道之间的碰磨接触力比与下滑道之间的碰磨接触力更大，说明十字头冲击上滑道比下滑道更剧烈。究其原因是下滑道的偏心滑动间隙比上滑道的合理微小间隙更大，导致柔性活塞杆朝下滑道的弯曲变形比朝上滑道更大。显然，当十字头由下滑道向上滑道跳跃和冲击时，活塞杆会释放更多的弹性势能，导致十字头与上滑道之间产生剧烈的碰撞力，进而引起机体产生剧烈的振动响应。

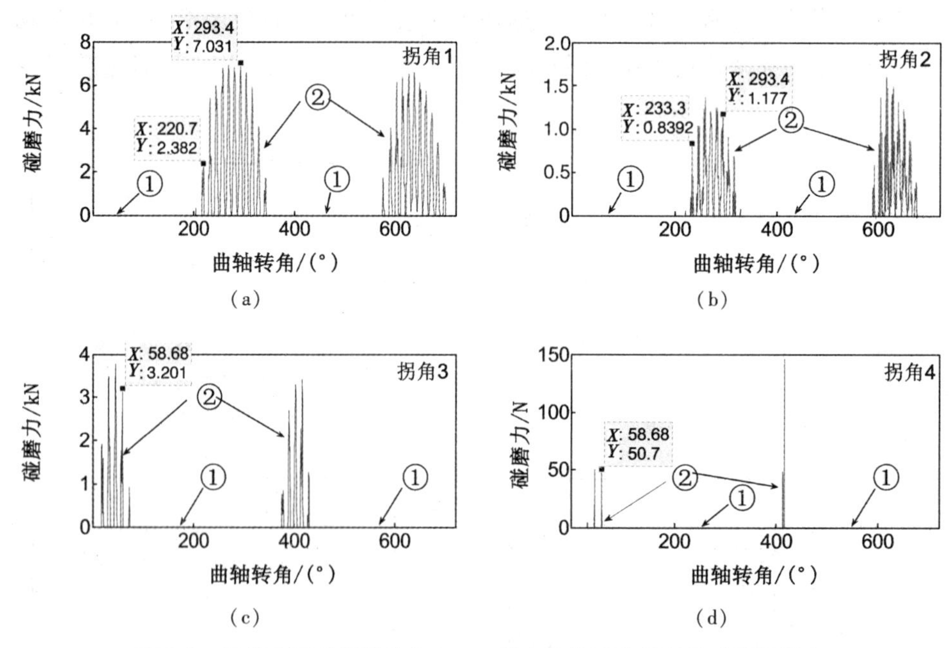

图 6.9　当偏心滑动间隙为 0.1 mm 时十字头 4 个拐角的碰磨接触力

①—自由运动；②—碰撞运动

与跷跷板式耦合碰磨类似，十字头的碰磨必将诱发三联体构件之一的活塞也产生碰磨。图 6.10 和图 6.11 分别展示了偏心滑动间隙为 0.1 mm 时十字头诱发活塞 4 个拐角的位置轨迹及其相应的碰磨接触力，其中拐角 5 所示的位置轨迹图 6.10(a) 对应的碰磨接触力见图 6.11(a)，其他拐角以此类推。与十字头相比，活塞各拐角的位置轨迹和碰磨接触力发生显著的变化，表明活塞的碰磨形态也有明显不同。在前半个周期，从图 6.10 和图 6.11 可观察到活塞拐角 5，6 和 7 的位置轨迹 $S_{Ni}>0(i=5, 6, 7)$，与其相应的碰磨接触力也都为零；而拐角 8 的位置轨迹 $S_{N8}<0$，且呈现了碰撞接触的碰磨力。结果表明，活塞在前半个周期只经历了两种碰磨形态：自由运动和单个拐角 8 碰磨。在后半个周期，前期活塞各个拐角均处于自由运动状态，随后拐角 6 的位置轨迹 $S_{N6}<0$，即在曲轴转角为 211.3°处出现了碰磨接触力，然后与拐角 5 发生了瞬间的同时碰撞接触。待拐角 5 和 6 同时碰磨后，活塞拐角又进入自由运动直至下个周期的碰磨出现。结果表明，活塞在后半个周期经历了三种碰磨形态：自由运动、单个拐角碰磨、相邻拐角同时碰磨。

比较图 6.9 和图 6.11，不难看出十字头的碰磨接触力明显大于活塞的，尤其是当十字头由下滑道向上滑道冲击时，由于释放了偏心滑动间隙，部分能量被储存至活塞杆中，导致十字头产生了更大的碰磨力。正因如此，十字头比活塞引起了更剧烈的垂向加速度振动响应，如图 6.12 所示。

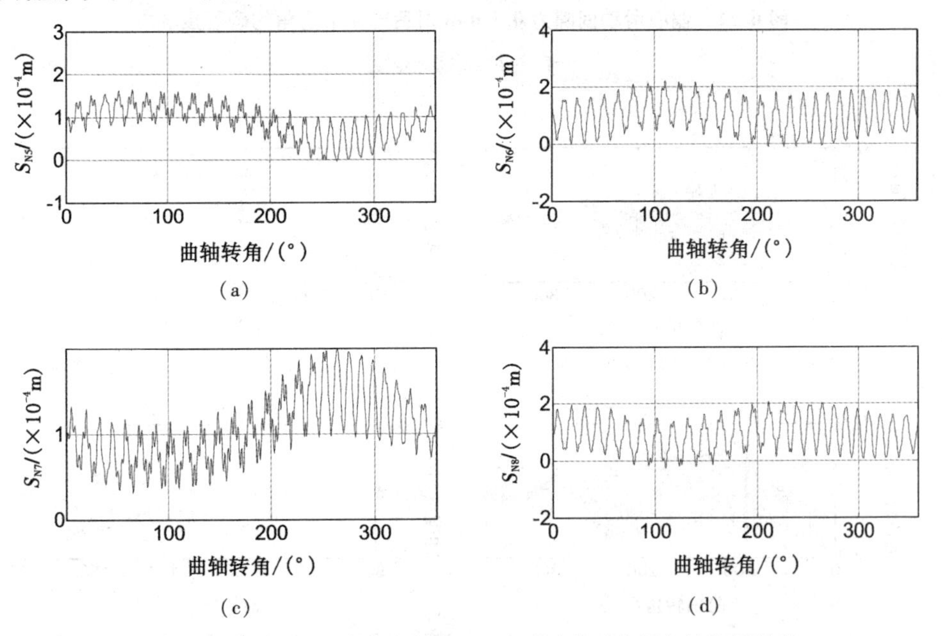

图 6.10　当偏心滑动间隙为 0.1 mm 时活塞 4 个拐角的位置轨迹

与跷跷板式耦合碰磨的动力学特性相比，S 式耦合碰磨的动力学特性有两个显著变化：① 在跷跷板式耦合碰磨中出现了长时间的连续接触碰磨形态以及短暂的自由运动和碰撞接触运动；而在 S 式耦合碰磨中几乎没有出现连续接触碰磨形态，但呈现了长时间的自由运动状态和碰撞接触运动。② 跷跷板式的碰磨接触力大于 S 式的碰磨接触力，因而前者的振动响应比后者更为剧烈。这两大显著变化的根源是活塞杆的刚度变化，这也揭示了活塞杆刚度越大，耦合碰磨接触力越大，造成机体振动越剧烈的响应规律。

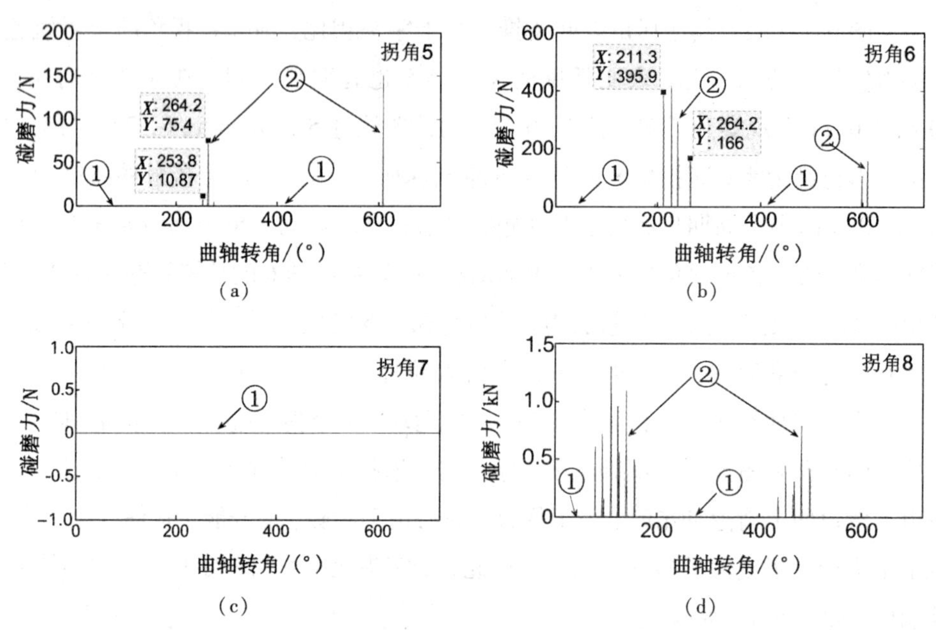

图 6.11　偏心滑动间隙为 0.1 mm 时活塞 4 个拐角的碰磨接触力

①—自由运动；②—碰撞运动

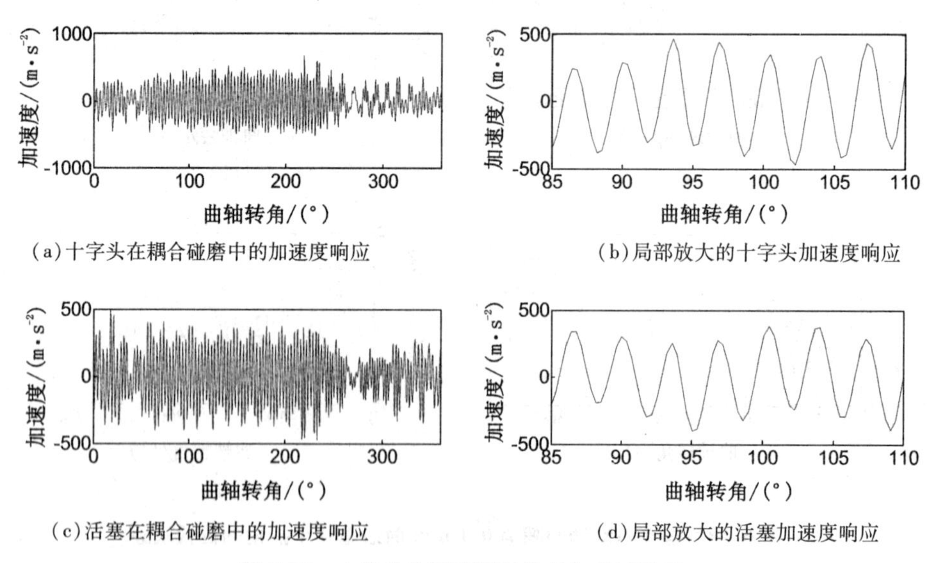

图 6.12　十字头和活塞两滑块的加速度响应

6.3.2 不同偏心滑动间隙对耦合碰磨形态的影响规律

在之前的半弓式和跷跷板式的碰磨动力学分析中已阐明偏心滑动间隙会影响传动机构的动力学行为，且间隙越大，引起的振动响应也越剧烈。同样，在S式耦合碰磨中，偏心滑动间隙也必然会影响传动机构的动力学特性。不同的是随着偏心滑动间隙的变化，碰磨形态以何种规律演变，且在这种演变规律下又以何种定量的振动响应规律传递至机体是不清晰的，故有必要搞清这些演变规律和响应机制。碰磨形态的演变归根结底取决于滑块各个拐角与滑道之间的碰磨接触力的变化规律，而且滑块的振动响应规律也是通过碰磨接触力传递至机体的。因此，碰磨接触力是揭示不同偏心滑动间隙对耦合碰磨形态影响规律的关键。

图6.9和图6.11分别阐明了偏心滑动间隙为0.1 mm时碰磨接触力的变化规律，并结合滑块拐角的位置轨迹共同揭示了十字头和活塞两滑块在一个周期内碰磨形态的演变规律。为了搞清变化的偏心滑动间隙对碰磨形态的影响，图6.13和图6.14分别展示了偏心滑动间隙为0.3 mm时十字头和活塞两滑块各拐角的碰磨接触力。比较图6.9和图6.13可以看出，当偏心滑动间隙为0.1 mm时，十字头4个拐角均出现了碰磨现象，且拐角1和2比拐角3和4的碰磨接触力更大。随着偏心滑动间隙的增大，当偏心滑动间隙为0.3 mm时，十字头拐角1和2的碰磨接触力同时增大，而拐角3和4的碰磨接触力同时减少，且拐角4的碰磨接触力为零。产生这种现象的原因是随着偏心滑动间隙的增大，相比于十字头与上滑道之间不变的微小间隙，十字头与下滑道之间的间隙是增大的，这导致十字头与下滑道碰磨时活塞杆朝下滑道的弯曲变形增大，且活塞杆朝下滑道的弯曲变形越大，储存的弹性势能也越多。一方面，活塞杆朝下滑道的弯曲变形越大，则十字头与下滑道表面接触的阻力越大，这减弱了十字头拐角3和4穿透下滑道表面深度，从而减少了拐角3和4的碰磨接触力。另一方面，活塞杆朝下滑道的弯曲变形越大，则储存的弹性能量越多。当十字头跳跃并与上滑道表面碰撞时，活塞杆弹性势能被释放，必然加剧十字头拐角1和2与上滑道之间的碰磨强度，因此增强了拐角1和2的碰磨接触力。

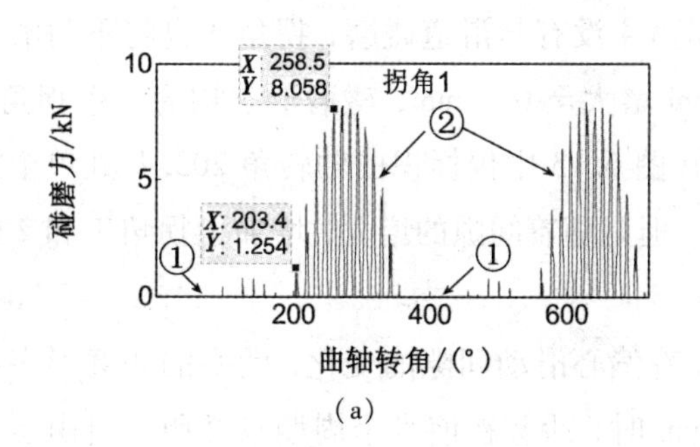

(a)

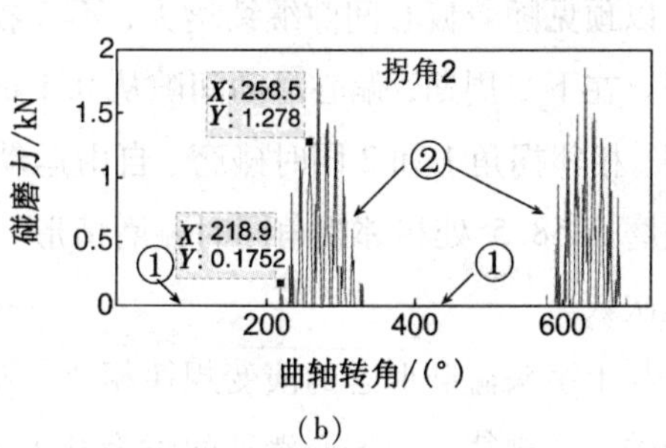

(b)

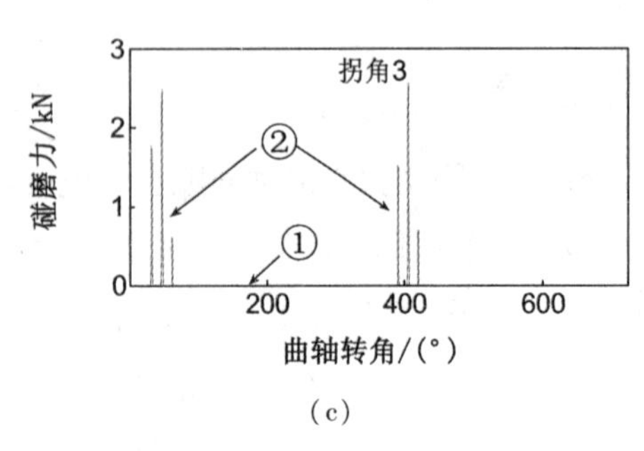

(c)

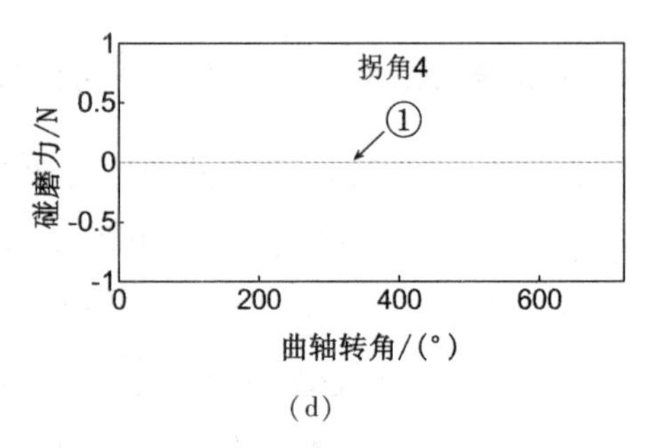

(d)

图 6.13　当偏心滑动间隙为 0.3 mm 时十字头 4 个拐角的碰磨接触力

①—自由运动；②—碰撞运动

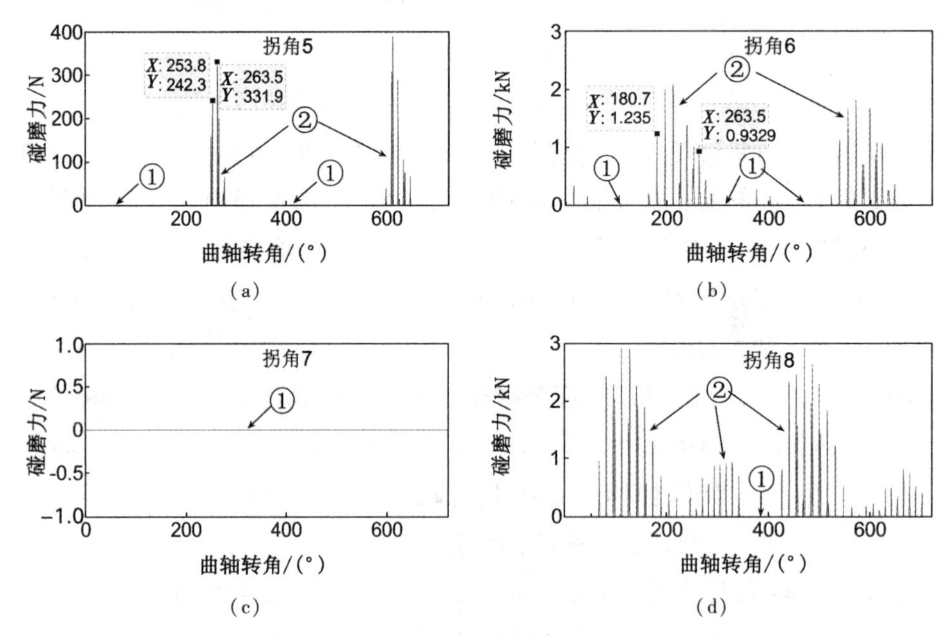

图 6.14　偏心滑动间隙为 0.3 mm 时活塞 4 个拐角的碰磨接触力

①—自由运动；②—碰撞运动

此外，随着偏心滑动间隙增大，十字头的碰磨形态发生了变化。当偏心滑动间隙为 0.1 mm 时，十字头在前半个周期经历了自由运动、单个拐角 3 碰磨、相邻拐角 3 和 4 同时碰磨形态。但随着间隙增加至 0.3 mm，十字头在前半个周期经历的碰磨形态演变为自由运动、单个拐角 1 和 3 分别碰磨形态，而相邻两拐角 3 和 4 同时碰磨形态没有出现，甚至可以预见随着偏心间隙继续增大，不仅拐角 4 没有与滑道碰磨，拐角 3 也将不与滑道碰磨。在下半周期，偏心滑动间隙从 0.1 mm 增大至 0.3 mm，碰磨形态均为单个拐角 1 碰磨、相邻拐角 1 和 2 同时碰磨、自由运动(图 6.13 中仅标识曲轴转角 203.4°处单个拐角碰磨、258.5°处相邻拐角同时碰磨情形)。但是随着间隙的增大，增加了拐角 1 和 2 的碰撞次数。

与十字头碰磨形态的演变规律相比，随着偏心滑动间隙的变化，活塞的碰磨形态有了新的演变规律。当偏心滑动间隙为 0.1 mm 时，活塞在前半个周期只经历了自由运动和单个拐角 8 碰磨形态；但随着间隙增加到 0.3 mm，活塞在前半个周期不仅经历了自由运动、单个拐角 8 碰磨形态，还经历了单个拐角 6 碰磨形态。在下半周期，当偏心滑动间隙为 0.1 mm 时，活塞经历了自由运动、单个拐角 6 碰磨、相邻拐角 5 和 6 同时碰磨形态(图 6.14 中仅标识曲轴转角 180.7°处单个拐角碰磨、263.5°处相邻拐角同时碰磨情形)；但随着间隙增加至 0.3 mm，活塞在后半个周期不仅经历了自由运动、单个拐角 6 碰磨、相邻拐角 5 和 6 同时碰磨形态，还经历了单个拐角 8 碰磨形态。虽然间隙为 0.3 mm 时，拐角 7 仍然没有与气缸发生碰磨(即自由运动状态)，但随着间隙的进一步增大，可以预见拐角 7 也会发生碰磨现象。

另外，从不同偏心滑动间隙下的碰磨接触力可以看到，不论是十字头还是被诱发碰磨的活塞，随着间隙的增大，碰磨强度和碰撞次数都增加了。因此，在碰磨接触力的传递下，十字头和活塞两滑块的加速度响应必然随着间隙的增大而增大，如图 6.15 所示。随着偏心滑动间隙从 0.1，0.2 mm 增加至 0.3 mm，十字头的垂向加速度最大峰值从 683，836.8 m/s^2增长至 860 m/s^2，而活塞的垂向加速度最大峰值则从 472.8，673.2 m/s^2增长至 745.1 m/s^2。显然，十字头和活塞两滑块的加速度振动响应规律与其相应的碰磨接触力演变规律是一致的。比较跷跷板式耦合碰磨的加速度响应曲线可以发现，S 式耦合碰磨的加速度峰值不论是十字头还是活塞均呈现显著的减少。究其原因是活塞杆刚度的降低，减弱了三联体构件的碰磨强度。

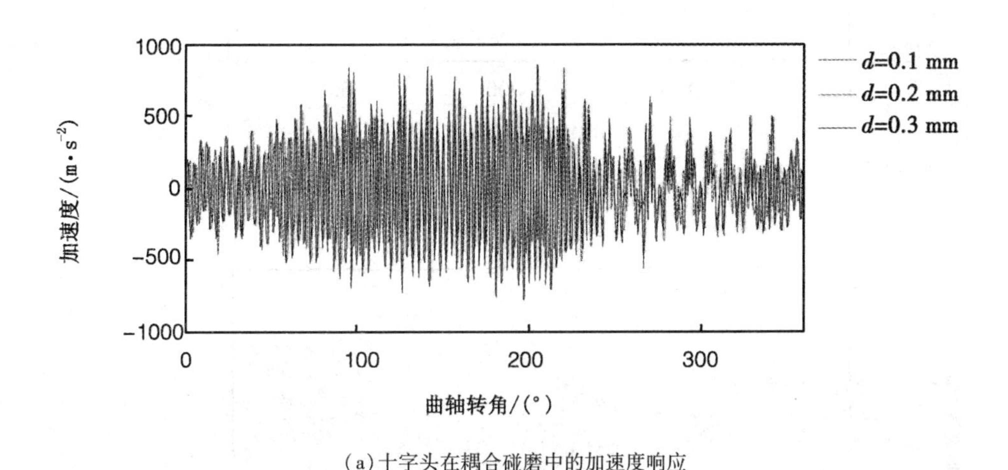

(a) 十字头在耦合碰磨中的加速度响应

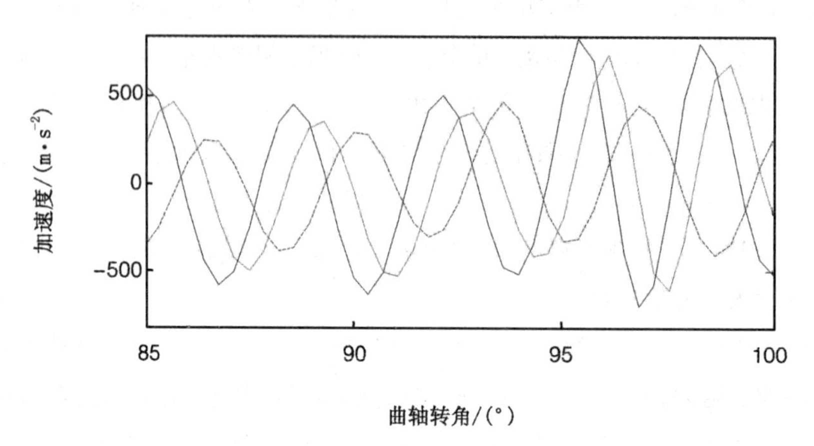

(b)局部放大的十字头加速度响应

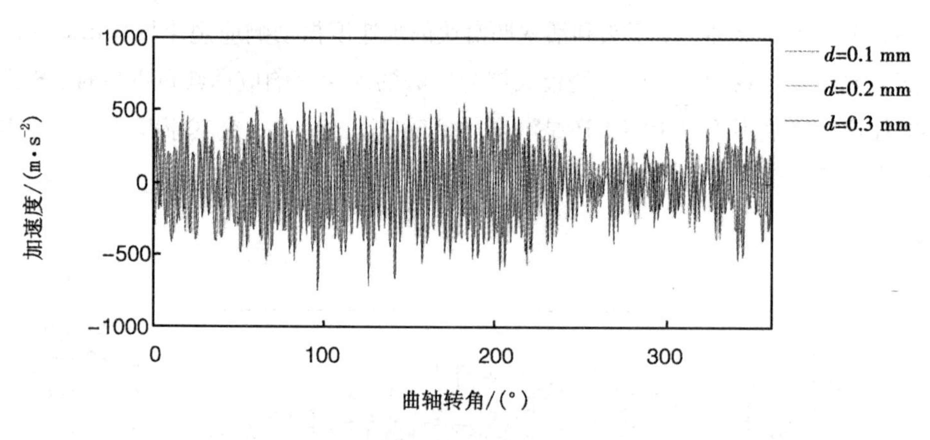

(c)活塞在耦合碰磨中的加速度响应

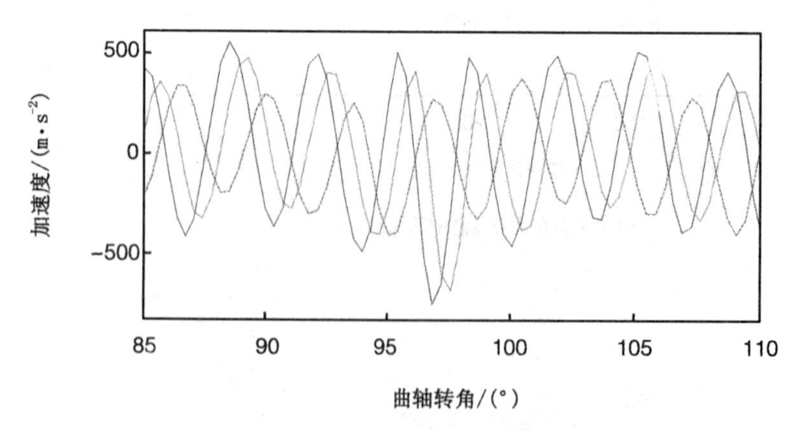

(d)局部放大的活塞加速度响应

图 6.15　不同偏心滑动间隙下十字头和活塞两滑块的加速度响应

6.4　混沌现象辨识

准确且高效地对 S 式耦合碰磨非线性动力学系统进行混沌辨识是未来实现混沌控制或利用的基础。每一个确定的动力学系统可能出现周期运动、准周期运动甚至混沌运动，其中混沌运动具有非周期性和复杂性等特点。目前，关于混沌理论的研究仍处于探索阶段。针对 S 式耦合碰磨非线性动力学系统，通过求解该非线性动力学微分方程数值解，并分析数值解在时域和空间等特征来辨识系统是否具有混沌特性。在本节中，基于 S 式耦合碰磨动力学系统的数值解，联合采用相轨迹和庞加莱截面两种方法来共同辨识该动力学系统的混沌特性，分析偏心滑动间隙、时变载荷压力和曲轴转速因素对系统稳定性的影响。

图 6.16 显示了载荷压力系数为 10^5、曲轴转速为 50 rad/s、偏心滑动间隙为 0.1 mm 和 0.3 mm 时的相轨迹。从图 6.16 可观察到相轨迹线类似于螺旋形状，当运动轨迹线由外向内绕到左端螺旋轨道中心附近后，又随机地跳到右端螺旋轨道中心的外缘继续向内绕，然后在达到中心附近后突然跳回到左端螺旋轨道的外缘，如此构成随机性的来回盘旋。因此，初步可以辨识出十字头和活塞两滑块的相轨迹是混沌的。为了证实图 6.16 所示的相轨迹具有混沌特性，在 S 式耦合碰磨动力学微分方程的数值求解中，运行 10^4 个周期，得到了如图 6.17 所示的庞加莱截面。观察庞加莱截面可以看到，当偏心滑动间隙为 0.1 mm 时，十字头和活塞两滑块的庞加莱截面显示为一小片密集点；而随着偏心滑动间隙增大至 0.3 mm，十字头和活塞两滑块的庞加莱截面展现为一大片密集点。结果表明，不论偏心滑动间隙是 0.1 mm 还是 0.3 mm，系统都具有混沌特性，且随着间隙尺寸的增大，非周期运动特征更加明显。

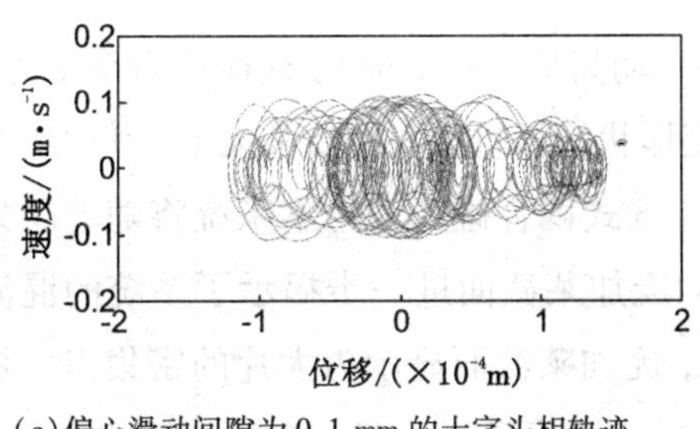

(a)偏心滑动间隙为 0.1 mm 的十字头相轨迹

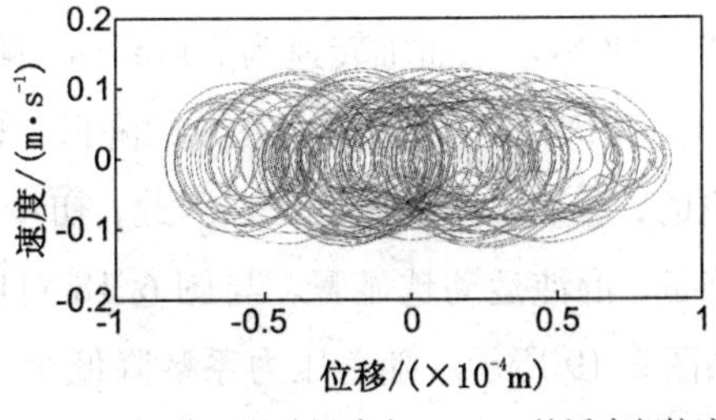

(b)偏心滑动间隙为 0.1 mm 的活塞相轨迹

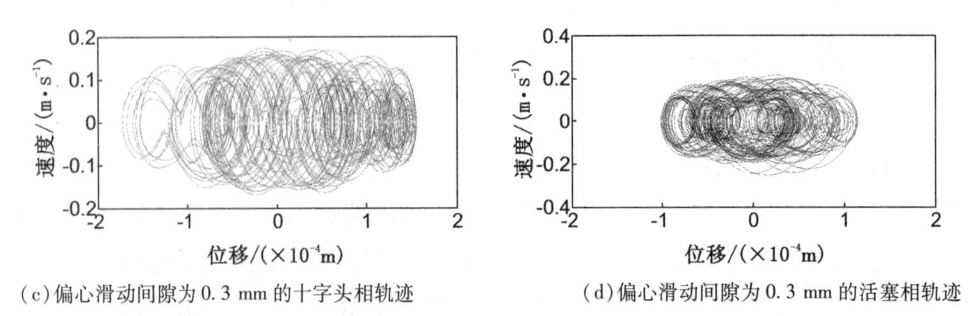

(c)偏心滑动间隙为 0.3 mm 的十字头相轨迹　　(d)偏心滑动间隙为 0.3 mm 的活塞相轨迹

图 6.16　不同偏心滑动间隙的相轨迹

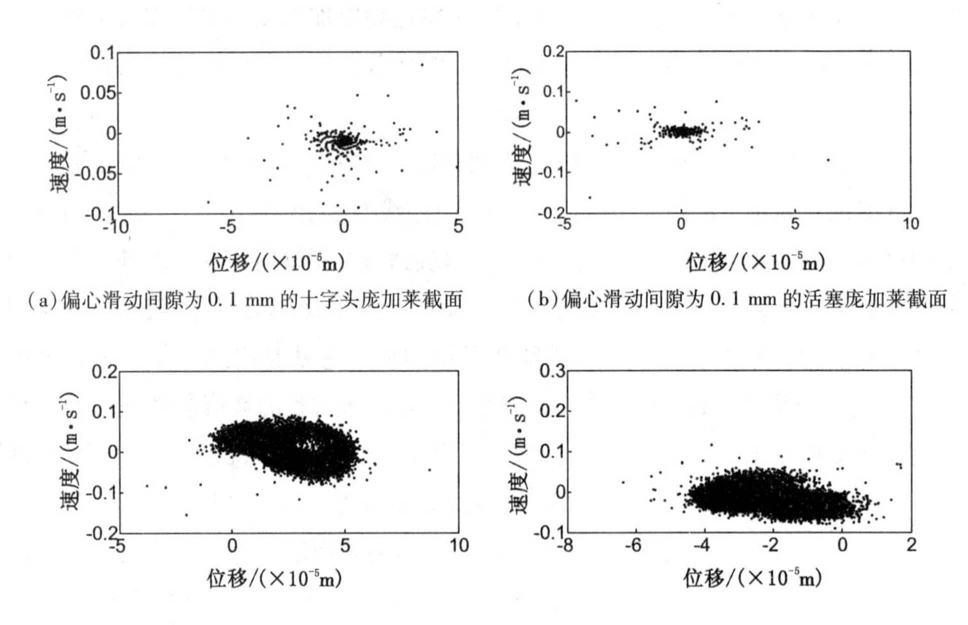

(c)偏心滑动间隙为 0.3 mm 的十字头庞加莱截面　　(d)偏心滑动间隙为 0.3 mm 的活塞庞加莱截面

图 6.17　不同偏心滑动间隙的庞加莱截面

图 6.18 展示了曲轴转速为 50 rad/s、偏心滑动间隙为 0.1 mm、载荷压力系数为 10^5 和 10^3 时的相轨迹。随着压力系数的降低，螺旋形状的相轨迹变得杂乱无章，其轨迹曲线是随机的，运动规律不易辨识。因此，初步判定 S 式耦合碰磨动力学系统将随着压力系数的降低，混沌运动越显著。与图 6.18 对应的庞加莱截面进一步揭示了系统的混沌特性，如图 6.19 所示。随着压力系数降低至 10^3，庞加莱截面显示为大片的密集点。根据庞加莱截面的映射理论，系统若是周期运动，则庞加莱截面只有一个或零散几个点；系统若是准周期运动，则庞加莱截面为一条封闭曲线；系统若是混沌运动，则庞加莱截面为成片的密集点。由此可见，当载荷压力系数为 10^5 和 10^3 时，S 式耦合碰磨动力学系统都是混沌的，且压力系数越低，混沌特性越敏感。这种随压力系数演变的运动规律与跷跷板式动力学系统的结论是相同的。

在含两类间隙的动力学系统中，曲轴转速会影响了动力学系统的混沌特性，且随着转速的提高，系统由混沌运动逐渐向准周期运动甚至周期运动演变。而对于 S 式耦合碰磨动力学系统，曲轴转速的变化是否也存在类似的演变规律值得探究。图 6.20 展现了偏心滑动间隙为 0.1 mm、载荷压力系数为 10^5、曲轴转速分别为 50 rad/s 和 20 rad/s 时的相轨迹。不难看出，随着曲轴转速的降低，相轨迹线更为紊乱，形状由螺旋线演变为左右两端貌似为两个深邃洞口，奇异吸引子较为显著。结果表明，曲轴转速的降低，提高了 S 式耦合碰磨动力学系统的混沌敏感度。

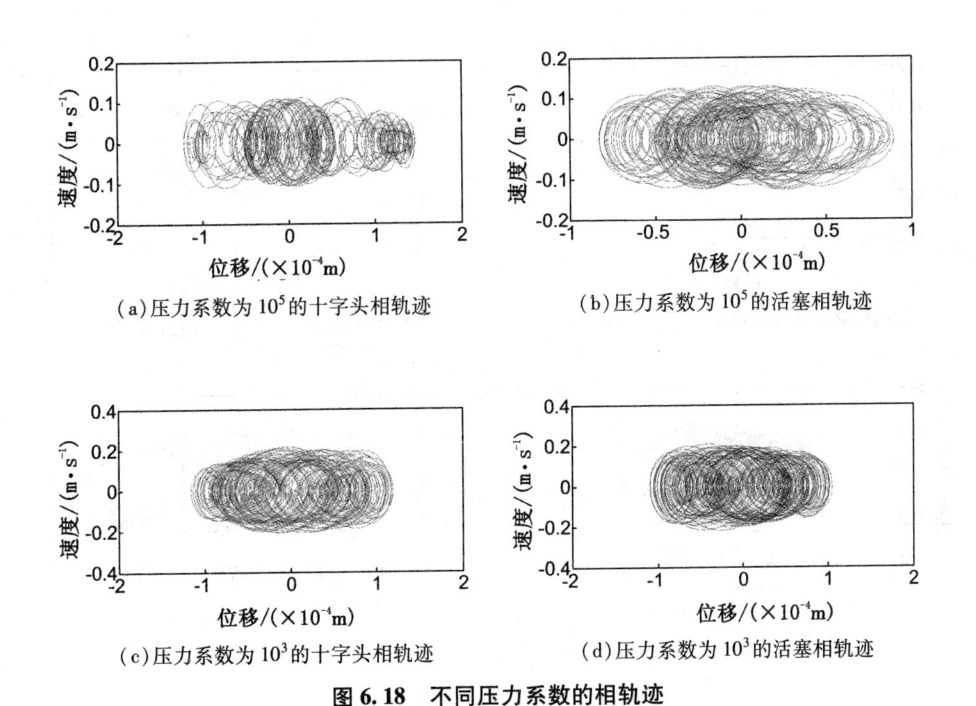

(a) 压力系数为 10^5 的十字头相轨迹

(b) 压力系数为 10^5 的活塞相轨迹

(c) 压力系数为 10^3 的十字头相轨迹

(d) 压力系数为 10^3 的活塞相轨迹

图 6.18　不同压力系数的相轨迹

(a) 压力系数为 10^5 的十字头庞加莱截面

(b) 压力系数为 10^5 的活塞庞加莱截面

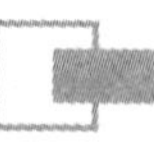

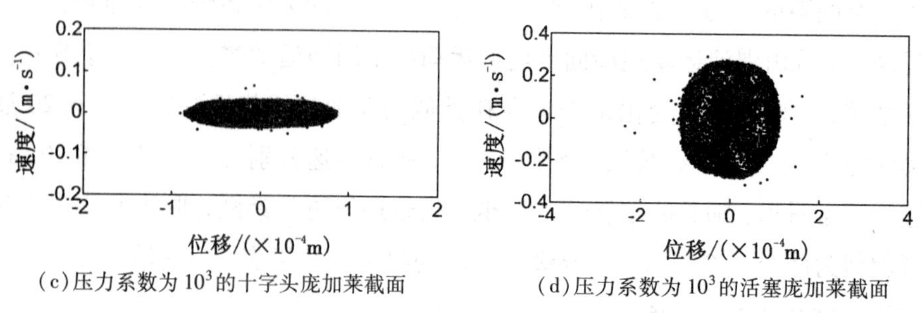

(c)压力系数为 10^3 的十字头庞加莱截面　　(d)压力系数为 10^3 的活塞庞加莱截面

图 6.19　不同压力系数的庞加莱截面

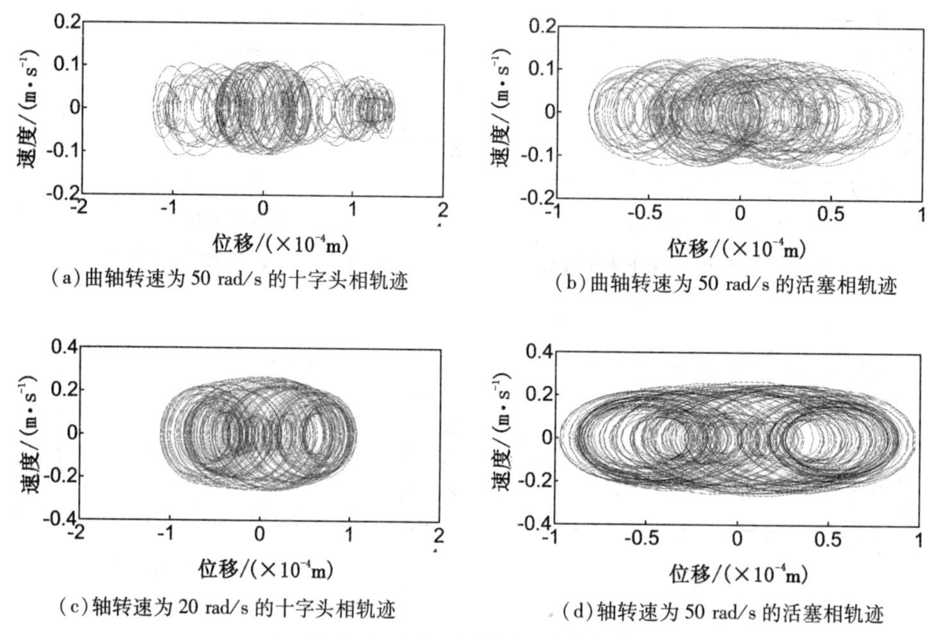

(a)曲轴转速为 50 rad/s 的十字头相轨迹　　(b)曲轴转速为 50 rad/s 的活塞相轨迹

(c)轴转速为 20 rad/s 的十字头相轨迹　　(d)轴转速为 50 rad/s 的活塞相轨迹

图 6.20　不同曲轴转速的相轨迹

为了证实相轨迹展示的演变规律，再次执行庞加莱截面方法，如图 6.21 所示。随着曲轴转速的降低，十字头和活塞的庞加莱截面由一小片密集点演变为一条曲线的密集点。从庞加莱截面的映射理论可知，越低的曲轴转速映射的庞加莱截面密集点越显著，与相轨迹的演变规律是吻合的。

由此可见，S 式耦合碰磨动力学系统随曲轴转速变化的运动演变规律与含两类间隙的动力学系统是一致的。

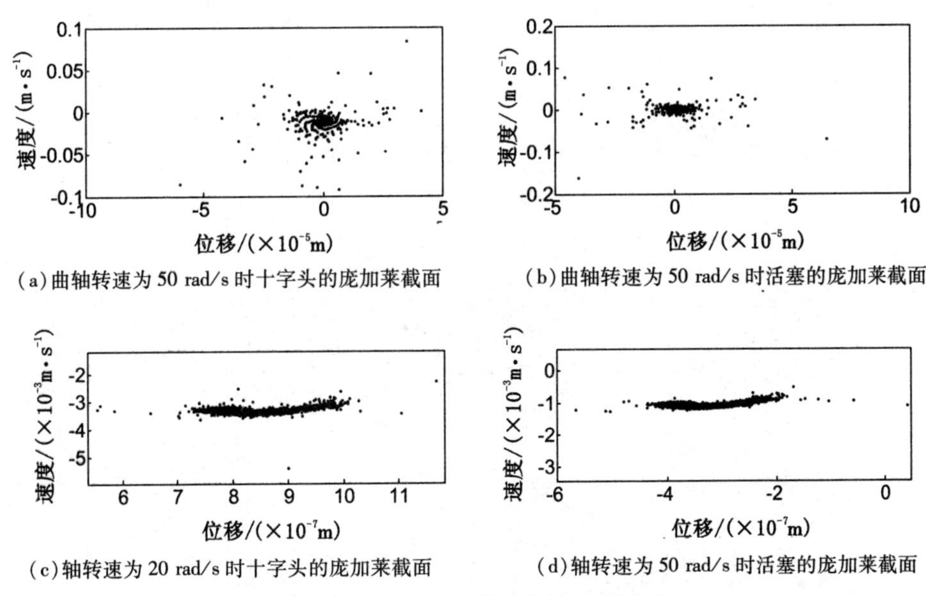

(a)曲轴转速为 50 rad/s 时十字头的庞加莱截面　(b)曲轴转速为 50 rad/s 时活塞的庞加莱截面

(c)轴转速为 20 rad/s 时十字头的庞加莱截面　(d)轴转速为 50 rad/s 时活塞的庞加莱截面

图 6.21　不同曲轴转速的庞加莱截面

6.5　本章小结

在往复压缩机传动机构中，以十字头、柔性活塞杆和活塞的三联体构件为研究对象，提出了一个 S 式耦合碰磨动力学问题。通过考虑活塞杆的柔性，三联体构件由跷跷板式耦合碰磨演变为 S 式耦合碰磨。在 S 式耦合碰磨中，活塞杆呈现三种演变形式：直杆形状、活塞杆左端朝下右端朝上的 S 形和活塞杆左端朝上右端朝下的 S 形。正是基于活塞杆形状的演变，S 式耦合碰磨小形态累计达到 42 种。与跷跷板式耦合碰磨 36 种小形态相比，S 式耦合碰磨小形态更丰富。

在跷跷板式耦合碰磨接触力模型基础上，通过考虑活塞杆柔性下表征十字头和活塞两滑块各个拐角的位置和速度函数，建立了 S 式耦合碰磨接触力模型，并得到了一组 S 式耦合碰磨动力学微分方程。采用数值求解动力学方程分析了不同偏心滑动间隙下十字头和活塞两滑块碰磨形态的演变规律，发现了偏心滑动间隙越大，活塞杆左端朝下滑道的弯曲变形量也越大，导致十字头与下滑道之间的碰磨强度减弱甚至不碰磨，而朝下弯曲活塞杆弹性势能的释放加剧了十字头与上滑道之间的碰磨强度。在十字头碰磨的诱发下，活塞与气缸上下侧的碰磨响应机制基本相反，但其整体略弱于十字头的碰磨强度。采用相轨迹和庞加莱截面方法，辨识了 S 式耦合碰磨动力学系统的混沌特性，阐明了偏心滑动间隙、载荷压力系数和曲轴转速因素对混沌特性的敏感度，即当偏心滑动间隙越大、压力系数越小、曲轴转速越低时，系统的混沌现象越明显。

下篇

基于广义局部频率的往复压缩机故障特征提取方法研究

第 7 章　广义局部频率的基本原理及算法研究

7.1　引言

在设备故障诊断领域，振动信号故障特征提取技术是随着信号处理技术的发展而不断提高，各种先进的故障特征提取方法得到了广泛的研究。由于设备部件的激励与振动信号的频率之间存在特殊的映射关系，使得设备故障诊断研究的重点大多集中于信号频谱和时频特征提取。目前，有两种频率概念被大家所熟知，一种是针对谐波信号定义的全局频率(即周期的倒数，因具有全局性，在本专著下篇中称其为全局频率)，另外一种是针对窄带信号定义的瞬时频率(即相位的导数)。很长一段时间里，全局频率概念只对简谐振动的动态信号具有明确物理意义，自从法国数学家约瑟夫 · 傅里叶提出了 Fourier 级数和 Fourier 变换的数学表达之后，全局频率在周期信号和非周期信号的特征提取中也获得了完美的物理解释。然而，Fourier 变换只能得到信号包含哪些谐波频率分量及各分量的相对强度信息，而无法获得这些频率分量如何随时间演变的信息。Fourier 变换是分析和处理平稳信号最为有效的工具，但当信号为非平稳信号时，Fourier 变换表征的只是信号与谐波基函数之间相似性程度的一种度量，而非信号的真实全局频率信息。瞬时频率概念在表征非平稳信号局部时变特征方面具有独特的有效性，已成功应用于雷达声纳探测、地震监测、电子通信及机械设备故障诊断等领域。但瞬时频率只对窄带信号具有明确的物理意义，认为窄带信号在每个瞬时时间点只存在一种频率成分，而损失了众多大尺度的频率信息。对于众多非线性非平稳信号，瞬时频率的物理意义缺乏清晰性，不能进行瞬时频率计算。

本章将针对全局频率和瞬时频率概念的局限性，提出广义局部频率新概念，为复杂信号赋予新的频率内涵，使其物理意义更加明确；通过广义局部频率频域和时频域的构建，使之同时兼容全局频率和瞬时频率；利用仿真信号分析，初步探究广义局部频率的适用性。

7.2 全局频率定义及其局限性分析

7.2.1 全局频率定义

信号的全局频率数学定义源自对简谐运动的认识，假设任一谐波信号 $x(t)=A\sin(\omega t+\theta)$ 的波形如图 7.1 所示。

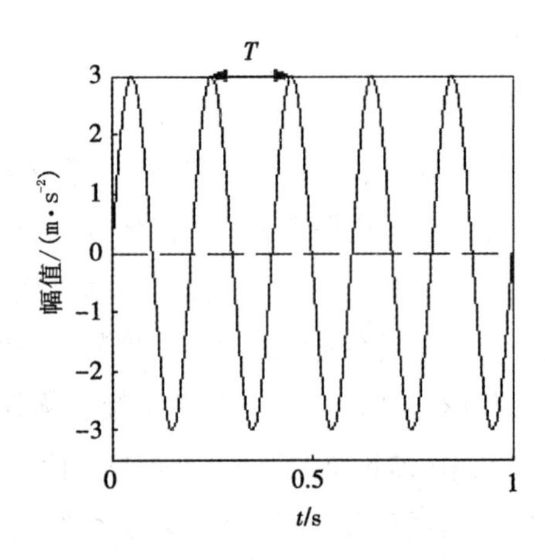

图 7.1 谐波信号时域波形图

图 7.1 中相邻两个波峰或波谷间的水平距离 T 称为周期，单位为 s，表示振动一次需要的时间。由此可以给出全局频率的定义：

$$f=\frac{1}{T} \tag{7.1}$$

式中，全局频率 f 单位是 Hz，它表示振动的快慢程度，为单位时间内完成周期性变化的次数。

由式(7.1)定义可知，全局频率只对具有恒定幅值的谐波信号具有物理意义，实际上这种理想谐波信号很少存在。为此，法国数学家 Fourier 给出了更具一般性的全局频率定义形式，即对任一周期信号 $x(t)$，可表示为

$$x(t \pm nT)=x(t) \tag{7.2}$$

式中，T 称为信号周期，它是信号重复一次需要的最短时间。

如果信号 $x(t)$ 满足 Dirichlet 条件：

① 在一个周期内，如果有间断点存在，则间断点的数目应是有限个；

② 在一个周期内，极大值和极小值的数目应是有限个；

③ 在一个周期内，信号绝对可积。

那么，$x(t)$ 可展开成 Fourier 级数：

$$x(t) = a_0 + \sum_{n=1}^{\infty}\left[a_n\cos\left(\frac{2\pi n}{T}t\right) + b_n\sin\left(\frac{2\pi n}{T}t\right)\right] \tag{7.3}$$

式中，分解得到的谐波信号都与 $\frac{2\pi}{T}$ 的整数倍有关，令 $\omega = \frac{2\pi}{T}$ s(称为基波角频率，简称基频)，则全局频率可表示为

$$f = \frac{\omega}{2\pi} = \frac{1}{T} \tag{7.4}$$

由(7.4)式可知，这种全局频率定义中包含周期信息 T，所以它只适合周期信号频率特征信息的分析。而对于众多非周期信号，它们实际并没有周期 T 的存在，为了与全局频率建立联系，通常假设其周期 $T\to\infty$，即为无限波动周期信号，由此可得到非周期信号的 Fourier 变换形式：

$$X(\omega) = \int_{-\infty}^{\infty} x(t)\mathrm{e}^{-\mathrm{j}\omega t}\mathrm{d}t \tag{7.5}$$

式中，$\omega = 2\pi f$；$X(\omega)$称为谱密度函数。

Fourier 变换的物理意义是：任何连续测量的时间序列或信号，都可以表示为不同频率的谐波信号的无限叠加。其本质是将原来难以处理的时域信号转换成易于分析的频域信号(信号的频谱)。从数学的角度看，它是信号 $x(t)$ 与三角基函数的内积变换，可视为信号与三角基函数关系紧密度或相似性的一种度量。正是由于 Fourier 变换所具有的优良数学特性和完美物理解释，使得全局频率长期以来被人们广泛接受，并且根深蒂固地认为它是频率的唯一正确表达。然而，随着现代科学与工程技术的不断深入和发展，以 Fourier 变换为基础的全局频率概念面临质疑和挑战，在解决一些工程问题时存在明显的局限性。

7.2.2　全局频率局限性分析

为了清晰地揭示基于 Fourier 变换的全局频率概念的局限性，下面将结合具体的仿真信号实例进行说明。

(1)缺乏局部性

考虑两个仿真信号：

$$x_1(t) = \begin{cases} 3\sin(2\pi\cdot 40\cdot t) & t\in[0,\ 0.5) \\ 5\sin(2\pi\cdot 20\cdot t) & t\in[0.5,\ 1] \end{cases} \tag{7.6}$$

$$x_2(t) = 3\sin(2\pi\cdot 40\cdot t) + 5\sin(2\pi\cdot 20\cdot t) \quad t\in[0,\ 1] \tag{7.7}$$

图 7.2 和图 7.3 分别给出了式(7.6)与式(7.7)信号的时域波形图和全局频率谱图。从时域波形图上看，信号 $x_1(t)$ 和 $x_2(t)$ 具有明显的差异性，其中 $x_1(t)$ 由两个不同时段不同频率的谐波分量组成，在时间尺度上具有非平稳性特点；而 $x_2(t)$ 由两个频率的谐波分量组成，是典型的平稳周期信号。在全局频率谱图上，虽然能够准确体现两个信号中存

在的 40 Hz 和 20 Hz 频率特征成分，但是从主要特征看彼此之间频率成分上差别不大，无法明确区分信号 $x_1(t)$ 和 $x_2(t)$。分析原因可知，以 Fourier 变换为基础的全局频率是基于平稳性假设，它将信号从时域到频域之间进行全局性变换，其时间分辨率为零，在全频域范围内频率分辨率相同，只能表征信号的频率整体概貌特征，而无法得到频率分量随时间演变的信息。对于像信号 $x_1(t)$ 这样具有明显的局部化频率特征信息的非平稳信号，并不适合应用全局频率进行分析。此外，全局频率是对无限波动周期信号给出的定义，而一般所测取的信号都是有限长度的截断信号，类似于无限波动的信号加了矩形窗，由于样本长度的选取不同，也会影响整体的频谱分布及大小。因此，信号的频率需要从时间尺度上提取出更细致的局部性信息，这是全局频率最大的局限性。

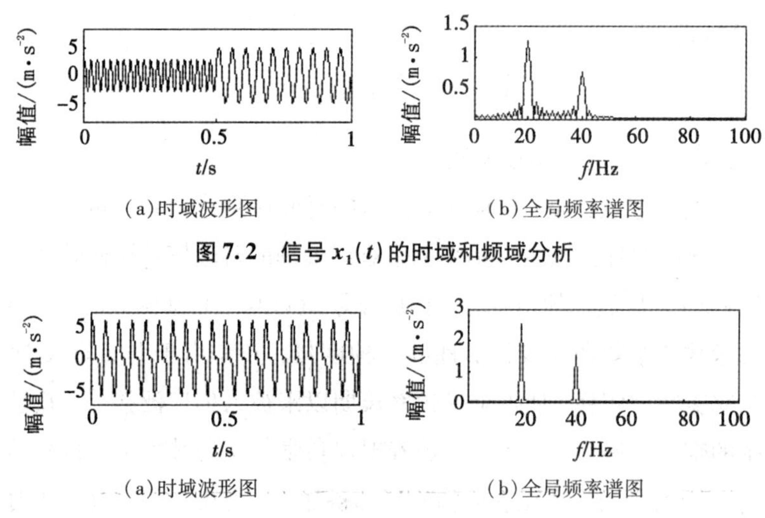

图 7.2　信号 $x_1(t)$ 的时域和频域分析

图 7.3　信号 $x_2(t)$ 的时域和频域分析

(2)缺乏自适应性

考虑两个仿真信号：

$$y_1(t) = \text{sawtooth}(2\pi \cdot 20 \cdot t) \quad t \in [0, 1] \tag{7.8}$$

$$y_2(t) = \text{sawtooth}(2\pi \cdot 20 \cdot t) + 0.1\sin(2\pi \cdot 40 \cdot t) \quad t \in [0, 1] \tag{7.9}$$

从图 7.4 和图 7.5 的时域波形图上看，信号 $y_1(t)$ 是单分量的锯齿波信号，$y_2(t)$ 是由谐波和齿波组成的多分量信号。在全局频率谱图上，两种信号体现出的频率特征是以 20 Hz 为基频的整数倍离散谱线，频率分布和结构特征几乎一致，无法有效辨识出原始信号 $y_1(t)$ 和 $y_2(t)$。根据式(7.8)表达的锯齿波，其有意义的频率应该为 20 Hz，但在两个图中均产生了一些其他干扰频率成分，如 40，60，80，100 Hz 等。这些频率的物理含义比较模糊，并且这些干扰频率将信号 $y_2(t)$ 中的 200 Hz 谐波分量掩盖掉了。而产生上述虚假频率信息的主要原因是全局频率计算过程中应用 Fourier 变换方法，将原始信号强制应用谐波基函数进行线性组合逼近的结果。实际上，复杂的非线性非平稳信号往往同时包含多个激励源振动特征信息，谐波基函数作为众多函数完备集中的一种，并不适合衡量各种复杂波形的信号，分析结果难以解释，精度上也难以保证。因此需要依据信号自身的特点进行自适应的分析，提取出具有明确物理意义的频率特征信息，这也是全局频率的局限之一。

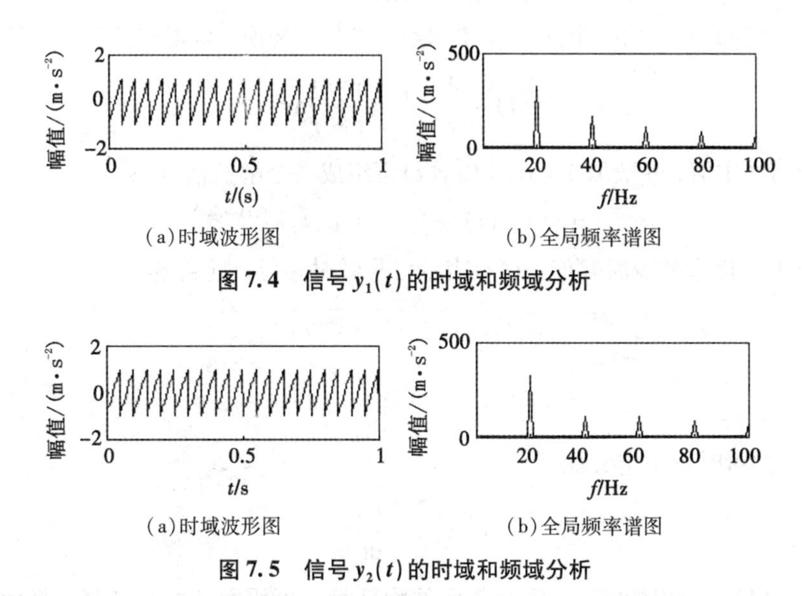

(a)时域波形图　　(b)全局频率谱图

图 7.4　信号 $y_1(t)$ 的时域和频域分析

(a)时域波形图　　(b)全局频率谱图

图 7.5　信号 $y_2(t)$ 的时域和频域分析

综上所述，从仿真实例的对比分析可知，以 Fourier 变换为基础的全局频率适合分析具有明显谐波组合特性的平稳信号，如旋转机械不平衡、不对中及油膜涡动等典型故障振动信号，不仅从机理上能得出振动信号体现出谐波成分的变化，而且能给出完美的频率意义解释，因此在工程中得到了广泛应用。但是，由于全局频率受 Fourier 思想束缚，存在缺乏局部性和自适应性等不足之处，因此在分析复杂的非线性非平稳信号时，效果不是很理想，可能产生一些物理意义不明确的虚假频率成分信息。

7.3　瞬时频率定义及其局限性分析

7.3.1　瞬时频率定义

为了弥补全局频率概念在分析一些频率随时间发生变化的非平稳信号的不足，另外一个频率概念被提出并广泛应用，即瞬时频率概念。人们对瞬时频率的最初认识源自 Armstrong 于 1936 年发表的一篇名为《一个通过频率调制系统降低无线电信号干扰的方法》的文章，Armstrong 指出频率调制可使信号具有更强的抗噪声干扰能力和抗振幅衰减能力，并引入了瞬时频率的概念，用以表征频率随时间变化的信号。瞬时频率的数学定义最初由 Cason 和 Fry 提出，后来 Gabor 也提出了不同瞬时频率算法。随着人们对瞬时频率认识的加深，许多新的瞬时频率计算方法陆续被提出，但这些方法大多存在计算量大、精度差、分析效率不高和抗噪能力弱等缺陷，所以很少被采用。直到 1948 年，Ville 给出了较为简洁直观的瞬时频率定义，该定义至今仍被学术界和工程界广泛应用，本专著下篇也主要是围绕该瞬时频率定义进行讨论。具体定义如下：

假设 $x(t)$ 为时域内的一个连续信号，通过 Hilbert 变换，可得到其共轭信号：

$$y(t)=\frac{1}{\pi}P\int_{-\infty}^{+\infty}\frac{x(\tau)}{t-\tau}\mathrm{d}\tau \tag{7.10}$$

式中，P 为柯西主值，一般取 1。$x(t)$ 和 $y(t)$ 可组成一个解析信号 $z(t)$：

$$z(t)=x(t)+\mathrm{j}y(t)=a(t)\mathrm{e}^{\mathrm{j}\theta(t)} \tag{7.11}$$

式中，$a(t)$ 表示信号的瞬时幅值；$\theta(t)$ 表示信号瞬时相位，且满足

$$a(t)=\sqrt{x^2(t)+y^2(t)} \tag{7.12}$$

$$\theta(t)=\arctan\left(\frac{y(t)}{x(t)}\right) \tag{7.13}$$

则 Ville 给出的瞬时频率定义如下：

$$\omega(t)=\frac{\mathrm{d}\theta(t)}{\mathrm{d}t} \tag{7.14}$$

按照(7.14)式给出的定义，瞬时频率的物理意义可用图 7.6 来解释。把解析信号 $z(t)$ 表示为一复平面的向量，$x(t)$ 和 $y(t)$ 分别表示实轴和虚轴的投影，而 $a(t)$ 和 $\theta(t)$ 表示任一时刻向量的幅值大小和幅角大小，则瞬时频率 $\omega(t)$ 表示向量相对于原点的瞬时转动速度，即单位时间内转动的周数，单位为 rad/s。这个复平面表示还可以形象地表征瞬时频率的正负含义，即对应向量逆时针和顺时针的旋转方向。特别地，当幅值 $a(t)$ 和瞬时频率 $\omega(t)$ 为常数时，向量在复平面内做匀速圆周运动，其实轴的投影为 $x(t)=A\sin(\omega t+\theta)$，此时瞬时频率处处相等，是一种典型的平稳谐波信号，这样瞬时频率和全局频率在物理意义上形成了统一。

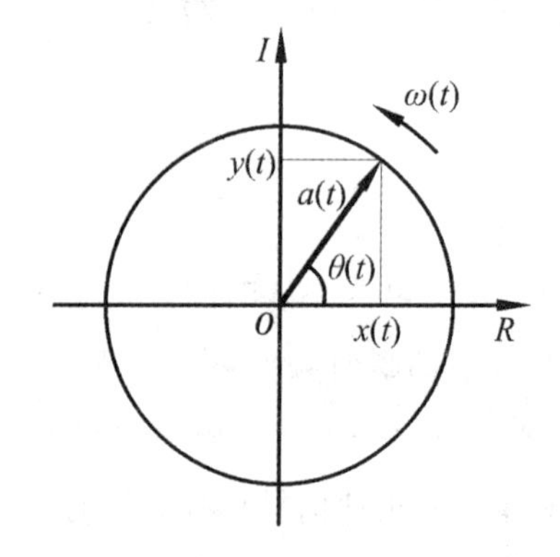

图 7.6　瞬时频率的物理解释

尽管瞬时频率能够有效描述非平稳信号特性，并在实际中取得了较好的应用效果，

但自从它被提出以来，学术界就一直对其物理本质意义和定义形式产生质疑，至今仍然存在争论。式(7.14)给出的基于 Hilbert 变换的瞬时频率定义，要求信号需要满足一定条件才能成立，这也给瞬时频率的应用带来了局限性。

7.3.2　瞬时频率局限性分析

下面将通过一些具体实例对全局频率概念的局限性进行阐述。

(1)窄带限制条件的约束

式(7.14)给出的瞬时频率定义是时间的单值函数，即表示在任一时刻只有唯一的瞬时频率，因此只适合分析单分量信号。但对于如何定义或判断一个信号是否单分量，目前还缺乏准确的定义，为了使瞬时频率具有明确的物理意义，于是就采用了窄带的条件来限制被分析信号。

通常，带宽定义一般有两种：第一种假设信号具有平稳高斯特性，当极值数目和过零点数目相等时为窄带信号；第二种假设信号具有非平稳特性，当瞬时幅值和瞬时相位逐渐变化时为窄带信号。这两种带宽定义都是一种全局性定义，且约束过多，缺乏准确性，对于复杂的非线性非平稳信号很难满足这些限制条件。后来，Gabor、Bedrosian 和 Boashash 等人给出了窄带信号新的约束条件：信号的 Fourier 变换的实部必须是正频率。Tichmarsh 从数学的角度对该约束条件进行了证明。后来，Norden E.Huang 将这个全局约束条件转换成局部约束条件，并用本征模函数(Intrinsic Mode Function，IMF)进行了定义：一是要求信号的极值和过零点的数目必须相等或至多相差一个；二是要求在任意数据点，局部最大值的包络和局部最小值的包络的平均必须为0。

为了更好地理解 Huang 提出的窄带限制条件的物理含义，下面同样通过解析信号复平面向量进行解释。众所周知，频率具有衡量振动物体往复运动快慢的物理意义，瞬时频率作为频率定义的一种，也应该满足实际振动信号具有的交变性和正频率特性。根据式(7.14)可知，原始信号 $x(t)$ 可表示为

$$x(t)=a(t)\cos\theta(t) \tag{7.15}$$

为使(7.15)式所表征的原始信号具有交变特性，瞬时幅值 $a(t)$ 相对于 $\cos\theta(t)$ 应为缓变信号，它的取值不应该影响 $\cos\theta(t)$ 的单调性，因此它们应该满足：

$$a'(t)\ (\cos\theta(t))'\geqslant 0 \tag{7.16}$$

式(7.16)表明，只有 $a(t)$ 和 $\cos\theta(t)$ 具有同向单调性时，瞬时频率的定义才具有意义，否则原始信号不符合振动的交变特性。图7.7(a)中瞬时幅值 $a(t)$ 为缓变信号，这保证了 $a(t)$ 和 $\cos\theta(t)$ 具有同向单调性，因此能够使原始信号 $x(t)$ 和 $\cos\theta(t)$ 具有相同的交变特性，得到的瞬时频率也具有明确的物理意义。图7.7(b)表示瞬时幅值不满足式(7.16)要求的情形，$a(t)$ 和 $\cos\theta(t)$ 不具有同向单调性，因而 $x(t)$ 和 $\cos\theta(t)$ 的交变性不一致，根据式(7.14)计算的瞬时频率也就不具有物理意义。由此可知，式(7.16)是瞬时

频率计算的必要条件之一，其意义表示信号应该满足窄带条件之一：信号的极值和过零点的数目必须相等或至多相差一个。

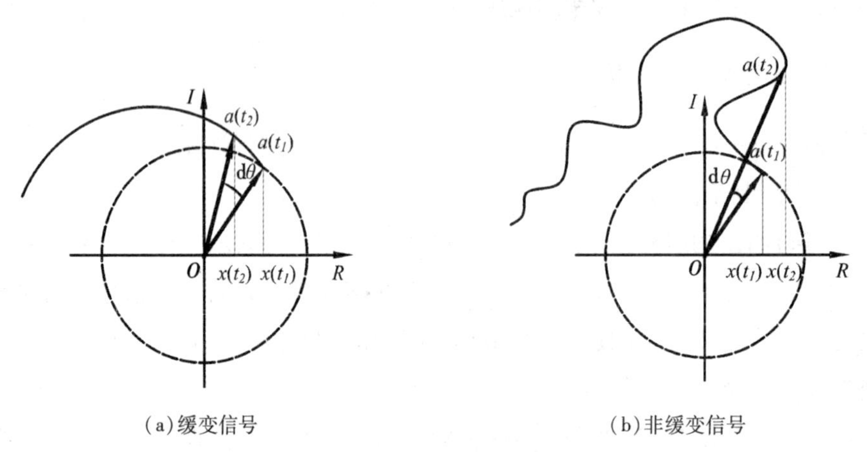

(a)缓变信号　　(b)非缓变信号

图 7.7　窄带限制条件一的物理解释

图 7.8 中，假设信号 $x(t)=a+\cos(\omega t)$，其 Hilbert 变换为 $y(t)=\sin(\omega t)$，显然信号的平衡位置不位于原点，转角 $\theta(t)$ 和转角 $\varphi(t)$ 分别表示为绕原点和绕圆心旋转的相位，且 $\theta(t)=\arctan\dfrac{\sin(\omega t)}{a+\cos(\omega t)}$，$\varphi(t)=\arctan\dfrac{\sin(\omega t)}{\cos(\omega t)}$。根据式(7.14)瞬时频率定义，显然 $\theta(t)$ 对时间的导数并不等于原信号中的频率 ω，而只有 $\varphi(t)$ 对时间求导才符合真正的频率物理含义。当 $a>1$ 时，原点在圆外，实轴上的信号 $x(t)$ 没有过零点，相位函数 $\theta(t)$ 并不是在 $[0, 2\pi]$ 单调递增，导致瞬时频率可能出现负值；当 $a=1$ 时，原点在圆上，信号 $x(t)$ 只有一个过零点，相位角函数 $\theta(t)$ 在原点处存在不可导的突变点，因此不存在瞬时频率；当 $0<a<1$ 时，原点在圆内，信号 $x(t)$ 过零点数和极值数相等或相差一个，但是根据式(7.17)定义的瞬时频率也出现负频率，且不等于原信号中所含有频率 ω。因此，只有当常数项 $a=0$ 时，式(7.14)才能成立，即被分析信号需要满足窄带限制条件之二：在任意数据点，局部最大值的包络和局部最小值的包络的平均必须为 0。

虽然 Huang 提出了 EMD 方法可以得到符合上述窄带限制条件的 IMF 分量，但是对于众多复杂的非线性非平稳信号，尤其是噪声信号而言，窄带限制条件过于苛刻，并不都能满足分解的条件。如果按照 EMD 强制进行分解，得到的所谓单分量信号仍然不具有明确的物理意义，因而不能进行瞬时频率计算。

(2)缺乏幅值信息的相关性

根据瞬时频率定义，它只反映了瞬时频率与瞬时相位之间的相关性，对于重要的幅值信息并未涉及，下面通过仿真实例进行说明。

考虑仿真信号

$$s(t)=3e^{-0.5\sin(2\pi\cdot 5\cdot t)}\sin(2\pi\cdot 40\cdot t) \quad t\in[0, 1] \tag{7.17}$$

根据图 7.9(a)的时域波形可以判别出仿真信号 $s(t)$ 是一个典型的调幅信号，从式

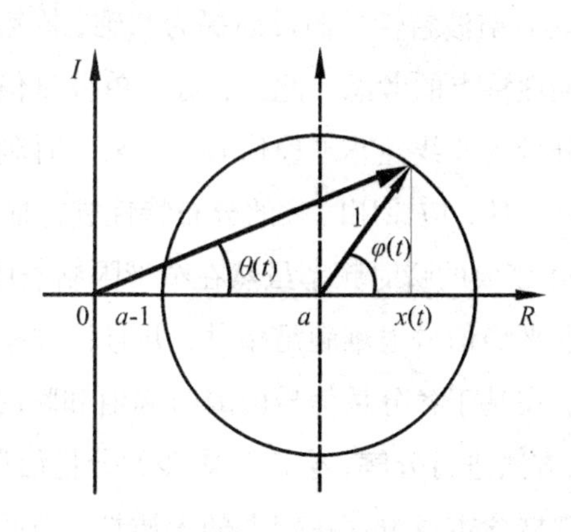

图 7.8　窄带限制条件二的物理解释

(7.17)可知，信号的载波为 40 Hz 的正弦谐波，其调制幅值为频率 5 Hz 的正弦波，这两个频率都应该属于原仿真信号中有意义的频率特征。但是图 7.9(b)中的瞬时频率只能体现出载波频率的 40 Hz 特征信息，未体现出幅值中的 5 Hz 频率特征信息，$s(t)$虽然满足窄带限制条件，但仍然无法完全获取信号中的频率特征。事实上，信号频率f与相应的功率$E(f)$之间存在一定指数关系，即$E(f)\to f^{-\beta}$，并且在一些物理现象中得到证实。例如，$\beta=0$ 对应白噪声，$\beta=2$ 对应褐色噪声，$0.5<\beta<1.5$ 对应杂音，$\beta=5/3$ 对应湍流的惯性区。因此，信号的频率定义需要充分考虑周期与幅值信息，从更广义的角度衡量振动的快慢。

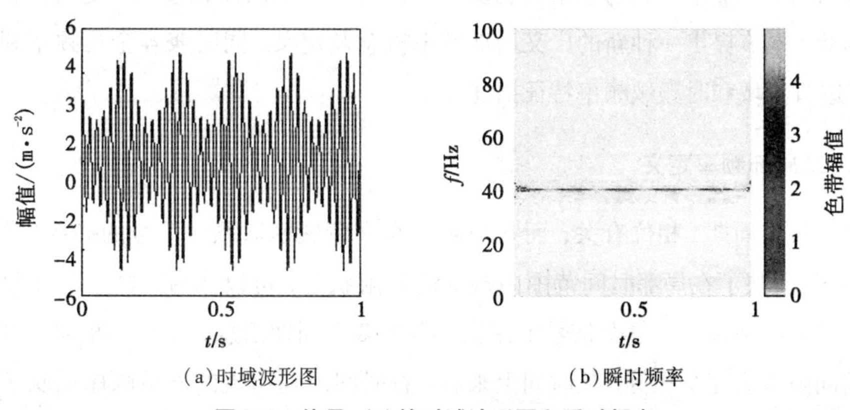

(a)时域波形图　　(b)瞬时频率

图 7.9　信号 $s(t)$的时域波形图和瞬时频率

(3)存在物理意义的矛盾性

在满足窄带限制条件下的瞬时频率定义，仍然存在一些与实际信号物理意义相矛盾的地方。主要表现在：瞬时频率表示信号在任一时刻存在频率的意义，是一个瞬态量，但是计算瞬时频率时却需要一整段时间历程的信号才能得到，也就是说，该时刻的瞬时频率值与该时刻前后的整个信号都有关联，而不是独立的，对于少于一个周期的谐波信号，无法计算得到其瞬时频率，显然这与瞬时频率的概念相矛盾。基于 Hilbert 变换的瞬时频率定义仍然是以信号具有谐波特性的假设前提为基础，依然没能摆脱 Fourier 变换的思想，缺乏对信号自身周期性特点的考虑。此外，对于单分量信号讨论瞬时频率是有意义的，但对于众多含有多分量的非线性非平稳信号，在某一时刻或时段可能存在多个频率，因此瞬时频率不存在唯一性，应该用时频的分布特性进行描述。

综上所述，基于 Hilbert 变换的瞬时频率虽然在窄带限制条件下具有较明确的物理意义，但实际上复杂非线性非平稳信号很难满足条件，并且该频率定义中没有充分考虑幅值信息变化，缺乏广义性。在基于各分量信号由瞬时幅值和瞬时频率组成的谐波形式思想束缚下，强制应用 EMD 方法进行分解，会产生虚假的分量信息，得到的瞬时频率缺乏物理意义。另外，瞬时频率概念本身也存在较大的矛盾性，因此它并不适合描述众多含有多分量信息的非线性非平稳信号。

7.4 广义局部频率定义及其适用性分析

根据前两节的论证，全局频率和瞬时频率这两种定义形式只在两种极端信号情况下才具有物理意义，一个适合无限波动的周期信号，另一个适合窄带的非平稳信号，缺乏普适性。完全可以在两种尺度之间重新定义第三种更具广义性的频率概念，使之能够适于各种各样的信号，使各种复杂非线性非平稳信号都具有明确的频率含义，同时兼容全局频率和瞬时频率，新定义的频率概念要与人们对信号的认知相接近，使之物理意义更明确。因此，本节提出一种新的广义局部频率概念及定义，同时兼容全局频率和瞬时频率，能够进行频域和时频域频率特征描述。

7.4.1 广义局部频率定义

频率不仅与周期、相位有关，而且与幅值存在着紧密联系。信号的局部极值(极大值或极小值)反映了在局部时间范围内振动的极限状态，可以作为判断信号往复运动周期起始的重要参考标志。复杂信号中往往蕴含着多个周期信息，使得各相邻局部极值之间的时间间隔不会完全相等，从时间上来看，各时间间隔出现的先后顺序反映了局部时间振动快慢随时间的变化，即频率的局部化特征，这对于非平稳信号的描述尤为重要。而从幅值上来看，虽然各局部极值都是振动局部时间内的极限状态，但是局部极值的幅值大小可能存在量级上的差别，对于同一周期分量而言，其频率特征往往具有同量级的局部极值。根据这些周期与局部极值的关系提出广义局部频率的定义：

对于任意信号为 $x(t)$，假设其所对应的离散时间序列为 $\{x(i) \mid i=1, 2, 3, \cdots, n\}$，其时域波形如图 7.10(a)所示，令其局部极大值满足：

$$x(i) \geqslant x(i-1) \& x(i) \geqslant x(i+1) \& x(i-1) \neq x(i+1) \tag{7.18}$$

从完成一次振动所需要的最小波形来看，原信号可以近似认为由一系列包含两相邻极大值的 V 形波组成，如图 7.10(b)所示。

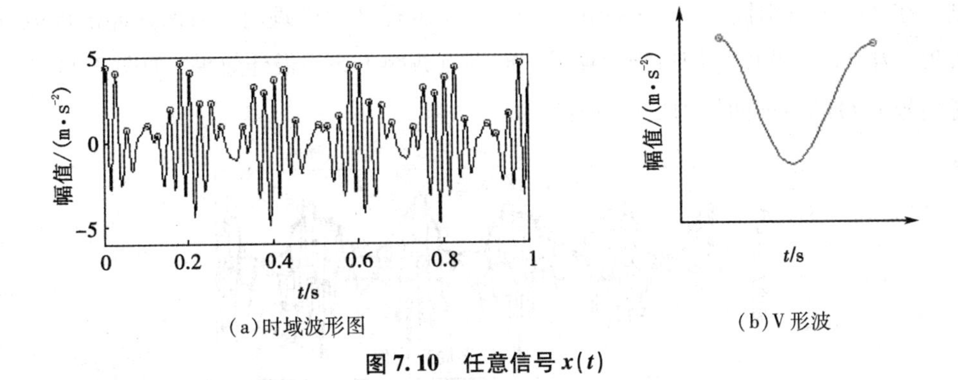

(a)时域波形图　　(b)V 形波

图 7.10　任意信号 $x(t)$

设 V 形波起始位置 t_k 为原信号 $x(t)$ 中第 k 个局部极大值所处时刻，且 $k=1, 2, \cdots, N$，则根据 V 形波可以定义原信号 $x(t)$ 的广义局部周期 $T(t)$：

$$T(t)=t_{k+1}-t_k, \quad t_k \leqslant t < t_{k+1} \tag{7.19}$$

式中，$T(t)$ 表示信号在局部时间范围内，完成一次完整的局部振动所需要的时间。

类似地，还可以给出广义局部均值 $m(t)$ 与广义局部幅值 $a(t)$，即

$$m(t)=\frac{1}{n_k}\sum_{i=1}^{n_k} x(t_i), \quad t_k \leqslant t < t_{k+1} \tag{7.20}$$

$$a(t)=\frac{x(t_k)+x(t_{k+1})}{2}, \quad t_k \leqslant t < t_{k+1} \tag{7.21}$$

式中，n_k 为第 k 个极大值和第 $k+1$ 个极大值之间所含样本数。

根据式(7.19)，广义局部频率定义为广义局部周期的倒数，即

$$v(t)=\frac{1}{T(t)}=\frac{1}{t_{k+1}-t_k}, \quad t_k \leqslant t < t_{k+1} \tag{7.22}$$

式中，广义局部频率 $v(t)$ 表示单位局部时间内完成振动的次数，用于衡量局部振动的快慢，单位仍为 Hz。

由于式(7.20)~式(7.22)所计算得到的广义局部幅值 $a(t)$、广义局部均值 $m(t)$ 和广义局部频率 $\nu(t)$ 等特征曲线都为折线，为了提高分析结果的准确性，获得较为平滑曲线，本专著下篇中将采用滑动平均(Moving Average, MA)技术进行处理，其原理是：

设原折线序列为 $\{y(i) \mid i=1, 2, 3, \cdots, n\}$，平滑处理后的每一点应该满足：

$$y'(i)=\frac{1}{2N+1}[y(i-N)+y(i-N+1)+\cdots+y(i+N-1)+y(i+N)] \tag{7.23}$$

式中，$2N+1$ 为平滑的区间跨度，$2N+1<n$。

显然，跨度选择的不同对平滑效果有直接的影响，会使广义局部特征量的计算结果

产生不同误差。为此，文献中通过实验得出，当滑动跨度取相邻极大值最大间隔点数的1/3时，平滑效果最好。而在边界附近时，要适当减小跨度，以不超过序列的端点为最大限制。在文献中特别提出，对于冲击类信号，在进行平滑处理时，为保证冲击极值特征不丢失，需要调节跨度至相邻极大值最大间隔点数的1/5为最佳效果，如图7.11所示为任意信号$x(t)$的特征曲线的平滑处理结果。

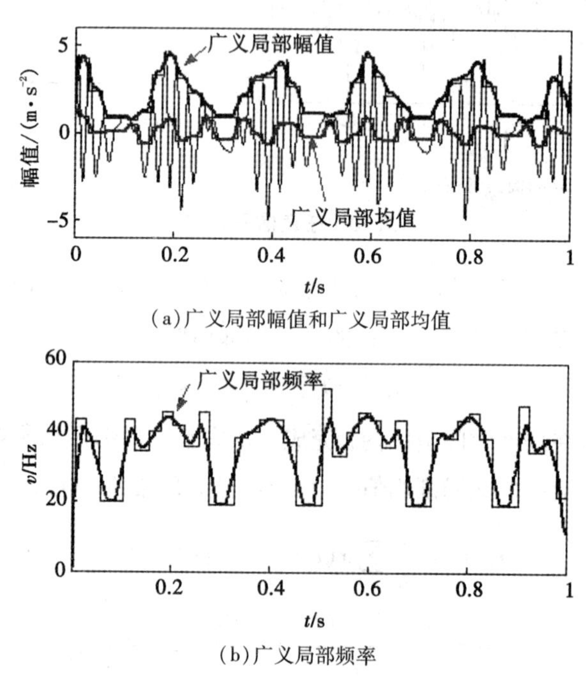

(a)广义局部幅值和广义局部均值

(b)广义局部频率

图7.11　任意信号$x(t)$的特征曲线

7.4.2　广义局部频率的频域和时频域构造方法

为使广义局部频率兼容全局频率和瞬时频率的优点，需要构造基于广义局部频率的频域和时频域特征描述方法。

(1)时频域构造

式(7.21)所计算的广义局部幅值曲线$a(t)$表示V形波在一个完整的广义局部周期内的绝对幅值，为了消除平衡位置点波动的影响，需要去除广义局部均值曲线$m(t)$，即

$$a'(t) = |a(t) - m(t)| \tag{7.24}$$

式中，$a'(t)$反映了广义局部频率成分$\nu(t)$相对于平衡位置随时间波动的幅值大小。

如果将时间t、广义局部频率$\nu(t)$和广义局部幅值$a'(t)$画在一个三维图上，并以不同的等高线表示$a'(t)$，则形成信号$x(t)$的广义局部频率时频图，如图7.12所示。信号$x(t)$时频分布规律与图7.11(b)中所提取的广义局部频率$v(t)$特征一致，而不同的等高线反映了各频率成分的广义局部幅值$a'(t)$特征。

(2)频域构造

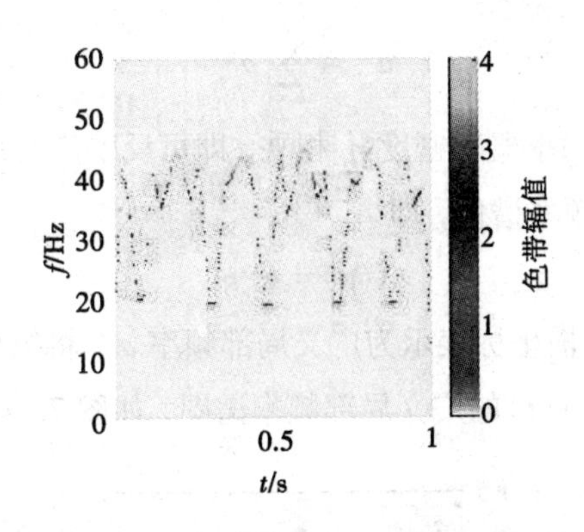

图 7.12 任意信号 $x(t)$ 的广义局部频率时频图

全局频率谱图反映了各频率成分在整个时间尺度范围内对幅值或能量的平均贡献情况。根据这一原理，可建立广义局部频率的频域谱图构造方法。其具体操作步骤如下：

① 由于在整个时间 t 内，可能存在多个值为 $\nu(t_i)$ 的广义局部频率，因此需要统计出频率值为 $\nu(t_i)$ 的所有幅值的平均大小，用以表达信号 $x(t)$ 中广义局部频率的频谱特征。将广义局部频率 $\nu(t)$ 中频率值范围等区间划分成 l 份，设任意频率值 $\nu(t_i)$ 满足如下频率区间条件：

$$v(t_i) \in \frac{j}{l}[\max\{v(t)\} - \min\{v(t)\}] + \min\{v(t)\} \tag{7.25}$$

式中，$i=1, 2, \cdots, n$；$j=0, 1, \cdots, l-1$。l 可根据 $\nu(t)$ 波动范围及程度适当选取。

② 设第 j 频率区间的广义局部频率频数为 p_j，则频率 $\nu(t_i)$ 的概率密度可表示为

$$\eta_j = \frac{p_j}{n} \tag{7.26}$$

图 7.13 给出了信号 $x(t)$ 的广义频率区间划分及频数统计的原理，其中频率被划分为 5 个区间，可以看出信号的主要频率主要集中在第 2，4，5 三个区间。

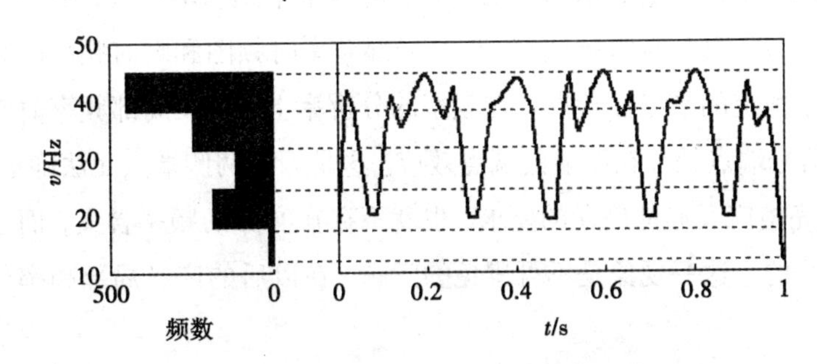

图 7.13 任意信号 $x(t)$ 的广义频率区间划分及频率统计

③ 如果第 j 频率区间的 p 个广义局部频率所对应的广义局部幅值分别为 a'_1，a'_2，$\cdots$，a'_p，则该频率区间所对应的平均幅值为

$$a'_j = \sum_{k=1}^{p} a'_k \tag{7.27}$$

④ 将平均幅值 a'_j 和频率概率密度 η_j 相乘，即可反映广义局部频率 ν 对信号 $x(t)$ 幅值的贡献，称为广义局部频率谱值，即

$$X(v) = a'_j \eta_j \tag{7.28}$$

⑤ 在平面坐标系中将横坐标表示为广义局部频率 ν，将纵坐标表示为广义局部频率谱值 $X(v)$，可构造出信号 $x(t)$ 的广义局部频率谱图，如图 7.14 所示。

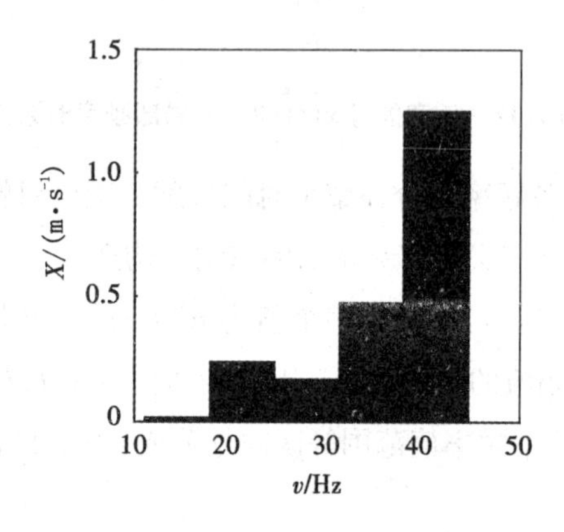

图 7.14　任意信号 $x(t)$ 的广义局部频率谱图

7.4.3　广义局部频率适用性分析

下面结合几种典型的单周期性信号，如谐波、三角波、方波和循环脉冲等信号，令其周期 T 均为 0.1 s，幅值 A 均为 1 m/s，其时域波形如图 7.15 所示。通过与全局频率和瞬时频率进行仿真对比，以初步验证广义局部频率的适用性。

图 7.16 给出了 10 Hz 谐波信号的频域和时频域特征分析结果。从频域看，广义局部频率谱图和全局频率谱图所表示的特征一致，均为单个 10 Hz 谱线，准确表征了原谐波信号的周期性成分信息。从时频域看，广义局部频率时频图和瞬时频率时频图均反映出频率随时间基本恒定的平稳性特点。在频率的分辨率上，广义局部频率时频图相对要更清晰，但是在信号端点处存在明显的端点效应。这是因为两侧端点无法确定是否为极值，不满足 V 形波完整广义局部周期的要求，也就不存在实际的频率含义，而这与人们对频率的认知是相符的。这一现象是不可避免的问题，在以后的广义局部频率分析中同样会出现。

图 7.17 给出了周期为 0.1 s 的三角波信号的频域和时频域特征分析结果。从频域看，全局频率谱图中出现一系列以 10 Hz 为基频的奇数倍频率谱线，这是由于 Fourier 变换是用这些频率的谐波信号对三角波信号进行无穷逼近的结果，其中只有 10 Hz 与周期 0.1 s 的本质特征吻合，其他的冗余频率信息属于虚假频率成分，不仅没有任何物理意

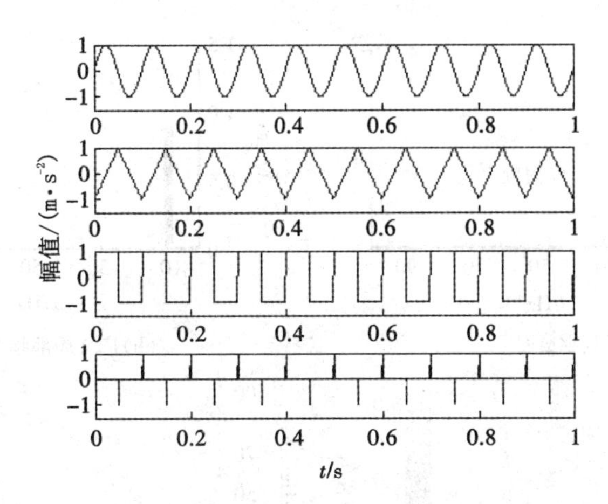

图 7.15　典型单周期信号的时域波形图

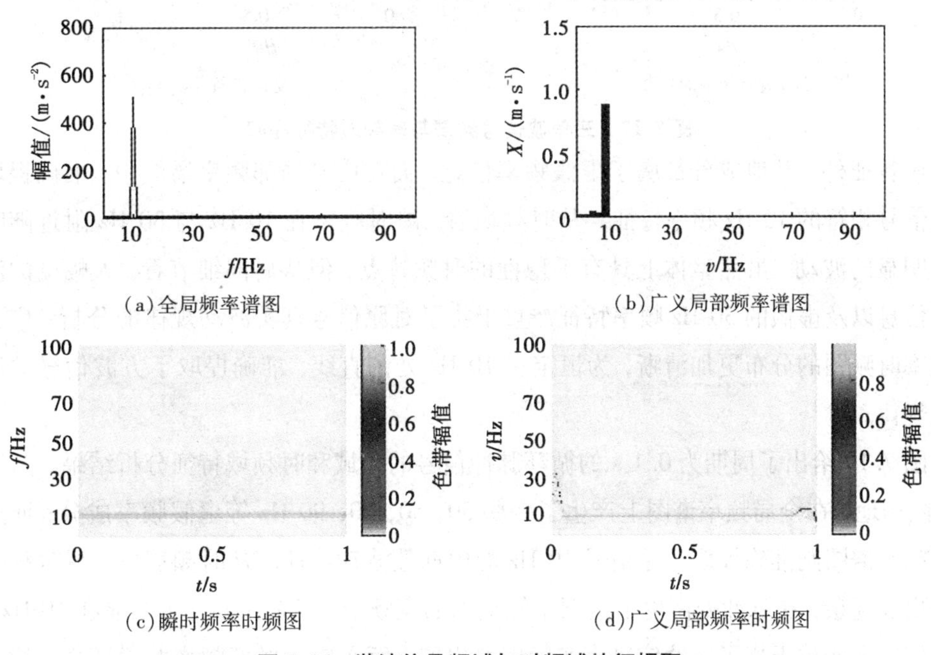

图 7.16　谐波信号频域与时频域特征提取

义，而且一定程度上干扰了频谱特征的辨识；广义局部频率谱图中只有一个 10 Hz 的特征频率，准确反映了三角波信号的周期性，没有其他任何虚假频率，因此分析效果明显优于全局频率。从时频域看，瞬时频率和广义局部频率均反映了三角波信号具有 10 Hz 的平稳周期性特点，但瞬时频率时频图相对于广义局部频率时频图而言，不仅分辨率不高，而且产生了一些干扰的波动频率信息，影响了结果分析的准确性。

图 7.18 给出了周期为 0.1 s 的方波信号的频域和时频域特征分析结果。从频域看，与三角波信号类似，方波信号的全局频率谱图也是一系列以 10 Hz 为基频的奇数倍频率谱线，并且其他分量频率的幅值特征更加明显，除了 10 Hz 频率能反映方波周期性波动

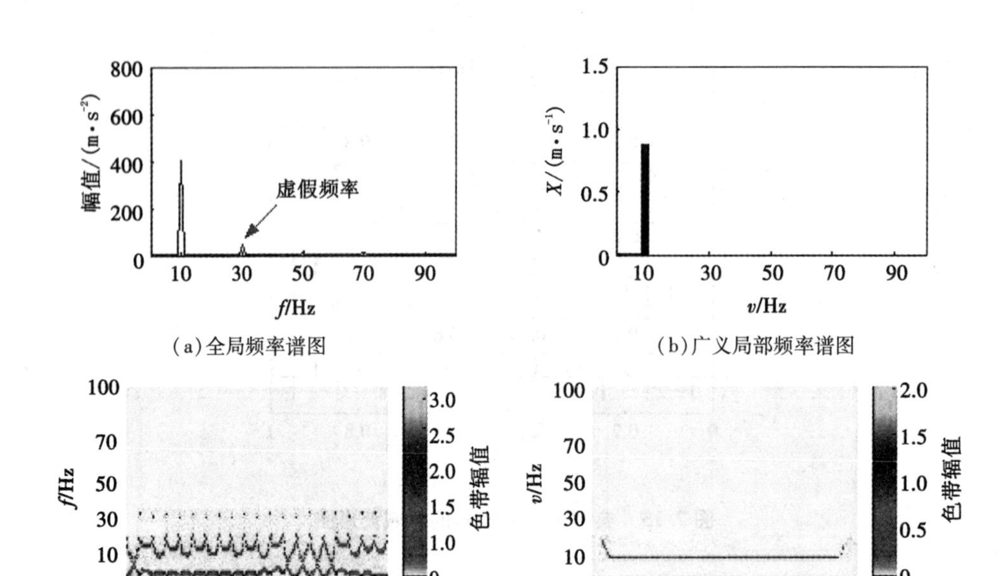

(a)全局频率谱图　(b)广义局部频率谱图

(c)瞬时频率时频图　(d)广义局部频率时频图

图 7.17　三角波信号频域与时频域特征提取

的本质特征外，其他成分都属于虚假频率信息；而在广义局部频率谱图中，准确提取了与原信号相符的 10 Hz 频率特征。从时频域看，瞬时频率在 10 Hz 与 30 Hz 附近随时间存在明显的波动，虽然整体上具有平稳性的时频特点，但从局部细节看，大幅度的波动频率信息以及虚假的 30 Hz 频率特征严重干扰了对原信号真实波动规律的分析；广义局部频率时频图的分布更加清晰，为恒定在 10 Hz 处的直线，准确提取了方波信号的周期特征规律。

图 7.19 给出了周期为 0.1 s 的循环脉冲信号的频域和时频域特征分析结果。从频域看，同样地，在全局频率谱图上产生了一些 30，50，70，90 Hz 等虚假频率成分；而广义局部频率谱图则准确提取了原信号 10 Hz 的周期性波动特征。从时频域看，瞬时频率时频图更加复杂，在脉冲处产生了全频率轴范围的宽频带，只是在幅度上凸显在 10 Hz，但其虚假频率严重干扰了脉冲信号真实频率的提取；而在广义局部频率时频图中，特征更加清晰，仍表现为 10 Hz 的平稳性时频分布特点。

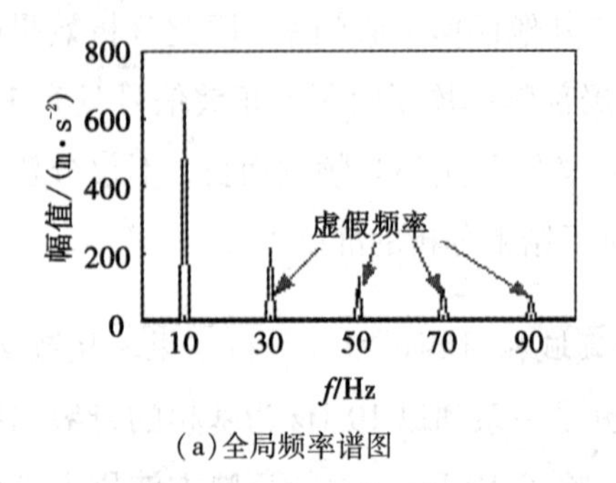

(a)全局频率谱图

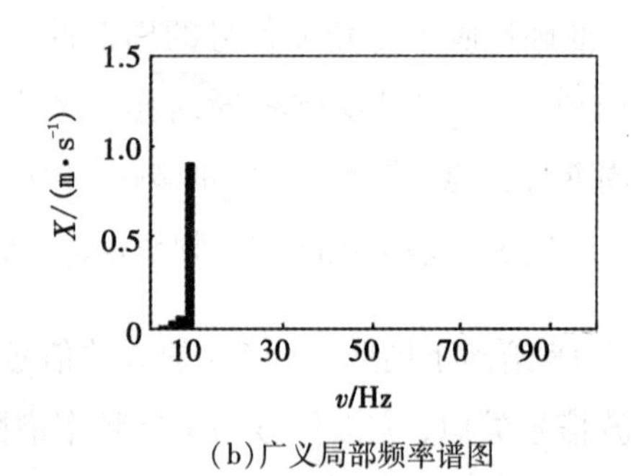

(b)广义局部频率谱图

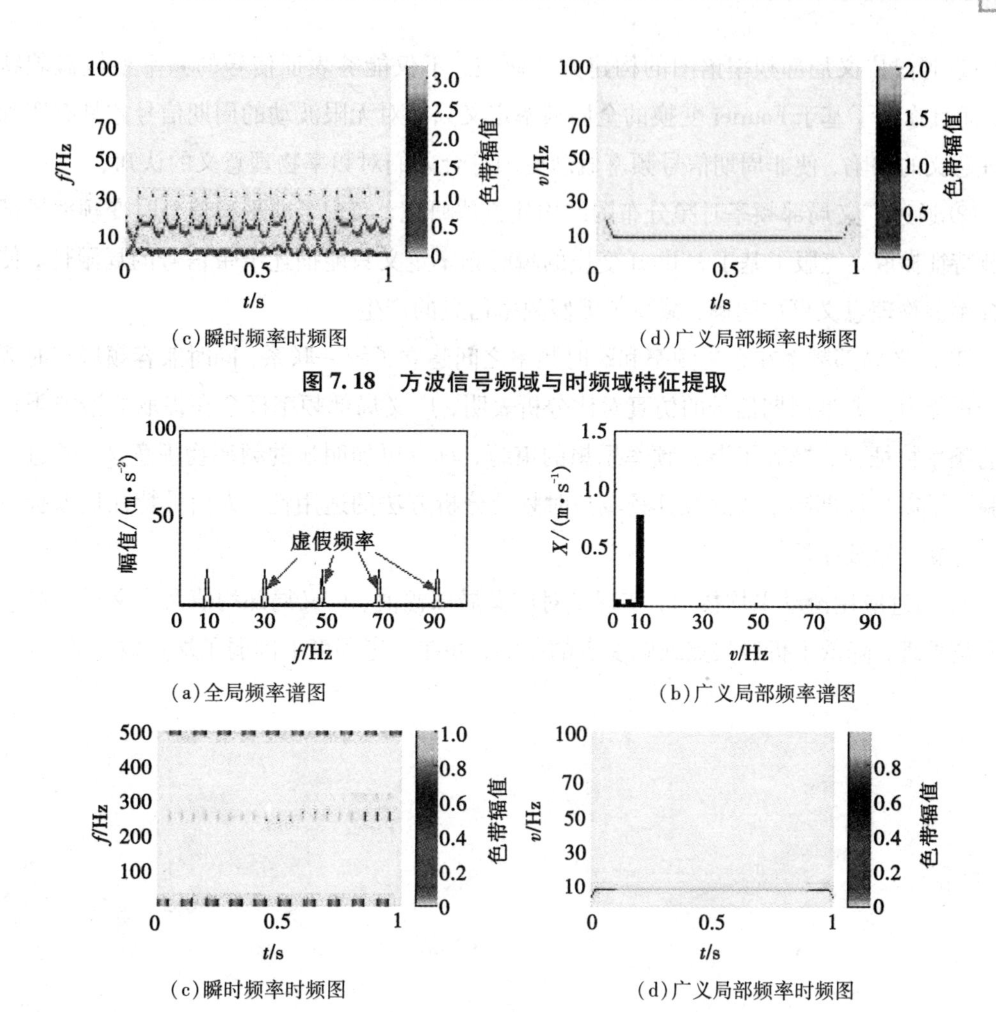

(c)瞬时频率时频图　　(d)广义局部频率时频图

图7.18　方波信号频域与时频域特征提取

(a)全局频率谱图　　(b)广义局部频率谱图

(c)瞬时频率时频图　　(d)广义局部频率时频图

图7.19　循环脉冲信号频域与时频域特征提取

综上所述，除谐波信号的频域和时频域分析外，其他波形信号的广义局部频率的频域特征分析效果明显优于全局频率，时频域特征分析效果则明显优于瞬时频率。广义局部频率不仅能够同时兼容频域整体概貌分析与时频域局部细节描述的功能，而且产生的虚假频率较少，能对信号的周期与频率赋予明确的物理意义，与人们对这些信号的频率认知相吻合，因此本专著下篇所提出的广义局部频率对这些典型周期信号具有可靠的适用性。对于众多的非周期信号，尤其是复杂的非线性非平稳信号，其适用性将在下面的研究中深入展开。

7.5　本章小结

针对全局频率和瞬时频率的局限性，本章提出了广义局部频率新概念，通过开展基于广义局部频率的频域与时频域表达方法研究，本章得出以下结论：

① 通过广义局部频率谱图的构建方法研究，不仅能够表征信号的频率整体概貌特征，而且弥补了基于 Fourier 变换的全局频率定义只能对无限波动的周期信号才具有明确物理意义的缺陷，使非周期信号频率概念更加符合人们对频率物理意义的认知。

② 通过广义局部频率时频分布图的构建方法研究，实现了非平稳信号时变频率局部细节特征提取，克服了基于 Hilbert 变换的瞬时频率定义只能描述窄带信号的局限性，使得频率的物理意义更加明确，减少了虚假频率信息的产生。

③ 广义局部频率在全局频率和瞬时频率之间建立了统一联系，同时兼容频域与时频域分析能力。典型周期信号的仿真对比分析表明，广义局部频率概念在提取非谐波类信号的频率特征时，摆脱了谐波频率思想的束缚，具有更加明显的频率物理意义，并进一步验证了广义局部频率概念及其频域与时频域分析方法的适用性，为信号特征提取提供了一种新的重要手段。

④ 通过应用滑动平均技术，实现了对广义局部幅值、广义局部均值及广义局部频率的平滑处理，降低了折线尖点或畸变点的影响，并在一定程度上削弱了端点效应的影响。

第 8 章　非平稳信号的广义局部频率时频域分析

8.1　引言

随着现代机械设备日趋大型化、高速化、复杂化和自动化，设备的运行状态千变万化，存在着大量非平稳动态信号，这一点在故障突发或并发期间表现得尤为明显。传统信号处理技术多是基于信号具有线性、平稳及高斯等假设前提，仅能给出时域或频域的特征信息，不能同时兼顾信号在时域和频域的局部细节特征和整体全貌特征。时频分析技术作为处理非平稳信号的重要手段，在旋转机械的典型故障诊断过程中发挥着非常有效的作用。但是，随着故障诊断领域向着旋转机械早期故障、复合故障及往复机械故障延伸，振动信号表现出较强的非线性、非平稳及非高斯等复杂特性，时频分布变得非常杂乱，分析结果中频带与机械设备振动特性之间缺乏映射关系，许多频率成分物理意义不明确，虚假频率成分多，难以提取出足以识别故障的有用特征信息。造成这种结果的原因可归纳为两个方面：一是时频分析方法所依赖的全局频率和瞬时频率概念存在固有局限性，这一点在上一章中已经阐明。二是时频分析方法普遍采用基函数展开或核函数加窗的思想，将多分量非平稳信号转换成单分量平稳信号，其本质是用给定的某一类波形或几类波形同原始信号波形进行相似性度量。对于一些波形特征明显的设备故障信号，如旋转机械典型故障具有的谐波波形、轴承故障具有的调制波形、齿轮故障具有的冲击波形和内燃机燃爆具有的钟形包络高频波等，分解结果能够得到明确物理解释。然而，实际信号具有复杂的波形特征，往往包含多个激励源特征信息，在缺乏先验知识的前提下进行强制分解可能产生错误的分量信号。

本章将针对现有时频分析技术的局限性，提出基于自适应波形分解的广义局部频率时频分析方法，通过仿真实例对比，验证该方法在提取非平稳信号时频特征时的有效性和准确性。通过引入互信息相关分析，实现基于自适应波形分解的非平稳信号降噪处理，为后续的信号特征提取工作奠定基础。

8.2 时频分析技术及其特性研究

时频分析方法能够将信号的能量(或幅值)、频率及时间信息特征以时频分布图的形式同时展现，是处理非平稳信号的最有力工具。目前的时频分析方法种类繁多，总体上可归为线性时频分析、双线性时频分析、参数化时频分析和自适应分解时频分析方法等。本节将简要回顾这些常用的时频分析处理技术，并通过仿真实例论述这些技术的特性。

8.2.1 线性时频分析

在上一章中，已经对全局频率所依赖的Fourier变换的特性进行了分析，它虽然具有完美的数学和物理意义，但不能对非平稳信号进行局部细节描述。为了克服这些困难，研究人员在Fourier变换的基函数线性叠加思想指导下，提出了两种线性时频分析方法：短时Fourier变换和小波变换。

(1)短时Fourier变换

短时Fourier变换(Short Time Fourier Transform, STFT)是Fourier变换的一种自然延伸，其本质是加窗Fourier变换，其定义为

$$\mathrm{STFT}(t,\ \omega)=\int_{-\infty}^{\infty}x(\tau)g^{*}(\tau-t)\mathrm{e}^{-\mathrm{j}\omega\tau}\mathrm{d}\tau \tag{8.1}$$

式中，$g(t)$为时间窗函数，$*$表示共轭运算，且 $\|g(\tau)\|=1$。

图8.1给出了上一章式(7.6)仿真信号$x_1(t)$的短时Fourier变换时频图。从中可以看出，信号包含两个单一频率分量，一个是[0, 0.5]s区间波动的40 Hz谐波，另一个是[0.5, 1]s区间波动的20 Hz谐波，较好地反映了原信号的非平稳性本质特征。然而，短时Fourier变换也存在一些不足之处：20 Hz低频成分处存在能量泄漏，而40 Hz高频分量时间分辨率相对较低；此外，在两个频率分量交接处出现混叠现象。产生这些缺陷的主要原因是短时Fourier变换特性完全依赖窗函数的选取，它是一种单一时频分辨率的时频分析方法，即一旦窗函数选定，其时频分辨率固定，不能够自动适当调节窗口长度和平移步长。当分析超出窗宽的低频信号时，会丢失有用信息；而在分析远小于窗宽的高频信号时，又达不到时间尺度上的细化分析目的。

(2)小波变换

小波变换(Wavelet Transform, WT)很好地解决了短时Fourier变换的上述缺陷，它是短时Fourier变换的一种推广，具有良好的自适应性。近10多年来，小波变换在很多学科领域被广泛应用，取得了大量具有科学意义和应用价值的重要成果。其变换形式如下：

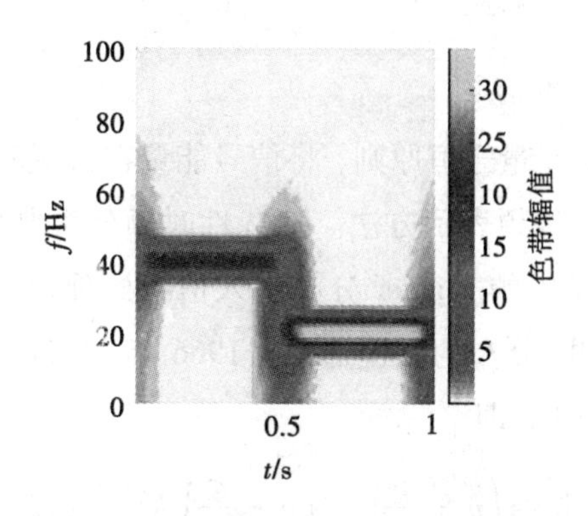

图 8.1　信号 $x_1(t)$ 的短时 Fourier 变换时频图

$$WT(t,\ a)=\frac{1}{\sqrt{a}}\int_{-\infty}^{\infty}x(\tau)\psi^{*}\left(\frac{t-\tau}{a}\right)\mathrm{d}\tau \tag{8.2}$$

式中，a 为尺度变换参数；$\psi(t)$ 为小波基函数。

同样以式(7.6)仿真信号 $x_1(t)$ 为例，图 8.2 给出了其小波变换时频图。可以看出，小波变换也能准确提取原信号中 20 Hz 与 40 Hz 的频率分量特征信息，但与短时 Fourier 变换时频图不同的是，小波变换时频图在 20 Hz 低频分量处对应着较窄的频带，时间分辨率较低，而在 40 Hz 高频处对应着较宽的频带，时间分辨率较高，交接处不存在混叠现象，因此小波变换较好地解决了时频分辨率的矛盾问题，具有良好的多分辨率细化分析特性。但是，结合图 8.1 和图 8.2 看，两种分析结果的分辨率仍然不太理想，这主要

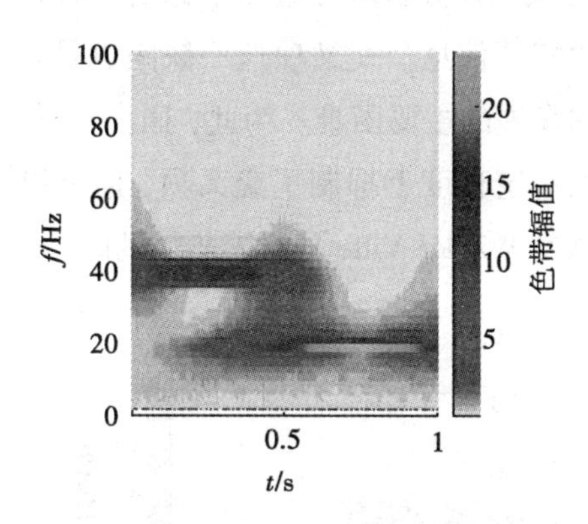

图 8.2　仿真信号的小波变换时频图

是由于小波变换和短时 Fourier 变换都是基于加窗变换的前提。根据测不准原理，信号的时域分辨率和频域分辨率相互制约，会影响特征提取结果的精确性。另外，小波变换和短时 Fourier 变换一样，它们都是基函数和信号作内积变换得到的结果，满足叠加性原理，因此均属于线性时频分析的范围。它们适合分析具有先验知识的信号，需要了解信号的波形特点及组成来选取合理的基函数，因此小波基函数选择的恰当与否至关重要，几乎是影响小波变换应用成败的决定性因素。

8.2.2 双线性时频分析

双线性时频分析是根据能量守恒原则，将信号能量在时域和频域的概率密度函数同时进行描述而形成的二次型时频表示方法。双线性时频分析典型代表是 Wigner-Ville 分布，它是由 Ville 将量子力学中的 Wigner 分布引入信号处理领域的。后来，研究人员又陆续发展了其他 Wigner-Ville 分布的变型形式。1966 年，Cohen 将它们进行了形式上的统一，称为 Cohen 类时频分析，即

$$W(t, f)=\int_{-\infty}^{\infty}\int_{-\infty}^{\infty}\int_{-\infty}^{\infty}x\left(u+\frac{\tau}{2}\right)x^{*}\left(u-\frac{\tau}{2}\right)K(\tau, v)\mathrm{e}^{-\mathrm{j}2\pi(tv+f\tau-uv)}\mathrm{d}u\mathrm{d}\tau\mathrm{d}v \tag{8.3}$$

式中，$K(\tau, v)$ 为与 t，f 无关的核函数。特别地，当 $K(\tau, v)=1$ 时，则式(8.3)转变为 Wigner-Ville 时频分布，即

$$WV(t, \omega)=\int_{-\infty}^{\infty}x\left(t+\frac{\tau}{2}\right)x^{*}\left(t-\frac{\tau}{2}\right)\mathrm{e}^{-\mathrm{j}\omega\tau}\mathrm{d}\tau \tag{8.4}$$

仍然以式(7.6)仿真信号 $x_1(t)$ 为例，图 8.3 给出了其 Wigner-Ville 时频分布图。相比于图 8.1 和图 8.2 的线性时频分析结果，Wigner-Ville 分布时频图清晰、准确地提取出原信号中[0, 0.5]s 区间的 40 Hz 频率分量和[0.5, 1]s 区间的 20 Hz 频率分量，同时具有良好的时间分辨率和频率分辨率。然而，结果中在频率轴方向 30 Hz 处和时间轴方向[0.25, 0.75]s 区间产生了明显的交叉项，这些交叉项没有任何物理意义，是 Wigner-Ville 分布所固有的缺陷。尤其是在分析多分量非平稳信号时，干扰项影响更为严重，产生更多模糊不清的虚假时频特征信息。交叉项这一缺陷也是阻碍 Wigner-Ville 分布及其他 Cohen 类时频分布应用和发展的主要困难。为此，国内外学者研究了许多有效抑制交叉项的方法。这些方法虽然一定程度上抑制了交叉项，但是以丧失时频分辨率为代价，现已证明不含交叉干扰且具有 Wigner-Ville 分布聚集性的时频分布是不存在的。

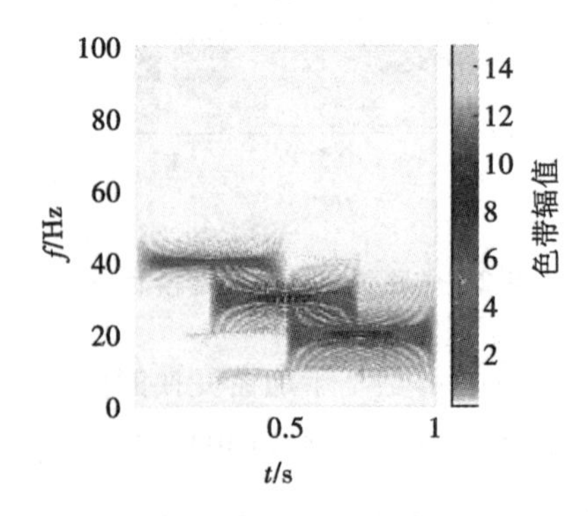

图 8.3　仿真信号的 Wigner-Ville 分布时频图

8.2.3　参数化时频分析

参数化时频分析方法不同于上述短时 Fourier 变换、小波变换和 Wigner-Ville 分布等使用同一类型的基函数或核函数与原信号进行相似度分析，它是一种根据信号组成结构分析，构造出与信号组成结构最匹配的基函数，其实质是对不同基函数的参数组合进行选取及优化。目前主要的参数化时频分析方法包括：Radon-Wigner 变换、分数阶 Fourier 变换、线性调频小波变换、匹配追踪与基追踪等。这些方法都是基于一类特殊的非平稳信号即线性调频(Linear Frequency Modulated，LFM)信号提出的。该类信号也称 Chirp 信号，它广泛存在于雷达检测、声纳检测、地震勘探及旋转机械升降速过程的信号中，因其具有特殊的超带宽特性和简洁的时频分布特点而受到特别的关注。而在这些参数化时频分析方法中，线性调频小波变换为各种参数化时频分析提供了统一的讨论框架，应用更为广泛，本节将对其进行重点论述。

线性调频小波变换(Chirplet Transform，CT)是小波变换的一种推广形式，小波变换中基函数只经过时间平移和时频伸缩两种仿射变换，而线性调频小波具有时间平移、频率平移、时频伸缩、时频倾斜及倾斜方向上的伸缩等多种变换形式，增加了时频变化的自由度，其定义如下：

$$CT_{t_c,f_c,\log(\Delta t),c,d} = \int_{-\infty}^{\infty} x(t)\, g^{*}_{t_c,f_c,\log(\Delta t),c,d}(t)\,\mathrm{d}t \tag{8.5}$$

式中，t_c为时间平移中心；f_c为频率平移中心；Δt 为伸缩尺度参数；c 为频率倾斜参数；d 为时间倾斜参数；$g(t)$为线性调频基函数。

由式(8.5)可见，线性调频小波变换是信号的一种五维空间表示，从形式上看，与线性时频分析具有一致性。当固定时频伸缩尺度、时频倾斜参数时，则得到短时 Fourier 变换；当固定频率平移、频率倾斜和时间倾斜等参数时，则得到小波变换。由于线性调频小波变换具有灵活多自由度的空间变换途径，因此可以通过选择合理的参数组合，设计得到符合非平稳信号自身特点的线性调频小波库，结合最优化方法，选择最佳的线性调频小波对信号进行逼近，这就形成了自适应线性调频小波分解方法。该方法将多参数的搜索问题转变为信号逼近的最优化问题，降低了计算量，提高了效率和计算精度，使线性调频小波变换取得了实质性的推进和发展。自适应线性调频小波分解的具体步骤如下：

① 初始化，分解次数 $i=0$，确定精度要求 ε 。

② 求解最优化问题

$$\max_{g_i(t)} \left| \int_{-\infty}^{\infty} x_i(t)\, g_i^{*}(t)\,\mathrm{d}t \right|^2 \tag{8.6}$$

确定最优化线性调频小波函数 $g_i(t)$ 。

③ 计算加权系数和残余信号

$$A_i = \int_{-\infty}^{\infty} x_i(t) g_i^*(t)\,dt \tag{8.7}$$

$$x_{i+1}(t) = x_i(t) - A_i g_i(t) \tag{8.8}$$

④ 判断终止条件

$$\frac{\| x_{i+1}(t) \|^2}{\| x(t) \|^2} \leqslant \varepsilon \tag{8.9}$$

如果条件满足，则终止；否则，代入 $i=i+1$，重复步骤②、③、④。

⑤ 随着分解次数增加，残余信号收敛于零，则信号可表示为

$$x(t) \sum_{i=0}^{\infty} A_i g_i(t) \tag{8.10}$$

自适应线性调频小波分解实质是对线性调频小波的变换参数实施多维非线性最优化的问题，没有解析解，但可应用各种优化方法求解，如 Newton 算法、Zooming 算法、Newton-Raphson 算法、遗传算法和匹配追踪算法等。下面以非线性调频仿真信号为例论述自适应线性调频小波分解的性能。

$$x(t) = \sin\left(2\pi \cdot 400 \cdot t + 2\pi \sum_{k=2}^{3} \frac{c_k}{k} t^k\right) + \sin\left(2\pi \cdot 300 \cdot t + 2\pi \sum_{k=2}^{3} \frac{c_k}{k} t^k\right) \quad t \in [0,\ 1] \tag{8.11}$$

式中，$c_2=-450$，$c_3=250$。

图 8.4 分别给出了式(8.11)非线性调频信号的线性调频小波变换、短时 Fourier 变换、小波变换和 Wigner-Ville 分布的时频分析结果。虽然它们都能提取出原信号中频率随时间非线性曲线变化的主要分布特征，但是相比于其他三种方法，自适应 Chirplet 变换所反映的时频结构特征清晰，即时间分辨率和频率分辨率高，并且避免了 Wigner-Ville 分布时频分析的交叉干扰项影响。因此，自适应 Chirplet 变换具有理想的时频分析效果。然而，在图 8.4(a)中，抛物线时频曲线各处的分辨率也存在一定差别，显然在[0.8, 1]s 区间近似线性段比[0, 0.8]s 区间非线性段的分辨效果好，反映了自适应线性调频小波变换在分析非线性非平稳信号时的不足。为此，国内外学者在线性调频小波变换的基础上进行了相应改进，提出了各种适于非线性调频信号时频分析的新方法，如 Angrisani 和 D'Arco 引入了频率弯曲算子，形成了非线性调频小波变换方法；彭志科等人提出了多项式调频小波变换方法，有效实现了多项式相位信号的瞬时频率和参量估计。

8.2.4 自适应分解时频分析

从线性时频分析到双线性时频分析再到参数化时频分析的发展过程来看，分析对象的范围由线性非平稳信号推广到特殊的非线性非平稳信号，分析手段的途径由固定时间窗推广到多自由度变换窗，因此时频分析体现出更多的自适应性特点。但是上述三类时频分析方法均未摆脱基函数分解的思想束缚，还不能称为真正的自适应时频分析方法，

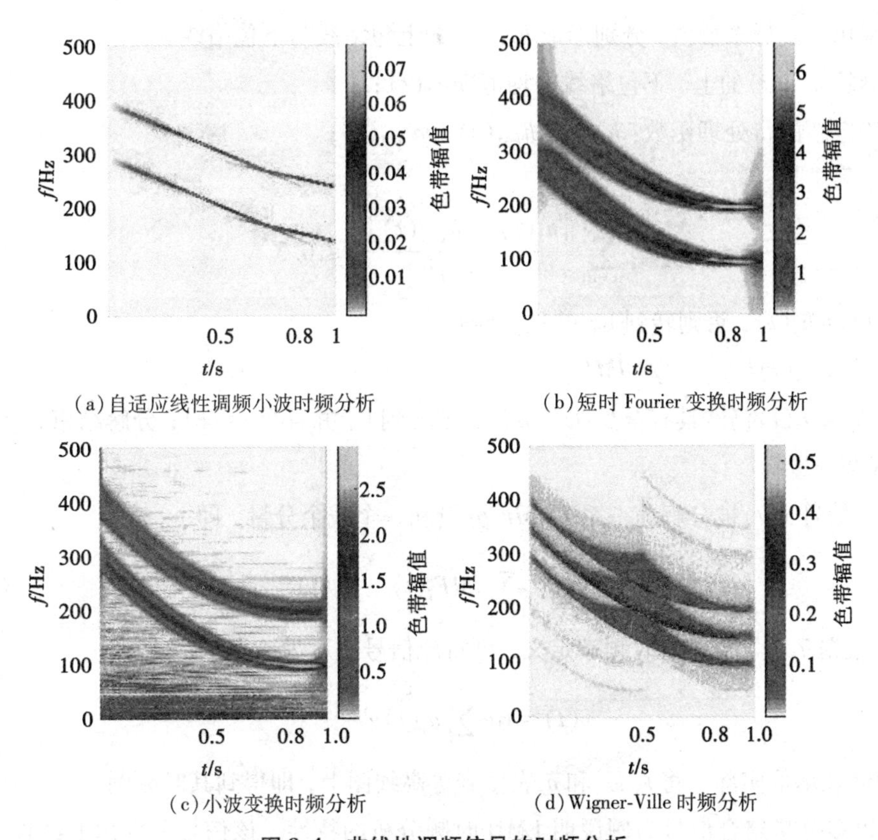

(a) 自适应线性调频小波时频分析　　(b) 短时 Fourier 变换时频分析

(c) 小波变换时频分析　　(d) Wigner-Ville 时频分析

图 8.4　非线性调频信号的时频分析

试图利用先验知识，从现有基函数库找到与信号相适应的匹配方法，分析结果过于依赖基函数的选取。然而，实际工程中机械设备结构复杂，在运行过程中往往包含多个激励源特征信息，采集的动态信号具有不同的波形特征，不可能用一种基函数就与所有信号波形相适应。因此，以经验模态分解(Empirical Model Decomposition，EMD)和局部均值分解(Local Mean Decomposition，LMD)为代表的自适应分解时频分析方法相继涌现，由于其良好的自适应性及时频分辨效果，迅速在各学科领域得到了广泛的应用。

(1)基于 EMD 的时频分析

在上一章中已经阐释，基于 Hilbert 变换的瞬时频率定义只适合分析窄带信号。为此，Norden E.Huang 等人于 1998 年提出了 EMD 方法，以实现将多分量信号分解成满足窄带条件的一系列固有模态函数(Intrinsic Mode Function，IMF)，然后通过 Hilbert 变换得到信号的时频分布谱图，整个过程称为 Hilbert-Huang 变换，简称 HHT。基于 EMD 的时频分析算法的具体过程如下：

① 初始化：$r_0(t)=x(t)$，$i=1$。

② 提取第 i 个 IMF。

- 初始化待处理函数：$h_0(t)=r_i(t)$，$k=1$；
- 提取 $h_{k-1}(t)$ 的局部极大值与局部极小值；

- 采用三次样条插值，分别形成 $h_{k-1}(t)$ 的上包络线与下包络线；
- 计算 $h_{k-1}(t)$ 的上、下包络线的均值 $m_{k-1}(t)$；
- 确定新的待处理函数：$h_k(t)=h_{k-1}(t)-m_{k-1}(t)$；
- 如果满足

$$\sum_{t=0}^{T}\frac{|h_k(t)-h_{k-1}(t)|^2}{h_j(t)^2}\leqslant 0.3 \tag{8.12}$$

令 $IMF_i(t)=h_k(t)$，否则转到 b，并且 $k=k+1$。

③ 定义 $r_i(t)=r_{i-1}(t)-IMF_i(t)$。

④ 如果 $r_i(t)$ 仍然具有至少两个极值，则转到 b，并且令 $i=i+1$；分解结束，$r_i(t)$ 是 $x(t)$ 的残余分量。

这样信号 $x(t)$ 被分解为一系列 *IMF* 分量和一个残余分量，即

$$x(t)=\sum_{i=1}^{N}IMF_i(t)+r_N(t) \tag{8.13}$$

⑤ 根据 7.3.1 节中瞬时频率定义，可将原信号表示为

$$x(t)=\mathrm{Re}\sum_{i=1}^{N}a_i(t)\mathrm{e}^{\mathrm{j}\int\omega_i(t)\mathrm{d}t} \tag{8.14}$$

式中，Re 表示取实部。将 t，ω_i 和 a_i 表示到等高线图上，即得到其时频图。

现以多分量组合信号为例说明 EMD 时频分析的特性。该信号分别由非线性调频调幅信号、谐波信号和抛物线趋势三种信号组成。

$$s_1(t)=[1+0.5\sin(2\pi\cdot10\cdot t)]\cos[2\pi\cdot150\cdot t+2\cos(2\pi\cdot5\cdot t)] \tag{8.15}$$

$$s_2(t)=1.5\sin(2\pi\cdot30\cdot t) \tag{8.16}$$

$$d(t)=t^2-t+0.25 \tag{8.17}$$

$$x(t)=s_1(t)+s_2(t)+d(t) \tag{8.18}$$

其中，$t\in[0,1]$ s，采样频率 f_s 为 1000 Hz。

图 8.5(a)中信号被 EMD 分解为 IMF_1、IMF_2 和 IMF_3 三个经验模态分量，正好对应式(8.15)~式(8.17)中的三个原始信号分量。其中，IMF_3 称为趋势项，也叫残差项，因其不具有信号频率波动的物理意义，因此往往被排除在信号时频分析之外。图 8.5(b)的 HHT 时频图反映了两种频率分量信息，一个是 30 Hz 平稳谐波信号，另一个是以 150 Hz 为载频的非平稳调频调幅信号，这与原信号所表达的本质特征相吻合。因此，基于 EMD 的 HHT 时频分析方法是一种能够依据信号自身特点进行多分量非平稳信号特征提取的有效方法，从时频分析效果上具有良好的分辨能力。

(2)基于 LMD 的时频分析

LMD 时频分析方法是由英国 Jonathan S.Smith 教授提出的另一种新的自适应非平稳信号分解时频分析方法。LMD 算法的具体过程如下：

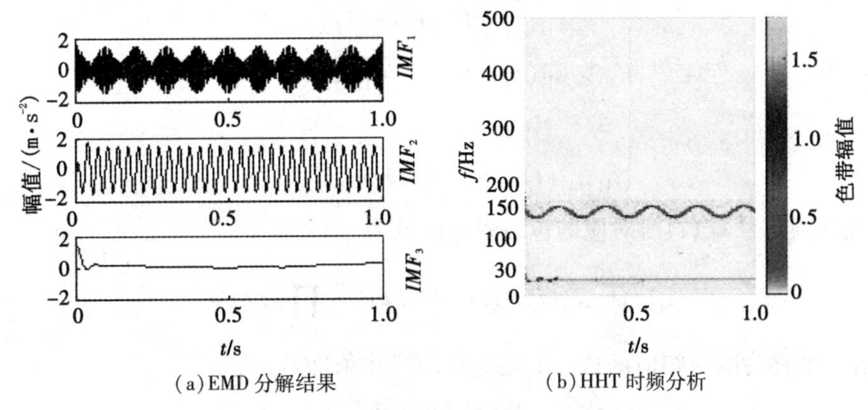

(a) EMD 分解结果　　(b) HHT 时频分析

图 8.5　基于 EMD 的多分量信号的时频分析

① 找出 $x(t)$ 中的局部极大值和局部极小值，计算相邻极值间的局部均值

$$m_i = \frac{n_i + n_{i+1}}{2} \tag{8.19}$$

式中，n_i 和 n_{i+1} 为两个相邻的局部极值。

然后利用滑动平均方法对局部均值 m_i 进行平滑处理，得到一条连续的局部均值函数 $m(t)$。

② 计算相邻极值间的局部幅值。

$$a_i = \frac{|n_i - n_{i+1}|}{2} \tag{8.20}$$

对局部幅值进行同样的平滑处理，得到一条连续波动的局部幅值函数 $a(t)$。假设 $a_{11}(t)$ 和 $m_{11}(t)$ 为初始的包络幅值和包络均值，其中下标 11 表示第一个分量进行第一次循环包络运算。

③ 将局部均值函数从原信号中筛选出来。

$$h_{11}(t) = x(t) - m_{11}(t) \tag{8.21}$$

④ 利用包络幅值 $a_{11}(t)$ 对 $h_{11}(t)$ 进行解调处理。

$$s_{11}(t) = \frac{h_{11}(t)}{a_{11}(t)} \tag{8.22}$$

式中，$s_{11}(t)$ 是一个调频信号。将 $s_{11}(t)$ 作为新的信号重复上述步骤，得到 $s_{11}(t)$ 所对应的局部幅值函数 $a_{12}(t)$。如果 $a_{12}(t) \neq 1$，则需继续重复 n 次操作，直到获得一个理想的幅值在[-1, 1]之间波动的纯调频信号 $s_{1n}(t)$，即

$$\begin{cases} h_{11}(t) = x(t) - m_{11}(t) \\ h_{12}(t) = s_{11}(t) - m_{12}(t) \\ \quad\vdots \\ h_{1n}(t) = s_{1(n-1)}(t) - m_{1n}(t) \end{cases} \tag{8.23}$$

其中，

$$\begin{cases} s_{11}(t) = h_{11}(t)/a_{11}(t) \\ s_{12}(t) = h_{12}(t)/a_{12}(t) \\ \vdots \\ s_{1(n-1)}(t) = h_{1(n-1)}(t)/a_{1(n-1)}(t) \end{cases} \tag{8.24}$$

⑤ 纯调频信号 $s_{1n}(t)$ 所对应的包络幅值应该为

$$a_1(t) = a_{11}(t)a_{12}(t)\cdots a_{1n}(t) = \prod_{q=1}^{n} a_{1q}(t) \tag{8.25}$$

式中，$a_1(t)$ 被称为瞬时幅值函数。上述循环的终止条件是

$$\lim_{n\to\infty} a_{1n}(t) = 1 \tag{8.26}$$

⑥ 根据 7. 3. 1 节中基于 Hilbert 变换瞬时频率定义，可从纯调频信号 $s_{1n}(t)$ 中得到瞬时频率函数：

$$f_1(t) = \frac{1}{2\pi}\frac{\mathrm{d}[\arccos(s_{1n}(t))]}{\mathrm{d}t} \tag{8.27}$$

⑦ 将瞬时幅值函数 $a_1(t)$ 和纯调频信号 $s_{1n}(t)$ 相乘，即可得到原信号 $x(t)$ 的第一个乘积函数(Product Function，PF)分量：

$$PF_1(t) = a_1(t)s_{1n}(t) \tag{8.28}$$

其中，$PF_1(t)$ 属于原信号 $x(t)$ 中所包含的高频分量。

⑧ 将乘积函数 $PF_1(t)$ 从信号 $x(t)$ 中筛选出来，得到一个新信号 $u_1(t)$。然后重复 k 次上述操作，直到 $u_k(t)$ 是一个单调函数为止

$$\begin{cases} u_1(t) = x(t) - PF_1(t) \\ u_2(t) = u_1(t) - PF_2(t) \\ \vdots \\ u_k(t) = u_{k-1}(t) - PF_k(t) \end{cases} \tag{8.29}$$

最后，原始信号 $x(t)$ 可以分解为 k 个乘积函数 PF 与 $u_k(t)$ 之和，即

$$x(t) = \sum_{p=1}^{k} PF_p(t) + u_k(t) \tag{8.30}$$

$$x(t) = \sum_{p=1}^{k} a_p(t)\cos(2\pi f_{pn}(t)) + u_k(t) \tag{8.31}$$

比较 LMD 和 EMD 时频分析的算法过程及分析结果可知，两者都是通过对极值进行包络，从非线性非平稳信号中自适应地筛选出平稳的分量信号，瞬时频率都是通过对相位函数求导来实现的。不同的是，LMD 是通过相邻极值的局部均值来获取平均包络线，EMD 则是直接通过上下包络作全局平均来获取瞬时均值；LMD 是通过除以包络幅值解调出纯调频信号，而 EMD 是通过减去瞬时均值筛选出固有模态函数；LMD 的乘积函数分量 PF 具有明确的物理意义，就是原信号的调制分量，因此该方法适合调制类非线性

非平稳信号的处理，而 EMD 的固有模态分量 *IMF* 物理意义还不清楚，只是一组满足窄带条件的单分量信号而已，与实际信号之间缺乏映射关系。

由于 LMD 在分解过程中能得到纯调频信号，因此可通过式(8.27)直接获得各分量的瞬时频率，进而可构造出信号的频率与幅值随时间分布的时频图。仍然以式(8.11)仿真信号为例进行说明，结果如图 8.6 所示。

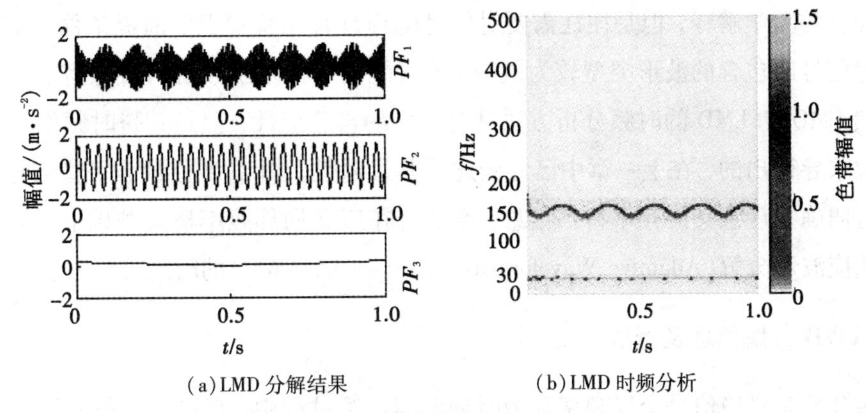

(a) LMD 分解结果　　(b) LMD 时频分析

图 8.6　基于 LMD 的多分量信号的时频分析

图 8.6 中原始信号被分解为 PF_1、PF_2 及三个乘积函数，分别对应式(8.15)~式(8.17)中的三个原始信号分量，其中 PF_3 为趋势项。时频图中也反映了 30 Hz 的平稳谐波信号特征以及 150 Hz 载频的调频调幅信号特征。结合图 8.5 可以看出，EMD 和 LMD 两者分析结果具有极大的相似性，都能自适应地挖掘出原信号本质信息。从分解过程看，LMD 的迭代速度要比 EMD 快，这主要是因为 LMD 分解的终止条件相对于 EMD 更宽松。在端点效应抑制方面，LMD 方法使用的滑动平均技术比 EMD 使用的样条包络拟合方法产生的波动更小，信号内部数据受端点的污染影响程度更轻，即干扰频率成分更少。图 8.7 给出了分解趋势项 IMF_3 和 PF_3 与理论趋势项 $d(t)$ 的比较结果，两者整体上均达到了较好的拟合精度，但在端点处 IMF_3 误差相对较大。

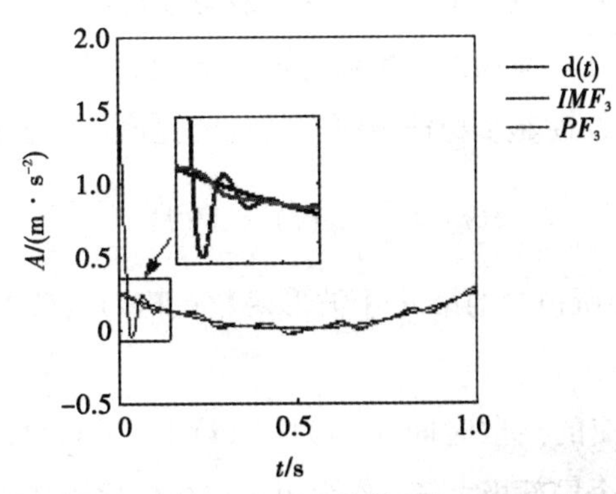

图 8.7　EMD 和 LMD 趋势项与理论值比较

8.3 广义局部频率时频分析方法研究

从上述研究可以发现，短时 Fourier 变换、小波变换、Wigner-Ville 分布及 Chirplet 变换等时频分析技术是以基函数分解或核函数加窗形式对信号进行的相似度分析，尽管它们具有完备的数学解释，但是往往需要对信号机理具有先验知识的前提条件，实际工程中非平稳信号所包含的波形类型较为复杂，不可能用一种基函数就与所有信号成分相适应。虽然 EMD 和 LMD 的时频分析方法具有良好的自适应性，但是其瞬时频率都是利用瞬时相位求导得出的，在上一章中已经阐述了其局限性。针对多分量非平稳信号，为了得到具有明确物理意义的频率特征信息，本节将在广义局部频率概念基础上，提出一种新的自适应波形分解(Adaptive Waveform Decomposition，AWD)的时频分析方法。

8.3.1 AWD 分解原理及算法

在多分量非平稳信号全局频率和瞬时频率的计算过程中，都可以将信号最终归结为如下两种形式：

$$x(t) = \sum_{k=1}^{\infty} c_k \sin(k\omega t + \theta_k) \tag{8.32}$$

$$x(t) = \sum_{k=1}^{N} a_k(t) \cos\varphi_k(t) + R(t) \tag{8.33}$$

式中，$R(t)$为残差项。

线性时频分析、双线性时频分析和参数化时频分析是以式(8.32)为代表的全局频率分解形式，EMD 和 LMD 时频分析则是以式(8.33)为代表的瞬时频率分解形式，两种分解形式具有极大的相似性，都是以多个谐波波形的叠加形式表达频率信息。但是实际工程中复杂信号往往不都具有谐波波形特征，可能由有限个其他形状波形组成，从信号分解的效率、准确性及频率物理意义上综合考虑，谐波波形组合并不符合信号的本质特征规律。因此，本专著下篇在广义局部频率概念的基础上，提出了一种新的自适应波形分解方法，以适应多分量非线性非平稳信号频率特征的提取。其表达形式为

$$x(t) = \sum_{m=1}^{N} s_m(t) + W(t) \tag{8.34}$$

式中，$s_m(t)$表示原信号中所包含的第 m 个波形函数；$W(t)$为残差项。

其实现过程具体如下：

① 设信号 $x(t)$所对应的离散时间序列为 $\{x(i) \mid i = 1, 2, 3, \cdots, n\}$，则根据式(7.18)找出信号中的 N_1 个局部极大值，作为第一层极值序列 $\{p_1(k) \mid k = 1, 2, 3, \cdots, N_1\}$。

② 根据式(7.20)~式(7.22)计算第一层极值序列 $p_1(t)$ 所对应的广义局部幅值 $a_1(t)$、广义局部均值 $m_1(t)$ 和广义局部频率 $v_1(t)$。

③ 利用滑动平均技术对 $a_1(t)$、$m_1(t)$ 和 $v_1(t)$ 进行平滑处理。

④ 对广义局部幅值进行去均值处理，得到幅值包络曲线 $a_1'(t)$，即

$$a_1'(t) = a(t) - m(t) \tag{8.35}$$

⑤ 同样地，找出第一层极值序列 $\{p_1(k) \mid k = 1, 2, 3, \cdots, N_2\}$ 中的 N_2 个局部极大值，作为第二层极值序列 $\{p_2(k) \mid k = 1, 2, 3, \cdots, N_2\}$。根据步骤②、③、④进行平滑和去均值处理，得到幅值包络曲线 $a_2'(t)$。

⑥ 重复上述步骤，直到找出第 m 层极值序列 $\{p_m(k) \mid k = 1, 2, 3, \cdots, N_m\}$，当其满足 $N_m \leqslant 2$ 时，结束分解。

根据上述方法，$x(t)$ 可得到 $m-1$ 个幅值包络曲线 $a_1'(t)$，$a_2'(t)$，…，$a_{m-1}'(t)$，令

$$\begin{aligned} s_m(t) &= a_{m-1}'(t) \\ s_{m-1}(t) &= a_{m-2}'(t) - a_{m-1}'(t) \\ s_1(t) &= x - a_1'(t) \end{aligned} \tag{8.36}$$

将式(8.36)左右两侧叠加，即可得到式(8.34)的分解形式。由于上述整个过程完全依据信号 $x(t)$ 自身波形特点进行分解，且各分量 $s_1(t)$，$s_2(t)$，…，$s_m(t)$ 广义局部频率计算不依赖谐波形式，因此具有良好的自适应性。根据上述描述可得到 AWD 分解过程流程图，如图 8.8 所示。

8.3.2　基于 AWD 分解的广义局部频率时频分析

7.4.2 节中介绍了单个波形函数的广义局部频率的时频构造方法，同样地，对于多分量信号，可通过 AWD 方法首先将其分解成一系列单波形函数，然后将广义局部频率、广义局部幅值和时间信息表示在一个三维图上，并以等高线表示广义局部幅值，形成广义局部频率时频分布图。下面以仿真实例为研究对象，通过与 EMD 时频分析方法进行对比，详细说明多分量信号广义局部频率时频分析的主要特性。

(1)多个谐波组合

$$x_1(t) = \sin(2\pi \cdot 10 \cdot t) + \sin(2\pi \cdot 30 \cdot t) + \sin(2\pi \cdot 80 \cdot t) \tag{8.37}$$

图 8.9(b)比较了 EMD 和 AWD 的自适应分解效果，两者均能有效提取到原信号中所含有的三种谐波波形，分别由高频向低频分解，都存在明显的端点效应，随着分解层数的增加，由于该层第一个极值点与第一个数据点的距离在增加，无论是滑动平均方法还是样条曲线包络方法，都很难给出满意的拟合效果，这也是所有自适应分解方法不可避免的难题。虽然国内外学者给出了各种端点延拓途径，但对于非线性非平稳信号始终效果不佳。图 8.9(c)和图 8.9(d)中，EMD 和广义局部频率时频分析均准确地表征了三个谐波信号的平稳性分布规律，但 HHT 时频图的分辨率比 EMD 时频图的分辨率稍高。

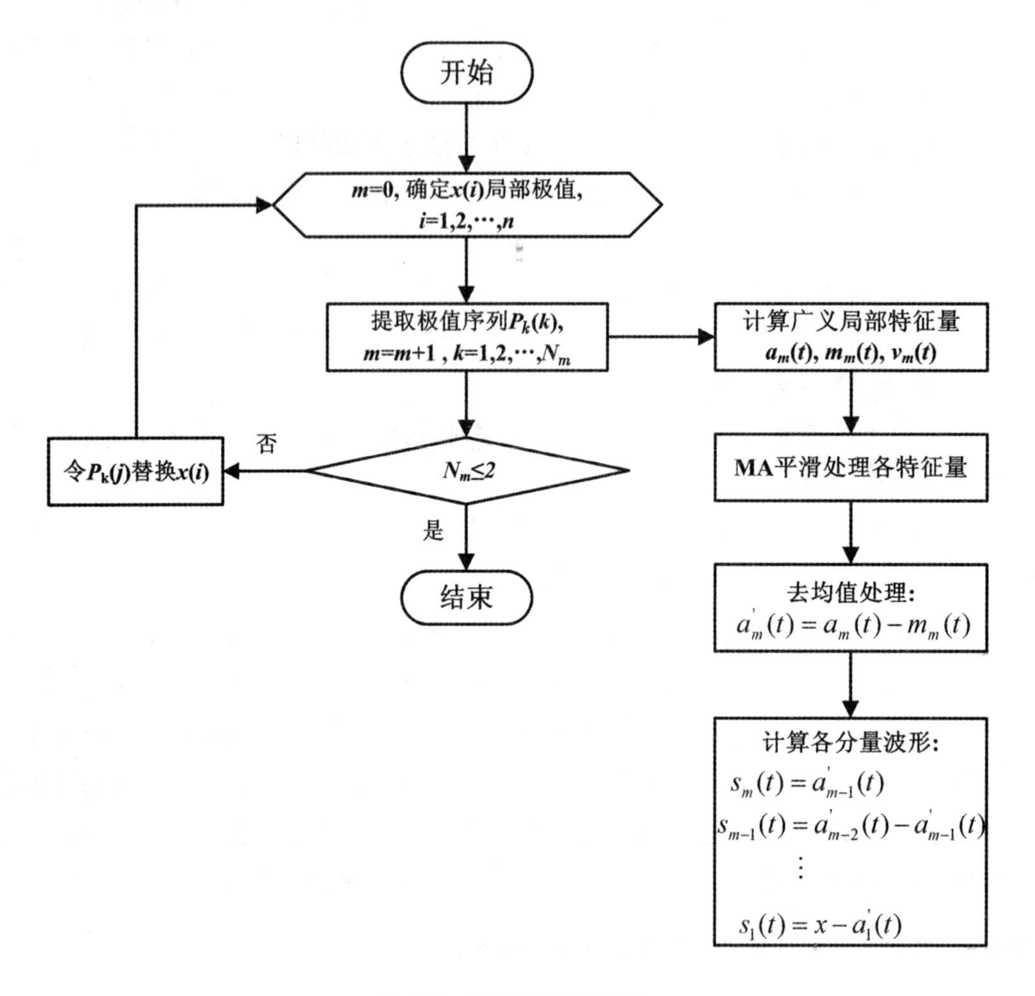

图 8.8　AWD 分解过程图

(2)谐波与方波、三角波组合

$$x_2(t)=\sin(2\pi\cdot 10\cdot t)+\text{square}(2\pi\cdot 30\cdot t)+\text{sawtooh}(2\pi\cdot 80\cdot t,\ 0.5) \tag{8.38}$$

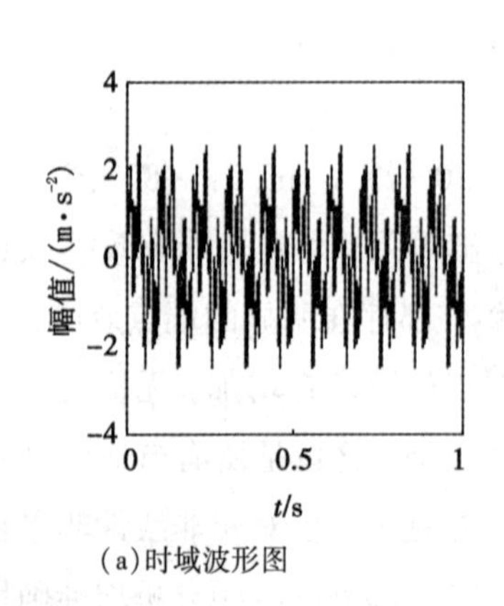

(a)时域波形图

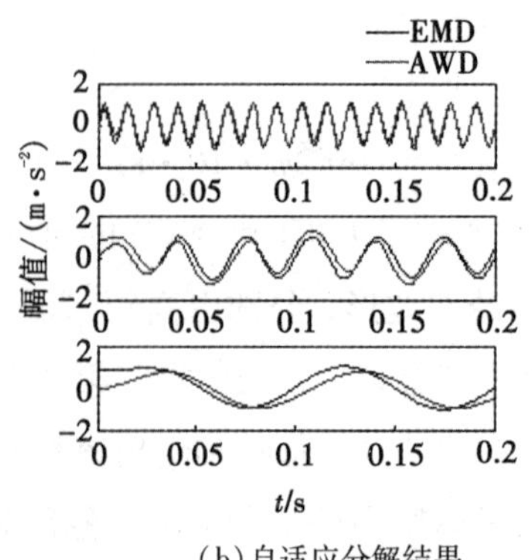

(b)自适应分解结果

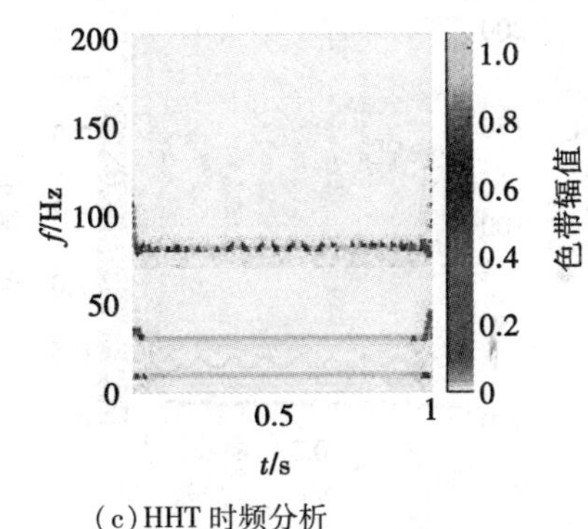

(c) HHT 时频分析

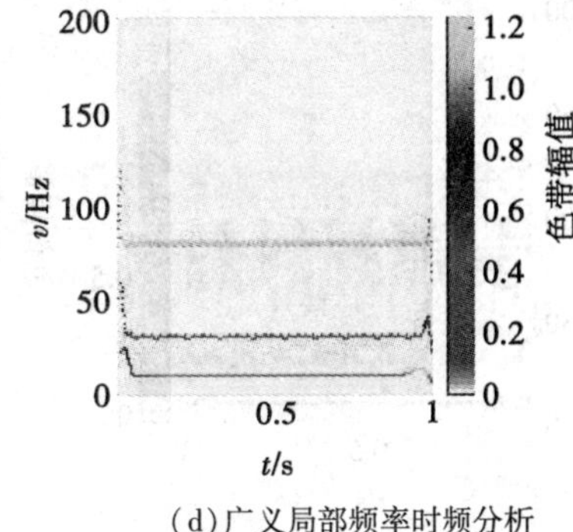

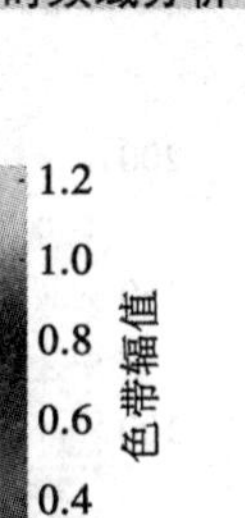

(d) 广义局部频率时频分析

图 8.9　多个谐波组合信号的时频特征提取

在图 8.10(b)中，同样地，AWD 与 EMD 均自适应地分解得到三个不同分量信号，分解结果的相似性也进一步说明了 AWD 分解的有效性。但从图 8.10(c)与图 8.10(d)的两种时频分析结果看，却存在明显差异，HHT 图中 10 Hz 谐波成分与 30 Hz 的方波频率特征明显，而 80 Hz 三角波信号特征则很难辨识，产生许多未知的干扰频率信息，散布在整个频率空间，严重影响了对原信号的时频特征辨识。在广义局部频率时频图中，不仅能准确提取 10 Hz 和 30 Hz 频率的特征信息，而且能准确刻画 80 Hz 附近的三角波频率特征。虽然因分解误差也存在一定的干扰频率，但相对于 HHT 分析结果，其可分辨程度更高。

(3) 谐波与非线性调频调幅波组合

$$x_3(t) = \sin(2\pi 30t) + [1 + 0.5\sin(2\pi 10t)]\cos[2\pi 150 \cdot t + 2\cos(2\pi 5t)] \tag{8.39}$$

从图 8.11(b)中可以看出，AWD 与 EMD 分解的第一层为非线性调频调幅信号分量，第二层为谐波信号分量，第三层为趋势项，两种分解结果吻合程度较高。在 HHT 时频图与广义局部频率时频图中，均清晰提取了原组合信号中含有的 30 Hz 平稳谐波特征和 150 Hz 载波频率的非线性调频调幅特征。但在 HHT 时频图中，在低频处产生一些由趋势项产生的干扰频率信息；而在广义局部频率时频图中，不仅不存在任何虚假冗余频率，而且分辨率明显高于 HHT 时频图。

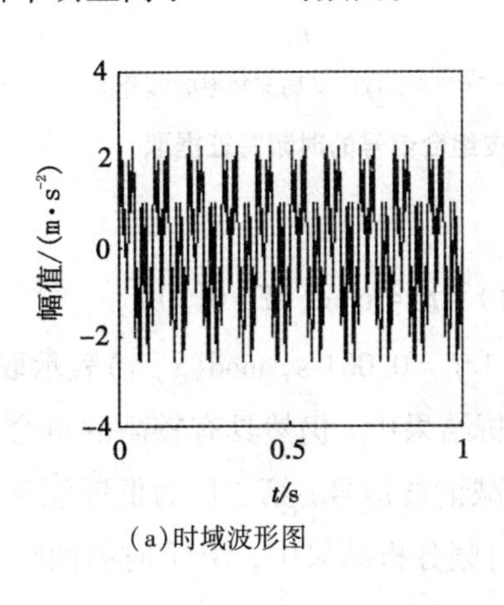

(a) 时域波形图

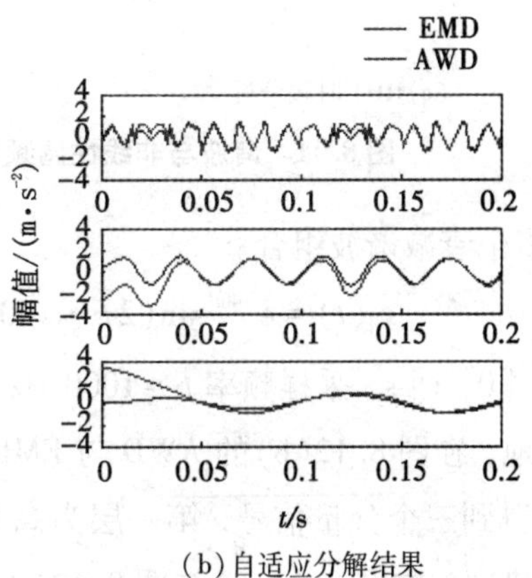

(b) 自适应分解结果

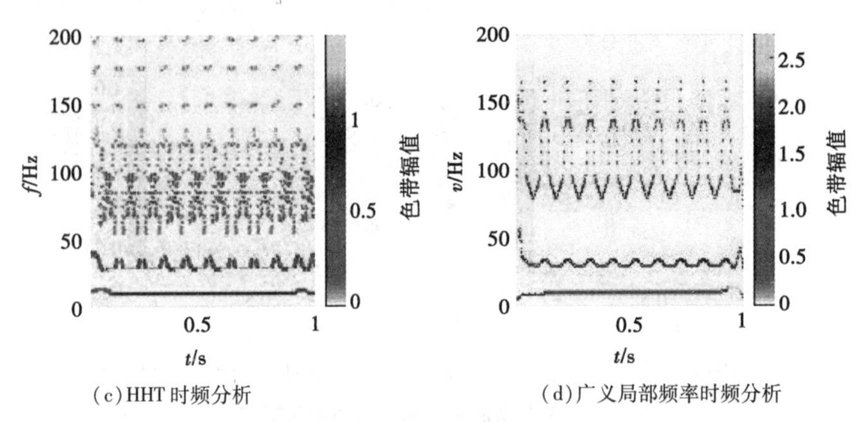

(c) HHT 时频分析　　(d) 广义局部频率时频分析

图 8.10　谐波与方波、三角波组合信号的时频特征提取

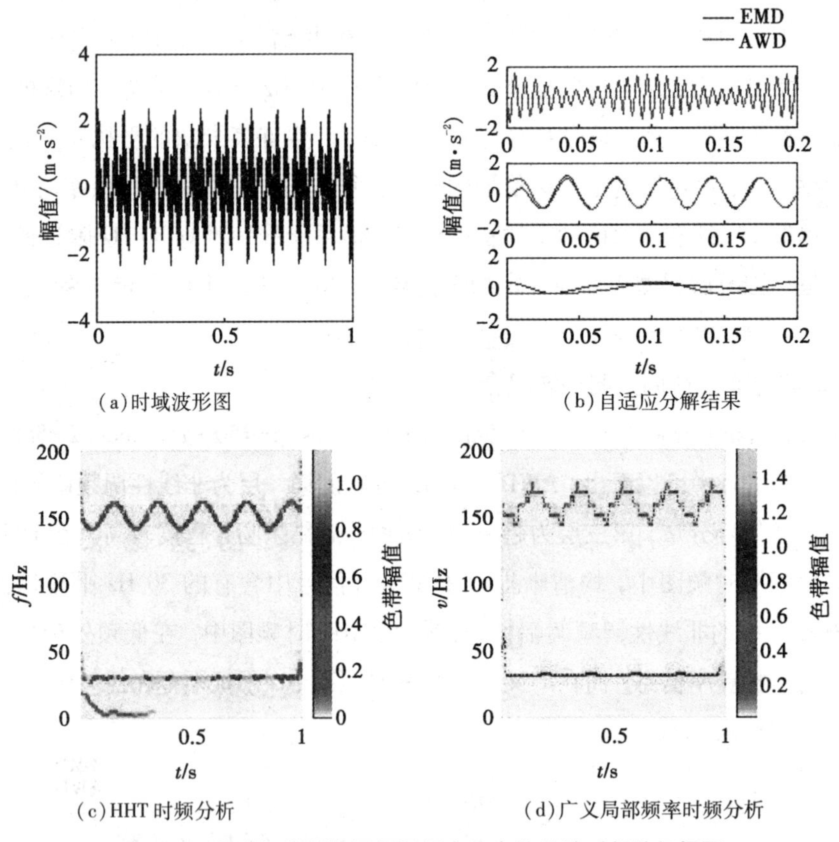

(c) HHT 时频分析　　(d) 广义局部频率时频分析

图 8.11　谐波与非线性调频调幅皮组合信号的时频特征提取

(4) 多个衰减谐波组合

$$x_4(t) = e^{-40t'}\sin(2\pi \cdot 100 \cdot kT) \quad t' = \mathrm{mod}(kT,\ 0.1) \tag{8.40}$$

其中，$t \in [0,\ 1]$ s，采样频率 $f_s = 1000$ Hz，$T = 1/f_s = 0.001$ s，$\mathrm{mod}(x,\ y)$ 表示取余运算。

类似地，在图 8.12(b) 的 AWD 与 EMD 分析结果中，仍然具有较高的重合度，均自适应分解得到三个分量信号，第一层为高频衰减谐波信号，第二层为低频波动信号，第三层为趋势项。在图 8.12(c) 与图 8.12(d) 的时频分析结果中，HHT 时频图除了能提取

10 Hz 的循环频率和 100 Hz 的谐波频率外，还存在着大量虚假频率信息。这主要是因为各衰减谐波的连接部位存在不光滑的连接点，造成瞬时频率相位产生突变，对其求导得到的瞬时频率波动较大。而在广义局部频率时频图中，能准确反映在 10 Hz 与 100 Hz 附近波动的两种频率成分信息，没有其他冗余频率信息，并且分辨率相对于 HHT 时频图效果更好。

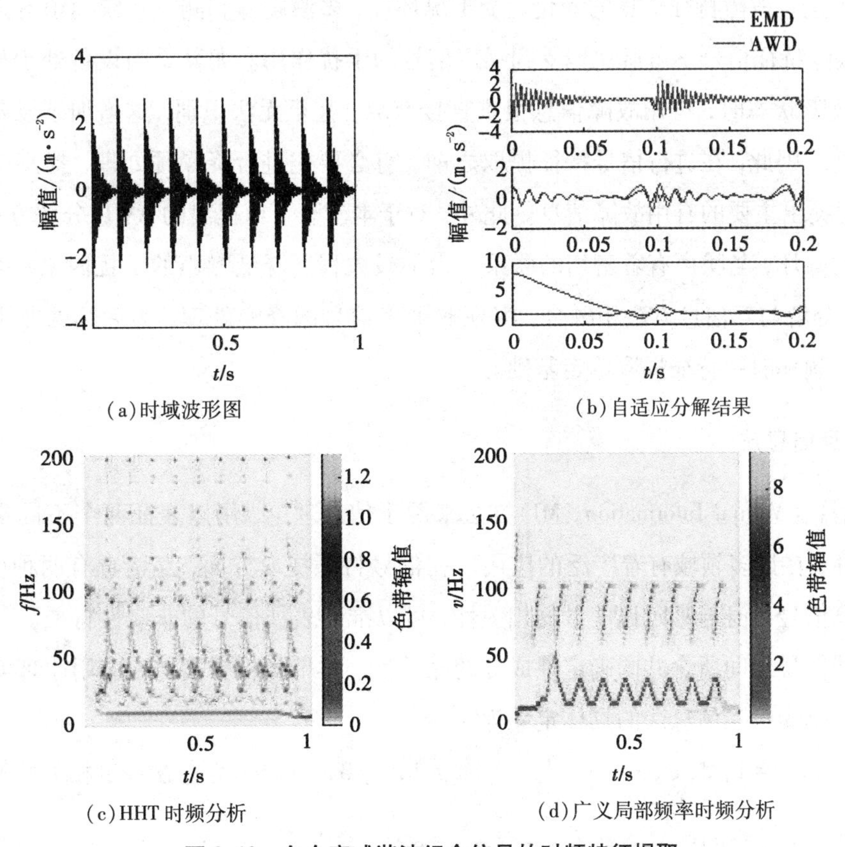

图 8.12　多个衰减谐波组合信号的时频特征提取

上述不同类型多分量组合信号的时频分析对比表明，AWD 分解与 EMD 分解均能达到信号良好的自适应分解效果，精度差别不大，虽然端点效应无法完全抑制，但对时频图中具有物理意义的频率成分信息不产生太大影响。基于广义局部频率的时频分析相比于基于瞬时频率概念的 HHT 时频分析，在分辨率上更为清晰，对于分析非谐波类信号，如三角波、方波、脉冲波形和循环衰减波等，具有明显的时频分析优势，不仅物理意义明确，而且含有的干扰成分较少，能准确表征原信号中所含频率成分的本质特征，因此本专著下篇提出的基于 AWD 的广义局部频率时频分析方法具有有效性与适用性。

8.4 基于 AWD 分解与互信息法融合的降噪方法研究

大型机械装备在运行过程中，其故障状态是一个动态演变的过程，采集的振动信号中蕴含了这些故障特征信息的变化。受工况环境、多激励源和测试系统通道等多因素的影响，故障特征信号不可避免地受到噪声信号的干扰作用。尤其是当设备处于早期故障或微弱故障状态时，有用故障信息很难直接获取，甚至无法识别，这增加了设备故障诊断的难度。因此，在进行信号特征提取之前，有必要先进行降噪预处理，提高信号信噪比，以便突出主要的有用故障信息。此外，对于本专著下篇提出的 AWD 分解方法，其分解效果的好坏，与噪声有着密切的联系。为了最大程度降低噪声的干扰因素，本节提出将 AWD 分解与互信息方法相融合，实现非平稳信号的降噪处理，为后续的非平稳信号广义局部频率时频特征提取奠定基础。

8.4.1 互信息法

互信息(Mutual Information, MI)方法来源于信息理论，用以表征两个不同集合事件的相关性，在许多领域有着广泛的应用。在信号特征提取方面，互信息有两种应用，一种是计算信号自身与其延迟信号的相关性，可以准确表征信号的非线性特征。另一种是计算不同信号之间所含共同确定性成分的相关性。本节将根据第二种应用原理实现非平稳信号的降噪。互信息法的具体定义为

设 $\{x_i \mid i=1, 2, 3, \cdots, n\}$ 与 $\{y_i \mid i=1, 2, 3, \cdots, n\}$ 为存在一定相关性的两个信号，其每一个元素的概率分别为 $p(x_i)$ 与 $p(y_i)$，其中 $\sum_{i=1}^{n} p(x_i)=1$，$\sum_{i=1}^{n} p(y_i)=1$。x 与 y 提供的相应平均信息量为

$$H(x)=-\sum_{i=1}^{n} p(x_i)\lg p(x_i) \tag{8.41}$$

$$H(y)=-\sum_{i=1}^{n} p(y_i)\lg p(y_i) \tag{8.42}$$

式(8.42)就是信息熵，也称 Shannon 熵。

设由 x 与 y 构成的联合信号 $\{x_i y_i \mid i=1, 2, 3, \cdots, n\}$ 的概率分布为 $p(x_i y_i)$，其联合信息熵为

$$H(xy)=-\sum_{i=1}^{n}\sum_{i=1}^{n} p(x_i y_i)\lg p(x_i y_i) \tag{8.43}$$

则两个信号 x 与 y 的互信息定义为

$$I(x, y) = H(x) + H(y) - H(xy) \tag{8.44}$$

互信息是一个非负的定量描述指标，当信号 x，y 完全相同时，互信息最大为 1；当完全独立时，互信息值为 0。

8.4.2　基于 AWD 和互信息的融合降噪方法

根据本专著下篇提出的 AWD 分解方法，可将原始含噪信号 $x(t)$ 自适应地分解为一系列分量信号 $s_1(t)$，$s_2(t)$，…，$s_m(t)$，通过计算各波形函数与原始信号的互信息值，可以定量反映各分量信号所含原始信号特征信息的程度，通过排序，找出一个或多个相关性较大的分量信号进行重新组合。形成降噪后的信号。该融合方法属于一种半定量半定性的降噪技术，在挑选多个较大互信息分量时，仍带有一定的经验性，一般选择互信息值量级突出的分量信号进行重组。下面通过实例进行说明。

考虑如下含噪信号：

$$x(t) = s(t) + e(t) \quad t \in [0, 0.2] \tag{8.45}$$

式中，$s(t)$ 为原始未含噪信号，频率为 100Hz 正弦波信号；$e(t)$ 为高斯白噪声。

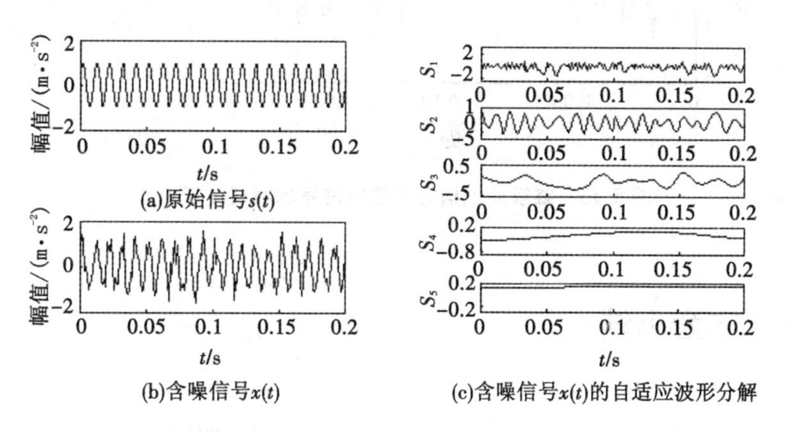

图 8.13　含噪信号的时域波形图与 AWD 分解结果

图 8.13(a) 与图 8.13(b) 分别给出了原始未含噪信号 $s(t)$ 与含噪信号 $x(t)$ 的时域波形图，噪声的作用使得 $s(t)$ 出现许多毛刺状的突变点，在广义局部频率特征提取过程中，显然会严重影响极值点的判断，产生一些虚假频率信息。图 8.13(c) 给出了 AWD 分解结果，该单分量含噪信号被自适应地分解为 5 层，各分量与原始信号 $s(t)$ 存在不同程度的误差。根据 8.4.1 节互信息法，计算各层分量与含噪信号 $x(t)$ 的互信息值，其结果如图 8.14 所示。图中显示第 2 层的互信息值最大，表明其相关性最强，从级别上判断，它显得格外突出，因此选择该层分量信号作为降噪后的信号。将其与原始信号 $s(t)$ 进行对比，其结果如图 8.15 所示。降噪后的信号基本保持了原始信号的周期性特征与幅值波动特征，达到了降噪目的同时，最大程度地保留了原始信号特征信息。因此，该仿真实

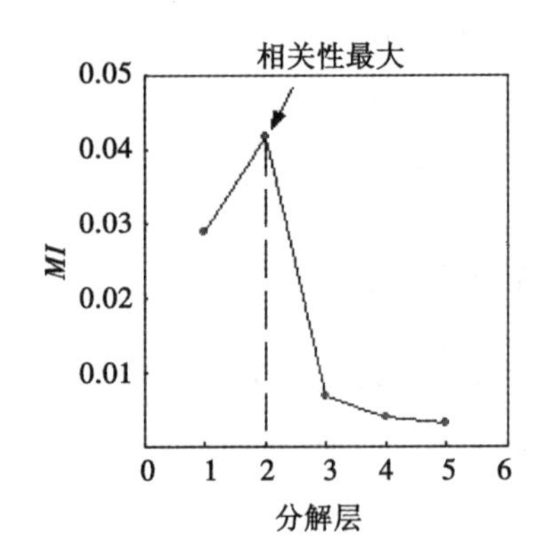

图 8.14　各分量信号和原含噪信号的互信息

例表明基于 AWD 与互信息融合的降噪方法具有一定的可靠性。

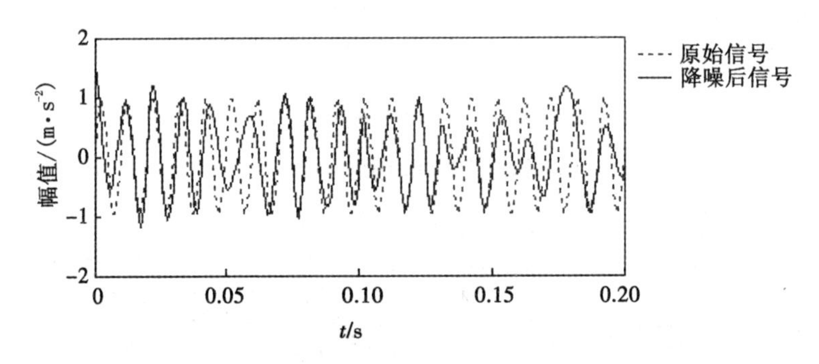

图 8.15　降噪后的信号与原始信号的时域波形对比

8.5　本章小结

本章针对线性时频分析、双线性时频分析、参数化时频分析和自适应分解时频分析在分析复杂非平稳信号时存在的局限性，开展了基于自适应波形分解的广义局部频率时频分析方法研究，得到的结论如下：

① 在广义局部频率概念基础上提出了 AWD 分解方法，实现了将多分量非平稳信号转化为一系列固有波形分量信号的组合。与线性时频分析、双线性时频分析和参数化时频分析相比，AWD 方法摆脱了按固定基函数类型分解的束缚，具有良好的自适应性，从信号分解的效率、准确性及频率物理意义上得了较好的分析结果。

② 与 HHT 时频分析仿真实例进行对比，结果表明广义局部频率时频分析方法在提取非谐波类信号时变频率特征的优越性，减少了虚假频率信息的干扰，使得所提取的频率具有明确的物理意义，并进一步验证了广义局部频率概念的广泛适用性。

③ 将互信息方法和 AWD 方法融合，定量给出了信号所含各波形分量与原信号信息相关程度，使得反映信号本质特征的波形分量得到最大程度的保留，实现了良好的信号降噪效果。

第 9 章　非线性时间序列的广义局部频率频域分析

9.1　引言

自 1963 年美国气象学家 E.N.Lorenz 在天气预报的准确性研究中第一个发现确定性非线性动力系统存在混沌现象以来，经过 50 多年的发展，混沌理论作为非线性动力学的重要组成部分，在微弱信号检测、系统控制、保密通信和时间序列预测等工程技术领域得到广泛的应用。非线性动力系统通向混沌道路的判据准则研究一直是国际前沿热点问题，国内外在这一领域已经取得了许多相关成果。目前已经得到广泛认可的定性判据主要包括：功率谱中出现连续频段、相空间出现奇怪吸引子、庞加莱截面图出现连续密集点、倍周期分岔、阵发性混沌及拟周期运动等；定量判据主要包括：奇怪吸引子维数为分数、Lyapunov 指数为正和拓扑熵或测度熵为正等。其中大部分判据所采用的都是近几十年来的新理论和新方法，已有大量文献进行了深入研究，而对于“功率谱中出现连续频段”却少有文献进行剖析，一般只用混沌的伪随机性进行解释。功率谱在非线性动力系统状态判别过程中存在哪些缺陷，采用何种方法能够更为有效地分析非线性动力系统的频域特性，非线性动力系统在频域内如何进行演化，混沌解在频域内的分布及结构特点如何，这些问题都值得进一步研究。

本章将针对功率谱在分析非线性非平稳信号时存在的特征信息提取困难、频率成分物理意义不明确，甚至出现虚假频率或交叉频率等缺陷问题，以 Duffing 典型非线性动力系统为例，开展基于广义局部频率的非线性时间序列频域特征提取方法研究。首先研究系统随动力参数演化时系统混沌状态判别的理论分析、Lyapunov 指数定量分析和其他定性分析方法；然后分别应用功率谱方法和广义局部频率频域分析方法提取 Duffing 系统频域特征，并进行理论和数值对比分析；最后通过解调分析，揭示混沌时间序列在广义局部频率频域内的分布及结构特性。

9.2　Duffing 系统混沌状态辨识方法研究

9.2.1　Duffing 系统混沌状态的理论判据

考虑如下 Duffing 系统模型：

$$x'' + rx' - x + x^3 = F\cos(2\pi f_0 t) \tag{9.1}$$

式中，r 为阻尼比；F 为周期激励力幅值；f_0为激励力频率。

该 Duffing 系统出现混沌状态所满足的 r、F 与 f_0的参数关系，可根据 Melnikov 解析扰动法计算得到。该方法能够得到系统的庞加莱映射具有 Smale 马蹄变换意义下的混沌阈值，当系统参数大于阈值时，系统就可能出现混沌状态。其具体步骤如下：

将式(9.1)改写为扰动方程

$$x'' + \varepsilon rx' - x + x^3 = \varepsilon F\cos(2\pi f_0 t) \tag{9.2}$$

式中，ε 为扰动参数。系统可等价为

$$\begin{cases} y = x' \\ y' = x - x^3 - \varepsilon ry + \varepsilon F\cos(2\pi f_0 t) \end{cases} \tag{9.3}$$

当 $\varepsilon=0$ 时，式(9.3)为哈密顿系统，其哈密顿量为

$$H(x, y) = \frac{1}{2}y^2 - \frac{1}{2}x^2 + \frac{1}{4}x^3 = h \tag{9.4}$$

当 $h=0$ 时，存在 2 条连结双曲鞍点的同宿轨道，其表达式为

$$\begin{cases} x_0(t) = \pm\sqrt{2}\,\mathrm{sech}(t) \\ y_0(t) = \mp\sqrt{2}\,\mathrm{sech}(t) \times \mathrm{th}(t) \end{cases} \tag{9.5}$$

Melnikov 定理：设 Melnikov 函数

$$M(\tau) = \int_{-\infty}^{+\infty} f(q^0(t)\Lambda g(q^0(t), t+\tau))\mathrm{d}t \tag{9.6}$$

如果存在与 ε 无关的 τ，使 $M(\tau)=0$，$\mathrm{d}M(\tau)/\mathrm{d}\tau \neq 0$，则对充分小的 ε，此系统相应的庞加莱映射中，鞍点型不动点的稳定不变流形与不稳定不变流形二者必横截相交，即此时必出现横截同宿点(如果相交二不变流形分别属于同一鞍点型不动点)或横截异宿点(如果相交二不变流形分别属于两个不同的鞍点型不动点)，从而系统有可能出现混沌解。

根据 Melnikov 定理，在激励力幅值 F 固定的情况下，系统状态随阻尼比 r 的变化而变化，应用 Melnikov 函数可以证明该系统固有的混沌区域，同时找出系统的混沌临界阈值。

$$R(\omega_0)=\frac{r}{F}=\frac{3\sqrt{2}F\pi\omega_0}{4r\cosh(\pi\omega_0/2)} \tag{9.7}$$

式中，ω_0 为激励力角频率，且 $\omega_0=2\pi f_0$。

假设取激励力幅值 $F=1$，激励频率 $f_0=1/2\pi=0.16$ Hz，阻尼比 $r=1\sim1.6$，r 以 0.01 为步长进行变化，系统初始条件为 $x_0=0.4$，$\dot{x}_0=0.9$，时间步长取 0.02π，经数值积分可得到不同参数 r 下的二维时间序列，每个时间序列取 8000 个点作为仿真数据。将上述条件代入式(9.7)，理论上计算可得到混沌阈值为 $r=1.15$，即阻尼比 r 大于 1.15 时将进入混沌状态。

9.2.2 Duffing 系统混沌状态判别的数值判据

虽然 Melnikov 方法能够理论求解出 Duffing 系统混沌状态的临界值，但实际工程中，所测混沌区域与理论所求区域之间存在差异，其临界阈值只在一定区域内是准确的，因此很难满足实际 Duffing 系统非线性时间序列混沌状态的判别。本节将应用非线性时间序列常用定量及定性方法对 Duffing 系统随动力参数变化的演化规律进行数值仿真分析，以提高系统状态辨识的可靠性和准确性。

(1)最大 Lyapunov 指数定量判据

最大 Lyapunov 指数是定量描述系统动力学特性的一个重要指标，它表明系统在相空间中相邻轨道收敛或发散的平均指数率。根据最大 Lyapunov 指数是否大于零，可以非常直观地判别系统处于混沌状态还是非混沌状态，并且 Lyapunov 指数越大，系统的混沌性越强，反之亦然。针对 Duffing 系统所生成的非线性时间序列，本节应用经典的 Wolf 算法来估计其最大 Lyapunov 指数。

设非线性时间序列 $\{x_1, x_2, \cdots, x_n\}$ 的嵌入维数为 m，时间延迟为 τ，则重构后的相空间为

$$Y(t_i)=\{x(t_i), x(t_i+\tau), \cdots, x(t_i+(m-1)\tau)\} \tag{9.8}$$

式中，$i=1, 2, \cdots, N-(m-1)\tau$。

相空间重构后，利用混沌吸引子的轨道分离特性，Wolf 方法计算最大 Lyapunov 指数的整个过程如图 9.1 所示。

取相空间初始相点为 $Y(t_0)$，设它的最邻近点为 $Y_0(t_0)$，两相点之间的距离设为 $L(t_0)$，从时刻 t_0 开始追踪这两点的时间演化，直至 t_1 时刻两点的间距超过规定值 ε，其中，$\varepsilon>0$。

$$L'(t_1)=|Y(t_1)-Y_0(t_1)|>\varepsilon \tag{9.9}$$

保留相点 $Y(t_1)$，并在相点 $Y(t_1)$ 邻近找一相点 $Y_1(t_1)$，此时不仅需要保证两点间距离满足

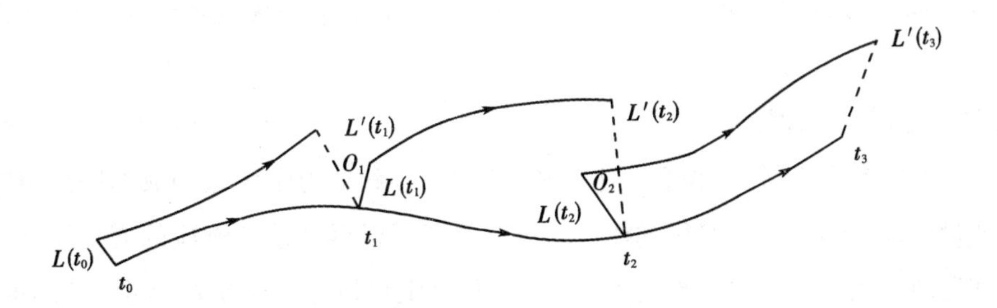

图 9.1　Wolf 求最大 Lyapunov 指数示意图

$$L(t_1) = |Y(t_1) - Y_1(t_1)| > \varepsilon \tag{9.10}$$

而且要使 $L(t_1)$ 与 $L'(t_1)$ 之间的夹角 θ_1 尽可能的小。继续重复上述过程，直至 $Y(t)$ 到达时间序列的终点。追踪演化过程总的迭代次数为 M，则最大 Lyapunov 指数为

$$\lambda_1 = \frac{1}{t_M - t_0} \sum_{k=1}^{M} \ln \frac{L'(t_k)}{L(t_{k-1})} \tag{9.11}$$

对 8.2.1 节中数值计算得到的 Duffing 系统不同参数 r 下的非线性时间序列分别求取其最大 Lyapunov 指数，可得到一条反映 Duffing 系统动力学演化规律的最大 Lyapunov 指数曲线，结果如图 9.2 所示。

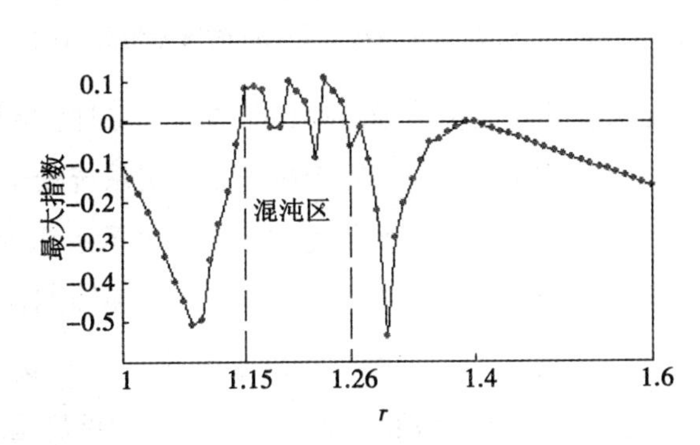

图 9.2　最大 Lyapunov 指数随阻尼比参数 r 变化曲线

由图 9.2 可知，当阻尼比参数初始变化时，最大 Lyapunov 指数为负，表明系统处于非混沌状态；当 $r=1.15$ 时，最大 Lyapunov 指数由负变正，反映系统由非混沌状态开始进入混沌状态；当 $r=1.26$ 时，最大 Lyapunov 指数又由正变负，说明系统结束混沌状态进入非混沌状态；在 $r=1.17$、1.18 和 1.22 处，最大 Lyapunov 指数曲线存在突变点，分别由正突变为负，在混沌区域出现非混沌间歇期，称为周期窗口现象。根据最大 Lyapunov 指数结果，系统混沌状态的临界点为 $r=1.15$，这与 Molnikov 理论分析的检测结果一致，验证了两种方法的有效性。此外，最大 Lyapunov 指数还检测出系统混沌状态的另

外一些临界点，尤其是能够敏感地检测出混沌区域内的周期窗口，因此，最大 Lyapunov 指数是提取非线性时间序列特征的一种有效指标，能够准确表征系统是否处于混沌状态。

(2)分岔图定性判据

分岔图是以状态变量(如位移、速度及加速度等)和动力学参数构成的图形空间，表示状态变量随动力学参数的变化规律。通过分岔图可以得到系统响应的周期运动、拟周期运动和混沌运动所对应的参数区间，在一定程度上可以定性判定动力系统状态的演化规律。本专著下篇选取 Duffing 系统中的阻尼比参数 r 作为横坐标，取对应于每一参数 r 值的系统响应的 Poincaré 截面为纵坐标，绘制出相应的时域幅值分岔图，结果如图 9.3 所示。

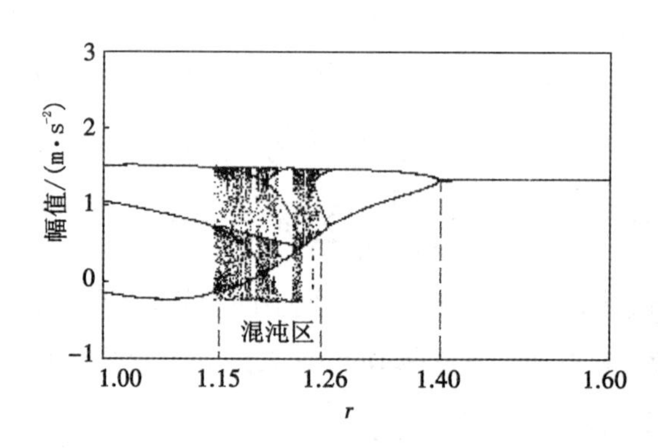

图 9.3　Duffing 系统随参数 r 变化的时域幅值分岔图

在图 9.3 中，Duffing 系统的响应幅值随阻尼比参数 r 变化时，出现明显的分岔现象。当 $1\leqslant r\leqslant 1.15$ 时，图中每一个参数 r 映射于三个幅值，表明系统处于周期为 3 的拟周期状态；当 $1.5<r<1.26$ 时，参数 r 所映射的幅值变得混乱，表示系统处于混沌状态，并且在该区域内也能检出一些参数所映射的幅值为有限个，即出现周期窗口现象；当 $1.26\leqslant r<1.4$ 时，每个参数 r 映射于两个幅值，说明系统处于周期为 2 的拟周期状态；当 $1.4\leqslant r\leqslant 1.6$，图中参数 r 只映射于一个恒定幅值，反映系统处于周期状态。从时域幅值分叉图与 Molnikov 理论分析、最大 Lyapunov 指数曲线比较可知，分析结果一致，均能从各自角度判定 Duffing 系统的状态。但是相对而言，最大 Lyapunov 指数的计算精度更高，特征更为明显，更容易辨识系统状态。

9.3　Duffing 系统非线性时间序列的广义局部频率频域分析

9.3.1　基于功率谱的频域特征提取

目前，国内外学者主要研究时域幅值变量的分岔现象，通过幅值解的个数及分布情况来确定周期数，这与周期的物理意义存在差异。实际上，频率与周期存在紧密的联系，它们互为倒数，而且两者物理意义明确，因此可以通过分析系统频率来真正揭示系统的周期性状态特征。本节将针对 Duffing 系统，分别应用功率谱及广义局部频率方法开展非线性时间序列频域特征提取方法研究。

功率谱与频谱之间存在联系和区别，它们都是以 Fourier 变换为基础，频谱只是信号从时域转变到频域的一种表达方式，物理意义不是很明确；而功率谱反映的是信号能量在频域的分布规律。事实上，信号频率和能量之间存在指数关系，因此，对于能量信号而言，这两者之间可以等效看待。下面给出功率谱的经典算法，并将其应用到 Duffing 系统的非线性时间序列频域分析中。

对于离散的时间序列 $\{x_1, x_2, \cdots, x_n\}$，计算其自相关函数：

$$R(\mathrm{m}) = \frac{1}{n}\sum_{i=1}^{n} x_i x_{i+m} \tag{9.12}$$

对自相关函数 $R(m)$ 进一步做 Fourier 变换即为功率谱：

$$S = \sum_{j=1}^{n} R_m \cos\left(\frac{2\pi mk}{n}\right) \tag{9.13}$$

式(9.13)表示第 k 个频率分量对信号能量的贡献。9.2 节中已经分别从定量和定性的角度给出了 Duffing 系统随参数 r 的演化情况，现分别以参数 $r=1.15$，$r=1.35$ 和 $r=1.5$ 时的时间序列为例，提取其功率谱特征，结果如图 9.4~图 9.6 所示。

从上述不同参数 r 下的功率谱图可以看出，当 $r=1.5$ 时，功率谱图上出现离散的、分立的一些谱峰，表明系统处于周期状态；功率谱中能量主要集中在 0.16 Hz 处，它反映的是系统外激励力频率 f_0 的特征，称为基频；另外的频率位于 0.32 Hz，正好是基频的 2 倍，称为倍频。当 $r=1.35$ 时，功率谱图上也出现离散的、分立的一些谱峰，但各频率之间不再是整数倍关系，表明系统处于拟周期状态；除了包含基频外，还存在 0.08，0.24，0.4 Hz 等分量成分，它们与基频的比值为分数，称为分数频，这些频率的产生正是非线性的相互作用影响的结果。当 $r=1.15$ 时，功率谱图上出现连续的谱峰，并且具有背景噪声特性的谱分布特点，说明系统处于混沌状态；虽然基频成分仍然明显，但其他频率成分信息特征规律不明显，无法分辨出混沌时间序列的频域分布及结构特点。为了反映 Duffing 系统动态的演化规律，现将不同参数 r 下功率谱图进行合并分析，结果如图 9.7

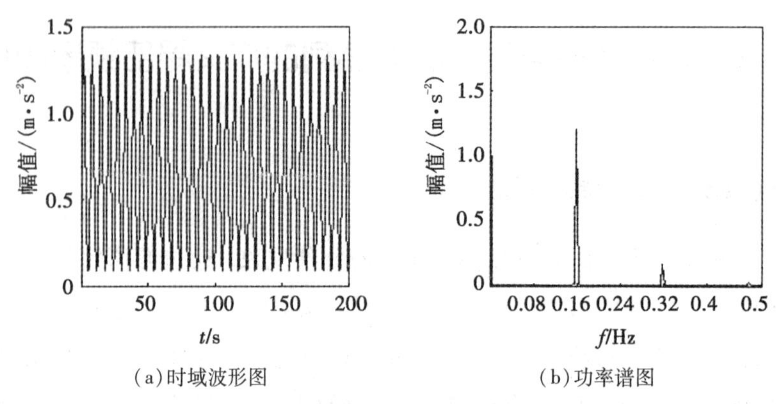

(a)时域波形图　　(b)功率谱图

图 9.4　$r=1.5$ 时的时域波形图及功率谱图

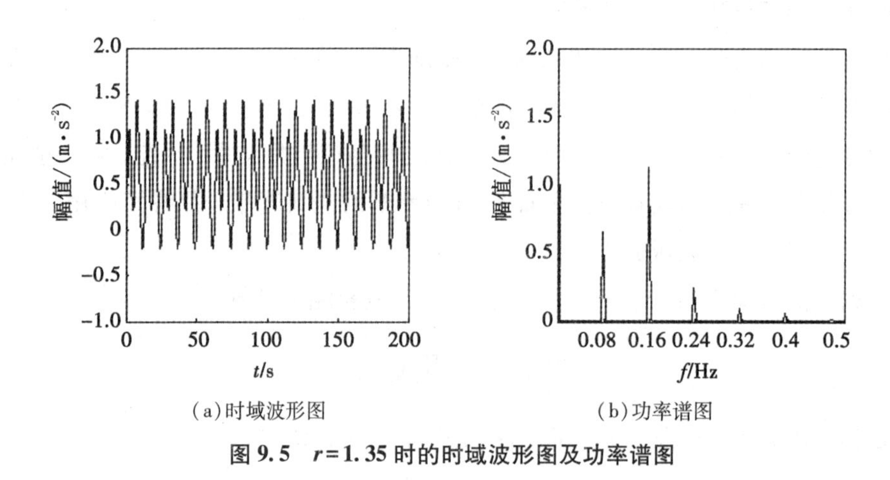

(a)时域波形图　　(b)功率谱图

图 9.5　$r=1.35$ 时的时域波形图及功率谱图

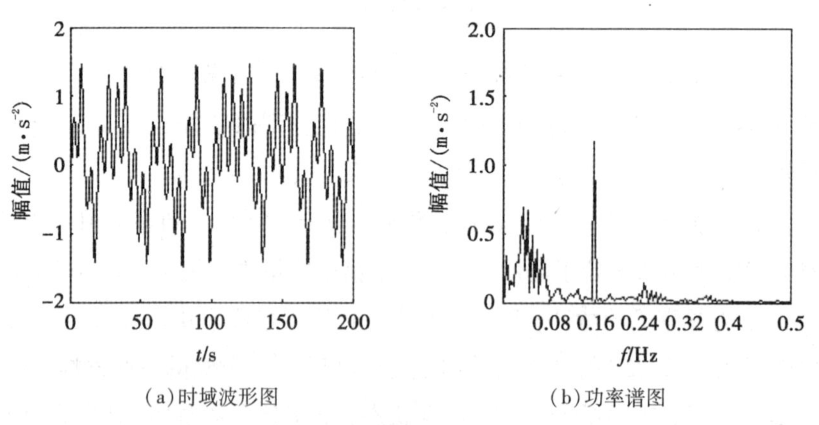

(a)时域波形图　　(b)功率谱图

图 9.6　$r=1.15$ 时的时域波形图及功率谱图

所示。

图 9.7 中，颜色深度代表能量幅值，Duffing 系统随阻尼参数 r 变化时，系统在频域内也出现明显的分岔现象。当 $r=1.4\sim1.6$ 时，功率谱主要能量集中在基频 $f_0=0.16$ Hz 及整数倍频处，说明系统处于周期状态；当 $r=1.26\sim1.4$ 时，功率谱能量分别分布在基

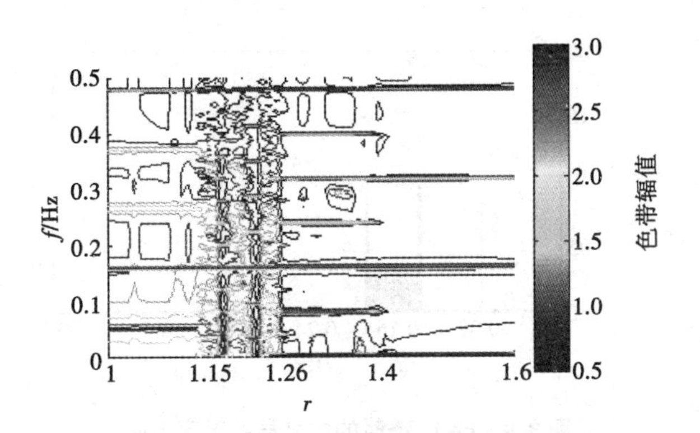

图 9.7　Duffing 系统随参数 r 变化的功能谱分岔图

频、分数频及倍频处，反映系统处于拟周期状态；当 $r=1.15\sim1.26$ 时，功率谱连续分布且具有背景噪声规律分布特征，表征系统进入混沌区域，此外在参数 $r=1.17$，1.18 及 1.22 处也能观察到明显的周期窗口现象；而当 $r=1\sim1.15$ 时，功率谱能量主要集中在基频及 1/3 基频处，说明系统又处于拟周期状态。

从上述分析可知，虽然功率谱从频域上能够体现出一些周期解对应的特征频率成分，但是也产生一些因 Fourier 变换所带来的谐波虚假频率成分，这与 Duffing 系统周期解自身特征存在差异，严重干扰了 Duffing 系统频域特征的提取。

9.3.2　基于广义局部频率的频域特征提取

在第 7 章中已经初步分析了基于全局频率概念的 Fourier 变换方法的缺陷，并提出了新的广义局部频率概念及算法。为验证其可靠性和有效性，现将其应用到 Duffing 系统频域特征提取中。类似于前面的功率谱分析过程，首先同样分别以参数 $r=1.15$、$r=1.35$ 和 $r=1.5$ 时的时间序列为例，提取其广义局部频率特征，结果如图 9.8～图 9.10 所示。

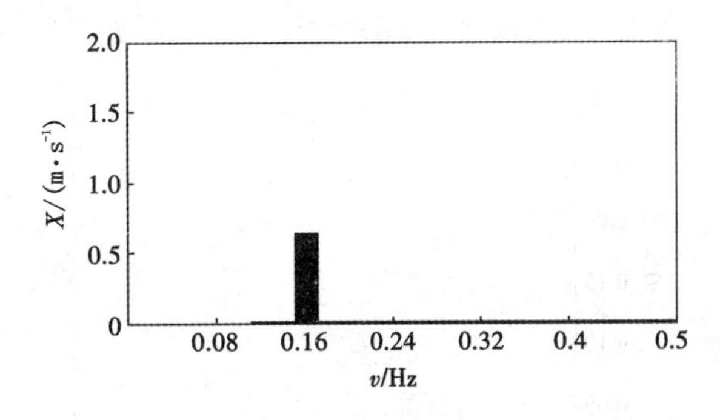

图 9.8　$r=1.5$ 时的广义局部频率谱图

图 9.8～图 9.10 清晰地反映了 Duffing 系统分别在周期状态、拟周期状态和混沌状态下的广义局部频率分布特征。当 $r=1.5$ 时，广义局部频率谱图上能量只有 0.16 Hz 基频成分信息，不存在干扰的虚假倍频分量信息，准确反映了系统处于周期状态的特征；当

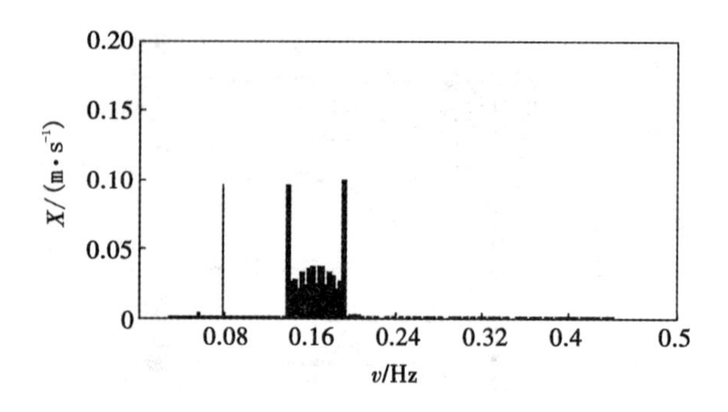

图 9.9　$r=1.35$ 时的广义局部频率谱图

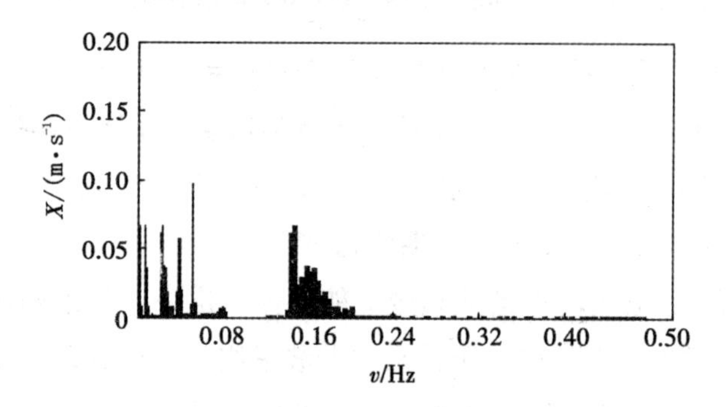

图 9.10　$r=1.15$ 时的广义局部频率谱图

$r=1.35$时，广义局部频率谱图上出现离散的、分立的两个谱峰，分别是基频和1/2分数频，说明系统处于2周期的拟周期状态；当$r=1.15$时，广义局部频率谱图上出现连续的谱峰，并且具有背景噪声特性的谱分布特点，这与功率谱所反映的混沌特征相类似。但从频率的细节分布及结构来看，混沌状态下的广义局部频率谱图主要集中基频及分数频附近，具有一定的规律性。现将不同参数r下广义局部频率谱图进行联合分析，得到Duffing系统随参数r变化的广义局部频率频域分岔图，结果如图9.11所示。

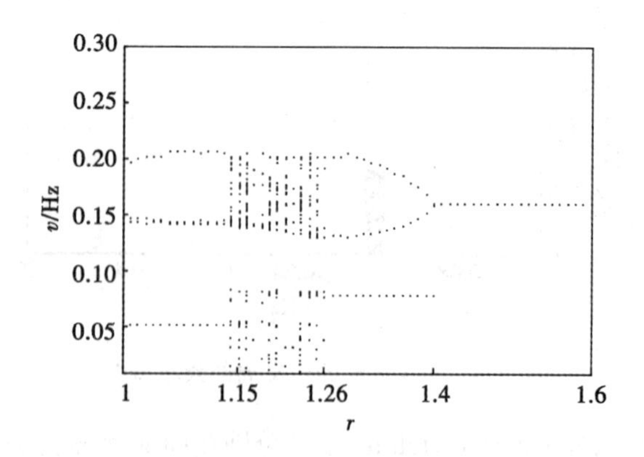

图 9.11　Duffing 系统随参数 r 变化的广义局部频率分岔图

图 9. 11 中 Duffing 系统在广义局部频率频域内的 Duffing 系统动力系统演化规律与 Molnikov 理论分析、Lyapunov 指数曲线、时域幅值分岔图和功率谱分岔图等特征规律基本一致，即当 $r \geq 1.15$ 时，系统进入混沌特征演化区间，在 $r=1.17$，1. 18和 1. 22 处能观察到明显的周期窗口现象。这些一致性结论，不仅表明基于广义局部频率分析方法能够有效提取非线性时间序列的频域特征，准确反映非线性动力系统的演化规律，而且进一步验证了本专著下篇所提出的广义局部频率概念的有效性和准确性。此外，相比于功率谱，在混沌区间内的广义局部频率频域分岔图出现了有选择性的连续频段分布，能量主要“依附”在基频、1/2、1/3 和 1/6 基频附近连续分布，频段形状类似，并且在频域上不存在冗余频率信息，各频率成分具有与系统周期解对应的明确物理意义，混沌特征演化区间的判别更为清晰，这为观察非线性系统混沌现象提供了一种新方法。

9. 4 混沌时间序列的频率分布及结构特性研究

从 9. 3 节 Duffing 系统混沌状态下的广义局部频率分析中可以发现，广义局部频率谱图除了具有连续频段及背景噪声分布规律外，频率的聚集性结构并非杂乱无章，而且具有一定的规律性。为此，本节将重点对混沌时间序列的频域分布及结构特性展开深入研究。

9. 4. 1 频率调制特性

现取 Duffing 系统 $r=1.25$ 时的混沌时间序列进行自适应波形分解，并且对每一个峰值序列分量提取其广义局部频率特征，结果如图 9. 12 所示。

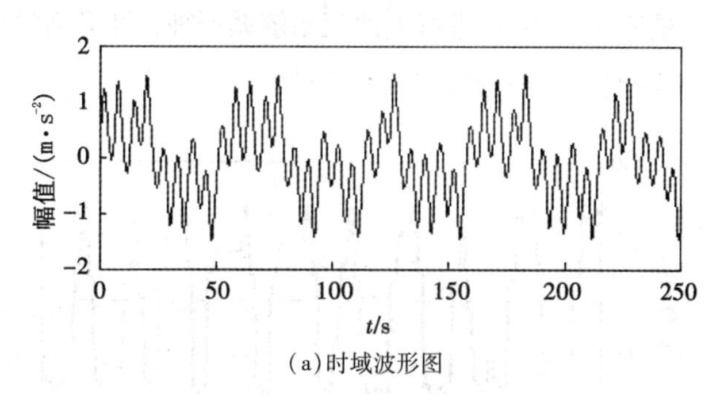

(a)时域波形图

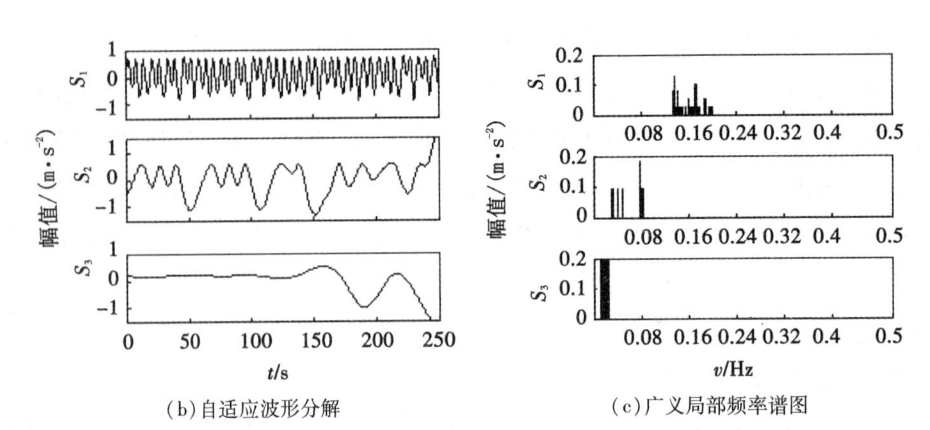

(b)自适应波形分解 (c)广义局部频率谱图

图 9.12　$r=1.2$ 时的混沌时间序列广义局部频率分析

图 9.12 表明该混沌时间序列自适应分解为 3 层独立的波形分量序列：s_1，s_2 和 s_3，频带成分由高到低进行变化，不存在重复或交叉干扰项。s_1 的广义局部频率主要在基频 0.16 Hz 附近连续分布；s_2 的广义局部频率主要在 1/2 和 1/3 基频，即 0.08，0.053 Hz 附近连续分布；s_3 的广义局部频率主要在 1/6 基频，即 0.027 Hz 附近连续分布。针对混沌时间序列的广义局部频率连续分布特点，有必要进一步研究“依附”中心频率附近连续频率的时域特性，因此需要进行解调分析。根据本专著下篇提出的广义局部频率定义，分别提取 Duffing 系统阻尼比参数 $r=1.2$ 该混沌时间序列的瞬时幅值、瞬时频率等特征信息，从时域角度进行综合分析。

图 9.13 给出了 $r=1.2$ 时第 1 层波形分量序列 s_1 的解调分析结果，其中图(a)为瞬时幅值波形图，图(b)为瞬时广义局部频率波形图。由图 9.13 可知，波形分量序列 s_1 在基频 0.16 Hz 附近的连续频段，对应的是幅值围绕 0.7 进行波动、频率围绕 0.16 Hz 进行波动的单分量时间序列，其瞬时幅值与瞬时频率的时变性为连续频段的形成作出了贡献。此外，通过对波形分量序列 s_2 和 s_3 进行上述频率解调处理，可得到类似结论，这进一步表明了 Duffing 系统混沌时间序列的频率调制特性。

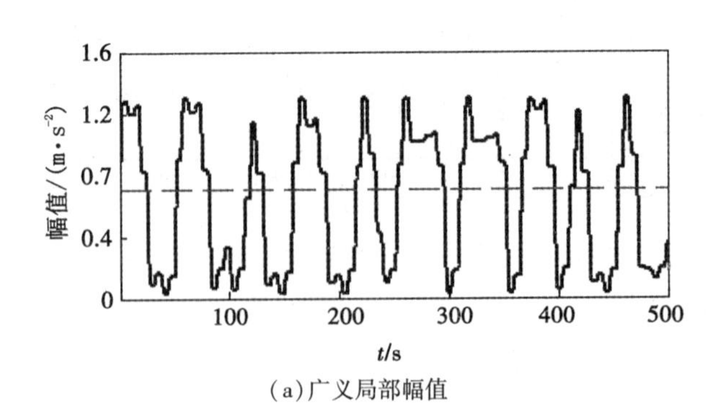

(a)广义局部幅值

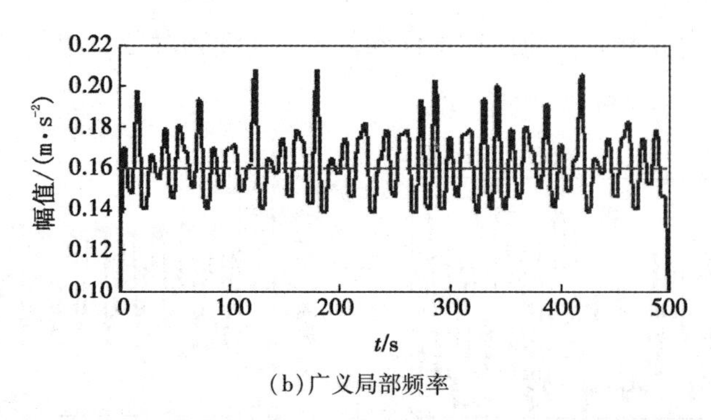

(b)广义局部频率

图 9.13　$r=1.2$ 时的混沌时间序列第 1 层峰值平均序列分量的解调分析

9.4.2　频率调制的相似性

下面进一步研究不同参数 r 下混沌时间序列频率调制特性是否也存在相似性。分别取 $r=1.15$ 和 $r=1.25$ 时的混沌时间序列进行分析，如图 9.14 所示。

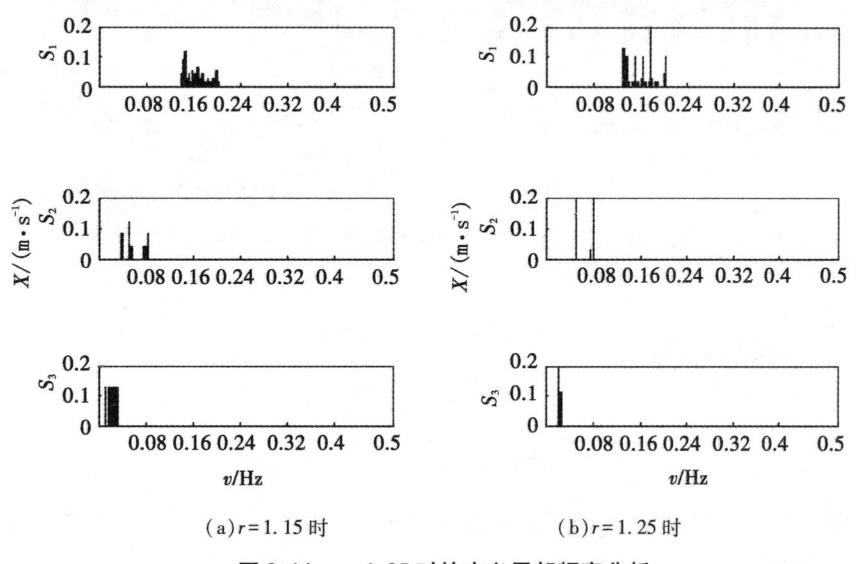

(a)$r=1.15$ 时　　(b)$r=1.25$ 时

图 9.14　$r=1.25$ 时的广义局部频率分析

结合图 9.12 和图 9.14 分析可知，混沌时间序列均分解得到 3 层波形分量序列，第 1 层波形分量序列的广义局部频率在基频 0.16 Hz 附近连续分布，第 2 层在 1/2 和 1/3 基频附近连续分布，第 3 层在 1/6 基频附近连续分布。这与前面频率分岔现象所得结论一致，说明不同参数 r 下的连续频段的分布位置及形状具有相似性。

图 9.15 为 $r=1.15$ 和 $r=1.25$ 时混沌时间序列的第 1 层波形分量序列 s_1 的解调分析结果，不同参数 r 下的混沌时间序列第 1 层波形分量序列 s_1 在基频 0.16 Hz 附近的连续频段对应的均是幅值存在波动、频率围绕 0.16 Hz 进行波动的单分量时间序列，在对其他混沌序列进行分析时，也得到了相同的结论。此外，通过对波形分量序列 s_2 及 s_3 进行

分析，可得到类似结论，由此说明 Duffing 系统在不同参数 r 下混沌时间序列的频率调制特性具有相似性，这是导致混沌区域不同参数 r 下连续频段分布位置及形状具有相似性的主要原因。

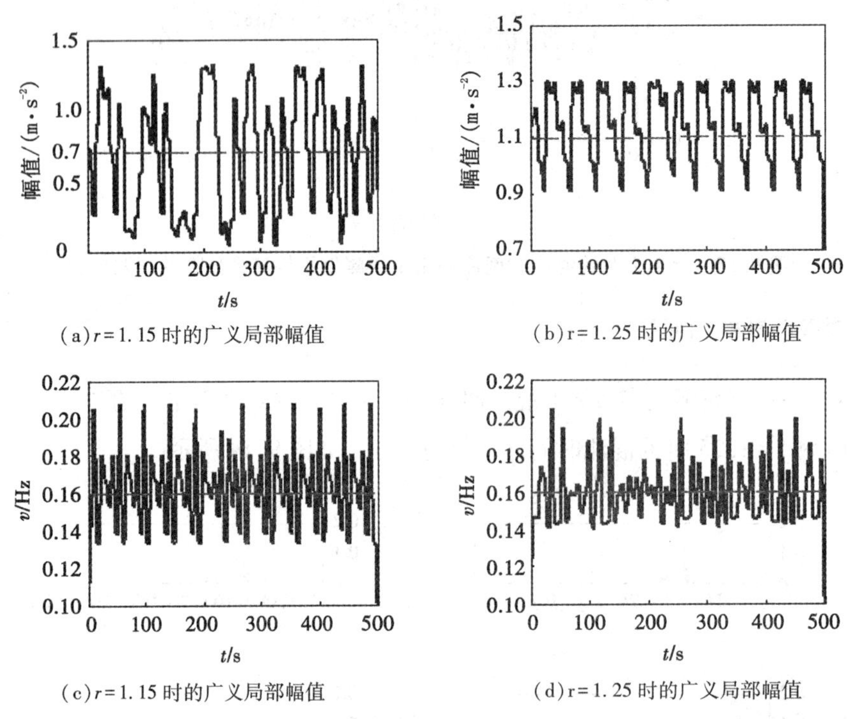

(a) $r=1.15$ 时的广义局部幅值

(b) r=1.25 时的广义局部幅值

(c) $r=1.15$ 时的广义局部幅值

(d) r=1.25 时的广义局部幅值

图 9.15　$r=1.15$ 和 r=1.25 时的混沌时间序列第 1 层峰值序列分量的解调分析

9.5　本章小结

本章针对功率谱分析方法受平稳性假设条件限制的局限性，分析非线性时间序列时存在的一些问题，并以 Duffing 动力系统为研究对象，开展了基于广义局部频率的非线性时间序列频域特征提取研究，得到的结论如下：

① 提出的基于自适应波形分解的广义局部频率方法，突破了功率谱的平稳性假设要求的局限性，具有良好的自适应性，分解结果完全独立，频带由高到低进行变化，避免了 Fourier 变换以谐波基函数形式进行强制分解所带来的虚假或交叉成分，为非线性动力系统的频域特征分析提供了一种新手段。

② 通过改变 Duffing 系统阻尼比参数 r 下的非线性时间序列频域特征提取，发现了系统的频域分岔现象。相比于功率谱，广义局部频率主要“依附”在中心频率附近连续分布，并且不存在冗余的频率信息，各频率成分具有与系统周期解对应的明确物理意义，混沌特征演化区间的判别更为清晰。

③ 通过广义局部频率定义的解调分析，揭示了混沌时间序列具有频率调制特性及频率调制的相似性，说明该特征规律是导致不同参数 r 下的混沌时间序列在中心频率附近出现连续频段并且形状具有相似性的主要原因。

第 10 章　广义局部频率时频特征的复杂测度分析

10.1　引言

前述研究表明，非线性非平稳信号的时频特征可以利用广义局部频率分析方法进行有效提取，其特征不仅直观反映了设备系统状态的演化规律，也有效揭示了系统状态与激励之间的映射关系，为设备故障诊断的研究提供了可靠依据。然而，信号的广义局部频率时频特征量的幅值大小受样本的影响存在较大变化，尤其是对于小样本数据，其特征的可重复性和稳定性较差。并且不同系统状态下的样本数据所含噪声的程度也不同，这会干扰特征量幅值的变化，影响分析结果的准确性。针对广义局部频率时频分析的这些不足，非线性动力学不变量指标提供了一种有效解决途径。目前非线性时间序列分析的动力学不变量指标主要包括：分形维数、最大 Lyapunov 指数、测度熵及复杂度等，其中分形维数为分数和最大 Lyapunov 指数为正是辨识系统处于混沌状态的有效依据，在机械设备故障状态监测及故障诊断领域得到了广泛应用。但是分形维数与最大 Lyapunov 指数的计算准确性依赖相空间重构过程中时间延迟和嵌入维数等重要参数的选择，还依赖大量样本数据，并且对噪声更加敏感，因此并不适合量化描述序列的本质特征。而复杂度相对于其他不变量优势明显，它具有归一化的特殊形式，随着样本长度的增大，其值趋于恒定，并且数值大小可直接用于比较不同序列之间的非线性复杂度，具有明确的物理意义和简便的算法原理，因此非常适合对有限样本序列进行系统复杂性的分析与评估。

本章将针对广义局部频率时频特征受样本影响而缺乏稳定性与可比性的不足，应用 Lempel-Ziv 复杂度方法，以典型非线性系统时间序列与含噪时间序列为仿真对象，研究其表征系统非线性与随机性演化规律方面的相关特性，通过对非平稳信号提取的广义局部频率时频特征进行 Lempel-Ziv 复杂测度分析，实现对非平稳信号时频特征的定量描述。最后，以滚动轴承振动信号为仿真实例，进一步验证广义局部频率时频特征提取及其复杂测度分析的有效性。

10.2　基于 Lempel-Ziv 复杂测度的复杂信号非线性检测

复杂测度定义是由 Kolmogorov 提出的，表征为能够产生某一符号序列所需的最短程序的比特数。后来 A.Lempel 和 J.Ziv 提出了实现这种复杂度的算法，称为 Lempel-Ziv 复杂度，它广泛应用于非线性科学研究中。

10.2.1　LZC 原理及算法

LZC 计算的前提是对信号进行符号化处理，目的是将含有许多可能值的时间序列简化成容易处理的仅有几个互不相同值的符号序列。目前最常用的是均值符号化方法，即对一个时间序列 $\{x(i) \mid i=1, 2, 3, \cdots, n\}$ 重构一个新的符号化序列 $\{S(i) \mid i=1, 2, 3, \cdots, n\}$，且满足

$$S(i)=\begin{cases}0 & x(i)<x_{\text{ave}} \\ 1 & x(i) \geqslant x_{\text{ave}}\end{cases} \tag{10.1}$$

式中，x_{ave}为该时间序列的平均值。这种均值符号化方法较好地体现了时间序列全局的整体特性。

一个时间序列 $\{x(i) \mid i=1, 2, 3, \cdots, n\}$ 经过上述方法转化为二进制符号时间序列 $\{S(i) \mid i=1, 2, 3, \cdots, n\}$，计算 LZC 的算法原理如图 10.1 所示。

图 10.1 中 S 与 Q 分别代表两个字符串，SQ 表示把 S 和 Q 两个字符串相加组成的总字符串，SQP 表示把 SQ 中最后一个字符串删去所得的字符串，P 表示删去最后一个字符所进行的操作。

现以符号时间序列 $S=1010101010$（长度 $n=10$）为例，具体计算步骤如下：

① $n=1$，$S_1=1$，$Q_1=0$，$SQ_1=10$，$SQP_1=1$，由于 $Q_1 \notin SQP_1$，Q 为插入，$SQ_1=1 \cdot 0$；

② $n=2$，$S_2=10$，$Q_2=1$，$SQ_2=101$，$SQP_2=10$，由于 $Q_2 \in SQP_2$，Q 为复制，$SQ_2=1 \cdot 0 \cdot 1$；

③ $n=3$，$S_3=10$，$Q_3=10$，$Q_3=10$，$SQ_3=1010$，$SQP_3=101$，由于 $Q_3 \in SQP_3$，Q 为复制，$SQ_3=1 \cdot 0 \cdot 10$；

④ 以后几步都是重复步骤②和③，即都是复制，于是得到 $S=1 \cdot 0 \cdot 10101010$，整个序列分为 3 段，即序列的 LZC 值为 3。

显然以上 LZC 值将随着样本数 n 的增加而不断增大，但是 A.Lempel 和 J.Ziv 研究得出，所有二进制符号序列的复杂度将随样本个数的增加趋向一个定值，即

$$\lim_{n \to \infty} c(n)=b(n)=\frac{n}{\text{lb}_2(n)} \tag{10.2}$$

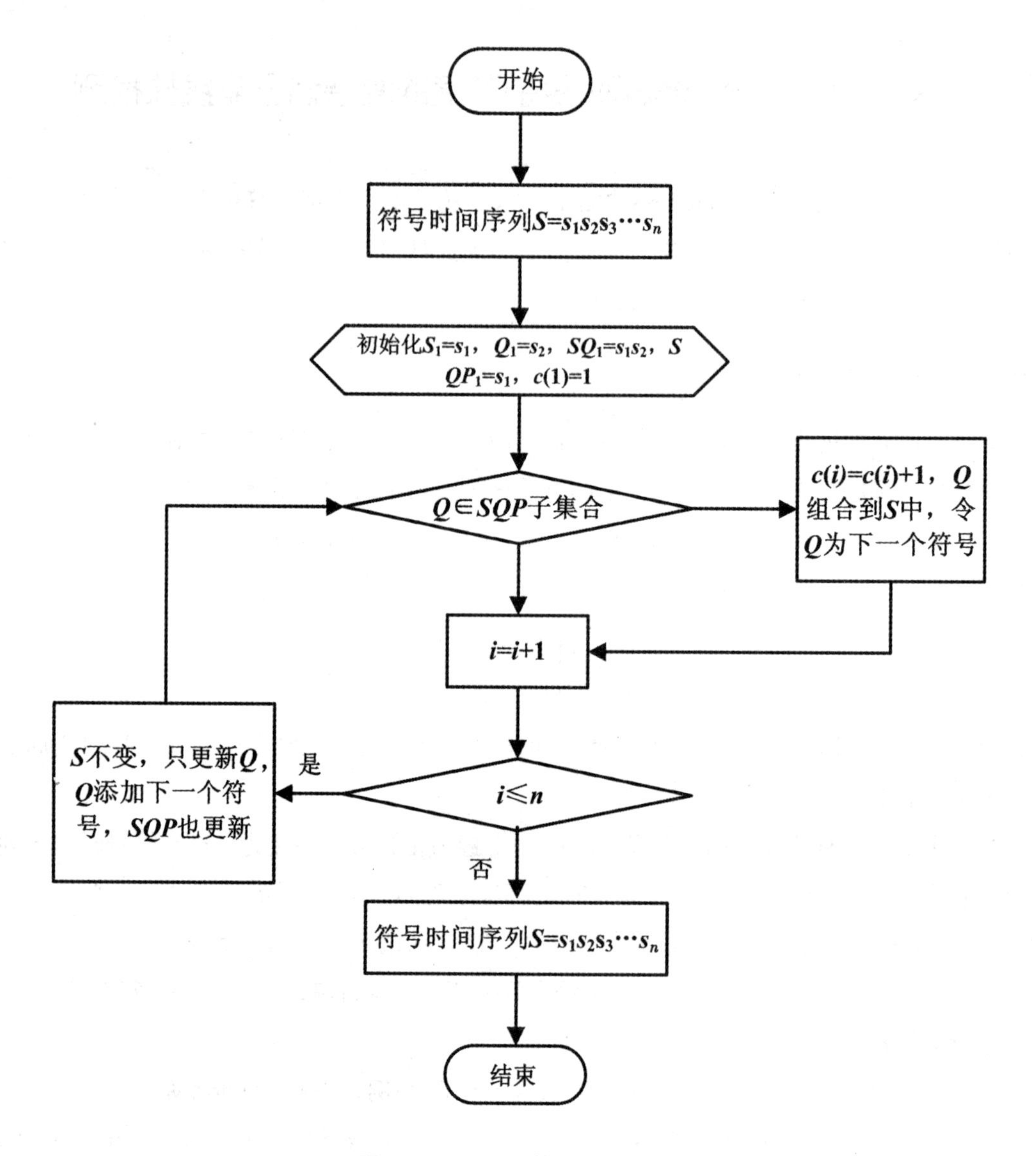

图 10.1　LZC 计算原理流程图

式中，$c(n)$表示某一给定的符号时间序列 $S = \{s_1 s_2 \cdots s_n\}$ 的复杂性计数，即复杂度。

$b(n)$是随机符号时间序列的复杂度值的渐进值。因此可以定义一个稳定的、相对独立的及归一化的 Lempel-Ziv 复杂度指标：

$$0 \leqslant C_{\mathrm{LZC}} = \frac{c(n)}{b(n)} \leqslant 1 \tag{10.3}$$

当样本数 n 足够大时，式(10.3)才能成立。

文献给出了 n 的经验取值，当 $n \geqslant 3600$ 时，计算所得到的 C_{LZC}值趋于稳定。因此在数据采集和计算条件允许的情况下，应该选取尽可能长的样本数据进行分析。如果数据样本较少，应该保证样本长度不低于 3600 个点，只有这样才能保证 C_{LZC}值计算的准确性和有效性。

由上述原理过程及算例可知，如果一个经过插入和复制操作的符号时间序列 $S=\{s_1s_2\cdots s_n\}$ 被分段成 $S=\{s_1\cdot s_2s_3\cdots s_r\cdot s_{r+1}s_{r+1}\cdots s_n\}$，此序列的复杂度为 3，可以解释为描述原序列所需最少、互不相同的子序列个数为 3。例如 $s_2s_3\cdots s_r$ 是序列 S 的一个新模式，它不可以从 $s_1s_2\cdots s_{r-1}$ 中复制得到，而它的子集合 $s_2s_3\cdots s_k$（$k=3,4,\cdots,r-1$）可以从 $s_1s_2\cdots s_{r-1}$ 中复制得到，可看作以前已经存在的某种模式在当前的周期性再现。一个符号时间序列的复杂度越大，说明该序列的添加操作越多，新模式也越多，给定的符号序列周期性越弱，出现新模式的速率越快，表明数据变化是无序和复杂的；反之，则复制操作越多，新模式越少，周期性越强，出现新模式的速率越慢，表明数据变化是规则的。在工程实践中，复杂机械装备振动信号的变化规律会随着机组状态而发生规则性和周期性变化，当机组处于正常状态时，信号波动的周期性较强，规律较简单和有序；一旦机组出现故障，信号波动的周期性减弱，规律变得复杂和无序。对于不同故障状态及不同程度的机组故障，其信号波动规律复杂程度不同，从这个意义上来说，LZC 复杂度指标可以作为描述复杂装备系统不同故障状态的一种新手段。

10.2.2　非线性时间序列的 LZC 特性

由于大型复杂装备的振动信号具有复杂的随机特性和非线性，机组故障的非线性动力学模型很难准确建立，因此无法准确分析机组系统参数对信号波动及 LZC 指标规律变化情况。下面将以典型非线性系统为例说明其特性。

考虑如下 Logistic 系统模型：

$$x_{n+1}=\lambda\cdot x_n(1-x_n) \tag{10.4}$$

式中，$x_n\in[0,1]$，$\lambda\in[0,4]$，λ 为系统控制参数。

选择步长为 0.01，得到 401 个非线性时间序列，每个序列长度取 5000 个样本点，Logistic 映射如图 10.2 所示。

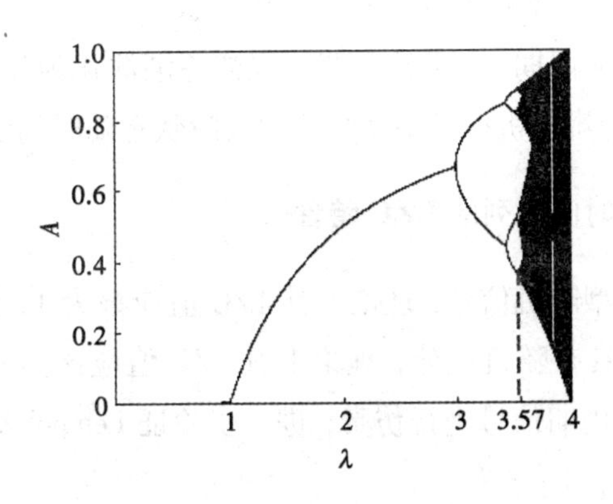

图 10.2　Logistic 映射图像

图 10. 2 反映了控制参数 λ 取不同值时所对应 Logistic 系统解的变化情况。当 $0 \leqslant \lambda < 1$ 时，时间序列存在稳定周期解；当 $1 \leqslant \lambda < 3.57$ 时，出现倍周期分岔现象，该阶段存在不稳定周期解；当 $3.57 \leqslant \lambda \leqslant 4$ 时，出现混沌现象，在混沌区域中间 $\lambda = 3.74$ 和 $\lambda = 3.83$ 处，具有出现周期解窗口现象。

根据 10. 2. 1 节中 LZC 算法可计算出不同 λ 值时 401 个序列的归一化 LZC 值，其演化规律如图 10. 3 所示。

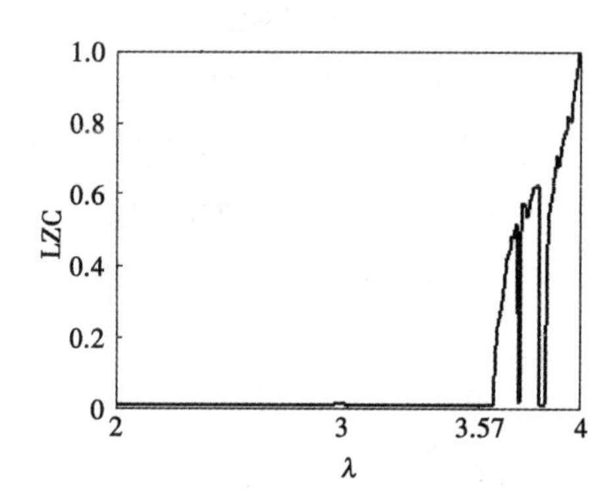

图 10. 3　Logistic 系统随参数 λ 变化的归一化 LZC 值

图 10. 3 反映了控制参数 λ 取不同值时所对应系统复杂度值的变化情况。比较图 10. 2 和图 10. 3 分析结果可知，当 Logistic 映射时间序列依次经历稳定周期、不稳定周期和混沌三个不同演化阶段时，LZC 值明显依次增大。当 $\lambda = 4$ 时，LZC 复杂度值趋向于 1，说明系统产生的时间序列完全具有随机性；当 $0 \leqslant \lambda < 3.57$ 时，LZC 值基本在 0 附近波动，反映出稳定周期和不稳定周期状态下的系统的随机性较弱，非线性特征不明显；当 $\lambda \geqslant 3.5$ 时，系统进入混沌状态，LZC 值变化明显，而且在混沌区域的周期窗口处，LZC 值突降到 0 附近，这在复杂度指标中也有明确体现。上述分析结果表明，复杂度的变化规律具有与时间序列的非线性特征变化规律同步的特性。在大型复杂装备系统的长期运行过程中，系统状态会从正常状态逐渐转化为故障状态，故障程度由微弱逐渐过渡到重度，系统振动信号也会从周期、不稳定周期、混沌逐渐演化为随机。由此可见，Lempel-Ziv 复杂度指标可以作为辨识机械设备系统不同故障状态随时间演化特征的一种新手段。

10. 2. 3　不同信噪比下时间序列的 LZC 特性

噪声信号是一种典型随机信号，理论上其 LZC 值应该为 1；而周期信号是一种典型的确定性信号，完全不具有随机成分，理论上其 LZC 值应该为 0。根据这些特殊性质，下面将以不同信噪比的周期信号进行仿真，进一步验证 Lempel-Ziv 复杂度指标表征系统随机性和确定性等特性。

考虑如下含噪时间序列：

$$x(t) = s(t) + e(t) \tag{10.5}$$

$$s(t)=0.1\sin(20\pi t)+0.3\sin(80\pi t) \tag{10.6}$$

式中，$e(t)$为高斯白噪声。

众所周知，时间序列 $x(n)$ 信噪比 SNR 反映了原始信号与噪声信号能量比率大小，数值越小，噪声所占比例越大。定义如下：

$$\mathrm{SNR}=10\times\lg\frac{\sum s(t)^2}{\sum e(t)^2} \tag{10.7}$$

分别计算原始理想信号 $s(t)$ 与 40，20，10 dB 含噪信号 $x(t)$ 及单一高斯白噪声信号 $e(t)$ 的归一化 LZC 值，结果如表 10.1 所示。

表 10.1　不同信噪比下周期信号的归一化 LZC 对比

SNR	波形图	LZC
原始理想信号	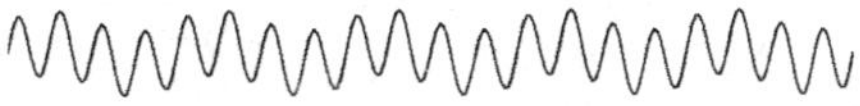	0.022
40 dB		0.074
20 dB		0.400
10 dB		0.909
高斯随机噪声信号		1.000

由表 10.1 可以看出，时间序列 $x(t)$ 的归一化 LZC 值随信噪比的降低而逐渐增大，当完全是周期信号时接近 0，当完全是随机噪声信号时为 1，由此验证了归一化 LZC 指标与理论分析结果的一致性和有效性，具有表征时间序列的随机性和复杂性的特性。

综上所述，LZC 值大小与系统状态演化规律和噪声的干扰程度紧密相关，它是一种反映时间序列随机性和复杂性的相对独立的量化指标，可有效用于系统状态变化复杂程度的描述，解决大型复杂装备系统故障特征提取难题。

10.3 广义局部频率时频特征复杂测度分析

上述研究过程只给出了信号时域结构的随机性和复杂性演化规律，其实质是对信号幅值随时间变化时产生新模式数量的一种时域度量。然而，对于复杂装备系统的振动信号而言，其故障频率特征与故障激励之间存在明确的映射关系，不同故障状态与故障程度的时频域结构特征相对于时域特征更加简洁稳定，其复杂性存在的差异性也可作为辨识信号故障特征的一种重要途径。本节将通过对广义局部频率特征的复杂度分析，实现信号时频域结构的复杂性定量分析，并弥补广义局部频率时频分析受样本影响而缺乏稳定性与可比性的不足。

10.3.1 非平稳信号的广义局部频率时频特征 LZC 分析

随着机械装备系统的不断运行，故障状态处于不断蜕变的渐变过程，振动信号表现出较强的非平稳特性，其频率分布及结构随时间逐渐发生变化，尤其是随着故障程度的加深，其频率复杂性也会发生改变。为了有效揭示这一规律特性，本节将通过典型非平稳信号的广义局部频率时频特征 LZC 分析进行说明。

考虑如下四个典型非平稳仿真信号，$w_1(t)$为线性调频信号，$w_2(t)$为非线性调频信号，$w_3(t)$为 Duffing 系统混沌信号，$w_4(t)$为高斯随机噪声信号。

$$w_1(t)=\sin(2\pi\cdot 50\cdot t+2\pi\cdot 20\cdot t^2)\quad t\in[0,1] \tag{10.8}$$

$$w_2(t)=\sin(2\pi\cdot 100\cdot t+2\cos(2\pi\cdot 5\cdot t))\quad t\in[0,1] \tag{10.9}$$

$$w_3(t)=\mathrm{e}^{-t/256}\cos\left(\frac{\pi}{64}\left(\frac{t^2}{512}+32\right)+0.3\sin\left(\frac{\pi}{32}\left(\frac{t^2}{512}+32\right)\right)\right)\quad t\in[0,1024] \tag{10.10}$$

$$w_4(t)=\mathrm{randn}(\mathrm{t})\quad t\in[0,1] \tag{10.11}$$

图 10.4 给出了上述四种典型非平稳信号的时域波形图。从时域结构上看，四种信号的变化都很复杂，时域统计特征量随时间发生显著变化，很难进行辨识。对于这些非平稳类信号，可通过广义局部频率时频分析方法进行有效特征提取，结果如图 10.5 所示。

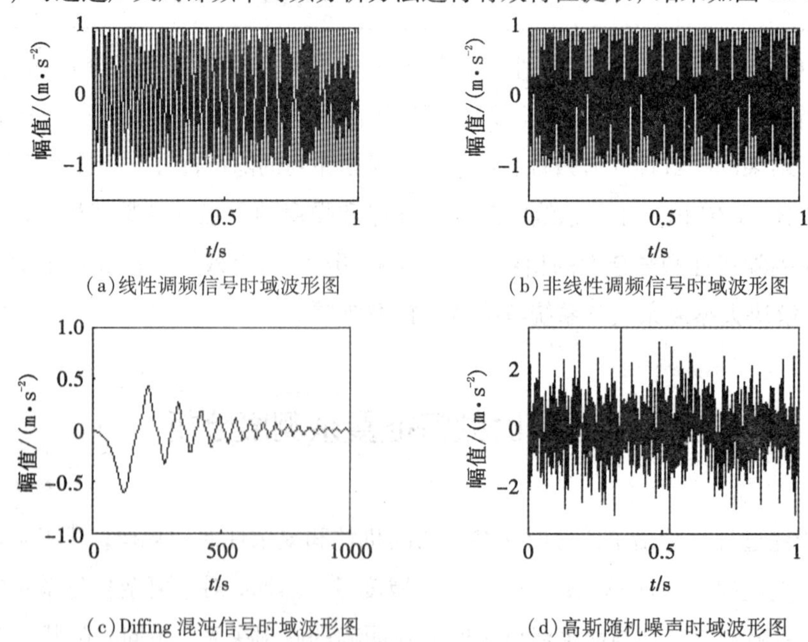

(a)线性调频信号时域波形图　(b)非线性调频信号时域波形图

(c)Diffing 混沌信号时域波形图　(d)高斯随机噪声时域波形图

图 10.4　典型非平稳信号时的时域波形图

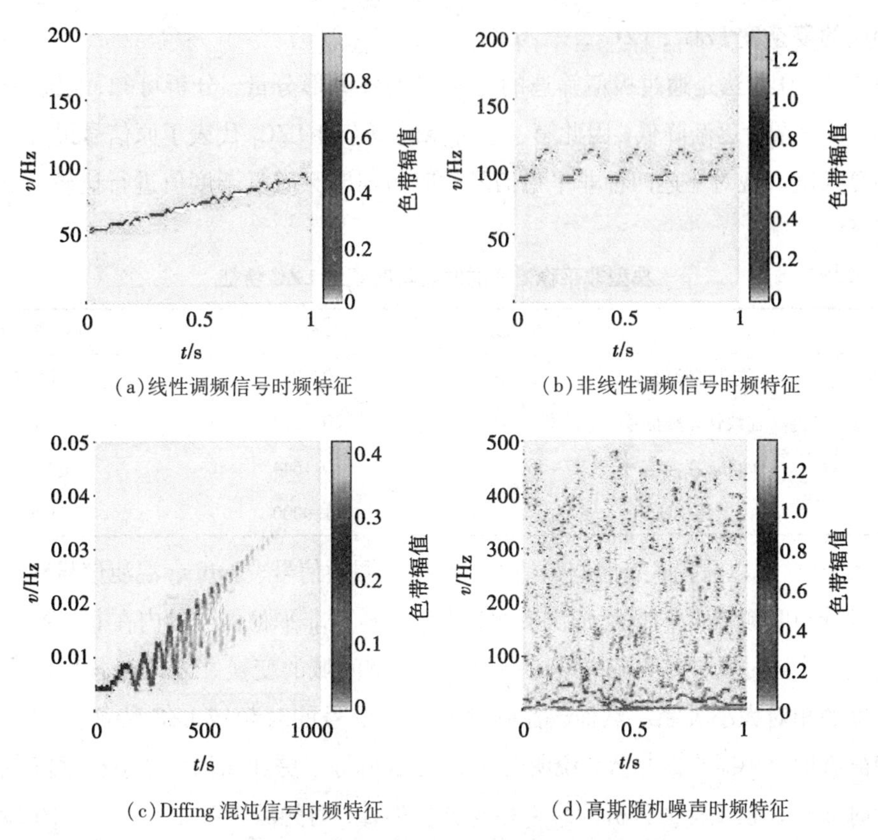

(a) 线性调频信号时频特征　(b) 非线性调频信号时频特征

(c) Diffing 混沌信号时频特征　(d) 高斯随机噪声时频特征

图 10.5　典型非平稳信号的广义局部频率时频特征

在图 10.5 中，线性调频信号的广义局部频率时频特征是一条截距为 50 Hz、斜率为 20 Hz/s 的直线，这与式(10.8)所表达的特征频率含义相吻合。非线性调频信号的广义局部频率时频特征是一条围绕 100 Hz 位置上下波动的谐波曲线，其谐波频率为 5 Hz，也较好地体现了式(10.9)所表达的特征频率。Duffing 混沌信号的广义局部频率时频特征是一条更为复杂的非线性调频曲线，不仅具有斜直线变化趋势，而且沿着斜直线上下波动，波动幅值逐渐增大。高斯随机噪声信号的广义局部频率时频特征最为杂乱，几乎充满整个时频空间，具有典型的宽频带特性。从广义局部频率时频分析看，上述四种典型非平稳信号的特征规律相对于时域特征区分较为明显，结构更为简洁，且物理意义更为明显。然而，由于不同信号的时频特征量幅值量级不同，本质含义也存在差异性，因此缺乏可比性，无法通过这些特征量直接进行区分。为此，可通过 10.2 节中所介绍的 Lempel-Ziv 复杂度对这些时频特征量作进一步处理，分别得到其各自时频复杂度。其具体实现过程如下：

① 将任一非平稳信号 $x(t)$ 利用 AWD 方法进行自适应分解，得到一系列波形分量信号 $s_1(t)$，$s_2(t)$，…，$s_m(t)$；

② 计算各分量信号的广义局部频率 $v_1(t)$，$v_2(t)$，…，$v_m(t)$；

③ 根据 10.2.1 节给出的 LZC 算法，对各分量的广义局部频率进行符号化处理，并

计算相应的复杂度 LZC_1，LZC_2，…，LZC_m。

由于 AWD 方法是通过极值筛选的方法得到各波形分量，分析可知，随着分解层数的增加，其复杂度逐渐降低，因此第一层分量的复杂度 LZC_1 代表了原信号最大的广义局部频率复杂度。现对上述四种非平稳信号的时域与时频域复杂度值进行比较，结果如表 10.2 所示。

表 10.2　　典型非平稳信号的时域与时频域 LZC 特征

信号类型	时域 LZC	时频域 LZC
线性调频信号	0.1087	0.0597
非线性调频信号	0.1394	0.1095
Duffing 混沌信号	0.1644	0.1537
高斯随机噪声	1.0000	0.9260

从表 10.2 可以看出，线性调频信号、非线性调频信号、Duffing 混沌信号和高斯随机噪声的时域与时频域 LZC 值均依次变大，表明各典型非平稳信号的内在非线性与随机性逐渐增强，并且时域与时频域的结论一致，表明空间域的变换并未改变各原信号彼此之间复杂度的相对大小关系。然而，各典型非平稳信号的时频域 LZC 特征值相对于时域 LZC 特征值均出现减小的趋势，说明时频域的结构特征更加简洁，复杂程度降低。这与前面的时域和时频域特征分析的结果相吻合。另外，时频域内各非平稳信号的 LZC 值相对于时域内的 LZC 值区分更加明显，能够准确辨识各信号特征类型，可作为复杂装备系统故障诊断的一个重要依据。

10.3.2　不同信噪比下广义局部频率时频特征的 LZC 分析

在 10.2.3 节中已经分析得出，噪声信号时域 LZC 理论值为 1，而周期信号时域 LZC 值应该为 0。图 10.5(b)所示非线性调频信号时频域内的波形与谐波信号时域内的波形相同，其广义局部频率 LZC 值为 0.0597，接近理论值 0。而图 10.5(d)所示高斯随机噪声，无论是时域还是时频域，结构复杂度上并未发生明显变化，其广义局部频率 LZC 值为 0.9260，接近理论值 1。因此，随机噪声在各空间域中的结构不会产生本质的复杂性变化。根据这个原理，本专著下篇将以不同信噪比的非线性调频信号进行仿真，进一步研究广义局部频率时频特征的 LZC 变化规律。

$$x(t) = w_2(t) + e(t) \tag{10.12}$$

式中，$w_2(t)$ 为式(10.9)所示非线性调频信号；$e(t)$ 为式(10.11)所示高斯随机噪声。

分别计算原始理想非线性调频信号 $w_2(t)$ 与 40，20，10 dB 含噪信号 $x(t)$ 及单一高斯白噪声信号 $e(t)$ 的归一化 LZC 值，结果如表 10.3 所示。

表 10.3　　不同信噪比下非线性调频信号的时域与时频域 LZC 对比

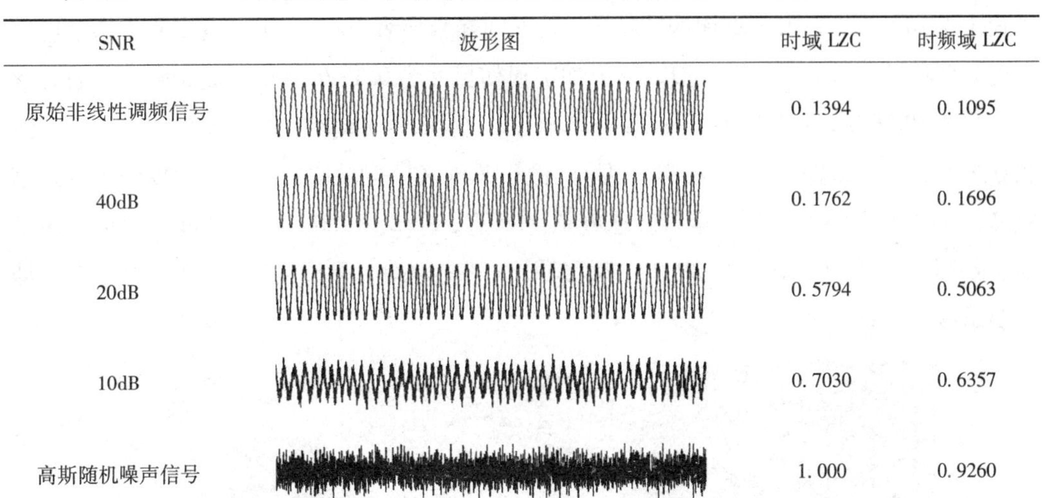

SNR	波形图	时域 LZC	时频域 LZC
原始非线性调频信号		0.1394	0.1095
40dB		0.1762	0.1696
20dB		0.5794	0.5063
10dB		0.7030	0.6357
高斯随机噪声信号		1.000	0.9260

结合表 10.3 与表 10.1 分析结果可以看出，高斯随机噪声对非线性非平稳信号的时域或时频域结构的复杂度均产生明显的影响，随着信噪比的降低，信号时域和时频域的 LZC 值均逐渐增大。信号的时频域变换能够降低时域内的信号复杂度，对随机噪声的随机性影响也会产生一定的抑制作用。

综上所述，Lempel-Ziv 复杂度不仅能够准确表征非线性非平稳信号的时域结构复杂性与随机性，而且能够描述信号广义局部频率时频特征的复杂性，并且时频域的复杂度相对于时域有所减小，表明时频域的结构特点更加简洁，特征更加清晰明显。广义局部频率时频特征的 LZC 值与噪声的干扰程度紧密相关，具有一定的抗噪性，表明基于广义局部频率的时频分析方法能够一定程度上改善时域内随机噪声的影响。此外，广义局部频率时频特征的 LZC 值是一种反映时频域结构随机性和复杂性的相对独立的量化指标，可有效用于系统状态变化复杂程度的描述，为解决大型复杂装备系统故障特征提取难题提供了一种重要途径。

10.4　应用实例分析

滚动轴承是往复机械和旋转机械设备中广泛应用的机械零件，由于其声响较大、减振和抗冲击能力较差，因此故障率也较高，对其进行状态监测及故障诊断的研究工作一直受到人们的重视。滚动轴承长期高速运行时主要会产生疲劳剥落损伤、磨损及胶合等故障，其振动信号具有明显的冲击、调频-调幅等非线性和非平稳性特征，尤其是早期故障时，特征冲击频率能量微弱，常被噪声所淹没，有效识别其故障特征有一定的困难。为了进一步验证广义局部频率时频特征及其复杂测度分析方法的有效性，本节以滚动轴承故障振动信号为例进行说明。数据来源于美国凯斯西储大学电气工程实验室的轴承数据中心所公布的标准数据，其实验台结构如图 10.6 所示。实验中在电机驱动端选用瑞典 SKF 公司的 6205-2RS 型深沟球轴承，其详细参数如表 10.4 所示。本实验中通过电火花机分别在轴承内圈、外圈及滚动体上加工损伤尺寸为 0.1778 mm × 0.2794 mm(直径 × 深度)、0.3556 mm × 0.2794 mm(直径 × 深度)、0.5334 mm × 0.2794 mm(直径 × 深度)和 0.7112 mm × 1.27 mm(直径 × 深度)的微小凹坑来模拟滚动轴承不同程度的单点损伤故障，采样频率 $f_s = 12$ kHz，运行转速分别为 1797，1772，1750，1730 r/min，对应的滚动轴承基频 f_0 为 29.95，29.53，29.17，28.83 Hz，其中外圈故障位置选择在 6 点钟方向，即主要承载位置处。

图 10.6　美国凯斯西储大学滚动轴承故障仿真实验台

表 10.4　滚动轴承参数

序号	参数项目	数值
1	滚动体个数 z	9
2	滚动体直径 d/mm	7.94
3	轴承中径 D/mm	39
4	接触角 α/(°)	90

根据表 10.4 中参数，以转速 1750 r/min 为例，可分别计算出各部位发生故障的特征频率。

$$f_{IR} = \frac{1}{2}z\left(1 + \frac{d}{D}\cos\alpha\right)f_0 = 157.94\ (\mathrm{Hz}) \tag{10.13}$$

$$f_{OR} = \frac{1}{2}z\left(1 - \frac{d}{D}\cos\alpha\right)f_0 = 104.56\ (\mathrm{Hz}) \tag{10.14}$$

$$f_{BE} = \frac{1}{2}\frac{D}{d}\left[1 - \left(\frac{d}{D}\right)^2\cos^2\alpha\right]f_0 = 137.48\ (\mathrm{Hz}) \tag{10.15}$$

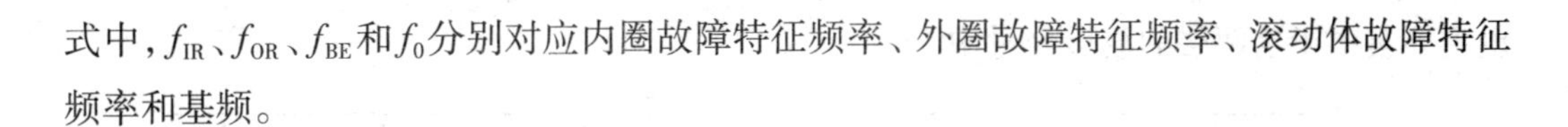

式中，f_{IR}、f_{OR}、f_{BE}和f_0分别对应内圈故障特征频率、外圈故障特征频率、滚动体故障特征频率和基频。

10.4.1　滚动轴承振动信号时域 LZC 分析

滚动轴承振动信号具有多分量波形特征，并且微弱故障时信噪比较小，为了减少噪声对滚动轴承振动信号 LZC 分析结果的影响，可应用本专著下篇提出的基于 AWD 与互信息法融合降噪技术进行降噪预处理。图 10.7 给出了转速为 1750 r/min、滚动轴承正常状态及损伤尺寸为 0.5334 mm × 0.2794 mm（直径 × 深度）的内圈、外圈及滚动体故障状态的振动信号的时域波形图。其中内圈与外圈故障状态下的振动信号具有明显的冲击特征；而滚动体故障状态与正常状态下的振动信号特征不明显，显示出严重的噪声干扰。从振动幅值看，正常状态下最小，而外圈故障状态下最大，这主要是因为所选择的外圈故障位置在主要承载方向上，转子的载荷加大了滚动体落入外圈凹坑产生的冲击能量。

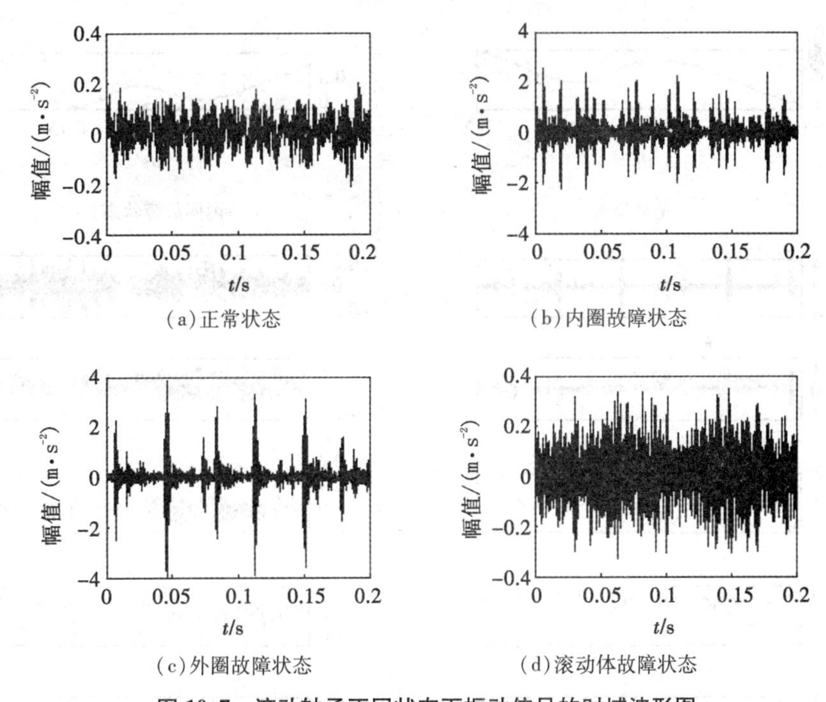

图 10.7　滚动轴承不同状态下振动信号的时域波形图

图 10.8 给出了上述四种滚动轴承状态振动信号的 AWD 分解结果。图中各状态下的振动信号被自适应地分解为 6 个波形分量信号 s_1，s_2，…，s_6，随着分解层数的增加，频率由高频带逐渐向低频带变化。正常状态下的各层波形分量不具有明显的冲击特征，信噪比较低，不易辨识出主要的特征层分量；内圈故障状态的前三层波形分量具有明显的周期性冲击特征，后三层则具有明显的谐波特征；外圈故障状态与滚动体故障状态则是前四层波形分量含有明显的周期性冲击特征，其余各层具有低频的谐波周期特征。此外，各状态下的第 1、2 层波形分量的噪声含量相对于其他各层分量均较大，信号的能量

也主要集中于这两层的波形分量中。

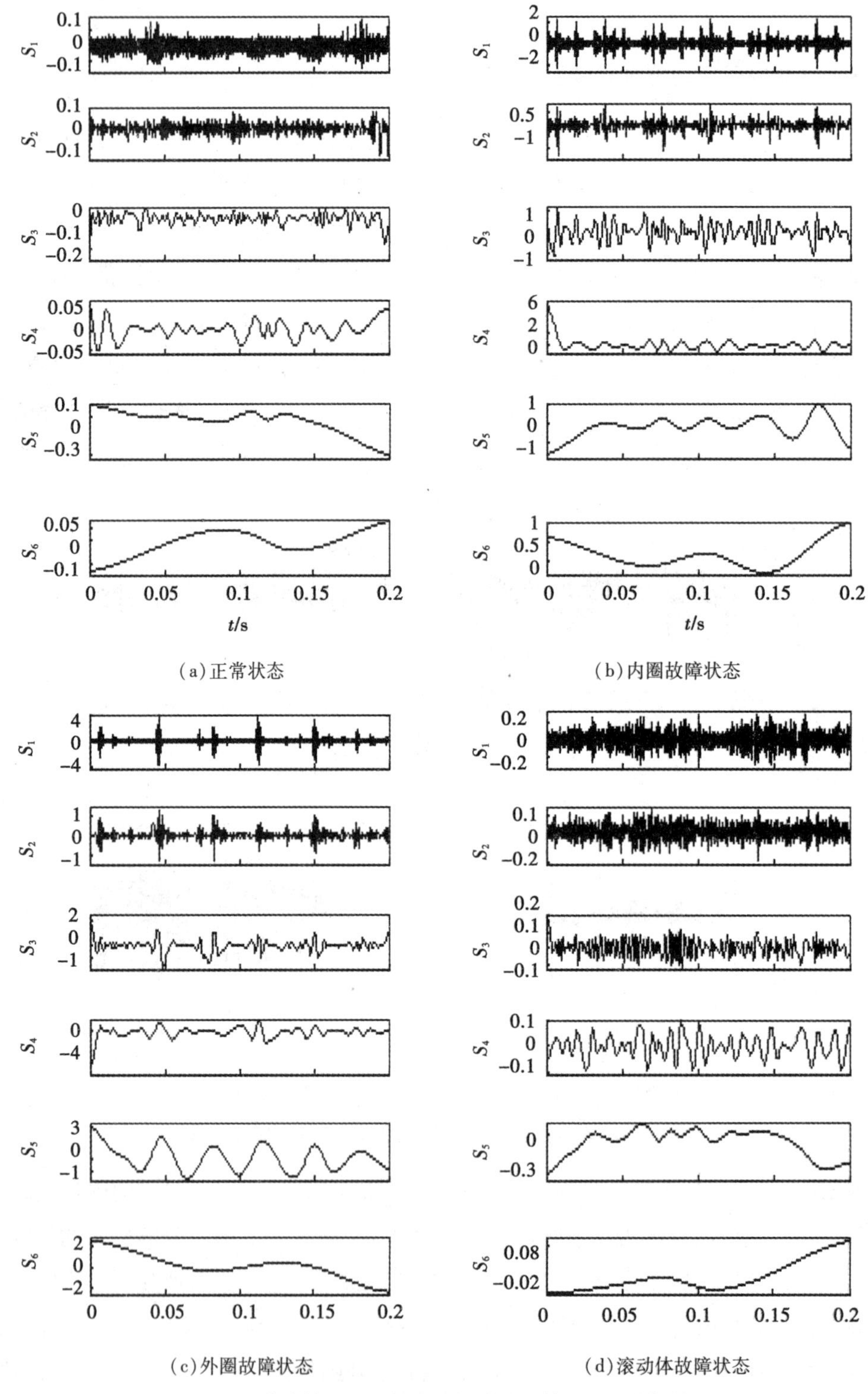

图 10.8　滚动轴承不同状态下振动信号的 AWD 分解结果

依据式(8.41)~式(8.44)的步骤分别计算各波形分量信号与原振动信号的互信息值，结果如图 10.9 所示。

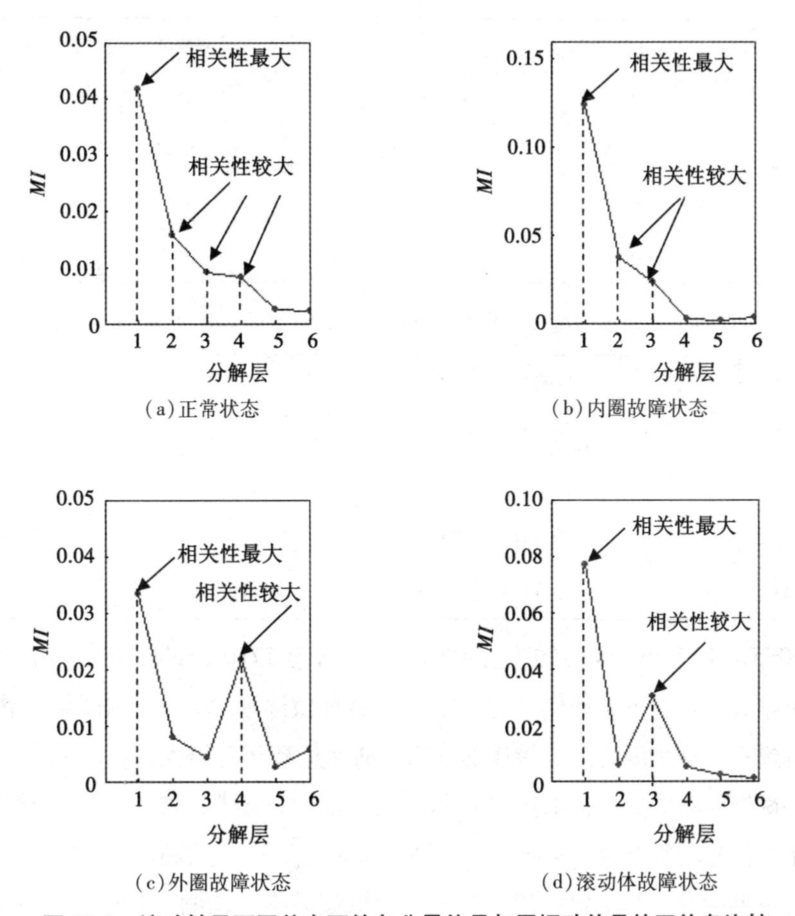

(a)正常状态　(b)内圈故障状态

(c)外圈故障状态　(d)滚动体故障状态

图 10.9　滚动轴承不同状态下的各分量信号与原振动信号的互信息比较

图 10.9 中显示滚动轴承四种状态下振动信号的第 1 层波形分量与各原振动信号的互信息值最大，其值明显高于其他各层的互信息值，表明该层波形分量信号 s_1 含有原信号主要能量信息，这与第 1 层属于冲击的高频能量层的特征相吻合。此外，在正常状态下各层波形分量的互信息值相对较大的是第 2~4 层波形分量，内圈故障状态下互信息值相对较大的是第 2~3 层波形分量，而外圈故障状态是第 4 层互信息相对较大，滚动体故障状态是第 3 层互信息相对较大。综合分析可以判定出滚动轴承故障冲击的周期性低频特征应该位于第 3 或者第 4 层波形分量，因此选择这两层分量信号进行重组作为降噪后的信号。

采用上述方法分别对每组滚动轴承的振动信号进行降噪预处理后，再利用 10.2 节 LZC 算法对各时域信号进行 Lempel-Ziv 复杂测度分析。表 10.5 给出了损伤尺寸为 0.5334 mm × 0.2794 mm(直径 × 深度)时，不同转速下滚动轴承各状态振动信号的 LZC 特征。表 10.6 则给出了转速为 1750 r/min 时，不同损伤直径下滚动轴承各状态振动信号的 LZC 特征。

表 10.5　　不同转速下滚动轴承各状态振动信号 LZC 特征

转速/($r \cdot min^{-1}$)	正常状态	内圈故障	外圈故障	滚动体故障
1797	0.1503	0.2089	0.0968	0.2879
1772	0.1962	0.2013	0.1655	0.2953
1750	0.2017	0.1936	0.2885	0.3032
1730	0.2115	0.1860	0.3614	0.3236

表 10.6　　不同损伤直径下滚动轴承各状态振动信号 LZC 特征

损伤直径/mm	内圈故障	外圈故障	滚动体故障
0.1778	0.2726	0.2038	0.2777
0.3556	0.2573	0.2404	0.2955
0.5334	0.1936	0.2885	0.3032
0.7112	0.1420	0.3013	0.3140

由表 10.5 可以看出，随着转速由 1797 r/min 降至 1730 r/min，正常状态、外圈故障状态和滚动体故障状态下振动信号的时域 LZC 特征值逐渐增大，而内圈故障状态的 LZC 特征值逐渐减小。这是因为随着转速的降低，轴承负载相对增大，对信号的调制作用更加显著，外圈与滚动体的点蚀故障接触部位基本固定，其主要作用是频率调制，新的频率变化增加了信号的复杂性，从而导致较高的 LZC 值；而内圈随轴一起转动，其点蚀故障接触部位不断变化，其主要作用是产生一个低频的幅度调制，不同于频率调制，它使信号的全局处于低频振荡的模式，周期性增强，随机性降低，从而导致较低的 LZC 值。

在表 10.6 中，类似地，随着损伤直径由 0.1778 mm 至 0.7112 mm 不断加剧，正常状态、外圈故障状态和滚动体故障状态下振动信号的时域 LZC 特征值也逐渐增大，而内圈故障状态的 LZC 特征值逐渐减小。这是由于当转速一定时，负载相对稳定，损伤面积程度的扩大，使得滚动体与外圈的实际接触面积减小，接触压强迅速增大又减小，冲击特征更加明显，此时冲击激励的影响占主导，反映在谱图上具有更宽的频带及谐波，表明原信号的随机性更加突出，从而导致更高的 LZC 值；而内圈则仍然是因为其低频调幅特性的影响，使得原信号有序性增强，随机性降低，从而导致较低的 LZC 值。

10.4.2　滚动轴承振动信号广义局部频率时频特征 LZC 分析

图 10.7 中滚动轴承振动信号的时域特征并不能直接准确有效地辨识特征频率，尤其是对信噪比较低的正常状态与滚动体故障状态的识别更加困难。针对轴承信号具有的复杂非平稳特征，下面将应用基于 AWD 分解的广义局部频率时频分析方法对滚动轴承

各状态振动信号进行特征提取。在前述 AWD 分解及其互信息融合降噪过程中，已经判定出与原信号关联最大的是第 3~4 层波形分量，因此对该两层的信号构造其广义局部频率时频图，结果如图 10.10 所示。

图 10.10 中，滚动轴承四种状态下振动信号时频图表现出典型的调频调幅特性，广义局部频率随着时间围绕某一恒定值附近波动。其中，正常状态下的载波频率为 88 Hz，在基频的 3 倍频附近；而内圈故障状态、外圈故障状态和滚动体故障状态下的载波频率分别为 158，105，138 Hz。这与式(10.13)~式(10.14)计算的各故障状态理论频率特征值相吻合，进一步验证了基于 AWD 分解的广义局部频率时频分析方法的有效性。此外，从时频图的结构特点看，显然滚动体故障的特征最为模糊，波动最为剧烈，受噪声干扰最为严重；其次是外圈故障状态；时频结构相对稳定的是正常状态下振动信号。为了准确量化这些规律特性，下面应用 Lempel-Ziv 复杂度分析方法计算滚动轴承各状态下广义局部频率时频特征的 LZC 值。表 10.7 给出了不同转速下滚动轴承各状态广义局部频率时频特征 LZC 比较结果。表 10.8 则给出了不同损伤直径下滚动轴承各状态广义局部频率时频特征 LZC 比较结果。

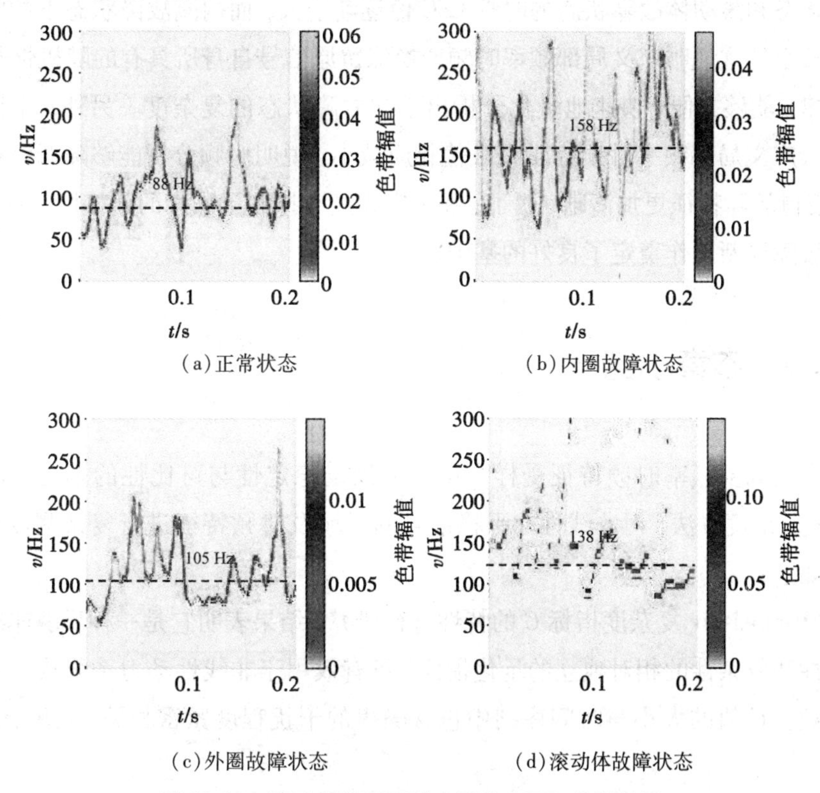

(a) 正常状态　　(b) 内圈故障状态

(c) 外圈故障状态　　(d) 滚动体故障状态

图 10.10　滚动轴承不同状态下的 AWD 分解结果

表 10.7　不同转速下滚动轴承各状态广义局部频率时频特征 LZC 比较

转速/($r \cdot min^{-1}$)	正常状态	内圈故障	外圈故障	滚动体故障
1797	0.0459	0.0637	0.0764	0.0841
1772	0.0507	0.0588	0.0825	0.0912
1750	0.0611	0.0433	0.1188	0.1121
1730	0.0688	0.0312	0.1217	0.1172

表 10.8　不同损伤直径下滚动轴承各状态广义局部频率时频特征 LZC 比较

损伤直径/mm	内圈故障	外圈故障	滚动体故障
0.1778	0.0611	0.0866	0.0815
0.3556	0.0543	0.0968	0.0923
0.5334	0.0433	0.1188	0.1121
0.7112	0.0341	0.1424	0.1510

从表 10.7 与表 10.8 可以看出，滚动轴承各状态下的广义局部频率时频特征的结构复杂性与时域具有相似的变化规律，即随着转速的降低或者损伤程度的加剧，正常状态、外圈故障状态和滚动体故障状态的时频 LZC 值逐渐增大，而内圈故障状态下的时频 LZC 值则逐渐减小。这说明广义局部频率时频变换保留原信号自身所具有的随机性与非线性的本质规律，能够方便、快速地量化分析出不同故障状态的复杂度。另外，比较前述时域 LZC 值，广义局部频率时频特征 LZC 值相应减小，说明时频分析能够降低信号的结构复杂性，使得故障特征更加清晰、明了，在一定程度上抑制了噪声的随机性干扰作用，为滚动轴承故障诊断工作奠定了良好的基础。

10.5　本章小结

针对广义局部频率时频特征受样本影响而缺乏稳定性与可比性的不足，本章应用 Lempel-Ziv 复杂度方法，对非线性非平稳信号的时域及时频特征进行复杂测度分析，得到的结论如下：

① 对 Lempel-Ziv 复杂度指标 C 的特性进行研究，结果表明它是一种反映非线性时间序列随机性和复杂性的相对独立的量化指标，可有效用于非线性动力系统状态变化复杂程度的描述。C 值的大小与时间序列中包含噪声的干扰程度紧密相关，信噪比越低，C 值越高。

② 对非平稳仿真信号的广义局部频率时频特征进行 Lempel-Ziv 复杂度分析，结果表明，非平稳信号的时频域结构相对于时域结构更加简洁，物理意义更加明确，并且时频域内各非平稳信号的 LZC 值区分更加明显，能够准确辨识各信号特征类型。

③ 以滚动轴承振动信号为仿真实例，对滚动轴承不同状态下振动信号开展基于

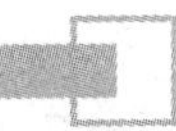

AWD 的广义局部频率时频特征提取研究。结果表明，所提取的特征频率信息与理论值具有较好的吻合度，能够准确表征轴承不同工况及不同故障程度下的故障频率区别。同时对其时域与时频域 Lempel-Ziv 复杂度进行分析，有效揭示了原信号自身所具有的随机性与非线性的本质规律，并量化给出不同轴承故障的 LZC 值，为轴承故障诊断提供了一定的参考依据。

第11章 广义局部频率分析方法在往复压缩机组故障特征提取中的应用

11.1 引言

往复压缩机是石油化工、矿山、机械制造及制冷等行业中广泛应用的一类大型通用机械，承担着重要的生产任务，一旦发生故障，势必造成巨大的经济损失。因此，深入开展往复压缩机故障诊断方法研究，对往复压缩机安全运行和事前维修保养具有重要的意义。往复压缩机结构复杂，激励源多，振动以多源冲击信号为主(如气流进出气缸、阀片落入阀座以及活塞撞击缸体等)，在多源冲击振动信号及噪声的共同作用下，振动信号表现出较强的非线性、非平稳及非高斯等复杂特性，在故障突发期间尤为明显。对于往复压缩机来说，故障的存在将改变机组的冲击振动形式及冲击的时刻，故障特征主要隐含在冲击振动之中。往复压缩机的多源冲击振动信号是一种典型的非线性非平稳复杂信号，由于冲击信号的宽频带特性，不仅无法进行有效的降噪处理，而且时频分析结果中宽广的频带与冲击振动特性缺乏映射关系。针对如此复杂的振动信号，以短时Fourier变换、Wigner-Ville分布、小波变换、EMD及LMD等为基础的时频分析方法，都难以得到足以识别故障的有用信息，时频分布变得非常复杂，许多频率成分缺乏明确物理意义，难以解释。往复压缩机多源冲击振动信号特征提取难题现已成为往复压缩机状态监测及故障诊断的瓶颈问题，这也是往复机械故障诊断技术远远落后于旋转机械的重要原因之一。

本章将针对往复压缩机组多源冲击振动信号故障特征难以提取的问题，开展基于广义局部频率的往复压缩机多源冲击振动信号特征提取应用研究。首先分析往复压缩机故障信号的振动特性；然后利用AWD方法对信号进行自适应分解，并提取各状态下的广义局部频率频域与时频域特征，通过与频谱及HHT时频分析方法进行比较，揭示气阀不同故障状态规律；最后应用Lempel-Ziv复杂度对其时域与时频域特征进行复杂测度分析，给出气阀不同故障状态特征的定量参考标准。

11.2　往复压缩机典型故障振动信号特性分析

11.2.1　典型机械故障及其原因分析

对于往复压缩机而言，其运动部件多，发生故障的类型也多，总体来说主要有两类：一类故障征兆表现在机器热力性能参数变化上，主要特征为排气量不足、排气压力异常和温度异常等；另一类故障征兆表现在机器的动力性能参数变化上，主要特征是振动、异常响声和过热等。热力性能故障一般通过压力和温度的监测进行诊断，而动力性能故障则主要通过对振动信号的处理进行诊断。但实际中，故障与征兆之间并不仅仅是一对一的简单映射关系，往往是交叉的多对多的复杂情况，因此故障诊断时需要同时兼顾各性能指标参数的特征规律，识别出可能存在的故障原因。下面主要针对往复压缩机典型机械故障，通过对振动信号的非线性非平稳特征进行提取，揭示不同故障类型和不同故障程度的特征规律。

对于大型往复压缩机组来说，其典型机械故障主要包括气阀故障、连杆大头瓦与曲柄销间隙过大故障、连杆小头轴承和十字头销磨损故障、活塞杆和十字头连接螺帽松动故障、十字头滑道间隙过大故障、活塞螺母松动故障、活塞环与气缸间隙过大故障等。从故障发生部位来看，主要集中在气阀、活塞杆、连杆、十字头及活塞等部位；从故障原因分析，主要是由各部件之间连接处松动、磨损或断裂造成的。

(1)气阀故障

气阀是往复压缩机工作的关键部件，其故障诊断研究一直是往复压缩机技术发展的核心问题之一。由于气阀是在冲击、高压、高温甚至带有苛刻腐蚀介质条件下工作，因此它的使用寿命不长，是往复压缩机耗量最大的易损件。据统计，往复压缩机有 60% 以上的故障发生在气阀上，气阀故障频率约占机组故障总频率的 76.4%，故障处理时间约占总故障处理时间的 38.5%。气阀故障形式主要包括：阀片损坏、阀少弹簧和气阀漏气等。

气阀工作状态好坏直接影响往复压缩机的排气量、功率消耗以及其运行效率和可靠性，阀件破损后碎块落入气缸，引起气缸拉毛、活塞或活塞环损坏，会带来更为严重的问题。因此及时发现气阀故障，诊断出故障原因，采取合理预防措施，将提高整机运行可靠性，减少停机损失。

(2)活塞杆故障

活塞杆故障也是往复压缩机常见故障之一，据统计约占重大事故的 25%。活塞杆发生故障的地方多数是在活塞连接处及十字头连接处，其原因主要是活塞杆螺纹处的松动、应力集中、磨损及超载等问题。活塞杆故障不仅损坏活塞和气缸，而且由于其他部件的连锁破坏，使易燃、易爆或有毒气体向外泄漏，带来人员伤亡、设备毁坏等一系严重事故，因此对其状态监测及故障诊断必须予以重视。

(3)连杆故障

连杆是往复压缩机重要的传动部件，是转换曲轴旋转运动和活塞杆往复运动的连接桥梁。其运动形式较为复杂，在工作中承受很大的交变载荷和几倍于活塞力的预紧力，因此对连杆强度、结构形状、应力集中和装配精度等方面的要求更加严格。连杆故障的主要形式包括：连杆大头瓦与曲柄销间隙过大、连杆小头轴承和十字头销磨损及连杆螺栓断裂等故障。故障原因主要是连杆螺栓拧得过松或过紧，过紧使螺栓承受过大拉力而断裂，过松则导致连杆大头瓦在连杆体内晃动。此外，开口销折断也会引起连杆螺栓松动、断裂。

(4)十字头故障

十字头是连接连杆和活塞杆的关键部件，在滑道中作往复运动，起导向作用。

十字头受活塞力、连杆力及与滑道垂直侧向力共同作用，其中侧向力和自身重力使十字头滑履与滑道间产生磨损，同时侧向力与连杆力又使十字头销与连杆小头轴瓦间产生磨损，当磨损量超过一定程度时，连接处的配合间隙过大，致使十字头处产生异常的冲击及摩擦。

(5)活塞故障

活塞与气缸配合形成压缩容积，活塞工作状态的好坏对其性能有很大影响。其常见故障包括：活塞螺母松动、活塞环与气缸间隙过大、活塞与气缸之间干摩擦、活塞抱死、活塞破裂等。造成这些故障的主要原因是：① 润滑油质量低劣，注油器供油中断，因摩擦发热，阻力增大被卡住；② 气缸冷却水供应不足，或气缸过热状态突然通冷却水，使气缸急剧收缩，把活塞抱住；③ 气缸带液，可撞裂活塞，甚至击破气缸；④ 气缸与活塞间隙太大，出现松动、磨损等故障。

11.2.2 振动信号特性分析

与旋转机械相比，往复压缩机在结构形式、运动方式及故障类型等各方面都要更加多样化，观测的振动信号也表现出较强的非线性、非平稳和非高斯等复杂特性。其主要特点总结如下。

(1)多源性

往复压缩机结构复杂，运动部件众多，因而引起其振动的激励源也多。这些激励力根据作用性质可分为摩擦力、惯性力、冲击力和气体压力等。其中摩擦力是由活塞与气缸、十字头与滑道、十字头大小头与轴瓦、曲轴与支撑轴承、填料函与活塞杆等摩擦副之间的相对运动产生的；惯性力是由曲柄、连杆、十字头及活塞等大质量部件旋转或往复

运动产生的；冲击力是由气阀开启和落入阀座、活塞在缸套中因间隙产生摇摆、连杆大小头在轴瓦中因间隙产生晃动等撞击运动产生的；气体压力则是压缩机气体在气缸内膨胀或压缩、气阀开启或关闭瞬间等过程中产生的。由于往复压缩机振动信号的多源性，各部件之间的振动信号存在严重的相互干扰，在单个振动信号中也能够体现出多个激励源信息，因此增加了信号特征提取及故障诊断的难度。

(2)周期性

往复压缩机的动力由电机提供，电机的周期旋转频率一般是固定的，虽然各运动部件(如曲轴、十字头、活塞及气阀等)的运动形式存在多样性，但因为彼此之间的传递关系，各自的振动信号中必然包含了电机的旋转频率信息，即固定周期性，且周期均为电机的工频或其倍频。对于单个振动信号而言，各运动部件虽然对系统有相同的周期激励频率，频谱上很难分辨，但各个运动部件对系统施加的激励并非同时，从信号上应该体现出一定的相位差，因此在时域上表现为一系列具有一定时间间隔而不同波形的周期性。如果将这些同类周期的波形特征分离出来，对具体某些运动部件的状态分别进行分析，显然对往复机械的状态监测和诊断具有重要意义。

(3)冲击性

上述冲击力激励源的作用，使得往复压缩机振动信号具有典型的冲击特性，部件一旦发生故障，将改变机组的冲击振动形式及冲击的时刻，故障特征主要隐含在冲击振动之中。由于冲击信号的宽频带特性，不仅无法进行有效的降噪处理，而且时频分析结果中宽广的频带与冲击振动特性缺乏映射关系，这也为往复机械故障诊断带来了更多困难。

(4)循环平稳性

从随机信号统计学的角度分析，往复压缩机振动信号是一种特殊非平稳信号，其统计量如均值、相关函数及高阶累积量等随时间呈周期或多周期变化，即存在循环平稳性特点。这一特点与往复式压缩机结构的对称性和工作循环的周期性是分不开的。传统的信号处理方法大多是以平稳的高斯假设为基础，在旋转机械振动信号特征提取过程中，这一假设通过中心极限定理证明是合理的，但对于具有循环平稳特性的往复压缩机振动信号则不再适合，因此需要研究一种与信号自身特点相适应的非平稳信号特征提取方法。

(5)调制性

往复压缩机不仅具有特殊的往复机械结构及运动形式，也具有旋转机械所包含的典型结构部件及运动，如电机、转子系统、齿轮箱及滚动轴承等。其中齿轮箱及滚动轴承等典型传动部件一旦局部出现裂纹、剥落、磨损等故障，将在旋转过程中产生高频脉冲激励，会进一步引起各元件的固有频率，而且导致其动态响应信号的幅值和频率受到脉动激励的调制，因此往复压缩机振动信号中往往表征为多分量调幅调频信号形式。

综上所述，往复压缩机振动信号不仅包含旋转机械典型故障的一些特点，如周期性、循环平稳性及调制性等，而且具有自身特色的多源冲击特性，这些振动特点使得往复压缩机振动信号成为一类更加难处理的非线性非平稳复杂信号。

11.2.3 典型故障振动信号测试实验研究

下面以往复压缩机组试验台为主要研究对象，进行不同类型及不同程度的模拟故障振动测试。具体试验方案如下。

(1)试验台

以石油天然气公司 2D12 天然气压缩机作为试验对象进行故障模拟试验，其结构组成如图 11.1 所示，具体性能及工艺参数见表 11.1。

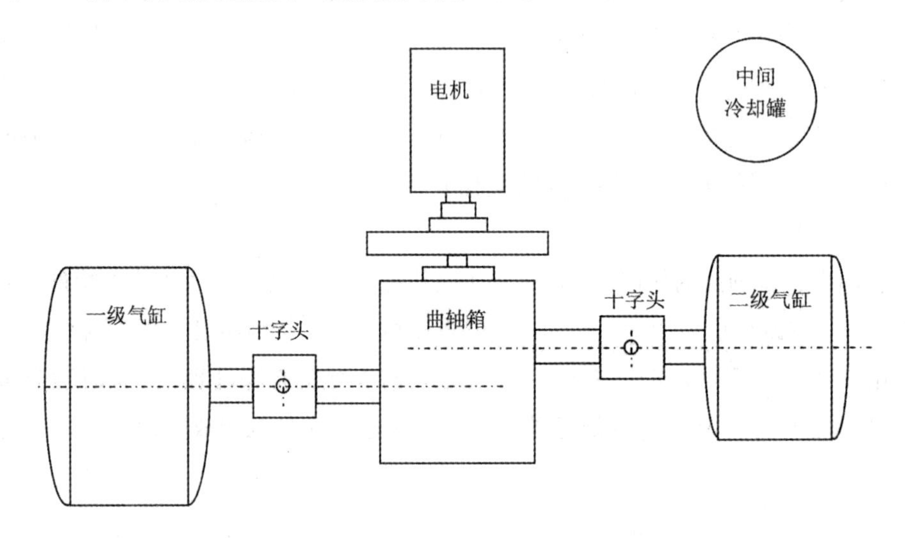

图 11.1 2D12 往复压缩机结构示意图

表 11.1 2D12 往复压缩机性能及工艺参数

设备名称	对称平衡式往复压缩机	设备型号	2D12-70/0.1~1.3
一级吸气压力	0.01MPa	电机型号	JB500-12
二级排气压力	1.3 MPa	额定转速	496 r/min
吸气温度	≤18 ℃	连杆长度	600 mm
排气温度	≤140 ℃	活塞行程	240 mm
排气量	70 m^3/h	活塞杆直径	70 mm
一级气缸直径	690mm	二级气缸直径	370mm

(2)测试系统

上述试验测点选用测量频率范围为 0.0002~10 kHz 的高频加速度传感器，试验中采集的信号经 32 通道程控多功能信号调理器和智能数据采集处理分析仪传送到计算机，

为后续的数据分析做准备。测试系统组成如图 11.2 所示。采样频率为 50kHz，每种故障状态各采集 100 组数据样本，样本长度为 20 万个点。

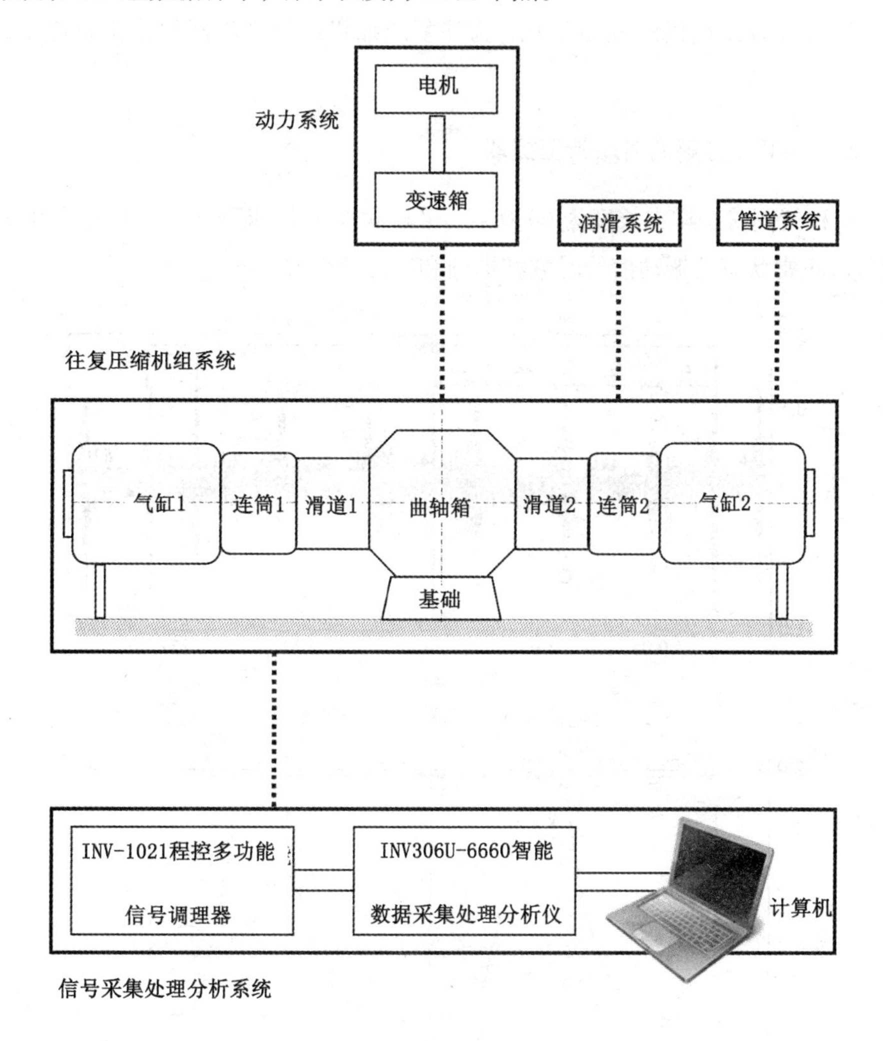

图 11.2　往复压缩机振动测试系统组成

11.3　基于广义局部频率的气阀振动信号故障特征提取

目前，从应用情况来看，针对旋转机械具有冲击特征的故障类型，一些学者提出了比较好的解决方案。也一些学者试图将时频分析方法应用于往复压缩机组的故障特征提取，并针对具体机组总结出一些有价值的故障特征规律。但对于往复压缩机组来说，根据单台机组得到的故障特征规律往往不具有可重复性，缺乏应用价值。主要原因在于振动信号具有多源性、强冲击、强非线性和强非平稳等复杂特点，传统的时频分析理论难以适应这类信号的分析，不能得到物理意义明确且具有规律性的故障特征。为了能从往复压缩机组多源冲击复杂振动信号中有效提取故障特征信息，本节将应用基于 AWD 分解的广义局部频率这一新方法进行往复压缩机气阀振动信号特征提取研究，揭示传统方法无法表述的往复压缩机组故障信息，为往复压缩机组故障诊断提供更可靠的故障特征。

11.3.1 基于 AWD 分解的时域特征提取

选取每种气阀状态样本长度为 6000 点，采样频率为 20 kHz，采样时间为 0.3 s。图 11.3 为气阀正常状态的振动信号时域波形图和压力信号波形图。

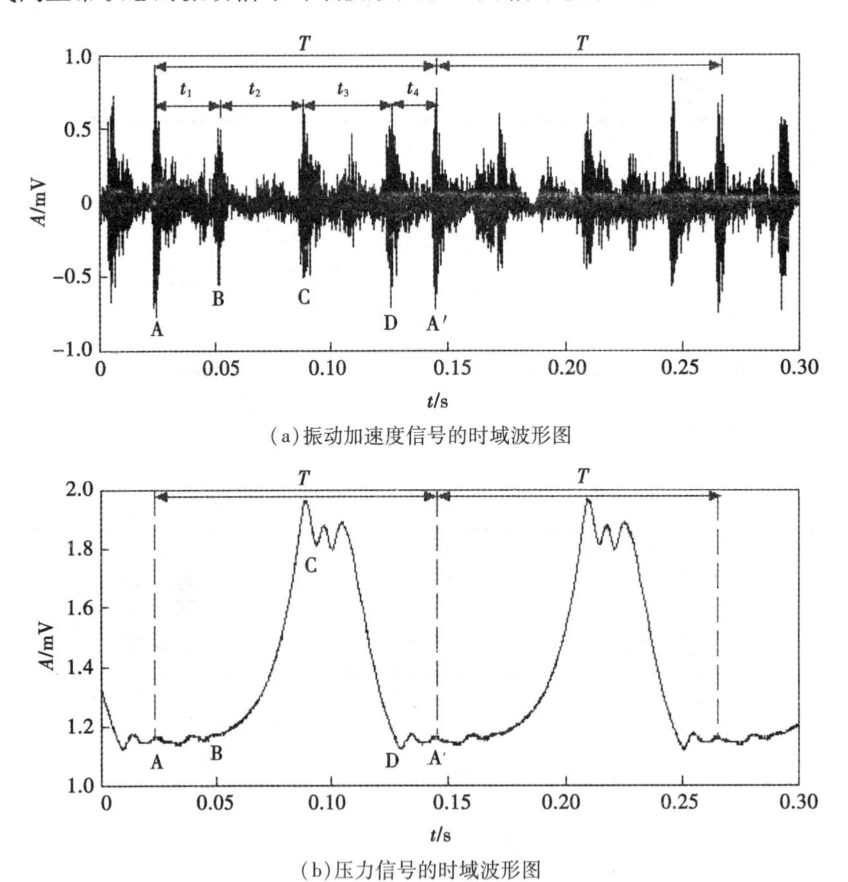

图 11.3 气阀正常状态下振动信号与压力信号的波形图

从图 11.3(a)气阀正常状态下的时域波形图中能够明显看出两个往复周期的振动波形，其周期 T=0.12 s，换算成频率为 8.3 Hz，这正好与表 11.1 中 2D12 往复压缩机电机额定转速 496 r/min 所对应的工频相同。此外，在单个周期(A→A′)中都存在着一系列冲击响应波形，这些波形对应着不同的运动部件或机构的冲击激励，能够较为清晰地辨识出主要冲击波形的间隔时间，分别为 t_1 = 0.025 s(A→B)，t_2 = 0.04 s(B→C)，t_3 = 0.037 s(C→D)，t_4=0.02 s(D→A′)，换算成频率则分别为 40，25，27，50 Hz。结合图 11.3(b)中气阀的压力波动过程分析可知，上述四个冲击间隔对应于往复压缩机一个工作循环中膨胀、吸气、压缩和排气的四个阶段，显然这些特征频率与阀的开启和关闭时间有关。对于其他一些时域特征不明显的冲击响应而言，它的具体物理意义不太明确，并且对于每一个冲击波形所对应的激励源也无法直接从时域波形中进行判别。

图 11.4 给出了阀片有缺口、阀片断裂和阀少弹簧等故障状态下的振动信号时域波形图。故障的存在，使得各冲击波形及冲击时刻发生变化，各时域波形的特征更加不明显，甚至连各循环阶段特征都很难判断。因此，为了更加有效地提取往复压缩机多源冲击振动信号时域特征，本专著下篇提出应用 AWD 方法对气阀振动信号进行自适应分解。为了说明 AWD 方法的有效性，同样对气阀振动信号进行 EMD 分解，以进一步比较分析的效果。

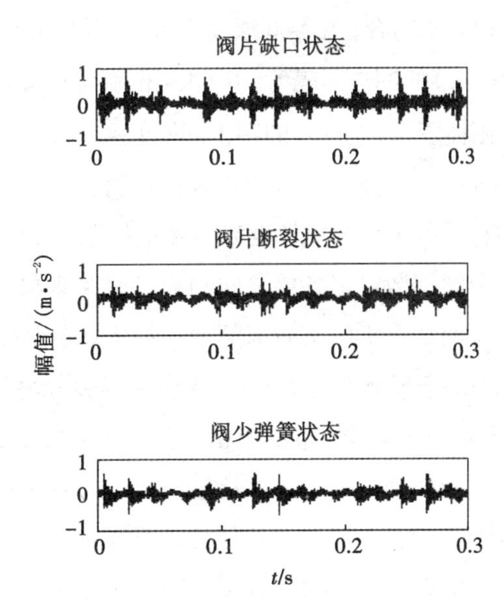

图 11.4　气阀故障状态下振动信号的时域波形图

图 11.5(a)为气阀正常状态下振动信号的 AWD 分解结果。原信号被快速分解成 7 个波形分量信号。可以判别出前 3 个波形分量属于高频段信号，后 4 个波形分量属于低频段信号。从幅值变化上分析，各波形分量随着分解层数的递增其较小的极值信息逐渐被筛选掉，即保留了较大的极值信息，端点效应逐渐增大。图 11.5(b)为气阀正常状态下振动信号的 EMD 分解结果。此时信号总共被分解成 11 层 IMF 分量，迭代速度显然要慢于 AWD 方法，频率也是由高到低进行变化，其幅值也是随着分解层数的增大逐渐保留了较大的极值信息，端点效应同样也在逐渐被放大。从分解的效果来看，EMD 分解的层数过细，各层之间的带宽可能存在交叉重叠现象，并且后两层信号波动性较差，应该都属于趋势项范畴，这主要是 EMD 筛选的条件过于苛刻造成的冗余信息。相反，AWD 方法分解效率较高，各层之间差别容易辨识，最后一个分量不是趋势项，而是仍具有波动意义的信号分量。气阀正常状态下两种自适应分解方法的时域特征比较表明，AWD

方法分解效率及分解效果均优于 EMD 方法。

11.3.2 基于广义局部频率的频域特征提取

在上述 AWD 与 EMD 自适应分解结果的基础上，分别应用广义局部频率谱分析与全局频率谱分析对各层分层分量的频域整体概貌特征进行提取，进一步说明本专著下篇所提方法的有效性。

同样以气阀正常状态下的振动信号为例，图 11.6(a)给出了基于 AWD 分解的广义局部频率谱图，可以看出各层的广义局部频率带宽之间存在极小的交叉重叠现象，谱线清晰地反映了各特征频率的大小。在第 7 层波形分量中突出了 8 Hz 附近的频率成分，这与压缩机循环周期 $T=0.12$ s 相吻合；在第 6 层波形分量中则突出显示了 25 Hz 的频率成分，这与图 11.3(a)中(B→C)的冲击间隔 $t_2=0.04$ s 相吻合；在第 5 层波形分量中所突显的 40 Hz 的频率成分，则体现了(A→B)的冲击间隔 $t_1=0.025$ s 特征；除了往复压缩机旋转运动的周期性低频特征外，往复压缩机的高频冲击特征也能得到反映，在第 1 层波形分量中 7300 Hz 附近的特征频率成分能够准确清晰地提取。图 11.6(b)为基于 EMD 分解的全局频率谱图，由于分解层数过多各层之间的频带交叉现象严重，影响了特征频率的识别；全局频率的分辨率明显低于广义局部频率，尤其是在低频分量部分很难提取到有用的信息，而在高频部分，全局频率受 Fourier 变换基函数分解的影响，将冲击信号转换成一个连续宽频带，与噪声的频率分布更加相似，产生了众多虚假的频率信息，物理意义模糊，无法有效提取气阀振动信号的频域特征。上述分析表明，广义局部频率谱分析相比于全局频率谱分析具有更高的频率分辨能力，而且对于多源冲击类的非线性非平稳信号具有明显优势，提取的频率特征物理意义明确，准确反映了往复压缩机气阀的运动规律及气阀状态。此外，AWD 方法相比于 EMD 方法能够更加高效地得到反映信号本质特征的分量信息，进一步说明了本专著下篇所提出的基于 AWD 的广义局部频率方法的有效性。

为了对气阀故障诊断工作提供有效依据，下面应用基于 AWD 的广义局部频率频域分析方法对气阀四种状态下的振动信号分别进行特征提取。由于低频的周期性循环特征是每个状态所共有的，其差异性主要体现在高频冲击部分，因此只对 AWD 分解的前三层分量进行广义局部频率谱分析，结果如图 11.7 所示。

比较图 11.7 中气阀不同状态下的前三层分量的广义局部频率谱图可知，第 2 层波形分量与第 3 层波形分量的频率分布较为连续，频域结构更加相似，特征信息不明显。第 1 层波形分量的广义局部频率特征较为突出，可以作为气阀状态的辨识依据，其中气阀正常状态下的特征广义局部频率为 7300 Hz，阀片缺口状态为 6440 Hz，阀片断裂状态为 7011 Hz，而阀少弹簧状态为 5397 Hz。

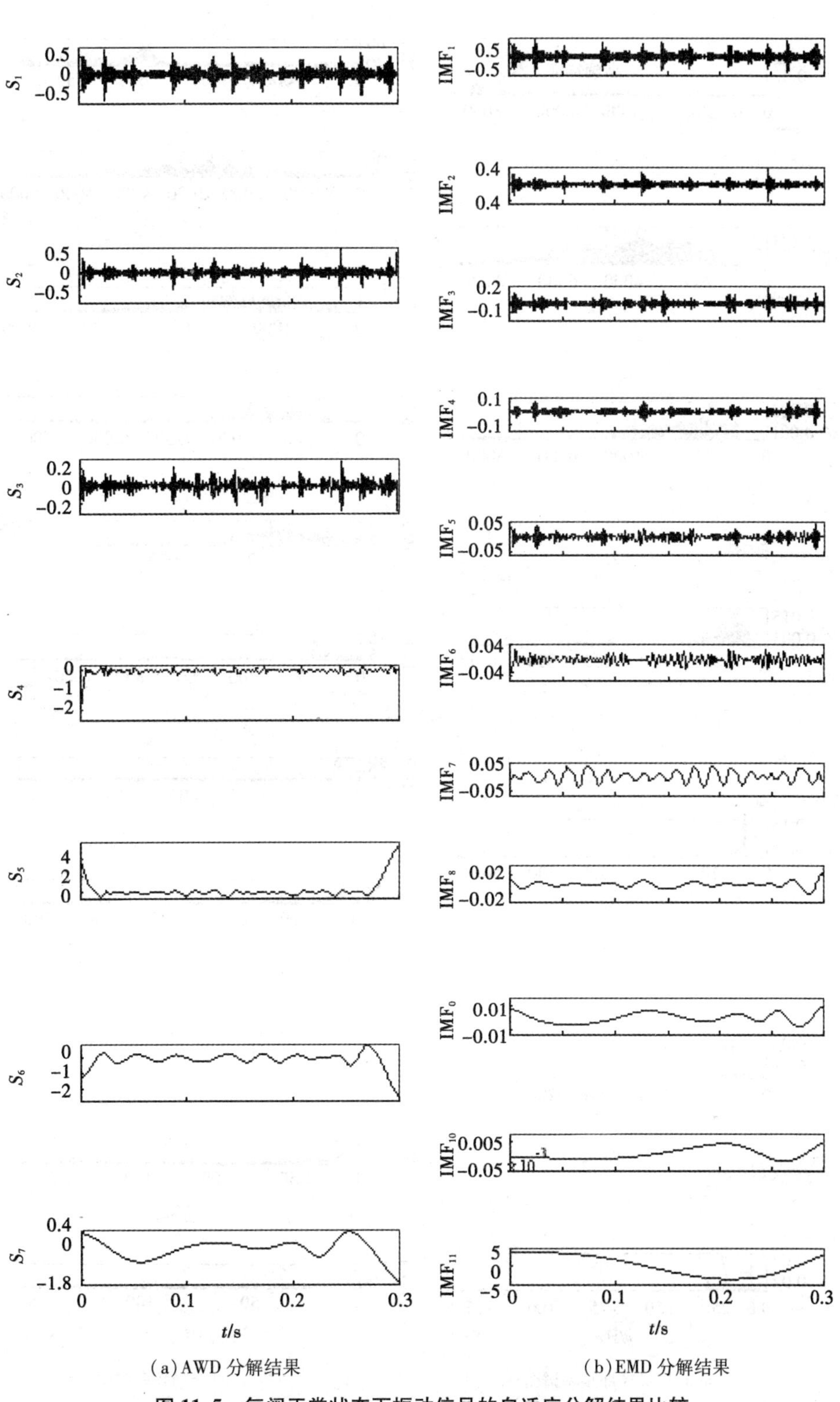

(a) AWD 分解结果　　(b) EMD 分解结果

图 11.5　气阀正常状态下振动信号的自适应分解结果比较

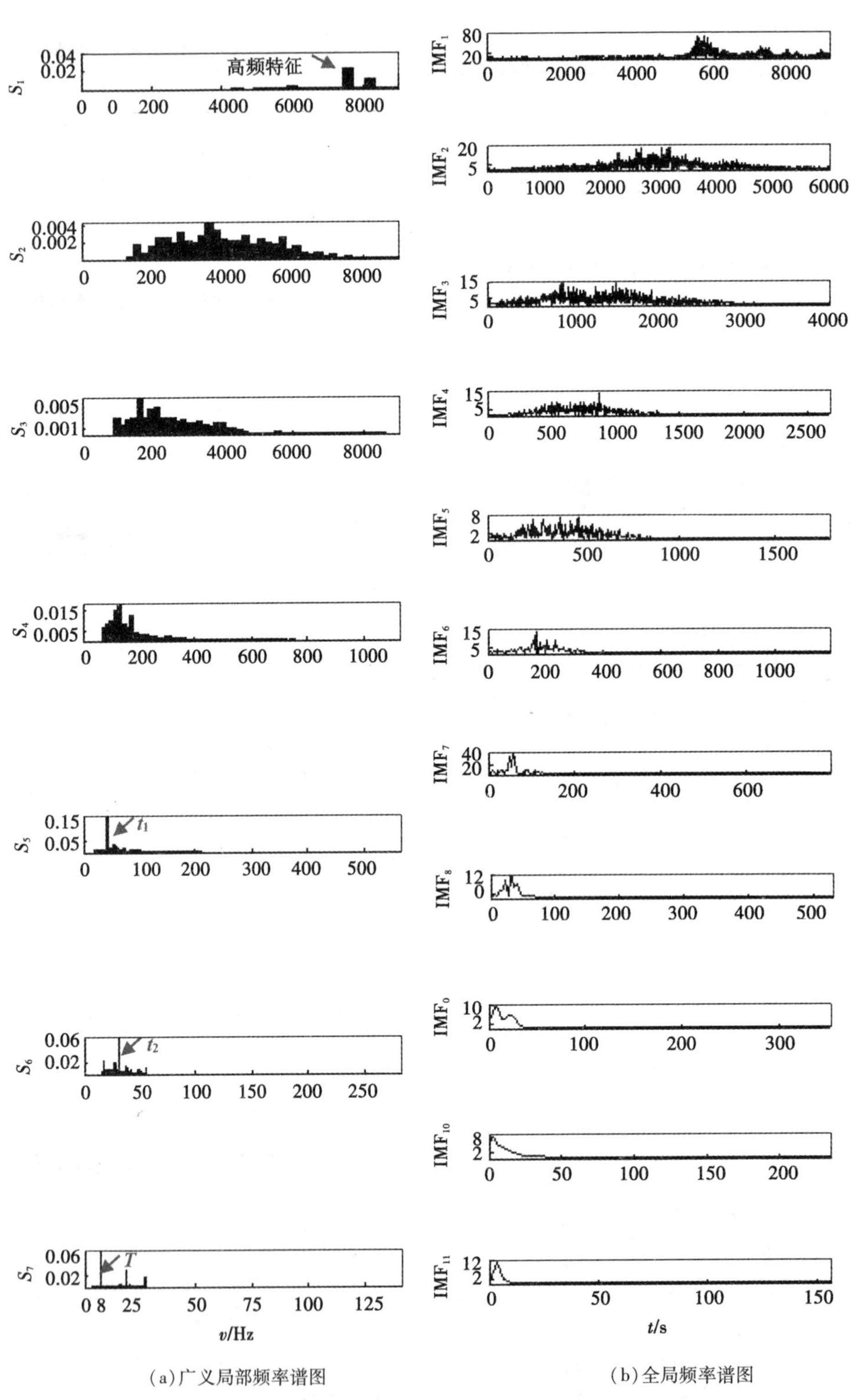

(a)广义局部频率谱图

(b)全局频率谱图

图 11.6 气阀正常状态下振动信号的自适应分解及其频域特征提取

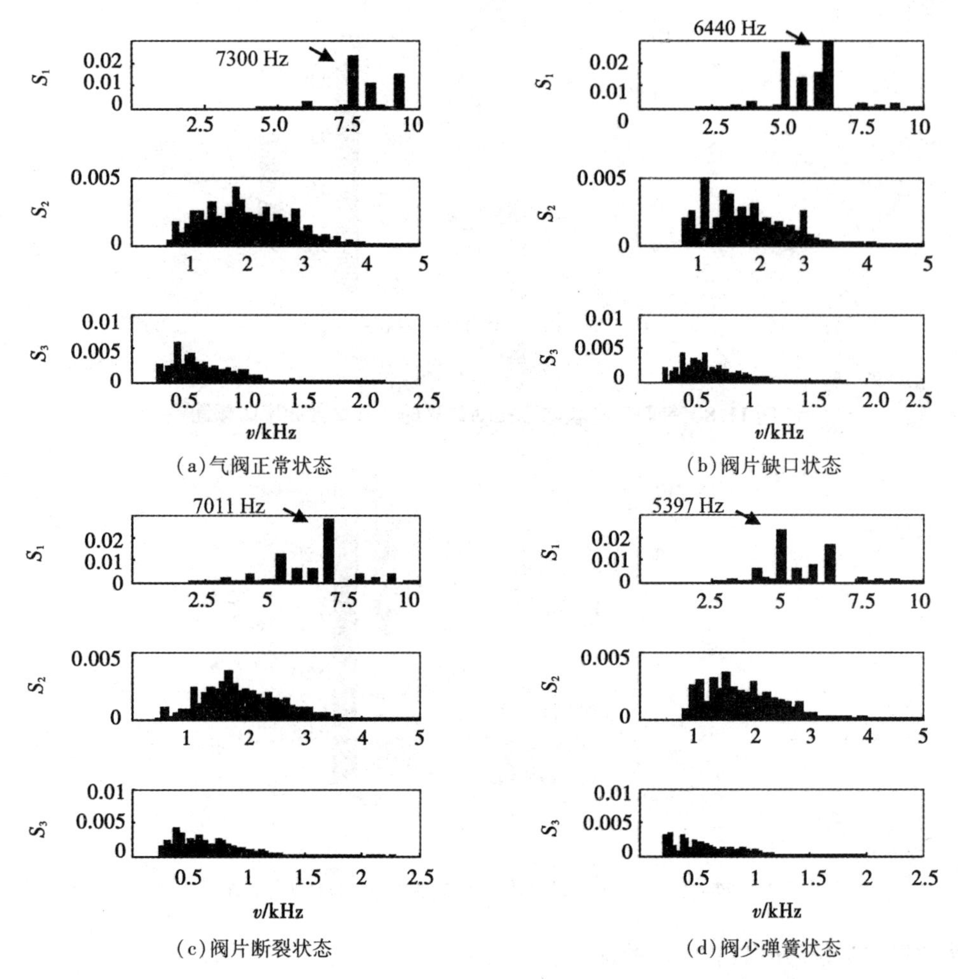

(a)气阀正常状态　(b)阀片缺口状态

(c)阀片断裂状态　(d)阀少弹簧状态

图 11.7　气阀四种状态下振动信号的 AWD 分解及其广义局部频率谱图

11.3.3　基于广义局部频率的时频特征提取

虽然气阀振动信号的广义局部频率的频域分析能从整体概貌上提取特征，但其非平稳时变特征信息仍然未能得到体现。为此，下面将应用基于 AWD 分解的广义局部频率时频分析方法对气阀振动信号进行特征提取。为了说明其有效性，同时应用基于 EMD 的 HHT 时频分析方法进行比较，结果如图 11.8 和图 11.9 所示。

从图 11.8 所示的气阀正常状态下的广义局部频率时频图中，能清晰地分辨出能量最大的频率成分出现在频率为 7300 Hz 位置，这与频域分析结论一致，其所对应的时刻分别为 0.09 s 与 0.21 s 处。结合图 11.4 时域分析可知，0.09 s 时刻点位于 C 点冲击附近的气体压缩阶段，而 0.21 s 则对应下一个工作循环的相同位置。在图 11.9 气阀正常状态下的 HHT 时频图中，虚假频率成分较多，时频能量分布不够集中，分辨率不高，无法提取出有用的特征信息。该试验结果表明，广义局部频率时频分析方法相比于 HHT 时频分析方法效果更为明显，准确表征了气阀多源冲击信号的频率时变特性，说明该方

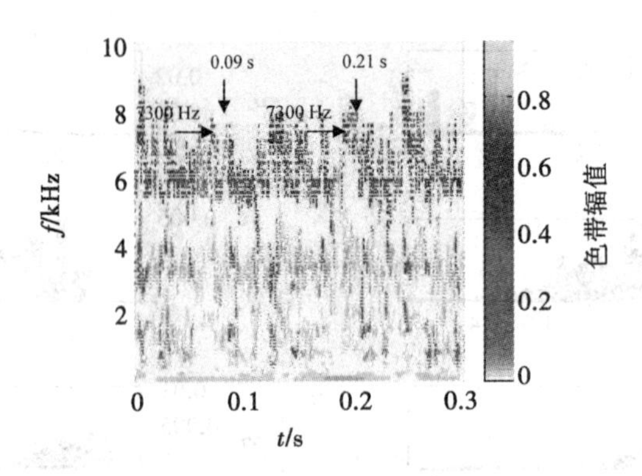

图 11.8　气阀正常状态下振动信号的广义局部频率时频图

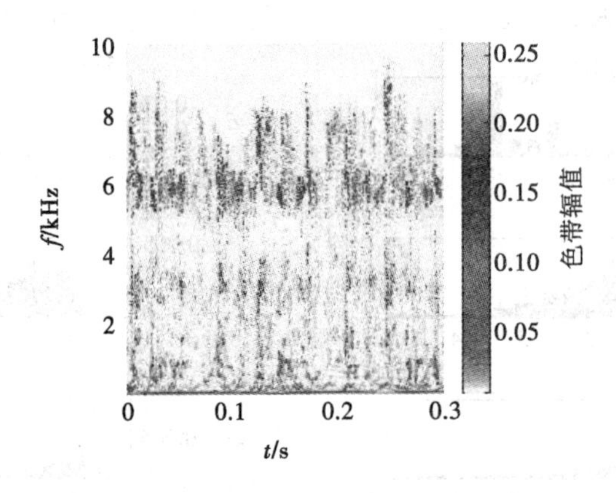

图 11.9　气阀正常状态下振动信号的 HHT 时频图

法在分析该类信号时具有明显的优势。

同样地，为了揭示气阀故障状态下时频特征，下面应用基于 AWD 的广义局部频率时频分析方法对上述四种状态下的气阀振动信号进行特征提取，为了更清晰地揭示高频特征，仍然选择 AWD 分解的前三层分量进行广义局部频率时频分析，结果如图 11.10 所示。

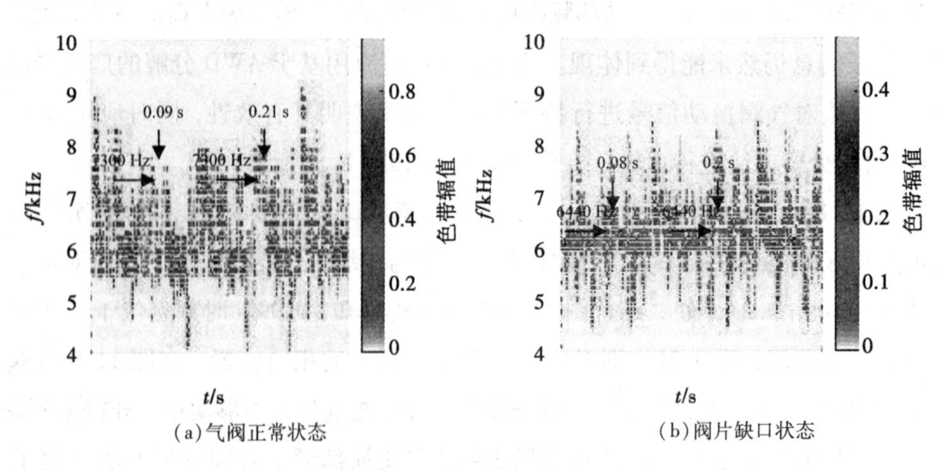

(a)气阀正常状态　　(b)阀片缺口状态

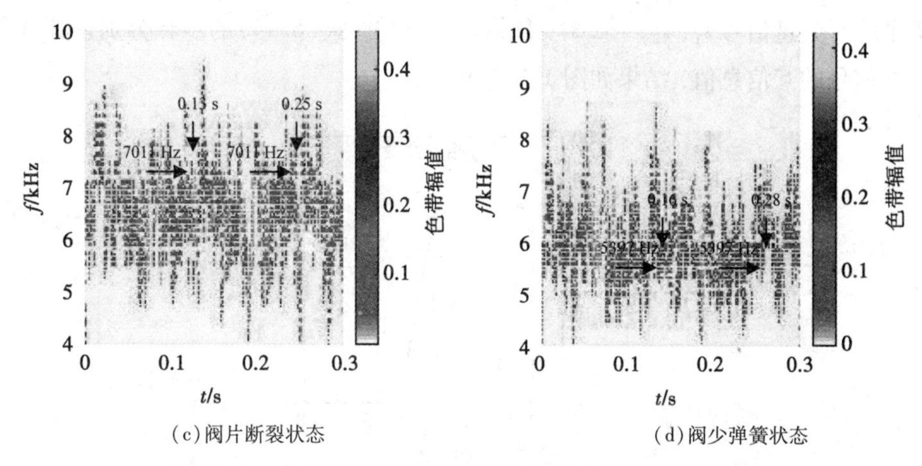

(c)阀片断裂状态　　　(d)阀少弹簧状态

图 11.10　气阀正常状态下振动信号的广义局部频率时频图

图 11.10 中广义局部频率时频分析方法不仅能够有效辨识出气阀正常状态下的频率时变特征信息，而且能清晰地体现其故障状态的频率特征及其发生时刻。其中阀片缺口状态下能量最大的频率成分出现在频率 6400 Hz 位置，所对应时刻分别为 0.08 s 与 0.20 s 处；阀片断裂状态下的主要频率成分为 7011 Hz，所对应时刻分别为 0.13 s 与 0.25 s 处；阀少弹簧状态下的主要频率成分为 5397 Hz，所对应时刻分别为 0.16 s 与 0.28 s 处。这些故障的特征频率存在较大差异，发生时刻也有所区别，相同的是同一故障状态的特征频率也是按往复压缩机循环周期的顺序依次出现。提取这些特征明显的广义局部频率时频信息，可为下一步往复压缩机气阀故障诊断工作奠定了良好的基础。

11.4　广义局部频率时频故障特征 LZC 分析

在冲击激励与噪声激励的共同影响下，往复压缩机组多源冲击振动信号不仅具有非平稳时变特点，而且具有一定的非线性。上述广义局部频率频域与时频域特征的提取，虽然能清晰直观地辨识气阀不同故障状态，但是频率幅值受样本影响，稳定性和可重复性较差。为了弥补这方面的不足，根据第 5 章研究成果，分别应用 Lempel-Ziv 复杂度指标与趋势波动分析的标度指数，定量描述气阀多源冲击信号的非线性与非平稳度，最后通过互相关系数法，揭示气阀不同故障状态下的非线性与非平稳性的内在相关程度，为往复压缩机组故障诊断提供另外一种辅助诊断手段。

11.4.1　降噪预处理分析

为了降低噪声对气阀多源冲击信号非线性与非平稳度测度分析结果的影响，首先应用本专著下篇提出的基于 AWD 与互信息法融合降噪技术进行预处理。下面以气阀正常状态下的振动信号为例说明其过程。由图 11.5(a)可知，原气阀振动信号被自适应地分解为 7 个波形分量信号 s_1，s_2，…，s_7，依据式(8.41) ~式(8.44)的步骤分别计算各分量信号与原信号的互信息值，结果如图 11.11 所示。

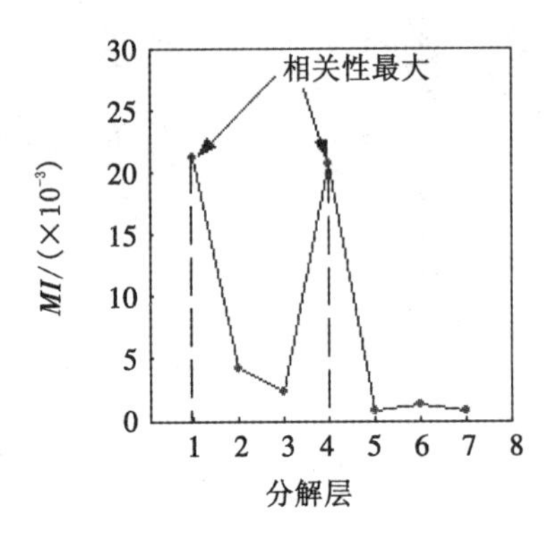

图 11.11　各分量信号与原气阀振动信号的互信息

图 11.11 中显示第 1 层与第 4 层的互信息值最大，明显高于其他各层的互信息值，表明波形分量信号 s_1 和 s_4 与原气阀信号的相关性最强，这与 11.5 节中广义局部频率频域与时频域分析结论相符，因此选择这两层分量信号进行重组作为降噪后的信号。图 11.12 给出了降噪处理前后的效果对比。降噪后的信号基本保持了原始信号的周期性特征与冲击特征，达到了降噪目的同时，较好地保留了原气阀振动信号特征信息。

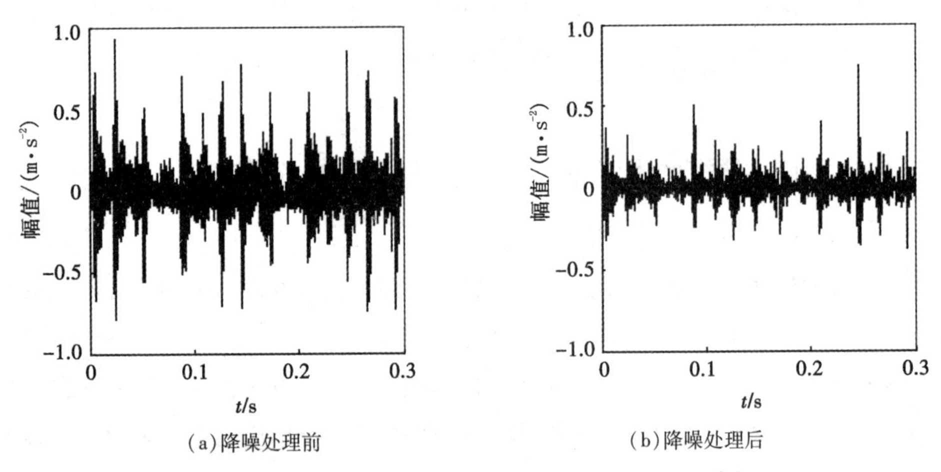

(a)降噪处理前　　(b)降噪处理后

图 11.12　气阀正常状态振动信号降噪预处理结果对比

11.4.2　气阀振动信号的时域 LZC 分析

(1)LZC 特征区间划分

往复压缩机振动信号经过降噪预处理后，进一步利用 LZC 方法计算四种状态下气阀信号的归一化 LZC 指标。为了提高比较结果的准确性，现选取每种气阀状态各 10 组样本，样本长度选取 10000，计算结果如图 11.13 所示。

从图 11.13 可以看出，归一化 LZC 指标对四种状态下往复压缩机气阀信号的特征提

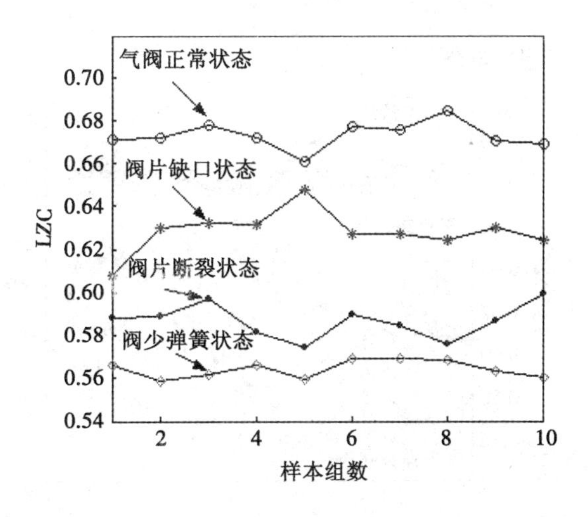

图 11.13　不同气阀状态下振动信号的 LZC 对比

取效果区分比较明显，不存在交差干扰。同一状态下不同组样本的 LZC 指标值也比较稳定，根据统计学“3σ”原则(距离均值越近，取值概率越大，反之越小)，绝大部分取值会落在($m-3\sigma$ ，$m+3\sigma$)的区间内，可以划分出往复压缩机气阀各状态的 LZC 指标特征取值区间，如表 11.2 所示。

表 11.2　　不同气阀状态下振动信号时域 LZC 区间划分

状态	均值 m	均方差 σ	特征区间 ($m-3\sigma$ ，$m+3\sigma$)
气阀正常	0.6729	0.0060	(0.6548, 0.6910)
阀有缺口	0.6283	0.0093	(0.6004, 0.6562)
阀片断裂	0.5865	0.0077	(0.5635, 0.6095)
阀少弹簧	0.5640	0.0038	(0.5526, 0.5755)

由表 11.2 可知，虽然气阀各状态下 LZC 指标较小有交叉和重叠(从概率学“3σ”原则判断是小概率事件，从故障诊断学判断可能是存在微弱故障信号而难以清晰界定)，但如果计算结果落入该交叉区间，则需要结合前述广义局部频率频域与时频特征进行综合分析。总体来说，大部分 LZC 取值均可通过该划分区间进行往复压缩机气阀状态特征识别。

(2)动态 LZC 特性分析

为检验 LZC 指标划分区间的可靠性和可重复性，下面提出一种动态 LZC 算法：对一个长度为 N 的时间序列，从第一个数据开始，取长度为 L 的矩形窗口内的数据为子序列，并对其进行归一化 LZC 处理，然后将窗口向后滑动，滑动步长为 τ 个点，得到下一组子序列，这样得到$(N-L)/\tau$ 个 LZC 指标，形成一组随时间变化的动态 LZC 指标。该方法不仅考虑了信号全局基本特征，也提取了局部细节特征。取样本长度 $N=200000$，窗口长度 $L=10000$，滑动步长 $\tau=2000$，可得到 95 组数据样本的 LZC 序列。各状态 LZC

随时间演化曲线如图 11. 14 所示。

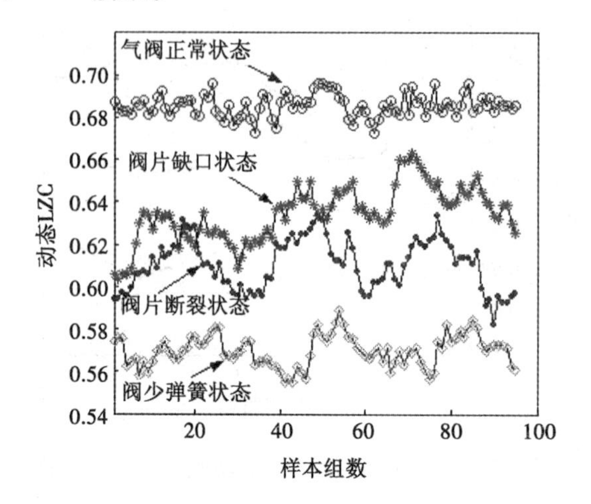

图 11. 14　不同气阀状态下振动信号的动态 LZC 对比

从图 11. 14 可以看出，各状态 LZC 指标区分较为明显，其中气阀正常状态下的 LZC 值最大，其次是阀片缺口状态，最小的是阀少弹簧状态。从复杂度随时间的波动性看，气阀正常状态下的波动最小，其次是阀少弹簧状态和阀片缺口状态，而阀片断裂状态下的波动最大。各状态 LZC 指标的大部分仍然落在了所属状态划分区间内，符合率达到 95%以上，说明 LZC 指标不因样本点数的变化而发生明显差异，具有很好的稳定性和识别能力，对气阀故障诊断具有一定的借鉴意义。

11. 4. 3　气阀振动信号的广义局部频率时频特征 LZC 分析

从 11. 3. 2 节和 11. 3. 3 节的广义局部频率谱分析与时频分析可知，往复压缩机气阀不同状态下振动信号的特征频率主要位于第 1 层高频波形分量信号，因此以该层信号分量为主要研究对象，依据式(7. 22)定义计算其广义局部频率，并对其进行 Lempel-Ziv 复杂度分析。仍然选取每种气阀状态各 10 组样本，样本长度选取为 10000，以提高计算结果的准确性。同样利用统计学“3σ”原则计算各组样本的 LZC 值，划分出往复压缩机气阀各状态下广义局部频率时频特征 LZC 指标取值区间，计算结果如表 11. 3 所示。

表 11. 3　不同气阀状态下广义局部频率时频特征 LZC 区间划分

状态	均值 m	均方差 σ	特征区间 ($m-3\sigma$, $m+3\sigma$)
气阀正常	0. 5271	0. 0030	(0. 5181, 0. 5361)
阀有缺口	0. 5083	0. 0052	(0. 4927, 0. 5239)
阀片断裂	0. 4865	0. 0024	(0. 4793, 0. 4937)
阀少弹簧	0. 4476	0. 0019	(0. 4419, 0. 4533)

由表 11. 3 可以看出，气阀正常状态、阀片缺口状态、阀片断裂状态和阀少弹簧状态

下的广义局部频率时频特征 LZC 值分别在 0.5271，0.5083，0.4865，0.4476 附近波动，各气阀状态时频域复杂度的大小顺序与时域相吻合，说明广义局部频率时频分析并未改变信号本质特征规律。各气阀状态的 LZC 特征区间区分较为明显，但仍然存在较小的交叉和重叠部分，针对该部分难以识别的样本信号，仍然需要借助其他特征提取方法进行综合分析。此外，对比表 11.2 可知，各气阀状态的时频域复杂度明显低于相应的时域复杂度，进一步说明了信号的广义局部频率时频分析能够简化信号结构特征，抑制噪声对主要信息的干扰作用，可作为往复压缩机气阀故障诊断的有效依据。

11.5　本章小结

针对往复压缩机组多源冲击振动信号故障特征难以提取的问题，本章开展了基于广义局部频率的往复压缩机多源冲击振动信号特征提取应用研究。主要结论如下：

① 对 AWD 方法与 EMD 分解方法进行对比研究，结果表明 AWD 方法能够更加高效、合理地将往复压缩机气阀多源冲击振动信号进行自适应分解，各层波形分量之间相对独立，带宽重叠部分较少，能够明确反映信号本质波形特征。

② 对广义局部频率谱分析方法与全局频率谱分析方法进行比较，结果表明广义局部频率谱分析方法在描述多源冲击信号整体概貌特征时具有更高的频率分辨能力，提取的频率特征物理意义明确，清晰反映频率往复压缩机气阀的运动规律及气阀状态。

③ 对广义局部频率时频方法与 HHT 时频分析方法进行对比分析，结果表明广义局部频率时频分析方法在提取多源冲击信号非平稳时变特征时具有更好的时频聚集性，分辨率高，虚假频率成分相对较少，能够准确表征不同气阀状态下的特征频率信息。通过应用 Lempel-Ziv 复杂度指标，定量揭示了往复压缩机气阀不同状态下时域与时频域的非线性、复杂性及随机性特征，给出了气阀不同故障状态特征的 LZC 指标定量参考标准。结果表明，气阀信号的广义局部频率时频特征结构相比于时域结构更加简洁，一定程度降低了噪声带来的随机性干扰，能够有效表征不同气阀状态的非线性关系，为往复压缩机气阀故障诊断提供了有效手段，具有一定的参考价值。

参考文献

[1] FLORES P, AMBRÓSIO J, CLARO J C P, et al. Kinematics and dynamics of multibody systems with imperfect joints: models and case studies [M]. Berlin: Springer, 2007.

[2] FLORES P. Modeling and simulation of wear in revolute clearance joints in multibody systems[J]. Mechanism and machine theory, 2009, 44(6): 1211-1222.

[3] TASORA A, PRATI E, SILVESTRI M. Compliant measuring system for revolute joints with clearance[C]//International Conference on Tribology, Parma, Italy, 2006: 11-16.

[4] CHEN G, ZOU L, ZHAO H, et al. An improved local mean decomposition method and its application for fault diagnosis of reciprocating compressor[J]. Journal of vibroengineering, 2016, 18(3): 1474-1485.

[5] LI Y, WANG C, HUANG W. Dynamics analysis of planar rigid-flexible coupling deployable solar array system with multiple revolute clearance joints[J]. Mechanical systems and signal processing, 2019, 117: 188-209.

[6] WAN Q, LIU G, ZHOU Y, et al. Numerical and experimental investigation on electromechanical aileron actuation system with joint clearance[J]. Journal of mechanical science and technology, 2019, 33(2): 525-535.

[7] ZHANG Y, GU Y, LIU T, et al. Dynamic behavior and parameter sensitivity of the free-floating base for space manipulator system considering joint flexibility and clearance[J]. Proceedings of the institution of mechanical engineers, part C: journal of mechanical engineering science, 2019, 233(3): 895-910.

[8] GAO Y, ZHANG F, LI Y. Reliability optimization design of a planar multi-body system with two clearance joints based on reliability sensitivity analysis[J]. Proceedings of the institution of mechanical engineers, part C: journal of mechanical engineering science, 2019, 233(4): 1369-1382.

[9] FLORES P, LANKARANI H M. Dynamic response of multibody systems with multiple clearance joints[J]. Journal of computational and nonlinear dynamics, 2012, 7(3): 636-647.

[10] FLORES P, LANKARANI H M. Spatial rigid-multibody systems with lubricated spherical clearance joints: modeling and simulation[J]. Nonlinear dynamics, 2010, 60(1/2): 99-

114.

[11] STOENESCU E D, MARGHITU D B. Dynamic analysis of a planar rigid-link mechanism with rotating slider joint and clearance[J]. Journal of sound and vibration, 2003, 266(2): 394-404.

[12] TOWNSEND M A, MANSOUR W M. A pendulating model for mechanisms with clearances in the revolutes[J]. Journal of manufacturing science and engineering, 1975, 97(1): 354-358.

[13] DUBOWSKY S, GARDNER T N. Dynamic interactions of link elasticity and clearance connections in planar mechanical systems[J]. Journal of manufacturing science and engineering, 1975, 97(2): 651-661.

[14] ERKAYA S, UZMAY I. Experimental investigation of joint clearance effects on the dynamics of a slider-crank mechanism[J]. Multibody system dynamics, 2010, 24(1): 81-102.

[15] MUVENGEI O, KIHIU J, IKUA B. Numerical study of parametric effects on the dynamic response of planar multi-body systems with differently located frictionless revolute clearance joints[J]. Mechanism and machine theory, 2012, 53: 30-49.

[16] FLORES P, AMBRÓSIO J, CLARO J C P, et al. Spatial revolute joints with clearances for dynamic analysis of multibody systems[J]. Proceedings of the institution of mechanical engineers, Part K: Journal of multi-body dynamics, 2006, 220(4): 257-271.

[17] AMBRÓSIO J, VERISSIMO P. Sensitivity of a vehicle ride to the suspension bushing characteristics[J]. Journal of mechanical science and technology, 2009, 23(4): 1075-1082.

[18] ZAKHARIEV E. Dynamics of rigid multibody systems with clearances in the joints[J]. Mechanics of structures and machines, 1999, 27(1): 63-87.

[19] BRUTTI C, COGLITORE G, VALENTINI P P. Modeling 3D revolute joint with clearance and contact stiffness[J]. Nonlinear dynamics, 2011, 66(4): 531-548.

[20] ISAAC F, MARQUES F, DOURADO N, et al. Recent developments on cylindrical contact force models with realistic properties[M]// WENGER P, FLORES P. New Trends in Mechanism and Machine Science, Theory and Industrial Applications. Springer, 2017: 211-219.

[21] DHANDE S G, CHAKRABORTY J. Mechanical error analysis of spatial linkages[J]. Journal of mechanical design, 1978, 100(4): 732-743.

[22] BAUCHAU O A, RODRIGUEZ J. Modeling of joints with clearance in flexible multibody systems[J]. International journal of solids & structures, 2002, 39(1): 41-63.

[23] FLORES P,LANKARANI H M.Spatial rigid-multibody systems with lubricated spherical clearance joints:modeling and simulation[J].Nonlinear dynamics,2009,60(1):99-114.

[24] ASKARI E,PAULO F,DABIRRAHMANI D,et al.Nonlinear vibration and dynamics of ceramic on ceramic artificial hip joints:a spatial multibody modelling[J].Nonlinear dynamics,2014,76(2):1365-1377.

[25] ASKARI E,FLORES P,DABIRRAHMANI D,et al.A computational analysis of squeaking hip prostheses[J].Journal of computational and nonlinear dynamics,2015,10(2):024502-1-024502-7.

[26] FLORES P,AMBRÓSIO J,CLARO J C P,et al.Kinematics and dynamics of multibody systems with imperfect joints[M].Berlin:Springer Science & Business Media,2008.

[27] WILSON R,FAWCETT J N.Dynamics of the slider-crank mechanism with clearance in the sliding bearing[J].Mechanism and machine theory,1974,9(1):61-80.

[28] FLORES P,AMBROSIO J,CLARO J C P,et al.Translational joints with clearance in rigid multibody systems[J].Journal of computational and nonlinear dynamics,2008,3(1):011007-1-011007-10.

[29] ZHANG J,WANG Q.Modeling and simulation of a frictional translational joint with a flexible slider and clearance[J].Multibody system dynamics,2016,38(4):367-389.

[30] CAVALIERI F J,CARDONA A.Non-smooth model of a frictionless and dry three-dimensional revolute joint with clearance for multibody system dynamics[J].Mechanism and machine theory,2018,121:335-354.

[31] 赵海洋.往复压缩机轴承间隙故障诊断与状态评估方法研究[D].哈尔滨:哈尔滨工业大学,2014.

[32] 周雷,金光熹.新型往复压缩机曲柄销—滑块副磨损规律研究[J].流体机械,1996(7):3-6.

[33] 周雷.滑块式压缩机曲柄销—滑块副磨损特性研究[D].西安:西安交通大学,1996.

[34] JIANG Z,MAO Z,ZHANG Y,et al.A study on dynamic response and diagnosis method of the wear on connecting rod bush[J].Journal of failure analysis and prevention,2017,17(4):812-822.

[35] ZHAO H Y,XU M Q,WANG J D,et al.A Dynamic analysis of reciprocating compressor transmission mechanism with joint clearance[C]//2012 International Conference on Vibration,Structural Engineering and Measurement,Durnten-Zurich,2012:641-646.

[36] 赵海洋,纪彦东,王金东,等.基于间隙运动副的往复压缩机传动机构动力学分析[J].流体机械,2013,41(3):15-19,33.

[37] ZHAO H, XU M, WANG J, et al. A parameters optimization method for planar joint clearance model and its application for dynamics simulation of reciprocating compressor [J]. Journal of sound and vibration, 2015, 344: 416-433.

[38] CHENG S. A parametric study on the dynamic response of reciprocating compressor with a revolute clearance joints[J]. Vibro engineering procedia, 2017, 16: 41-45.

[39] CHENG S, LIU S. Dynamics analysis of reciprocating compressor with a clearance between crankshaft and connecting rod[J]. Vibroengineering procedia, 2017, 15: 38-43.

[40] 程寿国.往复压缩机十字头销与连杆小头磨损过大故障机理研究[J].计量与测试技术,2018,45(4):96-98.

[41] CHENG S. The influence of the clearance on the motion of the reciprocating compressor connecting rod[J]. Advances in intelligent systems and computing, 2019, 856: 931-939.

[42] 江志农,马振涛,周超,等.含间隙的往复式压缩机变工况动力学分析研究[J].流体机械,2018,46(3):17-22.

[43] 薛晓刚,刘树林.基于十字头侧沉的往复压缩机模型分析[J].计量与测试技术,2018,45(4):4-6,9.

[44] CHACE M A. Analysis of the time-dependence of multi-freedom mechanical systems in relative coordinates[J]. Journal of engineering for industry, 1967, 89(1): 119-125.

[45] BAGCI C. Dynamic motion analysis of plane mechanisms with coulomb and viscous damping via the joint force analysis[J]. Journal of engineering for industry, 1975, 97(2): 551-560.

[46] LEE T W, WANG A C. On the dynamics of intermittent-motion mechanisms, part I: dynamic model and response[J]. Journal of mechanisms, transmissions, and automation in design, 1983, 105(3): 534-540.

[47] 白争锋.考虑铰间间隙的机构动力学特性研究[D].哈尔滨:哈尔滨工业大学,2011.

[48] DUBOWSKY S. On predicting the dynamic effects of clearances in planar mechanisms [J]. Journal of engineering for industry, 1974, 96(1): 317-323.

[49] DUBOWSKY S, DECK J F, COSTELLO H. The dynamic modeling of flexible spatial machine systems with clearance connections[J]. Journal of mechanical design, 1987, 109(1): 87-94.

[50] DUBOWSKY S, FREUDENSTEIN F. Dynamic analysis of mechanical systems with clearances, part 2: dynamic response[J]. Journal of engineering for industry, 1971, 93(1): 310-316.

[51] DUBOWSKY S, FREUDENSTEIN F. Dynamic analysis of mechanical systems with clearances, part 1: formulation of dynamic model[J]. Journal of engineering for industry,

1971,93(1):305-309.

[52] DUBOWSKY S,GARDNER T N.Design and analysis of multilink flexible mechanisms with multiple clearance connections[J].Journal of engineering for industry,1977,99(1):88-99.

[53] FUNABASHI H,OGAWA K,HORIE M,et al.A dynamic analysis of the plane crank-and-rocker mechanisms with clearances[J].Bulletin of JSME,1980,23(177):446-452.

[54] 唐锡宽,金德闻.机械动力学[M].北京:高等教育出版社,1984.

[55] 张跃明,唐锡宽,傅蕾,等.含间隙运动副的空间机构的实验研究[J].机械科学与技术,1997(2):126-130.

[56] 张跃明,唐锡宽,申永胜.空间机构间隙滑动副模型的建立[J].清华大学学报(自然科学版),1996(8):99-104.

[57] 张跃明,唐锡宽,张兆东,等.空间机构间隙转动副模型的建立[J].清华大学学报(自然科学版),1996(8):105-109.

[58] 李哲.考虑运动副间隙和构件弹性的平面连杆机构动力学研究[D].北京:北京工业大学,1991.

[59] 李哲.含间隙弹性平面连杆机构动力分析[J].机械工程学报,1994(S1):134-139.

[60] 张建领,李哲,李骊.预测含间隙机构副元素分离和碰撞的力判定方法[J].机械工程学报,1996(4):43-50.

[61] MIEDEMA B,MANSOUR W M.Mechanical joints with clearance:a three-mode model[J].Journal of engineering for industry,1976,98(4):1319-1323.

[62] EARLES S W E,WU C L S.Motion analysis of a rigid link mechanism with clearance at a bearing using lagrangian mechanics and digital computation[C]//Conference on Mechanisms,IME,London,England,1973:83-89.

[63] ERKAYA S,UZMAY I.Investigation on effect of joint clearance on dynamics of four-bar mechanism[J].Nonlinear dynamics,2009,58(1/2):179-198.

[64] ERKAYA S,UZMAY I.A neural-genetic(NN-GA)approach for optimising mechanisms having joints with clearance[J].Multibody system dynamics,2008,20(1):69-83.

[65] TAKESHI F,NOBUYOSHI M,MASAYUKI M.Research on dynamics of four-bar linkage with clearances at turning pairs(including four reports)[J].Bulletin of the JSME,1978,21:518-523,1284-1305.

[66] EARLES S W E,KILICAY O.Predicting impact conditions due to bearing clearances in linkage mechanisms[C]//Proceedings of Fifth World Congress IFToMM,Montreal,Canada,1979:1078-1081.

[67] ERKAYA S,UZMAY I.Modeling and simulation of joint clearance effects on mecha-

nisms having rigid and flexible links[J].Journal of mechanical science and technology, 2014,28(8):2979-2986.

[68] FENG B,MORITA N,TORII T.A new optimization method for dynamic design of planar linkage with clearances at joints:optimizing the mass distribution of links to reduce the change of joint forces[J].Journal of mechanical design,2002,124(1):68-73.

[69] ZHANG X C,ZHANG X M.A comparative study of planar 3-RRR and 4-RRR mechanisms with joint clearances[J].Robotics and computer-integrated manufacturing,2016, 40:24-33.

[70] FLORES P.A parametric study on the dynamic response of planar multibody systems with multiple clearance joints[J].Nonlinear dynamics,2010,61(4):633-653.

[71] ZHENG E,WANG T,GUO J,et al.Dynamic modeling and error analysis of planar flexible multilink mechanism with clearance and spindle-bearing structure[J].Mechanism and machine theory,2019,131:234-260.

[72] ZHENG E,ZHOU X.Modeling and simulation of flexible slider-crank mechanism with clearance for a closed high speed press system[J].Mechanism and machine theory, 2014,74:10-30.

[73] ALSHAER B J,NAGARAJAN H,BEHESHTI H K,et al.Dynamics of a multibody mechanical system with lubricated long journal bearings[J].Journal of mechanical design, 2005,127(3):493-498.

[74] FLORES P,AMBRÓSIO J,CLARO J C P,et al.A study on dynamics of mechanical systems including joints with clearance and lubrication[J].Mechanism and machine theory,2006,41(3):247-261.

[75] FLORES P,AMBROSIO J,CLARO J C P,et al.Dynamics of multibody systems with spherical clearance joints[J].Journal of computational and nonlinear dynamics,2006,1(3):240-247.

[76] FLORES P,AMBROSIO J,CLARO J C P,et al.Lubricated revolute joints in rigid multibody systems[J].Nonlinear dynamics,2009,56(3):277-295.

[77] TIAN Q,ZHANG Y,CHEN L,et al.Dynamics of spatial flexible multibody systems with clearance and lubricated spherical joints[J].Computers and structures,2009,87(13/14):913-929.

[78] TIAN Q,LIU C,MACHADO M,et al.A new model for dry and lubricated cylindrical joints with clearance in spatial flexible multibody systems[J].Nonlinear dynamics, 2011,64(1/2):25-47.

[79] TIAN Q,SUN Y,LIU C,et al.Elastohydro dynamic lubricated cylindrical joints for rigid-

flexible multibody dynamics[J].Computers and structures,2013,114:106-120.

[80] ZHENG E,ZHU R,ZHU S,et al.A study on dynamics of flexible multi-link mechanism including joints with clearance and lubrication for ultra-precision presses[J].Nonlinear dynamics,2016,83(1/2):137-159.

[81] VAREDI S M,DANIALI H M,DARDEL M.Dynamic synthesis of a planar slider-crank mechanism with clearances[J].Nonlinear dynamics,2015,79(2):1587-1600.

[82] SUN D,SHI Y,ZHANG B.Robust optimization of constrained mechanical system with joint clearance and random parameters using multi-objective particle swarm optimization [J].Structural and multidisciplinary optimization,2018,58(5):2073-2084.

[83] BAI Z F,ZHAO J J,CHEN J,et al.Design optimization of dual-axis driving mechanism for satellite antenna with two planar revolute clearance joints[J].Acta astronautica, 2018,144:80-89.

[84] 孟凡刚,巫世晶,张增磊,等.基于田口法的含间隙传动机构动力学特性分析优化[J].中南大学学报(自然科学版),2016,47(10):3375-3380.

[85] SHIMOJIMA H,OGAWA K,MATSUMOTO K.Dynamic characteristics of planar mechanisms with clearance[J].Bulletin JSME,1978,21(152):303-308.

[86] RAVN P,SHIVASWAMY S,LANKARANI H M.Modeling joint clearances in multibody mechanical systems[C]//Proceedings of the International Conference on Dynamics and Control,Ottawa,Canada,1999:6-12.

[87] TASORA A,PRATI E,SILVESTRI M.Experimental investigation of clearance effects in a revolute joint[C]//Proceedings of the 2004 AIMETA International Tribology Conference,Rome,Italy,2004:14-17.

[88] LAI X,He H,LAI Q,et al.Computational prediction and experimental validation of revolute joint clearance wear in the low-velocity planar mechanism[J].Mechanical systems and signal processing,2017,85:963-976.

[89] FARAHANCHI F,SHAW S W.Chaotic and periodic dynamics of a slider-crank mechanism with slider clearance[J].Journal of sound and vibration,1994,177(3):307-324.

[90] FLORES P,LEINE R,GLOCKER C.Modeling and analysis of planar rigid multibody systems with translational clearance joints based on the non-smooth dynamics approach [J].Multibody system dynamics,2010,23(2):165-190.

[91] FLORESP,LEINE R,GLOCKER C.Application of the nonsmooth dynamics approach to model and analysis of the contact-impact events in cam-follower systems[J].Nonlinear dynamics,2012,69(4):2117-2133.

[92] TIAN Q,FLORES P,LANKARANI H M.A comprehensive survey of the analytical,nu-

merical and experimental methodologies for dynamics of multibody mechanical systems with clearance or imperfect joints[J].Mechanism and machine theory,2018,122:1-57.

[93] QI Z,LUO X,HUANG Z.Frictional contact analysis of spatial prismatic joints in multibody systems[J].Multibody system dynamics,2011,26(4):441-468.

[94] QI Z,XU Y,LUO X,et al.Recursive formulations for multibody systems with frictional joints based on the interaction between bodies[J].Multibody system dynamics,2010,24(2):133-166.

[95] ZHUANG F F,WANG Q.Modeling and simulation of the nonsmooth planar rigid multibody systems with frictional translational joints[J].Multibody system dynamics,2013,29(4):403-423.

[96] ZHUANG F F,WANG Q.Modeling and analysis of rigid multibody systems with driving constraints and frictional translation joints[J].Acta mechanica sinica,2014,30(3):437-446.

[97] WU L,MARGHITU D B,ZHAO J.Nonlinear dynamics response of a planar mechanism with two driving links and prismatic pair clearance[J].Mathematical problems in engineering,2017,2017:4295805-1-4295805-12.

[98] 史丽晨,段志善.基于混沌-分形理论的往复式活塞隔膜泵磨损故障分析[J].农业机械学报,2010,41(4):222-226.

[99] CHENG S.Dynamic analysis of reciprocating compressor with a translational joint clearance[J].Vibro engineering procedia,2018,18:36-40.

[100] RAVN P.A continuous analysis method for planar multibody systems with joint clearance[J].Multibody system dynamics,1998,2(1):1-24.

[101] LIN R M,EWINS D J.Chaotic vibration of mechanical systems with backlash[J].Mechanical systems and signal processing,1993,7(3):257-272.

[102] STOENESCU E D,MARGHITU D B.Dynamic analysis of a planar rigid-link mechanism with rotating slider joint and clearance[J].Journal of sound & vibration,2003,266(2):394-404.

[103] RAHMANIAN S,GHAZAVI M R.Bifurcation in planar slider-crank mechanism with revolute clearance joint[J].Mechanism and machine theory,2015,91:86-101.

[104] FARAHAN S B,GHAZAVI M R,RAHMANIAN S.Bifurcation in a planar four-bar mechanism with revolute clearance joint[J].Nonlinear dynamics,2017,87:955-973.

[105] CHEN X L,GAO W H,DENG Y,et al.Chaotic characteristic analysis of spatial parallel mechanism with clearance in spherical joint[J].Nonlinear dynamics,2018,94(4):2625-2642.

[106] CHEN X L, LI Y W, JIA Y H. Dynamic response and nonlinear characteristics of spatial parallel mechanism with spherical clearance joint[J]. Journal of computational and nonlinear dynamics, 2019, 14(4): 65-82.

[107] CHEN X, JIANG S, DENG Y, et al. Dynamics analysis of 2-DOF complex planar mechanical system with joint clearance and flexible links[J]. Nonlinear dynamics, 2018, 93(3): 1009-1034.

[108] CHEN X, JIA Y, DENG Y, et al. Dynamics behavior analysis of parallel mechanism with joint clearance and flexible links[J]. Shock and vibration, 2018: 9430267-1-9430267-17.

[109] 侯雨雷,井国宁,汪毅,等.一种含间隙并联机构动力学仿真与混沌响应分析[J].机械设计,2018,35(4):21-31.

[110] HOU Y, WANG Y, JING G, et al. Chaos phenomenon and stability analysis of RU-RPR parallel mechanism with clearance and friction[J]. Advances in mechanical engineering, 2018, 10(1): 1-13.

[111] OLYAEI A A, GHAZAVI M R. Stabilizing slider-crank mechanism with clearance joints [J]. Mechanism and machine theory, 2012, 53: 17-29.

[112] WOLF A, SWIFT J B, SWINNEY H L, et al. Determining Lyapunov exponents from a time series[J]. Physica D: nonlinear phenomena, 1985, 16(3): 285-317.

[113] KAPITANIAK T. Chaotic oscillations in mechanical systems[M]. Manchester: Manchester University Press, 1991.

[114] ROSENSTEIN M T, COLLINS J J, De LUCA C J. A practical method for calculating largest Lyapunov exponents from small data sets[J]. Physica D: nonlinear phenomena, 1993, 65(1/2): 117-134.

[115] 张占叶.两种解耦并联机构构型与运动学分析及其混沌辨识[D].秦皇岛:燕山大学,2014.

[116] SHIN K, HAMMOND J K. The instantaneous Lyapunov exponent and its application to chaotic dynamical systems[J]. Journal of sound and vibration, 1998, 218(3): 389-403.

[117] DUPAC M, BEALE D G. Dynamic analysis of a flexible linkage mechanism with cracks and clearance[J]. Mechanism and machine theory, 2010, 45(12): 1909-1923.

[118] 刘鸿文.材料力学[M].5版.北京:高等教育出版社,2011.

[119] HERTZ H. On the contact of solids: on the contact of rigid elastic solids and on hardness[M]. London: MacMillan, 1896.

[120] LANKARANI H M, NIKRAVESH P E. A contact force model with hysteresis damping for impact analysis of multibody systems[J]. Journal of mechanical design, 1990, 112

(3):369-376.

[121] LANKARANI H M.Canonical equations of motion and estimation of parameters in the analysis of impact problems[D].Tucson,AZ:University of Arizona,1988.

[122] ERKAYA S. Experimental investigation of flexible connection and clearance joint effects on the vibration responses of mechanisms[J].Mechanism and machine theory, 2018,121:515-529.

[123] ROONEY G T,DERAVI P.Coulomb friction in mechanism sliding joints[J].Mechanism and machine theory,1982,17(3):207-211.

[124] THRELFALL D C.The inclusion of Coulomb friction in mechanisms programs with particular reference to DRAM au programme DRAM[J].Mechanism and machine theory, 1978,13(4):475-483.

[125] AMBRÓSIO J A C.Impact of rigid and flexible multibody systems:deformation description and contact models[M].Dordrecht:Springer Netherlands,2003.

[126] AHMED S,LANKARANI H M,PEREIRA M F O S.Frictional impact analysis in open-loop multibody mechanical systems[J].Journal of mechanical design,1999,121(1): 119-127.

[127] LANKARANI H M,PEREIRA M F O S.Treatment of impact with friction in planar multibody mechanical systems[J].Multibody system dynamics,2001,6(3):203-227.

[128] 陈敬龙,张来斌,段礼祥,等.基于提升小波包的往复压缩机活塞-缸套磨损故障诊断[J].中国石油大学学报(自然科学版),2011,35(1):130-134.

[129] CHENG J,YU D,YANG Y.A fault diagnosis approach for roller bearings based on EMD method and AR model[J].Mechanical systems and signal processing,2006,20(2):350-362.

[130] 陈进,姜鸣.高阶循环统计量理论在机械故障诊断中的应用[J].振动工程学报, 2001,14(2):125-134.

[131] 黄昭毅.对我国无量纲诊断的历史回顾与今后的期望[J].中国设备管理,2000(10/11/12):34-35,39-41,37-38.

[132] 屈梁生.机械故障的全息诊断原理[M].北京:科学出版社,2007.

[133] 屈梁生.机械监测中理论与方法[M].西安:西安交通大学出版社,2009.

[134] 何正嘉,訾艳阳,孟庆丰,等.机械设备非平稳信号的故障诊断原理[M].北京:高等教育出版社,2001.

[135] ROBERTS M J.Signals and systems:analysis using transform methods and MATLAB [M].2nd ed.New York:McGraw-Hill,2011.

[136] FORTE L A,GARUFI F,MILANO L,et al.Blind source separation and Wigner-Ville

transform as tools for the extraction of the gravitational wave signal[J].Physical review D,2011,83(12):122006-1-122006-12.

[137] ZOU L H,LIU A P,MA X,et al.Synthesis of vibration waves based on wavelet technology[J].Shock and vibration,2012,19(3):391-403.

[138] WANG Y,HE Z,ZI Y.Enhancement of signal denoising and multiple fault signatures detecting in rotating machinery using dual-tree complex wavelet transform[J].Mechanical systems and signal processing,2010,24(1):119-137.

[139] HUANG N E,SHEN Z,LONG S R.The empirical mode decomposition and the Hilbert spectrum for nonlinear and non-stationary time series analysis[J].Proceedings of the royal society of London series A,1998,454(1971):903-995.

[140] HUANG N E,WU M L C,LONG S R.A confidence limit for the empirical mode decomposition and Hilbert spectral analysis[J].Proceedings of the royal society of London series A,2004,459(2037):2317-2345.

[141] SMITH J S.The local mean decomposition and its application to EEG perception data [J].Journal of the royal society interface,2005,2(5):443-454.

[142] WANG Y,HE Z,XIANG J,et al.Application of local mean decomposition to the surveillance and diagnostics of low-speed helical gearbox[J].Mechanism and machine theory,2012,47:62-73.

[143] 谭继勇,陈雪峰,何正嘉.冲击信号的随机共振自适应检测方法[J].机械工程学报,2010,46(23):61-66.

[144] VAKMAN D.On the analytic signal,the Teager-Kaiser energy algorithm,and other methods for defining amplitude and frequency[J].IEEE transactions on signal processing,1996,44(4):791-797.

[145] 吕金虎,陆君安,陈士华.混沌时间序列分析及其应用[M].武汉:武汉大学出版社,2005.

[146] 潘磊,沙斐.非线性时间序列门限自回归模型在环境空气质量预报中的应用[J].上海环境科学,2008,26(5):212-214.

[147] LI T H S,TSAI S H.T-S fuzzy bilinear model and fuzzy controller design for a class of nonlinear systems[J].IEEE transactions on fuzzy systems,2007,15(3):494-506.

[148] ISHIZUKA K,KATO H.A feature for voice activity detection derived from speech analysis with the exponential autoregressive model[C]//IEEE International Conference on Acoustics,Speech and Signal Processing,2006,1:I-789-I-792.

[149] ENGLE R F.Autoregressive conditional heteroskedasticity with estimates of the variance of United Kingdom inflation[J].econometrica,1982,50(4):987-1008.

[150] SAÏDI Y,ZAKOÏAN J M.Stationarity and geometric ergodicity of a class of nonlinear ARCH models[J].The annals of applied probability,2006,16(4):2256-2271.

[151] HIGGINS M L,BERA A K.A class of nonlinear ARCH models[J].International economic review,1992,33:137-158.

[152] BOLLERSLEV T.Generalized autoregressive conditional heteroskedasticity[J].Journal of econometrics,1986,31(3):307-327.

[153] COHEN I.Modeling speech signals in the time-frequency domain using GARCH[J].Signal processing,2004,84(12):2453-2459.

[154] TAO X,XU J,YANG L,et al.Bearing fault diagnosis with a MSVM based on a GARCH model[J].Journal of vibration and shock,2010,29(5):11-15.

[155] PHAM H T,YANG B S.Estimation and forecasting of machine health condition using ARMA/GARCH model[J].Mechanical systems and signal processing,2010,24(2):546-558.

[156] GRENIER Y.Time-dependent ARMA modeling of non-stationary signals[J].IEEE transactions on ASSP,1983,31(4):899-911.

[157] 陶新民,徐晶,杨立标,等.基于 GARCH 模型 MSVM 的轴承故障诊断方法[J].振动与冲击,2010,29(5):11-15.

[158] 马鹏程,吴莎莎,韩振芳.基于 AR(1)-GARCH(1,1)模型的 SHIBOR 利率波动性研究[J].河北北方学院学报(自然科学版),2012,28(2):1-5.

[159] 吴新开,朱承志,钟义长.基于功率谱分析的非线性系统的故障诊断技术[J].湖南科技大学学报(自然科学版),2005,20(3):75-77.

[160] CHALLINOR A,LEWIS A.Linear power spectrum of observed source number counts[J].Physical review D:particles and fields,2011,84(4):043516-1-043516-14.

[161] RELAÑO A,MUÑOZ L,RETAMOSA J,et al.Power-spectrum characterization of the continuous Gaussian ensemble[J].Physical review E:statistical,nonlinear,and soft matter physics,2008,77(3):031103-1-031103-11.

[162] NIKITIN A,STOCKS N G,BULSARA A R.Asymmetric biostable systems subject to periodic and stochastic forcing in the strongly nonlinear regime:the power spectrum[J].Physical review E:statistical,nonlinear,and soft matter physics,2007,76(4):041138-1-041138-18.

[163] OGAWA J,TANAKA H.Importance sampling for stochastic systems under stationary noise having a specified power spectrum[J].Probabilistic engineering mechanics,2009,24(4):537-544.

[164] BABU H A,WANARE H.Negative and positive hysteresis in double-cavity optical bist-

ability in a three-level atom[J]. Physical review A: atomic, molecular, and optical physics,2011,83(3):033818-1-033818-5.

[165] GONG Y.Non-Gaussian noise-and system-size-induced coherence resonance of calcium oscillations in an array of coupled cells[J].Physica A:statistical mechanics and its applications,2011,390(21):3662-3669.

[166] HU Y H,MA Z Y.Quasi-periodic and non-periodic waves in the(2+1)-dimensional generalized Broer-Kaup system[J].Chaos,solitons & fractals,2007,34(2):482-489.

[167] BRAUN S,FELDMAN M.Decomposition of non-stationary signals into varying time scales:some aspects of the EMD and HVD methods[J].Mechanical systems and signal processing,2011,25(7):2608-2630.

[168] 李士勇,田新华.非线性科学与复杂性科学[M].哈尔滨:哈尔滨工业大学出版社,2006.

[169] PACKARD N H,CRUTCHFIELD J P,FARMERS J D,et al.Geometry from a time series[J].Physical review letters,1980,45(9):712-716.

[170] 洪时中.非线性时间序列分析的最新进展及其在地球科学中的应用前景[J].地球科学进展,1999,14(6):559-565.

[171] FLORIS T.Detecting strange attractors in turbulence[J].Lecturenotes in mathematics,1981,898:366-381.

[172] KENNEL M B,BROWN R,ABARBANEL H D.Determining embedding dimension for phase space reconstruction using a geometrical construction[J].Physical review A:atomic,molecular,and optical physics,1992,45(6):3403-3411.

[173] 马军海,陈予恕.混沌时序相空间重构的分析和应用研究[J].应用数学和力学,2000,21(11):1117-1124.

[174] 胡晓棠,胡茑庆,陈敏.一种改进的选择相空间重构参数的方法[J].振动工程学报,2001,14(2):242-244.

[175] KUGIUMTZIS D.State space reconstruction parameters in the analysis of chaotic time series:the role of the time window length[J].Physica D:nonlinear phenomena,1996,95(1):13-28.

[176] 马红光,李夕海,王国华,等.相空间重构中嵌入维和时间延迟的选择[J].西安交通大学学报,2004,38(4):335-338.

[177] 肖方红,阎桂荣,韩宇航,等.混沌时序相空间重构参数确定的信息论方法[J].物理学报,2005,54(2):550-556.

[178] 张雨,任成龙.确定重构相空间维数的方法[J].国防科技大学学报,2005,27(6):101-105.

[179] 徐自励,王一扬,周激流.估计非线性时间序列嵌入延迟时间和延迟时间窗的 C-C 平均方法[J].四川大学学报(工程科学版),2007,39(1):151-155.

[180] ZHANG J,LUO X,SMALL M.Detecting chaos in pseudoperiodic time series without embedding[J].Physica review E:statistical,nonlinear,and soft matter physics,2006,73:016216-1-016216-5.

[181] 陆振波,蔡志明,姜可宇.基于改进的 C-C 方法的相空间重构参数选择[J].系统仿真学报,2007,19(11):2527-2529.

[182] 杨志安,王光瑞,陈式刚.用等间距分格子法计算互信息函数确定延迟时间[J].计算物理,1995,12(4):442-448.

[183] KIM H S,EYKHOLT R,SALAS J D.Nonlinear dynamics,delay times and embedding windows[J].Physica D:nonlinear phenomena,1999,127(1/2):48-60.

[184] GRASSBERGER P,PROCACCIA I.Measuring the strangeness of strange attractors[J].Physica D:nonlinear phenomena,1983,9(1/2):189-208.

[185] 陈铿,韩伯棠.混沌时间序列分析中的相空间重构技术综述[J].计算机科学,2005,32(4):67-70.

[186] 罗利军,李银山,李彤,等.李雅普诺夫指数谱的研究与仿真[J].计算机仿真,2005,22(12):285-288.

[187] 许小可.基于非线性分析的海杂波处理与目标检测[D].大连:大连海事大学,2008.

[188] WOLF A,SWIFT J B,SWINNEY H L,et al.Determining Lyapunov exponents from a time series[J].Physica D:nonlinear phenomena,1985,16(3):285-317.

[189] GRASSBERGER P,PROCACCIA I.Estimation of the Kolmogorov entropy from a chaotic signal[J].Physical review A:atomic,molecular,and optical physics,1983,28(4):2591-2593.

[190] TSALLIS C.Possible generalization of Boltzmann-Gibbs statistics[J].Journal of statistical physics,1988,52(1/2):479-487.

[191] CREACO A J,KALOGEROPOULOS N.Nilpotence in physics:the case of Tsallis entropy[J].Journal of physics:conference series,2013,410(1):012148-1-012148-4.

[192] PINCUS S M.Approximate entropy as a measure of system complexity[J].Proceedings of the national academy of sciences of the United States of America,1991,88(6):2297-2301.

[193] RICHMAN J S,MOORMAN J R.Physiological time series analysis using approximate entropy and sample entropy[J].American journal of physiology:heart and circulation physiology,2000,278(6):2039-2049.

[194] COSTA M, GOLDBERGER A L, PENG C K. Multiscale entropy analysis of complex physiologic time series[J]. Physical review letter, 2002, 89(6): 068102-1-068102-4.

[195] COSTA M, GOLDBERGER A L, PENG C K. Multiscale entropy analysis of biological signals[J]. Physical review E: statistical, nonlinear, and soft matter physics, 2005, 71(1/2): 021906-1-021906-18.

[196] LEMPEL A, ZIV J. On the complexity of finite sequences[J]. IEEE transactions on information theory, 1976, 22(1): 75-81.

[197] ZIV J, LEMPEL A. A universal algorithm for sequential data compression[J]. IEEE transactions on information theory, 1977, 23(3): 337-343.

[198] ZIV J, LEMPEL A. Compression of individual sequences via variable-rate coding[J]. IEEE transactions on information theory, 1978, 24(5): 530-536.

[199] LIU L, LI D, BAI F. A relative Lempel-Ziv complexity: application to comparing biological sequences[J]. Chemical physics letters, 2012, 530(19): 107-112.

[200] 唐友福,刘树林,刘颖慧,等.基于非线性复杂测度的往复压缩机故障诊断[J].机械工程学报,2012,48(3):102-107.

[201] HUBLER A, LUSCHER E. Resonant stimulation and control of nonlinear oscillators[J]. Naturwissenschaften, 1989, 76(2): 67-69.

[202] 方天华.实现混沌同步的非线性变量反馈控制法[J].原子能科学技术,1998,32(1):59-64.

[203] 黄报星.自适应法控制混沌系统到达定常态或周期态[J].江汉大学学报(自然科学版),2003,31(1):5-7.

[204] 苟向锋,罗冠炜,崔永姿.利用延迟反馈方法控制调速器系统的混沌[J].兰州交通大学学报,2005,24(4):49-52.

[205] 王文杰,王光瑞,陈式刚.储存环自由电子激光器光场混沌的控制[J].物理学报,1995,44(6):862-870.

[206] 吕邻,郭治安,李岩,等.不确定混沌系统的参数识别与同伴控制器 backstepping 设计[J].物理学报,1995,56(1):95-100.

[207] WANG B, BU S. Controlling the ultimate state of projective synchronization in chaos: application to chaotic encryption[J]. International journal of modern physics B, 2004, 18(17/18/19): 2415-2421.

[208] 姜可宇,蔡志明,陆振波.一种时间序列的弱非线性检测方法[J].物理学报,2008,57(3):1471-1476.

[209] SCHREIBER T. Interdisciplinary application of nonlinear time series methods[J]. Physics report, 1999, 308(1): 1-64.

[210] SMALL M.Applied nonlinear time series analysis: applications in physics, physiology and finance[M].Singapore: World Scientific, 2005.

[211] LUCIO J H, VALDES R, RODRIGUEZ L R.Improvements to surrogate data methods for nonstionary time series[J].Physical review E: statistical, nonlinear, and soft matter physics, 2012, 85(5): 056202-1-056202-19.

[212] 卢山，王海燕.证券市场的非线性和确定性检验[J].系统工程理论方法应用，2005,14(3):235-238.

[213] LAU H C W, HO G T S, ZHAO Y.A demand forecast model using a combination of surrogate data analysis and optimal neural network approach[J].Decision support systems, 2013, 54(3): 1404-1416.

[214] GAN M, HUANG Y, DING M, et al.Testing for nonlinearity in solar radiation time series by a fast surrogate data test method[J].Solar energy, 2012, 86(9): 2893-2896.

[215] 卢宇，贺国光.基于改进型替代数据法的实测交通流的混沌判别[J].系统工程，2005,23(6):21-24.

[216] KANTZ H, SCHREIBER T.Nonlinear time series analysis[M].Cambridge: Cambridge University Press, 1997.

[217] KANTZ H, SCHREIBER T.Nonlinear time series analysis [M].2nd ed.Cambridge: Cambridge University Press, 2003.

[218] SAUER T, YORKE J A.Rigorous verification of trajectories for the computer simulation of dynamical systems[J].Nonlinearity, 1991, 4(3): 961-979.

[219] WEIGEND A S.Paradigm change in prediction[J].Philosophical transactions of the royal society A: mathematical, physical and engineering sciences, 1994, 348(1688): 405-420.

[220] 吕威，王和勇，姚正安，等.改进嵌入维数和时间延迟计算的 GP 预测算法[J].计算机科学，2009,36(5):187-190.

[221] TONG H.Nonlinear timeseries: a dynamical system approach[M].Oxford: Oxford University Press, 1990.

[222] TONG H.Some comments on a bridge between nonlinear dynamicists and statisticians [J].Physica D: nonlinear phenomena, 1992, 58(1/2/3/4): 299-303.

[223] GRASSBEGER P, SCHREIBER T, SCHAFFRATH C.Nonlinear time sequence analysis [J].International journal of bifurcation and chaos, 1991, 1(3): 521-547.

[224] 褚福磊，彭志科，冯志鹏，等.机械故障诊断中现代信号处理方法[M].北京：科学出版社，2009.

[225] GABOR D.Theory of communication[J].Journal on institution of electrical engineers,

1946,93(26):429-457.

[226] GROSSMANN A,MORLET J.Decomposition of hardy function into square integrable wavelet of constant shape [J].SIAM journal on mathematical analysis,1984,15(4):723-736.

[227] DAUBECHIES I.Orthonormal bases of compactly supported wavelet[J].Communications on pure and applied mathematics,1988,41(7):909-996.

[228] DAUBECHIES I.The wavelet transform,time-frequency localization and signal analysis [J].IEEE transactions on information theory,1990,36(5):961-1006.

[229] DAUBECHIES I.Ten lectures on wavelet [M].Philadelphia:CBMS-NSF Series in Applied Math,1992.

[230] LI C J,MA J.Wavelet decomposition of vibrations for detection of bearing-localized defects[J].NDT & E international,1997,30(3):143-149.

[231] SELESNICK I W.Wavelets,a modern tool for signal processing[J].Physics today,2007,60(10):78-79.

[232] 刘树林,丛蕊,冷建成,等.小波包特征免疫检测器在设备异常状态检测中的应用[J].大庆石油学院学报,2005,29(6):101-103.

[233] MALLAT S,HWANG W L.Singularity detection and processing with wavelets[J].IEEE transactions on information theory,1992,38(2):617-643.

[234] RIOUL O,VETTERLI M.Wavelets and signal processing[J].IEEE signal processing magazine,1991,8(4):14-38.

[235] XU Y,WEAVER J B,HEALY D M,et al.Wavelet transform domain filters:a spatially selective noise filtration technique[J].IEEE transactions on image processing,1994,3(6):747-758.

[236] 刘树林,张嘉钟,徐敏强,等.基于小波包与神经网络的往复压缩机故障诊断方法[J].石油矿场机械,2002,31(5):1-3.

[237] CHANG S G,YU B,VETTERLI M.Adaptive wavelet thresholding for image denoising and compression[J].IEEE transactions on image processing,2000,9(9):1532-1546.

[238] STASZEWSKI W J,TOMLINSON G R.Application of the wavelet transform to fault detection of a spur gear[J].Mechanical systems and signal processing,1994,8(3):289-307.

[239] GOSWAMI J C,CHAN A K,CHEN C K.On solving first-kind integral equations using wavelets on a bounded interval[J].IEEE transactions on antennas and propagation,1995,43(6):614-622.

[240] LIN J,QU L.Feature extraction based on Morlet wavelet and its application for me-

chanical fault diagnosis[J].Journal of sound and vibration,2000,234(1):135-148.

[241] PETER W T,PENG Y H,RICHARD Y.Wavelet analysis and envelope detection for rolling element bearing fault diagnosis:their effectiveness and flexibilities[J].ASME journal of vibration and acoustics,2001,123(3):303-310.

[242] 王建忠.小波理论及其在物理和工程中的应用[J].数学进展,1992,21(3):289-316.

[243] PENG Z,HE Y,LU Q,et al.Feature extraction of the rub-impact rotor system by means of wavelet analysis[J].Journal of sound and vibration,2003,259(4):1000-1010.

[244] YIAKOPOULOS C T,ANTONIADIS I A.Wavelet based demodulation of vibration signals generated by defects in rolling element bearings[J].Shock and vibration,2002,9(6):293-306.

[245] PAKRASHI V,BASU B,O'CONNOR A.A statistical measure for wavelet based singularity detection[J].ASME journal of vibration and acoustics,2009,131(4):041015-1-041015-6.

[246] 王学军,马辉,孙伟,等.基于小波分析的转子碰摩故障特征提取[J].农业机械学报,2008,39(4):147-151.

[247] LIU J,WANG W,GOLNARAGHI F,et al.Wavelet spectrum analysis for bearing fault diagnostics[J].Measurement science and technology,2008,19(1):015105-1-015105-9.

[248] HONG H B,LIANG M.Separation of fault features from a single-channel mechanical signal mixture using wavelet decomposition[J].Mechanical systems and signal processing,2007,21(5):2025-2040.

[249] BAYISSA W L,HARITOS N,THELANDERSSON S.Vibration-based structural damage identification using wavelet transform[J].Mechanical systems and signal processing,2008,22(5):1194-1215.

[250] 任震,何建军,黄雯莹,等.基于小波包算法的电机故障信号的压缩和重构[J].中国电机工程学报,2001,21(1):25-29.

[251] SWELDENS W.The lifting scheme:a construction of second generation wavelet constructions.[J].SIAM journal on mathematical analysis,1997,29(2):511-546.

[252] SWELDENS W.The lifting scheme:a construction of second generation wavelets[J].SIAM journal on mathematical analysis,1998,29(2):511-546.

[253] DAUBECHIES I,SWELDENS W.Factoring wavelet transforms into lifting steps[J].Journal of Fourier analysis and applications,1998,4(3):247-269.

[254] RUI Z,WEN B,NING L,et al.Mechanical equipment fault diagnosis based on redun-

dant second generation wavelet packet transform[J].Digital signal processing,2010,20(1):276-288.

[255] PIELLA G,PESQUET-POPESCU B,HEIJMANS H.Adaptive update lifting with a decision rule based on derivative filters[J].IEEE signal processing letters,2002,9(10):329-332.

[256] KEINERT F.Raising multiwavelet approximation order through lifting[J].SIAM journal on mathematical analysis,2001,32(5):1032-1049.

[257] LI H G,WANG Q,WU L N.A novel design of lifting scheme from general wavelet[J].IEEE transactions on signal processing,2001,49(8):1714-1717.

[258] 吴永宏,潘泉,张洪才.一类小波的构造方法研究[J].信号处理,2005,21(4):423-426.

[259] DING W P,WU F,WU X L,et al.Adaptive directional lifting-based wavelet transform for image coding[J].IEEE transactions on image processing,2007,16(2):416-427.

[260] LIU Y,NGAN K N.Weighted adaptive lifting-based wavelet transform for image coding[J].IEEE transactions on image processing,2008,17(4):500-511.

[261] VASILYEV O V,BOWMAN C.Second-generation wavelet collocation method for the solution of partial differential equations[J].Journal of computational physics,2000,165(2):660-693.

[262] DELOUILLE V,JANSEN M,VON SACHS R.Second-generation wavelet denoising methods for irregularly spaced data in two dimensions[J].Signal processing,2006,86(7):1435-1450.

[263] TRAPPE W,LIU K.Denoising via adaptive lifting schemes[J].Proceedings of the SPIE:the international society for optical engineering,2000,4119(4):302-312.

[264] ZHANG Y F,LI J.Wavelet-based vibration sensor data compression technique for civil infrastructure condition monitoring[J].Journal of computing in civil engineering,2006,20(6):390-399.

[265] AMIRI M,RABIEE H R.A new adaptive lifting scheme transform for robust object detection[J].IEEE international conference on acoustics,speech and signal processing,2006,2:749-752.

[266] SAMUEL P D,PINES D J.Helicopter transmission diagnostics using constrained adaptive lifting[C]//American Helicopter Society 59th Annual Forum,Phoenix,AZ,2003.

[267] SAMUEL P D,PINES D J.Constrained adaptive lifting and the CAL4 metric for helicopter transmission diagnostics[J].Journal of sound and vibration,2009,319(1/2):698-718.

[268] 段晨东,姜洪开,何正嘉.一种改进的第2代小波变换算法及应用[J].西安交通大学学报,2004,38(1):47-50.

[269] DUAN C,HE Z J,JIANG H A.Sliding window feature extraction method for rotating machinery based on the lifting scheme[J].Journal of sound and vibration,2007,299(4/5):774-785.

[270] LI Z,HE Z J,ZI Y Y,et al.Rotating machinery fault diagnosis using signal-adapted lifting scheme[J].Mechanical systems and signal processing,2008,22(3):542-556.

[271] LI Z,HE Z J,ZI Y Y,et al.Customized wavelet denoising using intra- and inter-scale dependency for bearing fault detection[J].Journal of sound and vibration,2008,313(1/2):342-359.

[272] GERONIMO J S,HARDIN D P,MASSOPUST P R.Fractal functions and wavelet expansions based on several scaling functions[J].Journal of approximation theory,1994,78(3):373-401.

[273] KAEWARSA S,ATTAKITMONGCOL K,KULWORAWANICHPONG T.Recognition of power quality events by using multiwavelet-based neural networks[J].International journal of electrical power and energy systems,2008,30(4):254-260.

[274] 袁静,何正嘉,訾艳阳.基于提升多小波的机电设备复合故障分离和提取[J].机械工程学报,2010,46(1):79-85.

[275] YUAN J,HE Z J,ZI Y Y.Gear fault detection using customized multiwavelet lifting schemes[J].Mechanical systems and signal processing,2010,24 (5):1509-1528.

[276] 袁静,何正嘉,王晓东,等.平移不变多小波相邻系数降噪方法及其在监测诊断中的应用[J].机械工程学报,2009,45(4):155-160.

[277] YUAN J,HE Z J,ZI Y Y,et al.Adaptive multiwavelets via two-scale similarity transforms for rotating machinery fault diagnosis[J].Mechanical system and signal processing,2009,23(5):1490-1508.

[278] WANG X D,ZI Y Y,HE Z J.Multiwavelet denoising with improved neighboring coefficients for application on rolling bearing fault diagnosis[J].Mechanical systems and signal processing,2011,25(1):285-304.

[279] WANG Y,CHEN X,HE Z J.An adaptive inverse iteration algorithm using interpolating multiwavelets for structural eigenvalue problems[J].Mechanical systems and signal processing,2011,25(2):591-600.

[280] WIGNER E.On the quantum correction for thermodynamic equilibrium[J].Physicalreview,1932,40(5):749-759.

[281] VILLE J.Theorie et applications de la notion de signal analytique[J].Cables et trans-

missions,1948,20(1):61-74.

[282] HAMMOND J K,WHITE P R.The analysis of non-stationary signals using time-frequency methods[J].Journal of sound and vibration,1996,190(3):419-447.

[283] 甘泉.改进的时频分布及其在雷达信号中的应用[D].成都:西南交通大学,2009.

[284] FAN Y S,ZHENG G T.Research of high-resolution vibration signal detection technique and application to mechanical fault diagnosis[J].Mechanical system and signal processing,2007,21(2):678-687.

[285] 刘日龙,冯志华.Margenau-Hill 分布在滚动轴承故障识别中的应用[J].振动与冲击,2006,25(2):175-177.

[286] JEONG J C,WILLIAMS W J.Kernel design for reduced interference distributions[J].IEEE transactions on signal processing,1992,40(2):402-412.

[287] AUGER F,FLANDRIN P.Improving the readability of time-frequency and time-scale representations by the reassignment method[J].IEEE transactions on signal processing,1995,43(5):1068-1089.

[288] MELTZER G,IVANOV Y.Fault detection in gear drives with non-stationary rotational speed,part I:the time-frequency approach[J].Mechanical systems and signal processing,2003,17(5):1033-1047.

[289] QAZI S,GEORGAKIS A,STERGIOULAS L K,et al.Interference suppression in the Wigner distribution using fractional Fourier transformation and signal synthesis[J].IEEE transactions on signal processing,2007,55(6):3150-3154.

[290] 程发斌,汤宝平,刘文艺.一种抑制维格纳分布交叉项的方法及在故障诊断中应用[J].中国机械工程,2008,19(14):1727-1731.

[291] 黄伟国,赵凯,鞠华,等.时频特征融合的交叉项消除及故障诊断应用[J].振动、测试与诊断,2012,32(6):920-925.

[292] 何正嘉,袁静,訾艳阳,等.机械故障诊断内积变换原理与验证[J].振动、测试与诊断,2012,32(2):175-185.

[293] 何正嘉,訾艳阳,陈雪峰,等.内积变换原理与机械故障诊断[J].振动工程学报,2007,20(5):528-533.

[294] 李艳,肖怀铁,付强.Radon-Wigner 变换改进算法在多目标分辨及参数估计中的应用[J].电光与控制,2006,13(3):11-14.

[295] NAMIAS V.The fractional Fourier transform and its application in quantum mechanics[J].IMA journal of applied mathematics,1980,25(3):241-265.

[296] MANN S,HAYKIN S.The chirplet transform:a generalization of Gabor's logon transform[J].Vision interface,1991,91:3-7.

[297] MANN S, HAYKIN S. Chirplet and warblet-novel time-frequency methods[J]. Electronics letters, 1992, 28(2): 114-116.

[298] MANN S, HAYKIN S. Adaptive chirplet transform: an adaptive generalization of the wavelet transforms [J]. Optical engineering, 1992, 31: 1243-1256.

[299] MANN S, HAYKIN S. The chirplet transform: physical considerations[J]. IEEE transactions on signal processing, 1995, 43(11): 2745-2761.

[300] O'NEILL J, FLANDRIN P. Chirp hunting[C]//Proceedings of IEEE Signal Processing International Symposium on Time-Frequency Time-Scale Analysis, 1998: 425-428.

[301] BULTAN A. A four-parameter atomic decomposition of chirplets[J]. IEEE transactions on signal processing, 1999, 47(3): 731-744.

[302] YIN Q, QIAN S, FENG A. A fast refinement for adaptive Gaussian chirplet decomposition[J]. IEEE transactions on signal processing, 2002, 50(6): 1298-1306.

[303] MALLAT S, ZHANG Z. Matching pursuit with time-frequency dictionaries[J]. IEEE transactions on signal processing, 1993, 41(12): 3397-3415.

[304] CHEN SS, DONOHO D L, SAUNDER M A. Atomic decomposition by basis pursuit[J]. SIAM journal on scientific computing, 1998, 20(1): 33-61.

[305] 王衍学.机械故障监测诊断的若干新方法及其应用研究[D].西安:西安交通大学,2009.

[306] 邓拥军,王伟,钱成春,等.EMD 方法及 Hilbert 变换中边界问题的处理[J].科学通报,2001,46(3):114-118.

[307] 黄大吉,赵进平,苏纪兰.希尔伯特-黄变换的端点延拓[J].海洋学报,2003,25(1):1-11.

[308] 刘慧婷,张星,程家兴.基于多项式拟合算法的 EMD 端点问题的处理[J].计算机工程与应用,2004,40(16):84-86.

[309] 程军圣,于德介,杨宇.Hilbert-Huang 变换端点效应问题的探讨[J].振动与冲击,2005,24(6):40-42.

[310] 程军圣,于德介,杨宇.基于支持矢量回归机的 Hilbert-Huang 变换端点效应问题的处理方法[J].机械工程学报,2006,42(4):23-31.

[311] 杨建文,贾民平.希尔伯特-黄谱的端点效应分析及处理方法研究[J].振动工程学报,2006,19(2):283-288.

[312] QI K Y, HE Z J, ZI Y Y. Cosine window-based boundary processing method for EMD and its application in rubbing fault diagnosis[J]. Mechanical systems and signal processing, 2007, 21(7): 2750-2760.

[313] 胡爱军,安连锁,唐贵基.Hilbert-Huang 变换端点效应处理新方法[J].机械工程学

报,2008,44(4):154-158.

[314] 杨永锋,吴亚锋,任兴民,等.基于最大 Lyapunov 指数预测的 EMD 端点延拓[J].物理学报,2009,58(6):3762-3746.

[315] 张进林,张榆锋,张燕,等.经验模态分解端点效应抑制的常用方法比较研究[J].云南大学学报(自然科学版),2010,32(4):406-412.

[316] DEERING R,KAISER J E.The use of a masking signal to improve empirical mode decomposition[C]//2005 IEEE International Conference on Acoustics,Speech,and Signal Processing,2005:485-488.

[317] SENROY N, SURYANARAYANAN S, RIBEIRO P F. An improved Hilbert-Huang method for analysis of time-varying waveforms in power quality[J].IEEE transactions on power systems,2007,22(4):1843-1850.

[318] 全海燕,刘增力,吴庆畅.EMD 模态混叠消除及其在语音基音提取中的应用研究[J].昆明理工大学学报(理工版),2006,31(4):43-44.

[319] WU Z,HUANG N E.Ensemble empirical mode decomposition:a noise-assisted data analysis method[J].Advances in adaptive data analysis,2009,1(1):1-41.

[320] 赵玲,秦树人,李宁,等.运用改进掩膜信号法的经验模态分解[J].振动、测试与诊断,2010,30(4):434-439.

[321] 胡爱军,孙敬敬,向玲.经验模态分解中的模态混叠问题[J].振动、测试与诊断,2011,31(4):429-434.

[322] 汤宝平,董绍江,马靖华.基于独立分析的 EMD 模态混叠消除方法研究[J].仪器仪表学报,2012,33(7):1477-1482.

[323] PEEL M C,MCMAHON T A,PEGRAM G G S.Assessing the performance of rational spline-based empirical mode decomposition using a global annual precipitation dataset[J].Proceedings of the royal society A:mathematical physical and engineering sciences,2009,465(2106):1919-1937.

[324] CHEN Q,HUANG N E,RIEMENSCHNEIDER S,et al.A B-spline approach for empirical mode decomposition[J].Advances in computational mathematics,2006,24(1/2/3/4):171-195.

[325] KOPSINIS Y,MCLAUGHIN S.Improved EMD using doubly-iterative sifting and high order spline interpolation[J].Eurasip journal on advances in signal processing,2008,2008:128293-1-128293-12.

[326] QIN S R,ZHONG Y M.A new envelope algorithm of Hilbert-Huang transform[J].Mechanical system and signal processing,2006,20(8):1941-1952.

[327] HAWLEY S D,ATLAS L E,CHIZECK H J.Some properties of an empirical mode type

signal decomposition algorithm[J].IEEE signal process letters,2010,17(1):24-27.

[328] 朱赛,尚伟.经验模态分解中包络线算法[J].火力与指挥控制,2012,37(9):125-128.

[329] RILLING G,FLANDRIN P.One or two frequencies? The empirical mode decomposition answers[J].IEEE transactions on signal processing,2008,56(1):85-95.

[330] 胡劲松,杨世锡.基于能量的振动信号经验模态分解终止条件[J].振动、测试与诊断,2009,29(1):19-22.

[331] ANDRADE A O,KYBERD P J,TAFFLER S D.A novel spectral representation of electromyographic signals[C]//Proceedings of the 25th Annual International Conference of the IEEE EMBS Cancun,2003,3:2598-2601.

[332] FAN X,ZUO M J.Machine fault feature extraction based on intrinsic mode functions[J].Measurement science and technology,2008,19(4):1-12.

[333] ECHEVERRIA J C,CROWE J A,WOOLFSON M S,et al.Application of empirical mode decomposition to heart rate variability analysis[J].Medical & biological engineering & computing,2001,39(4):471-479.

[334] JOHN I S,YING S.Assessment of chaotic parameters in nonstationary electrocardiograms by use of empirical mode decomposition [J].Annals of biomedical engineering,2004,32(10):1348-1354.

[335] LIANG H.Empirical mode decomposition:a method for analyzing neural data[J].Neurocomputing,2005,65/66:801-807.

[336] BENNETT M,MCLAUGHLIN S,ANDERSON T,et al.Empirical mode decomposition and tissue harmonic imaging[J].Ultrasound in medicine & biology,2005,301(8):1051-1061.

[337] LIANG H,LIN Q,CHEN J.Application of the empirical mode decomposition to the analysis of esophageal manometric data in gastroesophageal reflux disease[J].IEEE transactions on bio-medical engineering,2005,52(10):1692-1701.

[338] NUNES J C,BOUAOUNE Y,DELECHELLE E,et al.Image analysis by bidimensional empirical mode decomposition[J].Image and vision computing,2003,21:1019-1026.

[339] LIANG H.Empirical mode decomposition of field potentials from macaque V4 in visual spatial attention[J].Biological cybernetics,2005,92(6):380-392.

[340] LOUTRIDIS S J.Damage detection in gear systems using empirical mode decomposition[J].Engineering structure,2004,26(12):1833-1841.

[341] ZHANG Y,GAO Y,WANG L,et al.The removal of wall components in doppler ultrasound signals by using the empirical mode decomposition algorithm[J].IEEE transac-

tions on bio-medical engineering,2007,54(9):1631-1642.

[342] HADJILEONTIADIS L.Empirical mode decomposition and fractal dimension filter[J]. IEEE engineering in medicine and biology magazine,2007,26(1):30-39.

[343] MARTIN A.Hilbert transform of voltammetry data[J].Electrochemistry communication,2004,6(4):366-372.

[344] VELTCHEVA A D,GUEDES SOARES C.Identification of the components of wave spectra by the Hilbert Huang transform method[J].Applied ocean research,2004,26(1/2):1-12.

[345] LIU B,RIEMENSCHNEIDER S,XU Y.Gearbox fault diagnosis using empirical mode decomposition and Hilbert spectrum[J].Mechanical systems and signal processing, 2006,20(3):718-734.

[346] FAN X F,ZUO M J.Gearbox fault detection using Hilbert and wavelet packet transform [J].Mechanical systems and signal processing,2006,20(4):966-982.

[347] 向玲,朱永利,唐贵基.HHT 方法在转子振动故障诊断中的应用[J].中国电机工程学报,2007,27(35):84-89.

[348] CHENG J S,YU D J,TANG J S,et al.Application of frequency family separation method based upon EMD and local Hilbert energy spectrum method to gear fault diagnosis [J].Mechanism and machine theory,2008,43(6):712-723.

[349] CHENG J S,YU D J,TANG J S,et al.Local rub-impact fault diagnosis of the rotor systems based on EMD[J].Mechanism and machine theory,2008,44(4):784-791.

[350] BABU T,SRIKANTH S,SEKHAR A.Hilbert-Huang transform for detection and monitoring of crack in a transient rotor[J].Mechanical systems and signal processing, 2008,22(4):905-914.

[351] 孟庆丰,李树成,焦李成.旋转机械油膜涡动稳定性特征提取与监测方法[J].振动工程学报,2007,19(4):446-451.

[352] 唐贵基,向玲,朱永利.基于 HHT 的旋转机械油膜涡动和油膜振荡故障特征分析[J].中国电机工程学报,2008,28(2):77-81.

[353] 杨光亮,朱元清,于海英.基于 HHT 的地震信号自动去噪算法[J].大地测量与地球动力学,2010,30(3):39-42.

[354] PATRICK F,GABRIEL R.Empirical mode decomposition as a filter bank[J].IEEE signal processing letters,2004,11(2):112-114.

[355] 曹寅文,宋慎义,肖井华.运动后人体心肺节律同步关系及信号的耦合方向[J].物理学报,2010,59(7):5136-5168.

[356] 侯王宾,刘天琪,李兴源.基于经验模态分解滤波的低频振荡 Prony 分析[J].物理

学报,2010,59(5):3531-3537.

[357] 孔国杰,张培林,徐龙堂,等.基于经验模态分解的自适应滤波算法及其应用[J].信号处理,2009,25(6):958-962.

[358] JUNSHENG C,DEJIE Y,YU Y.A fault diagnosis approach for roller bearings based on EMD method and AR model[J].Mechanical systems and signal processing,2006,20(2):350-362.

[359] CHENG J S,YU D J,TANG J,et al.Application of SVM and SVD technique based on EMD to the fault diagnosis of the rotating machinery[J].Shock and vibration,2009,16(1):89-98.

[360] YAN Z,WANG Z,REN X.Joint application of feature extraction based on EMD-AR strategy and multi-class classifier based on LS-SVM in EMG motion classification[J].Journal of Zhejiang university-science A,2007,8(8):1246-1255.

[361] LIU J,HUANG F,WANG X.Noise reduction of bridge vibration signal based on EMD and ARMA model[J].Journal of railway science and engineering,2006(5):55-59.

[362] LOU Y J,LU L N,ZHU L J.The effect of ENSO on wheat futures based on EMD and GARCH model[J].Applied mechanics and materials,2011,40:866-872.

[363] 丛蕊,高学良,刘树林,等.EMD 和关联维数在往复压缩机故障诊断中的应用[J].大庆石油学院学报,2008,32(2):86-89.

[364] YU Y,JUNSHENG C.A roller bearing fault diagnosis method based on EMD energy entropy and ANN[J].Journal of sound and vibration,2006,294(1):269-277.

[365] 董新峰,张为民,姜源.基于 EMD 复杂度与鉴别信息的磨削颤振预测[J].振动、测试与诊断,2012,32(4):602-607.

[366] DENG H,LIU J,CHEN Z.Infrared small target detection based on modified local entropy and EMD[J].Chinese optics letters,2010,8(1):24-28.

[367] 宋晓美,孟繁超,张玉.基于包络解调分析的滚动轴承故障诊断研究[J].仪器仪表与分析监测,2012,32(1):16-19.

[368] 崔玲丽,高立新,蔡力钢,等.基于循环平稳解调的齿轮裂纹早期故障诊断研究[J].振动工程学报,2008,21(3):274-278.

[369] 张帆,丁康.广义检波解调分析的三种算法及其局限性研究[J].振动工程学报,2002,15(2):243-248.

[370] 刘红星,左洪福,姜澄宇,等.关于能量算子解调方法的研究[J].数据采集与处理,1999,14(3):298-301.

[371] SMITH J S.The local mean decomposition and its application to EEG perception data[J].Journal of the royal society interface,2005,2(5):443-454.

[372] LIU W Y, ZHANG W H, HAN J G, et al. A new wind turbine fault diagnosis method based on the local mean decomposition[J]. Renewable energy, 2012, 48: 411-415.

[373] 任达千. 基于局域均值分解的旋转机械故障特征提取方法及系统研究[D]. 杭州: 浙江大学, 2008.

[374] 任达千, 杨世锡, 吴昭同, 等. LMD 时频分析方法的端点效应在旋转机械故障诊断中的影响[J]. 中国机械工程, 2012, 23(8): 951-956.

[375] 胡劲松, 杨世锡, 任达千. 基于样条的振动信号局域均值分解方法[J]. 数据采集与处理, 2009, 24(1): 82-86.

[376] 任达千, 杨世锡, 吴昭同, 等. 基于 LMD 的信号瞬时频率求取方法及实验[J]. 浙江大学学报(工学版), 2009, 43(3): 523-528.

[377] 任达千, 杨世锡, 吴昭同, 等. 信号瞬时频率直接计算法与 Hilbert 变换、Teager 能量法比较[J]. 机械工程学报, 2013, 49(9): 42-48.

[378] CHENG J S, ZHANG K, YANG Y. An order tracking technique for the gear fault diagnosis using local mean decomposition method[J]. Mechanism and machine theory, 2012, 55: 67-76.

[379] CHENG J S, YANG Y. A rotating machinery fault diagnosis method based on local mean decomposition[J]. Digital signal processing, 2011, 22(2): 356-366.

[380] 程军圣, 杨宇, 于德介. 局部均值分解方法及其在齿轮故障诊断中的应用[J]. 振动工程学报, 2009, 22(1): 76-84.

[381] 张亢, 程军圣, 杨宇. 基于自适应波形匹配延拓的局部均值分解端点效应处理方法[J]. 中国机械工程, 2010, 4: 457-462.

[382] 程军圣, 张亢, 杨宇, 等. 局部均值分解与经验模式分解的对比研究[J]. 振动与冲击, 2009, 28(5): 13-16.

[383] 程军圣, 史美丽, 杨宇. 基于 LMD 与神经网络的滚动轴承故障诊断方法[J]. 振动与冲击, 2010, 29(4): 141-144.

[384] 程军圣, 杨怡, 杨宇. 基于 LMD 的谱峭度方法在齿轮故障诊断中的应用[J]. 振动与冲击, 2012, 31(18): 20-23.

[385] WANG Y X, HE Z J, XIANG J W, et al. Application of local mean decomposition to the surveillance and diagnostics of low-speed helical gearbox[J]. Mechanism and machine theory, 2012, 47: 62-73.

[386] WANG Y X, HE Z J, ZI Y Y. A demodulation method based on improved local mean decomposition and its application in rub-impact fault diagnosis[J]. Measurement science and technology, 2009, 20(2): 025704-1-025704-10.

[387] 王衍学, 何正嘉, 訾艳阳, 等. 基于 LMD 的时频分析方法及其机械故障诊断应用研

究[J].振动与冲击,2012,31(9):9-12.

[388] CHEN B J,HE Z J,CHEN X F,et al.A demodulating approach based on local mean decomposition and its applications in mechanical fault diagnosis[J].Measurement science and technology,2011,22(5):055704-1-055704-11.

[389] 陈保家,何正嘉,陈雪峰,等.机车故障诊断的局域均值分解解调方法[J].西安交通大学学报,2010,44(5):40-44.

[390] WELCH P.The use of fast Fourier transform for the estimation of power spectra:a method based on time averaging over short, modifiedperiodograms[J].IEEE transactions on audio and electroacoustics,1967,15(2):70-73.

[391] TUKEY J W.The sampling theory of power spectrum estimates[C]//Symposium on applications of autocorrelation analysis to physical problems,1949:13-14.

[392] BURG J P.A new analysis technique for time series data[R].NATO Advanced Study Institute on Signal Processing,Enschede,Netherlands,1968:32.

[393] 张贤达.现代信号处理[M].北京:清华大学出版社,2002.

[394] 胡广书.现代信号处理教程[M].北京:清华大学出版社,2004.

[395] 何正嘉,訾艳阳,张西宁.现代信号处理及工程应用[M].西安:西安交通大学出版社,2007.

[396] 褚福磊.机械故障诊断中的现代信号处理方法[M].北京:科学出版社,2009.

[397] TRETTER S.Estimating the frequency of a noisy sinusoid by linear regression [J].IEEE transactions on information theory,1985,31(6):832-835.

[398] KAY S.Statistically/computationally efficient frequency estimation[C]//IEEE International Conference on Acoustics,Speech and Signal Processing,1988:2292-2295.

[399] BOASHASH B,O'SHEA P,ARNOLD M J.Algorithms for instantaneous frequency estimation:a comparative study[J].Proceedings of the SPIE:the international society for optical engineering,1990,1384:126-148.

[400] DE LUIGI C,MOREAU E.An iterative algorithm for estimation of linear frequency modulated signal parameters[J].IEEE signal processing letters,2002,9(4):127-129.

[401] MARAGOS P,KAISER J F,QUATIERI T F.Energy separation in signal modulations with application to speech analysis[J].IEEE transactions on signal processing,1993,41(10):3024-3051.

[402] WANG C,AMIN M G.Zero-tracking time-frequency distributions[C]//IEEE International Conference on Acoustics,Speech,and Signal Processing,1997:2021-2024.

[403] BOUDRAA A O,CEXUS J C,SALZENSTEIN F,et al.IF estimation using empirical mode decomposition and nonlinear Teager energy operator[C]//IEEE First Interna-

tional Symposium on Control, Communications and Signal Processing, 2004:45-48.

[404] VAKMAN D E, VAĬNSHTEĬN L A. Amplitude, phase, frequency: fundamental concepts of oscillation theory[J]. Soviet physics uspekhi, 2007, 20(12): 1002.

[405] 胡劲松.面向旋转机械故障诊断的经验模态分解时频分析方法及实验研究[D].杭州:浙江大学,2003.

[406] ANDREA S, ALBERTO B, FIORENZO F. Diagnosis of induction machine-motor faults in time varying conditions[J]. IEEE transactions on industrial electronics, 2009, 56(11): 4548-4556.

[407] 胡海峰,胡茑庆,秦国军.非线性振动声调制信号耦合特征分析[J].机械工程学报,2010,46(23):68-76.

[408] 赵艳菊,王太勇,冷永刚.级联双稳随机共振降噪下的经验模式分解[J].天津大学学报,2009,42(2):123-128.

[409] 李志农,吕亚平,韩捷.基于时频分析的机械设备非平稳信号盲分离[J].机械强度,2008,30(3):354-358.

[410] BETTA G, LIGUORI C, PAOLILLO A, et al. A DSP-based FFT-analyzer for the fault diagnosis of rotating machine based on vibration analysis[J]. IEEE transactions on instrumentation and measurement, 2002, 51(6): 1316-1322.

[411] JONATHAN M L, SOFIA C O. Bivariate instantaneous frequency and bandwidth[J]. IEEE transactions on signal processing, 2010, 58(2): 591-603.

[412] 刘庆云,李志舜,刘朝晖.时频分析技术及研究现状[J].计算机工程,2004,30(1):171-173.

[413] BOASHASH B. Estimating and interpreting the instantaneous frequency of a signal, part 1: fundamentals [J]. Proceedings of the IEEE, 1992, 80(4): 520-538.

[414] KATKOVNIK V, STANKOVIC L J. Instantaneous frequency estimation using the Wigner distribution with varying and data-driven window length[J]. IEEE transactions on signal processing, 1998, 46(9): 2315-2325.

[415] BARKAT B, BOASHASH B. Instantaneous frequency estimation of polynomial FM signals using the peak of the PWVD: statistical performance in the presence of additive Gaussian noise[J]. IEEE transactions on signal processing, 1999, 47(9): 2480-2490.

[416] WU T Y, CHEN J C, WANG C C. Characterization of gear faults in variable rotating speed using Hilbert-Huang transform and instantaneous dimensionless frequency normalization[J]. Mechanical systems and signal processing, 2012, 30: 103-122.

[417] GHAZALI M F, BECK S B M, SHUCKSMITH J D, et al. Comparative study of instantaneous frequency based methods for leak detection in pipeline networks[J]. Mechanical

systems and signal processing,2012,29(5):187-200.

[418] ZHOU Y,CHEN W,GAO J,et al.Application of Hilbert-Huang transform based instantaneous frequency to seismic reflection data[J].Journal of applied geophysics,2012,82:68-74.

[419] LI W,ZHU N H,WANG L X.Reconfigurable instantaneous frequency measurement system based on dual-parallel Mach-Zehnder modulator[J].IEEE photonics journal,2012,4(2):427-436.

[420] 王辉.输油管道微小泄漏特征提取方法研究[D].大庆:大庆石油学院,2008.

[421] 谢官模.振动力学[M].北京:国防工业出版社,2007.

[422] ARMSTRONG E H.A method of reducing disturbances in radio signaling by a system of frequency modulation[J].Proceedings of the institute of radio engineers,1936,24(5):689-740.

[423] CARSON J R,FRY T C.Variable frequency electric circuit theory with application to the theory of frequency modulation[J].Bell system technical journal,1937,16(4):513-540.

[424] GABOR D.Theory of communication,part 1:the analysis of information[J].Journal of the institution of electrical engineers,part III:radio and communication engineering,1946,93(26):429-441.

[425] COHEN L.Time-frequency analysis[M].New Jersey:Prentice Hall PTR,1995.

[426] 钟佑明,秦树人,汤宝平.Hilbert-Huang变换中的理论研究[J].振动与冲击,2002,21(4):13-17.

[427] 皇甫堪,陈建文,等.现代数字信号处理[M].北京:国防工业出版社,1999.

[428] 李建平.小波分析与信号处理:理论、应用及软件实现[M].重庆:重庆出版社,1997.

[429] 张贤达,保铮.非平稳信号分析与处理[M].北京:国防工业出版社,2001.

[430] ANGRISANI L,D'ARCO M.A measurement method based on a modified version of the chirplet transform for instantaneous frequency estimation[J].IEEE transactions on instrumentation and measurement,2002,51(4):704-711.

[431] 方杨,彭志科,孟光,等.一种新的估计多项式相位信号瞬时频率的参数化时频分析方法[J].噪声与振动控制,2012,32(3):7-11.

[432] DIONISIO A,MENEZES R,MENDES D A.Mutual information:a measure of dependency for nonlinear time series[J].Physica A:statistical mechanics and its applications,2004,344(1):326-329.

[433] WELLS W M,VIOLA P,ATSUMI H,et al.Multi-modal volume registration by maximi-

zation of mutual information[J].Medical image analysis,1996,1(1):35-51.

[434] CHEN Z K,ZHANG H S,LI L X,et al.Application of maximum average mutual information quantization in LDPC decoding under QPSK modulation[J].Systems engineering and electronics,2012,34(3):598-602.

[435] 张佃中.非线性时间序列互信息与 Lempel-Ziv 复杂度的相关性研究[J].物理学报,2007,56(6):3152-3157.

[436] 周小勇.一种具有恒 Lyapunov 指数谱的混沌系统及其电路仿真[J].物理学报,2011,60(10):54-65.

[437] 李允公,刘杰,张金萍.基于连续频段的杜芬方程一类混沌解的分析[J].机械工程学报,2008,40(1):81-86.

[438] 王坤,关新平,丁喜峰,等.Duffing 振子系统周期解的唯一性与精确周期信号的获取方法[J].物理学报,2010,59(10):6859-6863.

[439] 杨森,安建平,陈宁,等.基于 Duffing 混沌系统的频谱感知算法[J].北京理工大学学报,2011,31(3):329-332.

[440] HARTLEY R,ZISSERMAN A.Multiple view geometry in computer vision[J].2nd ed. New York:Cambridge University Press,2003.

[441] 马颂德,张正友.计算机视觉:计算理论与算法基础[M].北京:科学出版社,1998.

[442] 丛蕊.碰摩转子动力学行为及融合相空间特征研究[D].大庆:大庆石油学院,2008.

[443] 吴新开,朱承志,钟义长.基于功率谱分析的非线性系统的故障诊断技术[J].湖南科技大学学报(自然科学版),2005,20(3):77-79.

[444] TANG Y F,LIU S L.JIANG R H,et al.Correlation between detrended fluctuation analysis and the Lempel-Ziv complexity in nonlinear time series analysis[J].Chinese physics B,2013,22(3):030504-1-030504-7.

[445] YAN R Q,GAO R X.Complexity as measure for machine health evaluation[J].IEEE transactions on instrumentation and measurement,2004,53(4):1327-1334.

[446] WANG G,LIU C. Fault diagnosis of rolling element bearings based on complexity measure and support vector machine[J].Insight-Non-Destructive testing and condition monitoring,2013,55(3):142-146.

[447] DAW C S,FINNEY C E A,TRACY E R.A review of symbolic analysis of experimental data[J].Review of scientific instruments,2003,74(2):915-930.

[448] 解幸幸,李舒,张春利,等.Lempel-Ziv 复杂度在非线性检测中的应用研究[J].复杂系统与复杂科学,2005,2 (3):61-66.

[449] HONG H,LIANG M.Fault severity assessment for rolling element bearings using the

Lempel-Ziv complexity and continuous wavelet transform[J].Journal of sound and vibration,2009,320:452-468.

[450] 侯威,封国林,董文杰.基于复杂度分析 logistic 映射和 Lorenz 模型的研究[J].物理学报,2005,54(8):3940-3946.

[451] 窦东阳,赵英凯.基于 EMD 和 Lempel-Ziv 指标的滚动轴承损伤程度识别研究[J].振动与冲击,2010,29(3):5-8.

[452] 雷娜,唐友福,赵亚男.往复压缩机气阀振动信号的二阶循环谱特征提取[J].化工机械,2012,39(4):438-442.

[453] 刘启鹏.非平稳信号特征提取理论研究及其在往复式压缩机故障诊断中的应用[D].西安:西安交通大学,2004.

[454] 赵俊龙.往复式压缩机振动信号特征分析及故障诊断方法研究[D].大连:大连理工大学,2010.

[455] 杨国安.机械设备故障诊断实用技术[M].北京:中国石化出版社,2007.

[456] 崔玲丽,康晨晖,胥永刚,等.滚动轴承早期冲击性故障特征提取的综合算法研究[J].仪器仪表学报,2010,31(11):2422-2427.

[457] 邵毅敏,周晓君,欧家福,等.增强型滤波及冲击性机械故障特征的提取[J].机械工程学报,2009,45(4):166-171.

[458] 章立军,阳建宏,徐金梧,等.形态非抽样小波及其在冲击信号特征提取中的应用[J].振动与冲击,2007,26(10):56-59.

[459] 胡晓依,何庆复,王华胜.基于滤波器组分解的周期性振动冲击信号解调方法及其应用[J].振动与冲击,2008,27(8):133-137.

[460] 徐珍华,张来斌,段礼祥.时频域分析在往复压缩机活塞磨损故障诊断中的应用[J].压缩机技术,2010(3):1-3.

[461] ELHAJ M,GU F,BALL A D,et al.Numerical simulation and experimental study of a two-stage reciprocating compressor for condition monitoring[J].Mechanical systems and signal processing,2008,22(2):374-389.

[462] 王江萍,鲍泽富.往复式压缩机振动信号频谱分析与故障诊断[J].石油机械,2008,36(8):63-66.

[463] 别锋锋,郭正刚,张志新.基于局域波时频谱的系统级故障诊断方法研究[J].仪器仪表学报,2008,29(5):1092-1095.